Fritz Vahrenholt und Sebastian Lüning · Unerwünschte Wahrheiten

9. Auflage 2023

© 2020 Langen Müller Verlag GmbH, München
Alle Rechte vorbehalten
Umschlaggestaltung: Sabine Schröder
Umschlagillustration: Shutterstock, SJ Travel Photo and Video
Satz: VerlagsService Dietmar Schmitz GmbH, Heimstetten
Druck und Binden: Print Consult GmbH, München
Printed in Slovaquie
ISBN: 978-3-7844-3553-4

www.langenmueller.de

Fritz Vahrenholt
Sebastian Lüning

Unerwünschte Wahrheiten

Was Sie über den
Klimawandel wissen sollten

Mit 62 Abbildungen

Inhalt

**Statt eines Vorworts: Gerichtsurteile,
die unerwünschte Wahrheiten ignorieren   7**

Einführung   13

50 Fragen zum Klimawandel   27

I. Moderne Erwärmung im Licht der Klimageschichte   27

1. Die moderne Erwärmung: Was wissen wir darüber?   27
2. Mittelalterliche Wärmeperiode und Kleine Eiszeit:
   Vernachlässigbare lokale Phänomene?   34
3. Noch nie war es so warm wie heute: Stimmt das?   47
4. Natürliche Klimaschwankungen im Millenniumstakt:
   Verborgener Klima-Herzschlag?   54
5. Die ganze Welt erwärmt sich. Die ganze Welt?   59
6. Läuft die moderne Erwärmung schneller ab als je zuvor?   64

II. Natürlicher und anthropogener Klimawandel   69

7. Der Herzschlag der Ozeane:
   Welche Rolle spielen PDO, AMO, NAO & Co.?   69
8. Welchen natürlichen Einfluss übt unsere Sonne auf das Erdklima aus?   79
9. Wann war der CO_2-Gehalt der Atmosphäre zuletzt so hoch wie heute?   101
10. Wie genau lässt sich die Erwärmungswirkung des CO_2 quantitativ
    heute eingrenzen?   109
11. Wie hoch ist der natürliche Anteil an der modernen
    Klimaerwärmung?   116
12. Wird der Golfstrom versiegen?   127

III. Eis 133

13. Die Gebirgsgletscher schmelzen. Wie schlimm ist das? 133
14. Das Grönlandeis schrumpft. Wann hat es das zuletzt gegeben? 139
15. Wie stabil ist das Eis der Antarktis? 144
16. Gibt es heute weniger Schnee als früher? 151

IV. Extremwetter 158

17. Ist das Klima heute wirklich extremer als früher? 158
18. Nehmen Überschwemmungskatastrophen immer weiter zu? 163
19. Gab es früher weniger Dürren? 167
20. Wie stark werden Waldbrände durch den Klimawandel angefeuert? 174
21. Unerträgliche Hitzewellen: Immer häufiger, immer heißer? 179
22. Führt die Klimaerwärmung wirklich zu mehr Kältewellen? 186
23. Bringt uns der Klimawandel mehr Stürme? 190
24. Welche Rolle spielen Vulkane beim Klimawandel? 196
25. Klimaflüchtlinge und Klimakriege: Wie viele und wo? 201

V. Meeresspiegel 211

26. Wie stark steigt der Meeresspiegel? 211
27. War der Meeresspiegel in vorindustrieller Zeit stets stabil? 220

VI. Klimamodelle und Vorhersagen 225

28. Können wir den Klimasimulationen aus dem Computer vertrauen? 225
29. Gibt es natürliche Klimamuster, die uns bei Prognosen helfen könnten? 230
30. Welche Anzeichen gibt es für Kipppunkte? 235

VII. Klimaschäden 243

31. Welche Auswirkungen hat der Klimawandel auf die Tierwelt? 243
32. Fortschreitende Ozeanversauerung: Wie gefährlich ist die Lage? 246
33. Stehen die Korallen vor dem Hitze-Aus? 249

34. Hitzetote, Kältetote und Krankheiten: Welchen Einfluss hat der Klimawandel? 252
35. Was ist von der arktischen Methan-Zeitbombe zu halten? 254
36. Wird die Erde grüner? 257
37. Gefährdet oder verbessert CO_2 unsere Ernährungsbasis? 261

VIII. Weltklimarat und Klimakonferenzen 267

38. Wer schreibt die IPCC-Klimazustandsberichte? 267
39. Warum beherrscht das unplausibelste Szenario die Klimadebatte? 268
40. Der ominöse 97 %-Konsens: Gibt es ihn wirklich? 271
41. Ist das Pariser Klimaabkommen ein Muster ohne Wert? 276

IX. Energie für eine nachhaltige Zukunft 281

42. Welche Folgen haben Deutschlands Energiewende und der europäische Green Deal? 281
43. Wie grün ist die Windkraft? 286
44. Haben wir ausreichend Energiespeicher? 290
45. Gibt es ein Null-CO_2-Kohlekraftwerk? 297
46. Steht Methan vor einer glänzenden Zukunft? 303
47. Eine neue Generation sicherer Kerntechnik: Eine neue Chance? 308
48. Wann wird die Kernfusion auf der Erde real? 314
49. Wie vernünftig ist die deutsche Energiewende im Verkehr? 319
50. Was ist von der Idee zu halten, eine Billion Bäume zu pflanzen? 325

Unerwünschte Wahrheiten und die Folgen 329

Abkürzungen 348

Stichwortverzeichnis 349

Alle Literaturverweise auf www.unerwuenschte-wahrheiten.de

Statt eines Vorworts: Gerichtsurteile, die unerwünschte Wahrheiten ignorieren

Mit Beschluss vom 24. März 2021 hat das Bundesverfassungsgericht auf Klage einiger Einzelpersonen wie Hannes Jänicke (Schauspieler), Luisa Neubauer (Fridays for Future), Volker Quaschning (Professor für Regenerative Energiesysteme an der Hochschule für Technik und Wirtschaft in Berlin) und Josef Göppel (CSU-Politiker und Energiebeauftragter des Bundesministeriums für wirtschaftliche Zusammenarbeit) entschieden, dass das Klimaschutzgesetz vom 12. Dezember 2019 verfassungswidrig ist, weil »hinreichende Maßgaben für die weitere Emissionsreduktion ab dem Jahre 2031 fehlen«.[1] Wie kommt das Gericht zu diesem Ergebnis?

In der Beschreibung der »tatsächlichen Grundlagen des Klimawandels« (Ziff. 16–29)[2] und der »tatsächlichen Grundlagen des Klimaschutzes« (Ziff. 31–37)[2] bezieht sich das Gericht im Wesentlichen auf vier Quellen: den Weltklimarat IPCC, das Buch »Der Klimawandel« von Stefan Rahmstorf und Hans Joachim Schellnhuber,[3] das Umweltbundesamt (UBA) und den Sachverständigenrat für Umweltfragen (SRU).

Das Gericht stellt zu den Grundlagen des Klimawandels fest: »*Ohne zusätzliche Maßnahmen zur Bekämpfung des Klimawandels gilt derzeit ein globaler Temperaturanstieg um mehr als 3 °C bis zum Jahr 2100 als wahrscheinlich.*«

Hier ignoriert das Gericht die erheblichen Unsicherheiten über Rückkopplungseffekte, wie etwa der Wolken, die das IPCC selbst dazu führt, eine Spannbreite von 1,5 bis 4,5 °C bei Verdoppelung der CO_2-Konzentrationen von 285 ppm (im Jahr 1860) auf 570 ppm (im Jahr 2100) anzugeben.

In Ziffer 20 greift das Gericht die unter Klimaforschern umstrittene Annahme Stefan Rahmstorfs auf, wonach es Hinweise gebe, »*dass infolge des Abschmelzens des Grönländischen Eisschildes und anderer Frischwassereinträge in den Nordatlantik die thermohaline Zirkulation des Nordatlantiks (atlantische Umwälzbewegung) an Stärke verliert. Eine starke Abschwächung hätte unter anderem große Auswirkungen auf die Wettersysteme in Europa und Nordamerika. Der Nordatlantikraum würde sich rasch um mehrere Grad abkühlen.«* Dabei beruft sich das Gericht auf eine umstrittene Außenseitermeinung. Hätte es auf die Webseite des Max-Planck-Instituts für Meteorologie in Hamburg geschaut, hätte es auf die Frage, ob *»die globale Erwärmung zum Abriss des Golfstroms führen«* kann, die Antwort gelesen: *»Die kurze Antwort ist: Nein.«*[4]

Auch die Schellnhuber'schen Kipppunkte haben es dem Gericht angetan. *»Als eine besondere Gefahr für die ökologische Stabilität werden sogenannte Kipppunktprozesse im Klimasystem angesehen, weil diese weitreichende Umweltauswirkungen haben können. Kippelemente sind Teile des Erdsystems, die eine besondere Bedeutung für das globale Klima haben und die sich bei zunehmender Belastung abrupt und oft irreversibel verändern. Beispiele sind die Permafrostböden in Sibirien und Nordamerika, die Eismassen in den polaren Zonen, der Amazonasregenwald und bedeutende Luft- und Meeresströmungssysteme.«* (Ziffer 21). Wahrscheinlich hatten die Richter das Interview von Professor Jochem Marotzke, dem Doyen der deutschen Klimaforscher vom Hamburger Max-Planck-Institut, mit der *FAZ* nicht gelesen – Frage: *»Welcher Kipppunkt macht Ihnen am meisten Sorgen?«* Marotzke: *»Keiner.«*[5]

Auch bei den Extremereignissen entspricht das Urteil kaum den aktuellen Erkenntnissen. Selbst der Deutsche Wetterdienst hatte 2018 erklärt – wie der IPCC noch 2013 –, dass es schwierig sei, eine Zunahme von Extremwetterereignissen in Deutschland statistisch nachzuweisen.

Das folgende unzureichende Verständnis von Quellen und Senken des CO_2 in Ziffer 32 hat riesige Konsequenzen für den Urteilsspruch: *»Es wird angenommen, dass ein annähernd linearer Zusammenhang zwischen der Gesamtmenge der über alle Zeiten hinweg kumulierten anthropogenen CO_2-Emissionen und der globalen Temperaturerhöhung besteht. Nur kleine Teile der anthropogenen Emissionen werden von den Meeren und der terrestrischen Biosphäre aufgenommen.«*[6] Das ist nun objektiv falsch, denn der Zusammenhang ist in Wirklichkeit logarithmisch und nicht linear. Aber wer hat das dem Gericht aufgeschrieben?

Und es geht so weiter: *»Der große Rest anthropogener CO_2-Emissionen verbleibt aber langfristig in der Atmosphäre, summiert sich, trägt dort zur Erhöhung* *der CO_2-Konzentration bei und entfaltet so Wirkung auf die Temperatur der Erde. Im Gegensatz zu anderen Treibhausgasen verlässt CO_2 die Erdatmosphäre in einem für die Menschheit relevanten Zeitraum nicht mehr auf natürliche Weise.«* (Ziffer 32)

Selbst der IPCC würde dem widersprechen, denn es werden zurzeit etwa 4,7 ppm jährlich durch anthropogene CO_2-Emissionen der Atmosphäre hinzugefügt, aber etwas mehr als die Hälfte des Zuwachses wird durch Ozeane und Pflanzen aufgenommen. Das Gericht nimmt fälschlicherweise an, es wären *»nur kleine Teile«*, die aufgenommen würden. Da die Aufnahme von Pflanzen und Ozeanen proportional zur CO_2-Konzentration in der Atmosphäre erfolgt, hätte eine deutliche Emissionsreduktion – wie etwa eine Halbierung – in der Zukunft sehr wohl eine Konzentrationsminderung in der Atmosphäre zur Folge, denn die durch Pflanzen und Ozeane aufgenommenen etwa 2,6 ppm bleiben vorerst unverändert, auch wenn die CO_2-Emission auf 2,35 ppm sinkt.

Aber mit dieser Feststellung hat das Gericht die Voraussetzung für den CO_2-Budgetansatz geschaffen: *»Daher lässt sich in Annäherung bestimmen, welche weitere Menge an CO_2 noch höchstens dauerhaft in die Erdatmosphäre gelangen darf, damit diese angestrebte Erdtemperatur nicht überschritten wird ... Diese Menge wird in der klimapolitischen und klimawissenschaftlichen Diskussion als ›CO_2-Budget‹ bezeichnet.«* (Ziffer 36) Und nun fängt das Gericht an zu rechnen und folgt dem Gutachten des sechsköpfigen Sachverständigenrats für Umweltfragen (SRU). Der hatte in seinem Gutachten von 2020 das Budget des IPCC von 2018 zur Einhaltung eines Ziels von 1,75 °C mit 800 Gigatonnen (Gt) CO_2 übernommen.[6] Diese Größe teilt der SRU durch die anteilige Bevölkerung und kommt zu 6,7 Gt CO_2, die Deutschland noch ausstoßen darf. Dass die genannten 800 Gt selbst nach Ansicht des IPCC mit großer Unsicherheit versehen sind, erwähnt das Gericht, rechnet aber weiter mit den 6,7 Gt.

Jochem Marotzke überraschte kurz vor Erscheinen des IPCC-Berichts von 2018 mit der Aussage, dass sich die zulässige Emission an CO_2 für das 1,5-Grad-Ziel auf 1000 Gt erhöht hätte.[7] Ursache hierfür war die Erkenntnis, dass die Pflanzen der grüner werdenden Erde in unvorhergesehener Weise mehr CO_2 aufnehmen können als bislang vermutet. Aber das Urteil folgt lieber den Rechnereien des Sachverständigenrats für Umweltfragen.

Das Gericht summiert die begrenzten Emissionen und kommt zum Ergebnis: »*Nach 2030 verbliebe danach von dem vom Sachverständigenrat ermittelten CO_2-Restbudget von 6,7 Gigatonnen weniger als 1 Gigatonne. (Ziffer 233) Zur Wahrung der Budgetgrenzen müsste demzufolge nach 2030 alsbald Klimaneutralität realisiert werden. ... Dass dies gelingen könnte, ist aber nicht wahrscheinlich.*« (Ziffer 234) Und weiter heißt es: »*Nach der Berechnung des Sachverständigenrats bleibt bei Verfolgung einer Temperaturschwelle von 1,75 °C bei 67%iger Zielerreichungswahrscheinlichkeit nach 2030 allenfalls noch ein minimaler Rest an Emissionsmöglichkeiten, der angesichts des für 2031 noch zu erwartenden Emissionsniveaus kaum für ein weiteres Jahr genügte (oben Rn. 231 ff.). Zur strikten Wahrung des durch Art. 20a GG vorgegebenen Emissionsrahmens wären danach Reduktionsanstrengungen aus heutiger Sicht unzumutbaren Ausmaßes erforderlich, zumal die allgemeine Lebensweise auch im Jahr 2031 noch von hoher CO_2-Intensität geprägt sein dürfte und die jährliche Emissionsmenge im Vergleich zu 1990 erst um 55 % reduziert sein wird (vgl. § 3 Abs. 1 Satz 2 KSG). ... das verfassungsrechtliche Klimaschutzgebot ... (würde) die Hinnahme erheblicher Freiheitseinschränkungen fordern, die aus heutiger Sicht kaum zumutbar wären.*« (Ziffer 246) Der Schlusssatz des Gerichts lautet: »*Der Gesetzgeber muss daher die Fortschreibung der Minderungsziele für Zeiträume nach 2030 jedoch bis zum 31. Dezember 2022 unter Beachtung der Maßgaben dieses Beschlusses näher regeln.*«

Wie die Politik die nach Ansicht des Gerichts 2030 noch vorhandene 1 Gt CO_2 auf alle Sektoren und den Zeitraum 2030 bis 2050 verteilt, ist eine unlösbare Aufgabe. Es sei denn, man macht ab 2035 alles dicht. Damit nähert sich das Gericht der Auffassung eines Klägers, Volker Quaschning, der eine Null-CO_2-Emission für 2035 gefordert hatte.[8] Um den Ausgangspunkt des Gerichts-Restbudgets von 6,7 Gt bis 2050 für Deutschland in ein Verhältnis zu setzen: Das entspricht etwa einem halben Jahr CO_2-Emissionen der VR China in 2030. Bis zu diesem Zeitpunkt beabsichtigt das Land nach seiner freiwilligen Erklärung zum Pariser Abkommen die Emissionen von 9,5 auf 12,5 Gt zu steigern – pro Jahr wohlgemerkt. Das Gericht sieht aber für Deutschland für 2030 bis 2050 ein Restbudget von durchschnittlich 0,05 Gt pro Jahr vor, so viel, wie allein die Baustoffindustrie emittiert, die naturgesetzlich durch die Zementherstellung CO_2 (Calciumcarbonat-Verarbeitung zu Calciumoxid) ausstößt.

War schon das Klimaschutzgesetz dazu angetan, erhebliche Wohlstands- und Arbeitsplatzverluste bis 2030 zu bewirken, werden die jetzt zu erwartenden Verschärfungen zu tiefsten Verwerfungen führen. Spät, sehr spät wird man erkennen, dass die Elektrifizierung der Sektoren Wärme, Verkehr und Industrie ohne Erdgas, ohne die in Deutschland verbotene CO_2-Abscheidung, ohne die in Deutschland verbotene Kernenergie nicht zu bewerkstelligen ist. Wind und Solar werden die nötige Energie jedenfalls nicht liefern. Denn es geht praktisch um die Stilllegung der Gas- und Ölheizungen, das Verbot von Benzin- und Dieselautos, die Stilllegung des Lkw-Verkehrs, des Flugverkehrs, der Raffinerien, der Grundstoffindustrie und die Durchleitung des in Nord Stream 1 und 2 ankommenden Erdgases (etwa 0,2 Gt CO_2 pro Jahr) an unsere Nachbarn, die es dann verbrennen dürfen – das volle grüne Programm also.

Das wird grandios scheitern. Das Gericht hat einen momentanen, mit hohen Unsicherheiten behafteten Diskussionsstand der Klimadebatte zum Anlass genommen, den CO_2-Knopf in Deutschland für 2030 bis 2050 auf null zu stellen. Wir bräuchten dringend eine Abkühlung – nicht nur in der CO_2-Debatte, sondern auch des Klimas selbst. Nur wenn die von vielen Wissenschaftlern erwartete Abkühlung in diesem Jahrzehnt eintritt, ist der deutsche soziale Rechtsstaat noch zu retten. Hinsichtlich dieser Abkühlung gegenüber den Modellprognosen sind wir zuversichtlich.

Gerichtsurteil in Den Haag: Der Fall Royal Dutch Shell

Im Mai 2021 hat ein niederländisches Gericht aufgrund der Klage von sieben Umweltschutzverbänden und zahlreichen Bürgern die Firma Shell verpflichtet, den CO_2-Ausstoß nicht nur in der Produktion, sondern auch bei den Öl-, Kraftstoff- und Gaskunden um 45 % bis 2030 zu verringern.[9] Der Tenor des Urteils erinnert stark an die Argumentation des deutschen Bundesverfassungsgerichts. Das einzig Tröstliche an dem Shell-Fall ist, dass offenbar andere Länder eine ähnlich »bekloppte« (Sigmar Gabriel) Klimapolitik machen wie Deutschland. Das Appeasement, das Shell schon seit geraumer Zeit in Sachen CO_2 an den Tag legt (wir stehen voll hinter dem Pariser Abkommen, wir wollen bis 2050 um 45 % CO_2 reduzieren), und selbst die großzügige Finanzierung von Klima-NGOs hat Shell nichts genutzt. Insofern hält sich unser Mitleid in Grenzen. Erst, wenn es den Firmen an den Kragen geht, erwachen die Manager vom wohlgefälligen Mitschwimmen im Mainstream. Jetzt meldet sich sogar Herr Brudermüller, CEO der BASF, der bislang eher dadurch aufgefallen ist, dass er auf grünen Parteitagen das grüne hohe Lied gesungen hat. Nun kommt auch er zum Ergebnis, dass der Ersatz fossiler Rohstoffe zu einer Vervielfachung des Strombedarfs führen wird. *»Für unseren Standort Ludwigshafen wird er sich verdreifachen.«*[10] Zur Erinnerung: Die BASF verbraucht schon heute eine Strommenge vergleichbar der von Dänemark.

Als die Kernenergie stillgelegt wurde, schwiegen die Manager. Als die Stromindustrie auseinandergenommen wurde, kam kein Protest. Als die Automobilindustrie ihrer Grundlagen beraubt wurde, wurde ebenso geschwiegen. Nun geht es um die Chemie und die Petrochemie, den Kern jeder Industriegesellschaft. Die deutsche chemische Industrie ist die größte in Europa und liegt weltweit hinter China, USA und Japan an vierter Stelle. 464 000 Arbeitsplätze gibt es hierzulande in 2000 Unternehmen der Chemieindustrie, mit Zulieferern ergibt das eine Million hochwertige Arbeitsplätze. Schauen Sie sich um in Ihrem Umfeld, um zu entdecken, worauf man verzichten würde ohne Petrochemie, ohne Pharmaka, ohne Handy-Bildschirm, ohne Kabelummantelung, Dämmstoffe, Kosmetika, Farben, Lacke, Beschichtungen, Kunstfasern, Klebstoffe, Wasch- und Reinigungsmittel. Und stellen Sie sich vor, es müsste Wasserstoff aus Windmühlen produziert werden. Ist das realistisch? Nach der Strommangelwirtschaft mit Abschaltungen droht die Chemiemangelwirtschaft mit dreimal so teuren Produkten oder auf Bezugsschein. Denn eins ist klar: Nach dem Urteil von Den Haag werden die Deutsche Umwelthilfe, Fridays for Future und Greenpeace versuchen, auch der deutschen Chemieindustrie per Gerichtsbeschluss den Garaus zu machen.

Einführung

*»Wenn die Tatsachen nicht mit der Theorie übereinstimmen –
umso schlimmer für die Tatsachen«*
GEORG WILHELM FRIEDRICH HEGEL (1770–1831),
deutscher Philosoph

»Prognosen sind schwierig, besonders wenn sie die Zukunft betreffen«
MARK TWAIN (1835–1910), amerikanischer Schriftsteller

Es gibt kaum ein Thema, das die Menschen mehr bewegt als die Entwicklung unseres Klimas, weil sie uns alle gleichermaßen betrifft. Das gilt spätestens dann, wenn Politik durch Gesetzgebung den menschlichen Einfluss auf das Klima zurückdrängen will. Das Tempo und das Ausmaß des Eingriffs in unser Wirtschaftssystem und unsere Lebensgewohnheiten hängen aber ab von der Tragweite wissenschaftlicher Erkenntnisse über Ursachen und zukünftige Entwicklungen des Klimas. Jeden Tag gibt es neue wissenschaftliche Erkenntnisse, jeden Tag gibt es neue Meldungen und Berichte in den Medien.

Ist das arktische Meereis in wenigen Jahren weggeschmolzen oder ist es seit einigen Jahren stabil? Nehmen die Starkregenereignisse zu oder sind sie seit 100 Jahren weltweit im Mittel gleich geblieben? Wie ist es mit Hurrikanen, Dürren? Welche Temperaturentwicklung ist aufgrund des menschlichen Einflusses in diesem Jahrhundert zu erwarten: ein, zwei oder viereinhalb Grad? Gibt es auch natürliche Veränderungen unseres Klimas, die wir noch nicht hinreichend verstehen? Trägt das steigende CO_2 wirklich zur Verbesserung der Nahrungsmittelversorgung in der Welt bei?

Quellen für Zitate dieser Einführung sind in den einzelnen 50 Kapiteln aufgeführt.

Die Informationslage für den interessierten Bürger wird undurchschaubarer, weil sowohl einige Wissenschaftler, Teile der Politik und die übergroße Mehrzahl der Medien dem Hang nicht widerstehen können, wissenschaftliche Sachverhalte so darzustellen, dass Angst und Verunsicherung die Menschen empfänglicher machen, jeden anderen Aspekt unserer hochentwickelten Gesellschaften dem Ziel des Klimaschutzes rigide unterzuordnen. Zudem ist die Klimawissenschaft eine interdisziplinäre, hochkomplexe Disziplin. Wer weiß schon etwas anzufangen mit Begriffen wie der CO_2-Sensitivität des Klimasystems ECS oder der Atlantischen Multidekadischen Oszillation AMO? Wie wirkt CO_2, wie wirkt die Sonne auf das Klimasystem, welche Verstärkungs- und Abschwächungseffekte gibt es, welche Rolle spielen Wolken, Ozeane oder die Photosynthese der Pflanzen?

Die Kompliziertheit erzeugt sehr häufig einfache Antworten, die die Menschen leichter erreichen. Etwa: 100 % der Temperaturänderung in den letzten Jahrzehnten sind menschengemacht. Oder: Dies ist die letzte Generation von Menschen auf dem Planeten Erde. Die Simplifizierung wird der Komplexität des Themas jedoch meist nicht gerecht. Viele Menschen wünschen sich daher eine leicht verständliche, trotzdem aber wissenschaftlich fundierte Darstellung der Sachverhalte. Wir werden in dieser Einführung in einem Überblick die wichtigsten Fragen und Sachverhalte zur Klimadebatte aus diesem Buch vorstellen, die wir dann in weiteren 50 Kapiteln vertiefen werden.

Die Erwärmung

Die Erwärmung unserer Erde ist real, während der vergangenen 150 Jahre nahm die globale Durchschnittstemperatur um etwa 1,0 °C zu. Doch auch das vorindustrielle Temperaturniveau schwankte stark. Verfolgen wir die Klimageschichte zurück, so erfahren wir die stärkste Erwärmung seit der letzten großen Eiszeit im »Holozänen Thermischen Maximum« (HTM) vor etwa 8500–5500 Jahren. In dieser Zeit, auch »Atlantikum« genannt, wurde das moderne Wärmeniveau um bis zu 3 °C übertroffen. Diese besonders warme Phase endete etwa 3500 v. Chr. In den folgenden Jahrtausenden kühlte sich das Klima langsam, aber stetig ab. Weltweit begannen die Gletscher wieder zu wachsen, weshalb diese Phase auch als »Neuvereisung« bezeichnet wird. Dem Langzeittrend überlagert sind charakteristische Warm-Kalt-Zyklen im Jahrtausend-Takt. Während der Römischen Warmzeit (Roman Warm Period = RWP, 250 v. Chr.–400 n. Chr.) erreichten die Temperaturen in vielen Regionen der Erde das heutige Wärmeniveau oder überschritten es sogar. Auch die Mittelalterliche Wärmeperiode (MWP, 800–1300 n. Chr.) und die Kleine Eiszeit (1300–1850 n. Chr.) gehören zu diesen Zyklen.

Wärmere und kältere Zeiten wechselten sich seit der Eiszeit im Rhythmus von etwa 1000 Jahren ab. Das notorische Desinteresse des Weltklimarates (Intergovernmental Panel on Climate Change, IPCC) an diesem Thema, an dem aktuell eine Vielzahl von Klimawissenschaftlern aktiv forscht, macht ratlos. Wäre es nicht von großer Wichtigkeit, diesen langrhythmischen Herzschlag des Klimasystems gründlich zu untersuchen, um ihn in die Klimamodelle zu integrieren oder nach sorgfältiger Prüfung zu verwerfen? Der IPCC-Spezialbericht zum 1,5-Grad-Ziel von 2018 geht mittlerweile von 100 % anthropogenem Anteil an der Erwärmung der letzten 150 Jahre aus. Es ist klar, dass die natürliche Millenniums-Klimazyklik die monokausale IPCC-Sichtweise in Frage stellen würde.

Die Klimaprognosen bis zum Jahr 2100 basieren auf theoretischen Klimasimulationen. Während die Erwärmung der letzten 150 Jahre von den Modellen in der Regel ohne größere Probleme dargestellt werden kann, können die Klimamodelle die aus geologischen Rekonstruktionen gut belegte MWP-Wärme nicht zufriedenstellend reproduzieren. Dies ist nicht verwunderlich, denn in den Simulationen geht der Einfluss natürlicher Klimafaktoren bereits vom Ansatz her gegen null. Auslöser von MWP und Kleiner Eiszeit können aber nur natürliche Faktoren gewesen sein, weil die Menschen vor der Industrialisierung keinen nennenswerten Einfluss auf das globale Klima ausübten. Vielleicht wird sich irgendwann einmal auch die Klimaforschung an die Sonne erinnern. Während der MWP war sie stark, während der Kleinen Eiszeit schwach und während der modernen Erwärmung wieder stark.

Im Rahmen des Pariser Klimaabkommens vom Dezember 2015 wurde vereinbart, dass die Zunahme der globalen mittleren Temperatur auf deutlich unter 2 °C, verglichen mit dem »vorindustriellen Niveau«, begrenzt werden muss und dass man sich bemühen solle, den Anstieg auf 1,5 °C zu begrenzen. Bei Betrachtung der letzten 2000 Jahre lag die mittlere vorindustrielle Temperatur etwa auf dem Niveau von 1940 bis 1970, also deutlich höher als im Basisjahr 1870 des IPCC. Der Vergleich der derzeitigen Erwärmung mit dem Referenz-Niveau am Ende der Kleinen Eiszeit vor etwa 150 Jahren ist also wenig sinnvoll, weil diese Zeit eine der kältesten Epochen der letzten 10 000 Jahre repräsentiert. Klimapolitisch macht das erst recht wenig Sinn. Wollen wir wirklich zurück in eine Klimawelt, die von bitterer Kälte und Hunger gekennzeichnet war? Ist ein Niveau von 1950, das etwa 0,4 °C wärmer war als 1870 und eher dem Durchschnitt der letzten 2000 Jahre entspricht, nicht viel erstrebenswerter?

Die Datierung der klimatischen Ereignisse aus den Klimaarchiven wie Sedimentablagerungen, Eisbohrkernen oder Tropfsteinen ist oft nur mit plus/minus 100 Jahren Ungenauigkeit möglich. Die Klimavergangenheit wird uns daher eher als ein verschmiertes Bild mit weniger Höhen und Tiefen, geringeren Temperaturanstiegen und -rückgängen gezeigt. Da erscheint die augenblickliche Erwärmung schnell als einzigartige und nie dagewesene Entwicklung.

Die globale Temperatur ist in den letzten 150 Jahren mit einer durchschnittlichen Erwärmungsrate von 0,07 °C pro Jahrzehnt angestiegen. Allerdings konzentrierte sich die Erwärmung vor allem auf drei Temperaturschübe, nämlich 1860–1880, 1910–1940 und 1975–1998. Die Temperatursteigerungsrate der drei Episoden war ähnlich und betrug etwa 0,15 °C pro Jahrzehnt. Zwischen den Erwärmungsphasen kühlte sich das Klima jeweils leicht ab oder stagnierte. Die heutige Erwärmungsrate ist keineswegs einzigartig, wie oft behauptet, weder im Maßstab der letzten 1000 Jahre noch im Kontext der letzten 100 000 Jahre. Beim Übergang der Kälteperiode der Völkerwanderungszeit zur Mittelalterlichen Wärmeperiode stiegen hierzulande die Temperaturen innerhalb von 400 Jahren um 4 °C, wie Untersuchungen aus der Eifel zeigen. Das entspricht 1 °C pro Jahrhundert, also ziemlich genau der heutigen Rate.

Die Ozeanzyklen

Von 2000 bis 2014 wurde die Erwärmung merklich abgebremst. Bis heute gibt es hierfür keine zufriedenstellende Erklärung – außer einer, dem sich alle 60 Jahre ins Negative verkehrenden pazifischen Zyklus PDO (Pacific Decadal Oscillation). Diese Erwärmungspause wurde durch eine natürliche Erscheinung, den gewaltigen El Niño von 2016, beendet, was zu einer kurzfristigen Erwärmung führte, allerdings auch zu einem Absinken der Temperaturen von 2017 bis 2019. Welche Bedeutung haben die Ozeanzyklen? Als der IPCC 1988 gegründet wurde, waren die meisten Ozeanzyklen noch unbekannt und konnten in den ersten beiden Klimazustandsberichten von 1990 und 1995 noch überhaupt nicht berücksichtigt werden.

Die PDO spielt eine überragende Rolle für die Entwicklung der globalen Durchschnittstemperatur, wie ein Vergleich der vergangenen 120 Jahre zeigt. Während positiver PDO-Phasen stieg die globale Temperatur stets besonders stark an, wohingegen die Erwärmung bei negativer PDO jeweils ins Stocken geriet bzw. sich das Klima sogar abkühlte. Die drei Erwärmungsepisoden 1860–1880, 1910–1940 und 1975–1998 ereigneten sich während positiver PDO-Bedingungen, die dazwischenliegenden Erwärmungspausen fanden zu Zeiten negativer PDO statt. Die PDO moduliert den Langzeiterwärmungstrend und überlagert ihm einen charakteristischen 60-Jahre-Takt, der einen treppenstufenartigen Verlauf in der Temperaturentwicklung erzeugt. Um das Jahr 1999 wechselte die PDO in die negative Phase, wodurch die globale Erwärmung abgebremst wurde und in eine anderthalb Jahrzehnte andauernde Erwärmungspause mündete. Diese könnte – mit Unterbrechungen – bis etwa zum Jahr 2030 andauern.

Die Atlantische Multidekadische Oszillation (AMO) ist das Pendant zur PDO für den Atlantik. Im Prinzip handelt es sich um die gleiche Schwingung, allerdings hinkt die AMO der PDO um 20 Jahre hinterher. Der AMO-Zyklus übt einen bedeutenden Einfluss auf die Sommertemperaturen in Europa aus, während die Winter weitgehend unabhängig von der AMO sind. Die negative Phase der AMO in den 1960er- bis 1990er-Jahren hatte das Sommerklima in Europa spürbar abgekühlt, während die danach einsetzende und noch immer andauernde positive AMO zu wärmeren und längeren Sommern auf dem Kontinent geführt hat. Forscher der Universität Washington haben 2013 herausgefunden, dass PDO und AMO gemeinschaftlich 30–50 % des letzten großen Erwärmungsschubs von 1975–1998 verursacht haben. Das bedeutet aber auch, dass die Erwärmung durch CO_2 entsprechend geringer zu veranschlagen ist. Und das hat gravierende Folgen: Der Langzeiterwärmungstrend im 21. Jahrhundert wird demzufolge deutlich geringer ausfallen, als es der Weltklimarat bis heute verbreitet.

Die CO_2-Klimasensitivität

In der öffentlichen Klimadebatte geht es in der Regel nicht darum, ob CO_2 erwärmt, sondern *wie stark* es erwärmend wirkt. Es handelt sich also vor allem um eine quantitative Frage. Leider lässt sich die genaue Erwärmungswirkung nicht so einfach durch Experimente oder theoretische Berechnungen ermitteln. Konsens herrscht allein in einem Teilaspekt. Würde CO_2 allein wirken, so würde die globale Temperatur bei jeder Verdoppelung der CO_2-Konzentration in der Atmosphäre lediglich um gut 1 °C ansteigen, was relativ unproblematisch wäre. Die Klimamodelle nehmen aber an, dass durch das zusätzliche CO_2 in einem Verstärkermechanismus mehr Wasserdampf aus den Weltmeeren verdunstet. Da Wasserdampf ein wesentlich stärkeres Klimagas als CO_2 ist, wird der Effekt des CO_2 auf diese Weise verstärkt auf 1,5 bis 4,5 °C pro CO_2-Verdoppelung. Allerdings bedeutet mehr Wasserdampf in der Luft auch mehr Wolkenbildung, welche der Erwärmung entgegenwirken kann. Diesem kühlenden Effekt der Wolken wird in den Modellen aber nicht Rechnung getragen.

Die Stärke der CO_2-Erwärmungswirkung wird durch die sogenannte CO_2-Klimasensitivität, oder, besser verständlich, die Klimawirksamkeit beschrieben: Wie stark erwärmt sich die Atmosphäre bei Verdoppelung des CO_2-Gehalts und dem gerade beschriebenen Verstärkermechanismus? Der IPCC ist sich noch immer nicht sicher, wie stark das CO_2 nun wirklich erwärmt. Pro CO_2-Verdoppelung könnte die Erwärmung laut IPCC 1,5 °C betragen, aber auch bis zu 4,5 °C, also das Dreifache. Dies entspricht einer sehr großen Unsicherheitsspanne, die der IPCC seit seinem ersten Klimazustandsbericht 1990 nahezu unverändert anführt. Trotz größter Forschungsanstrengungen in den letzten drei Jahrzehnten konnte diese

Unsicherheit nicht verringert werden. In der Öffentlichkeit ist kaum bekannt, wie rudimentär unser Wissen in diesem Punkt ist, da in den Medien meist nur ein wenig aussagekräftiger theoretischer Mittelwert angegeben wird, der 3,0 °C im 4. IPCC-Bericht von 2007 betrug. Im darauffolgenden Bericht von 2013 konnten sich die IPCC-Experten jedoch nicht einmal mehr einigen, welchen Mittelwert sie ansetzen sollten.

Die Höhe der CO_2-Klimasensitivität ist jedoch für politische Planungen die alles entscheidende Größe. Ist die Klimasensitivität des CO_2 geringer, so muss der Anteil der natürlichen Ursachen an der Erwärmung der letzten 150 Jahre höher sein – und umgekehrt. Befände sich der wahre Wert am unteren Ende der IPCC-Unsicherheitsspanne bei 1,5 °C, so wären die Klimafolgen eher moderat und leichter beherrschbar. Bei einem Wert von 4,5 °C hingegen wären katastrophale Klimafolgen zu befürchten.

Tatsächlich häuften sich in den letzten Jahren ernst zu nehmende Studien, die einen Wert in der unteren Hälfte und sogar im unteren Drittel des IPCC-Möglichkeitsspektrums wahrscheinlicher werden lassen. Studien aus dem Hamburger Max-Planck-Institut für Meteorologie legen nahe, dass der Mittelwert bei 2 °C liegt, das amerikanisch-englische Forscherteam Judith Curry und Nicholas Lewis kommt auf 1,66 °C. Curry und Lewis verglichen den Wärmeinhalt der Ozeane von 1850–1900 mit den letzten Jahrzehnten. So konnten sie den Erwärmungseffekt durch gestiegenes CO_2 ohne den Einfluss von Ozeanzyklen bestimmen. Eine internationale Forschergruppe unter Beteiligung der Universität Gießen erklärte 2018, dass ein Drittel der modernen Temperaturentwicklung Ostasiens durch natürliche Antriebe verursacht wurde.

Doch die Auffassungen klaffen immer weiter auseinander. So behauptete der Weltklimarat in seinem 2018 erschienenen 1,5-Grad-Sonderbericht (SR15) kurzerhand, dass der menschengemachte Anteil an der Erwärmung bereits final geklärt sei und dass der Temperaturanstieg nahezu vollständig auf den von Menschen verursachten Treibhausgasemissionen beruhen würde. Ein nahezu zeitgleich veröffentlichter Klimabericht der Schweiz räumt den natürlichen Klimafaktoren deutlich mehr Raum ein. Dort heißt es, dass natürliche Faktoren bis zur Hälfte der im Land beobachteten Erwärmung der letzten 100 Jahre verursacht haben könnten.

Die Klimawirkung des CO_2 hängt stark davon ab, wie lange es in der Luft verbleibt. Der Austausch zwischen Atmosphäre, Land und Meer von CO_2 in der Größenordnung von 5–7 Jahren darf nicht verwechselt werden mit der Halbwertszeit des CO_2, die bei etwa 35–40 Jahren liegt. In die Luft ausgestoßenes CO_2 wird teilweise von den Ozeanen, aber auch von Pflanzen durch verstärkte Photosynthese aufgenommen, Ozeane und Pflanzen reagieren also als sogenannte »Senken«, in denen zurzeit etwa 55 % der heutigen Emissionen verbleiben.

Die Aufnahme von CO_2 in die Ozeane und durch Pflanzen ist abhängig von der Konzentration in der Luft. Vor der Industrialisierung gab es ein Gleichgewicht zwischen der Konzentration in der Luft von 280 ppm CO_2 und dem CO_2-Gehalt der Ozeane und der Gesamtheit der Pflanzen. Heute sind mit 410 ppm etwa 130 ppm mehr in der Luft als vor der Industrialisierung. Dieses Mehrangebot an 130 ppm in der Luft bestimmt die Aufnahme in Ozeane und Pflanzen. Die Entnahme von CO_2 aus der Luft ist also nicht abhängig von aktuellen Emissionen (heute etwa umgerechnet 4,7 ppm pro Jahr), sondern von dem, was sich aufsummiert hat. Das ist nicht unbedeutend, heißt dies doch, dass bei einer Verringerung der Emission die Größe der Aufnahme durch Ozeane und Pflanzen (2,6 ppm pro Jahr) nicht parallel zurückgeht. Bei einer Halbierung der Emission auf 2,35 ppm pro Jahr wird mehr CO_2 abgeschieden, als neu hinzukommt, was bereits zu einer Verringerung der CO_2-Konzentrationen in der Luft führen würde. Eine Rückführung auf null, wie es viele Politiker fordern, ist nicht erforderlich, um ein Absinken der CO_2-Gehalte zu erzielen.

Es wird immer wieder behauptet, dass die Senken für CO_2, die Ozeane und die Pflanzen, wegen Sättigung zukünftig weniger CO_2 aufnehmen könnten. Dafür gibt es momentan keine Anzeichen. Interessanterweise ist die Abbauzeit seit 60 Jahren konstant und lässt sich relativ einfach berechnen. Teilt man die anthropogen erzeugte CO_2-Konzentration in einem bestimmten Jahr durch den Abbau in dem jeweiligen Jahr, so kann man die Halbwertszeit errechnen. Sie betrug 1959 etwa 38 Jahre und 2019 etwa 35 Jahre. Die Aufnahmefähigkeit ist also sogar leicht gestiegen. Es ist demnach nicht zu erwarten, dass die Aufnahmefähigkeit von Ozeanen und Pflanzen auf absehbare Zeit zurückgeht. Die Klimamodelle des IPCC gehen dagegen von einer starken Abnahme der Aufnahmefähigkeit aus, was die CO_2-Konzentrationen in der Zukunft zusätzlich anschwellen ließe.

Extremwetterereignisse

Extremwetterereignisse werden von einigen Akteuren der Klimadebatte regelmäßig als Folge des menschengemachten Klimawandels gedeutet. Und welcher Zeitungsleser kann das schon beurteilen, ob eine Steigerung des Extremwetters in den letzten Jahrzehnten, Jahrhunderten und Jahrtausenden erkennbar ist oder ob sich das Wetter in der üblichen natürlichen Schwankungsbreite abspielt. Im Jahr 2012 veröffentlichte der IPCC einen Sonderbericht zum Extremwetter. Hierin wird freimütig eingeräumt, dass es noch keine gesicherten Trendinformationen gibt, die eine anthropogene Beeinflussung der allermeisten Extremwetterarten annehmen lassen könnten. Insbesondere könne man keine Zunahme der tropischen Wirbelstürme erkennen, Aussagen zu Tornados und Hagel machen oder globale Trends bei der Entwicklung von Überschwemmungen identifizieren. Dürren würden in einigen Regionen häufiger, in anderen seltener.

Die fehlende Attribution zwischen Extremwettern und anthropogenen Einflüssen gilt auch hierzulande. Der Deutsche Wetterdienst erklärte 2018, dass es bislang noch schwierig sei, eine Zunahme von Extremwetterereignissen in Deutschland statistisch nachzuweisen. Das liest sich in den Medien, wenn ein Sturm über Deutschland hinwegfegt oder sich in einer Region sintflutartige Regenfälle ereignen, sehr häufig anders. Es ist ja auch viel schlagzeilenträchtiger, ein solches Naturereignis auf den Klimawandel zu schieben. Das leuchtet jedem ein und erhöht das schlechte Gewissen jedes Einzelnen. Die Statistik hierfür gibt das allerdings nicht her.

Ein Team der National University in Canberra dokumentierte 2012, dass die globalen Niederschläge in den letzten 70 Jahren trotz globaler Erwärmung weniger extrem geworden sind, und dies sowohl in zeitlicher als auch in räumlicher Hinsicht. Eher gibt es eine Tendenz zu ausgeglicheneren Verhältnissen: Trockene Gebiete wurden feuchter, und feuchte Gebiete wurden trockener. In vielen Fällen weltweit stecken Ozeanzyklen wie die PDO, AMO oder NAO (Nordatlantische Oszillation) hinter Veränderungen beim Hochwasser.

Die Häufigkeit von Dürren blieb im globalen Maßstab während der letzten 30–100 Jahre unverändert. Langzeittrends sind nicht zu beobachten. In einigen Regionen wurden Dürren häufiger, in anderen hingegen seltener. In Deutschland gibt es keinen statistisch gesicherten Trend in der Häufigkeitsentwicklung von Trockenperioden, stellte das Umweltbundesamt (UBA) in seinem »Monitoringbericht 2015 zur Deutschen Anpassungsstrategie an den Klimawandel« fest.

Die Prognosesicherheit

Bjorn Stevens vom Hamburger Max-Planck-Institut für Meteorologie redete im März 2019 Klartext. Obwohl die Rechenleistung der Computer auf das Vielmillionenfache gestiegen ist, sei die Vorhersage der globalen Erwärmung heute so unpräzise wie eh und je. »Es ist zutiefst frustrierend«, kommentiert Stevens den fehlenden Fortschritt in der Prognoseforschung. Stevens gibt weiter zu bedenken: »*Unsere Computer sagen nicht einmal mit Sicherheit voraus, ob die Gletscher in den Alpen zu- oder abnehmen werden.*« Eine der großen Baustellen sind die Wolken, die eine enorme Bedeutung für das Klima besitzen. Verändert sich die niedrige Wolkendecke weltweit um 4 %, so ändern sich die Temperaturen um 2 °C. Modelle können die Wolken aber immer noch nicht korrekt wiedergeben. Nicht einmal die europäischen Wintertemperaturen können zuverlässig angegeben werden. Statt einer Erwärmung, wie die Modelle berechnen, hat es dort eine Abkühlung um 0,37 °C zwischen 1998 und 2012 ergeben, und zwar pro Jahrzehnt.

Viele Politiker und Umweltaktivisten glauben noch immer fälschlicherweise, in den Klimawissenschaften seien heute alle wichtigen Fragen geklärt. Richard Betts, der Leiter der Abteilung Klimafolgen des UK Met Office, äußerte sich 2014 hierzu: »*Die Klimaänderung könnte sehr bedeutend oder auch gering sein. Wir wissen es nicht. Die altmodischen Modelle zur Energiebilanz haben uns dahin gebracht, wo wir heute sind. Wir sind uns nicht sicher, ob es zu massiven Klimaänderungen kommen wird, können es aber auch nicht ausschließen.*« Der Vergleich der Modellergebnisse mit den globalen Temperaturdaten durch Satellitenmessungen zeigt das deutlich. In der Realität hat sich das Klima in den letzten 20 Jahren viel langsamer – etwa halb so stark – erwärmt, wie von den Modellen vorhergesagt.

Sind schon die Modellergebnisse mit sehr großer Unsicherheit verbunden, so machen die Emissions-Szenarien, die der IPCC seinen Berichten zugrunde legt, die Prognosen noch extrem unwahrscheinlicher. Der IPCC beschreibt seit 2014 vier Szenarien der zukünftigen Klimaentwicklung, die sich allein in dem Anstieg der CO_2-Emissionen unterscheiden. Die geringste Temperaturentwicklung wird durch ein Szenario RCP 2.6 beschrieben. 2.6 bedeutet, dass die Erwärmungskraft des anthropogen ausgestoßenen CO_2 nur 2,6 Watt/m² erreicht, da rechtzeitig Minderungsmaßnahmen ergriffen werden. Damit ließe sich, so der IPCC, das 2-Grad-Ziel einhalten. Das andere Extrem wird beschrieben durch RCP 8.5. CO_2 steigt so dramatisch an, dass dadurch 8,5 Watt/m² im Jahr 2100 an Erwärmung erzeugt werden. Dieses Szenario unterstellt, dass sich die CO_2-Emissionen vervielfachen werden. Der Kohleverbrauch würde sich verfünf- bis versiebenfachen. Eine solche Emission ist schlichtweg irreal. Auf diesem Szenariopfad würden uns irgendwann in den 2080er-Jahren Kohle, das Öl und das Gas ausgehen. Dieses Szenario wird in der Öffentlichkeit dann auch noch als »Business as usual« bezeichnet. Doch für viele Politiker und Journalisten sowie für »Fridays for Future« ist das unplausible Worst-Case-Szenario der Bezugspunkt für die Ausrufung des Klimanotstands. Und keiner der Wissenschaftler des IPCC ruft »Halt«. Wir können uns nicht am unwahrscheinlichsten, irrealen Extremszenario orientieren, denn die finanziellen Mittel der Gesellschaft sind begrenzt. Je unwahrscheinlicher ein Szenario, umso mehr Geld verschlingt dessen Vermeidung: Geld, das für andere Bedrohungen der Menschheit bereitstehen müsste.

Mittelfristige Klimaprognosen, die Vorhersagezeiträume von ein bis zehn Jahren umfassen und daher auch als »dekadische Klimavorhersagen« bezeichnet werden, sind erheblich belastbarer. Ein solches Forschungsprojekt zu mittelfristigen Klimaprognosen gibt es in Deutschland. Dieses MiKlip des deutschen Bundesforschungsministeriums deckt den realistischen Zeitraum von etwa zehn Jahren ab und kommt zu unspektakulären Ergebnissen. Wahrscheinlich hat daher niemals eine öffentliche Rundfunkanstalt oder ein anderes Medium darüber berichtet. Für die globale Temperatur bis zum Jahre 2028 sagt dieses Projekt eine Erwärmungspause voraus. Interessanterweise hatte MiKlip noch zwei Jahre zuvor eine rapide Erwärmung von mehr als zwei Zehntel Grad pro Jahrzehnt für die kommenden Jahre prognostiziert. Auch amerikanische Wissenschaftler wie Judith Curry kommen zu einer für die Klimapolitik höchst bedeutsamen Voraussage, dass es nämlich aufgrund der kühlenden Auswirkungen schwacher solarer Zyklen und der negativen Phase der AMO sogar bis 2050 zu einer Erwärmungspause kommen kann. Da werden sich die Bürger so manche Frage stellen, wenn ihnen zwischenzeitlich die Politik massive Einkommens- und Arbeitsplatzverluste zumutet und die von der Kassandra-Gemeinde um den IPCC prognostizierte Erwärmung nicht eintritt.

Die Aufnahmefähigkeit der Pflanzen

Es gibt kaum eine negative Wirkung auf der Erde, die nicht dem CO_2-Molekül zugeschrieben wird. Es ist zu der meistgefürchteten gasförmigen Substanz geworden. Aber es ist der Baustein des Lebens. Für Pflanzen ist CO_2 überlebensnotwendig. Unsere Bäume, aber auch Weizen, Roggen, Reis wachsen besser mit steigendem CO_2-Gehalt der Luft. Von der vorindustriellen Zeit bis heute hat sich die Photosyntheseleistung der meisten Pflanzen um 65 % gesteigert. Sollten sich die Bemühungen der Staaten, die CO_2-Emissionen zu begrenzen und abzusenken, erst gegen Ende des Jahrhunderts realisieren lassen, ist mit einem Anstieg der CO_2-Konzentrationen auf 600 ppm zu rechnen. Bei einem solchen Anstieg des CO_2 in der Luft von den heutigen 410 ppm auf 600 ppm legen die Pflanzen noch einmal 35 % zu. Satellitenbilder zeigen eindeutig, dass sich etwa auf einem Viertel bis zur Hälfte der bewachsenen Gebiete der Erde die Vergrünung breitgemacht hat. In den letzten beiden Jahrzehnten entstanden im Mittel 310 000 km² zusätzliche Blatt- und Nadelfläche, ungefähr die Größe Polens oder Deutschlands – jedes Jahr. Diese zusätzliche Fähigkeit der Pflanzen ist in den Klimamodellen nicht berücksichtigt, im Gegenteil, sie gehen davon aus, dass die Aufnahmefähigkeit der Pflanzen mit steigender Erwärmung zurückgeht. Dieser unberücksichtigte Effekt macht eine bedeutende Größenordnung aus, nämlich etwa 4 Milliarden Tonnen CO_2 pro Jahr zusätzlich. Das ist die jährliche Emission der Europäischen Union. Diese Erkenntnisse sind für die Ernährung der Menschheit von größter Bedeutung.

Wie der amerikanische CO_2-Experte Craig Idso darlegen konnte, steigt bei einem Anstieg um 300 ppm der Ertrag bei Getreide wie Weizen, Roggen, Hafer und Reis um 43 %, bei Früchten und Melonen um 24 %, um 44 % für Gemüse, 48 % für Wurzeln, 37 % für Hülsenfrüchte wie Erbsen, Bohnen oder Sojabohnen. Rechnet man durchschnittlich mit rund 35 % Zuwachs bei Verdoppelung des CO_2, so sind wir bis heute in den Genuss einer etwa 15 %igen Ertragssteigerung gekommen. Wer sagt es den Schülerinnen und Schülern von »Fridays for Future«, dass wir ohne den CO_2-Anstieg ganz gewiss zu wenig Nahrungsmittel hätten, um die Welt satt zu machen? Allein 15 % weniger Reis, Weizen und Soja wären auf Dauer für die Weltbevölkerung nicht erträglich. So erweist sich das so geschmähte »Klimagift« CO_2 als großes Glück, um Hunger in der Welt zu vermeiden.

Aber nicht nur die Quantität der Früchte wächst, sondern auch deren Qualität. Orangen enthalten bei höherer CO_2-Konzentration in der Luft höhere Vitamin-C-Gehalte, und Tomaten enthalten mehr Vitamin A. Immerhin um mehr als 50 % steigt der Vitamin-C-Gehalt von verschiedenen Gemüsesorten bei Verdoppelung des CO_2-Gehalts von 350 auf 700 ppm. Aber auch die Bildung wichtiger gesundheitsfördernder pflanzlicher Stoffe wie Polyphenolen, Flavonoiden, Anthocyanen und Antioxidantien nahm schon bei einem Anstieg von 300 auf 450 ppm CO_2 um 72 % zu, wie man etwa bei Erdbeeren feststellen konnte. Der Anteil gesundheitsfördernder Stoffe bei Gemüse nimmt ebenfalls in beeindruckender Weise zu. Wir sollten alle an diesen Zusammenhang denken, wenn beim nächsten Mal vom Klimakiller oder Klimagift CO_2 und dem Wunsch, auf 280 ppm CO_2 zurückkehren zu wollen, die Rede ist.

Der Zeitfaktor

Es besteht keine Frage, dass die CO_2-Emissionen weltweit zu reduzieren sind, eine Halbierung im Verlaufe dieses Jahrhunderts wäre schon ein großer und wahrscheinlich ausreichender Erfolg, wenn die Klimasensitivität des CO_2 am unteren Ende der Bandbreite des IPCC zwischen 1,5 und 2 °C liegt (wofür vieles spricht). Wir täten gut daran, die Energiezukunft nicht auf zwei Technologien wie Wind- und Sonnenenergie zu verengen, insbesondere dann, wenn der Zeithorizont bis zum Jahre 2100 reicht. Alle Alternativen, seien es inhärent sichere Kernkraftwerke oder Fusionskraftwerke, aber auch wettbewerbsfähige Erneuerbare Energien mit Wasserstoff gekoppelt, brauchen neben einem gesellschaftlichen Ruck zu Innovationen auch Finanzkraft und vor allen Dingen Zeit.

Daher ist die entscheidende Frage für eine langfristig nachhaltige und wettbewerbsfähige Energieerzeugung, wie schnell die CO_2-Reduktion erfolgen muss. Wenn wir nur zwölf Jahre, also drei Legislaturperioden Zeit hätten, könnte das nur durch eine Crash-Transformation durch Wind und Solarstrom erfolgen. Das Ergebnis wären ein Absturz der Ökonomie und massive Wohlstandsverluste. Hätten wir drei Generationen Zeit, um einen Großteil des CO_2 zu vermeiden, hätten wir die Chance, dieses Ziel – neben den bereits vorhandenen Technologien für Erneuerbare Energie – mit neuen CO_2-freien Technologien, mit einem Fortschritt an Produktivität und wachsendem Wohlstand zu erreichen. Dann, und nur dann, werden uns andere Nationen folgen.

Wir werden im Folgenden in 50 Kapiteln im Detail die wichtigsten Fragen und Sachverhalte zur Klimadebatte darstellen, damit sich jeder das Wissen aneignen kann, das es ihm ermöglicht, sich an der für die weitere gesellschaftliche Entwicklung so entscheidenden politischen Debatte über Tempo, Art und Ausmaß von Klimaschutzmaßnahmen konstruktiv, faktenorientiert und selbstbewusst zu beteiligen. Dabei werden wir auch auf die vielen unzulässigen Vereinfachungen, Übertreibungen, das Vernachlässigen von Zusammenhängen und verantwortungslose Zuspitzungen eingehen, die in Deutschland nicht nur bei der jungen Generation ein Klima der Angst erzeugt haben. Mehr noch, es werden diejenigen als Klimaleugner verächtlich gemacht, beruflich isoliert und gesellschaftlich ausgegrenzt, die auf Messungen, empirische Zusammenhänge, natürliche Teilursachen, historische und geowissenschaftliche Erkenntnisse setzen, ohne die physikalischen und chemischen Veränderungen der Atmosphäre durch anthropogene Einflüsse außer Acht zu lassen. Nur wer bekennt, dass allein CO_2 und der Mensch das Klima machen, hat eine Chance, gehört zu werden.

Dabei tut es bitter not, die unerwünschten Wahrheiten auszusprechen, damit in der Gesellschaft überhaupt wieder ein offener Diskurs stattfinden kann. Um diese gesellschaftliche Debatte über den richtigen Weg und das richtige Tempo einer Dekarbonisierung wieder zu öffnen, haben wir Wert darauf gelegt, dass jeder Satz dieses Buches belegt ist und mit wissenschaftlichen Publikationen untermauert ist. Die etwa 2300 Literaturzitate hätten den Umfang des Buches gesprengt. Sie sind unter
www.unerwuenschte-wahrheiten.de, zumeist mit einem direkten Link, für jeden zugänglich.

50 Fragen zum Klimawandel

I. Moderne Erwärmung im Licht der Klimageschichte

1. Die moderne Erwärmung: Was wissen wir darüber?

Die Erwärmung unserer Erde ist real,[1] während der vergangenen 150 Jahre nahm die globale Durchschnittstemperatur um etwa 1,0 °C zu.[2] Dabei erwärmten sich die Kontinente und Ozeane allerdings unterschiedlich schnell. Während die Temperaturen an Land um 1,5 °C stiegen, betrug die Erwärmung der Ozeane – die immerhin 71 % der Erdoberfläche bedecken – mit 0,8 °C nur etwa halb so viel.[3; 4] Hauptursache dieser Diskrepanz ist die begrenzte (kühlende) Verdunstung über Landflächen.[5; 6]

Deutschland passt sich sehr gut in diesen Erwärmungstrend ein. Laut Monitoringbericht des Umweltbundesamtes (UBA) von 2019 hat sich die mittlere Lufttemperatur in Deutschland seit 1881 um 1,5 Grad erhöht,[7] was ziemlich genau dem Durchschnitt der Landgebiete entspricht. Weshalb das UBA einen angeblich überdurchschnittlichen Anstieg im Vergleich zur globalen Entwicklung beklagt, bleibt ein Rätsel. Ebenso mysteriös war die Behauptung des deutschen Bundesumweltministeriums (BMU) von 2017, dass sich die Nordsee doppelt so schnell erwärmen würde wie die Weltozeane.[8] In Wirklichkeit erwärmt sich die Nordsee mit einer ähnlichen Rate wie der Ozeandurchschnitt.[9] Das BMU hatte die starke natürliche Variabilität außer Acht gelassen und nur unvollständige Daten bis 2010 betrachtet. Der Wunsch, ganz besonders vom Klimawandel bedroht zu sein, scheint in Deutschland stark ausgeprägt zu sein. Betrachtet man die vergangenen 30 Jahre, sind die meisten Monate in Deutschland merklich wärmer geworden. Eher weniger bekannt ist jedoch, dass sich die ersten drei Monate des Jahres – Januar, Februar und März – bis vor wenigen Jahren abgekühlt haben.[10] Im benachbarten Tirol sind die Wintertemperaturen im Bergland innerhalb der letzten 50 Jahre praktisch unverändert geblieben.[11]

Temperaturänderungen in den Tiefen der Ozeane

Die üblicherweise berichteten Temperaturänderungen beziehen sich auf die Erdoberfläche. In den Ozeanen kann man jedoch auch Messungen in den verschiedenen Wassertiefen durchführen, wozu früher sogenannte Nansen- und Niskinflaschen mit eingebauten Thermometern von Schiffen ins Meer hinabgelassen wurden.[12] Seit der Jahrtausendwende durchtaucht eine moderne Flotte von etwa 3840 automatisierten Treibbojen die obersten 2000 m der Weltozeane und misst systematisch Temperatur, Leitfähigkeit und Druck in der Wassersäule. Auf Basis dieser Argo-Messroboter kennt man die Temperaturentwicklung dieses Tiefenbereiches heute ziemlich genau. Insgesamt haben sich die Wassermassen der obersten 2000 m in den letzten 15 Jahren im globalen Durchschnitt um 0,04 °C erwärmt.[13] Allerdings ist die Entwicklung nicht einheitlich. Während sich die äquatornahen Ozeanbereiche erwärmten, kühlte sich die Wassersäule in der Arktis ab. In den Ozeanen um die Antarktis wiederum blieben die Temperaturen nahezu unverändert. Kombiniert man historische Messungen mit denen der Argo-Flotte, so ergibt sich für die obersten 100 m der Weltozeane seit 1955 eine Erwärmung von etwa einem halben Grad.[13] In Wassertiefen unterhalb 2000 m ist hingegen ein gegenläufiger Trend zu verzeichnen. Die tiefen Ozeane kühlten sich in den letzten Jahrzehnten ab, wobei Wärme an die darüberliegenden Wasserschichten abgegeben wurde.[14–16]

Ende 2018 erschien im Fachblatt *Nature* eine Studie unter Beteiligung von Wissenschaftlern des Kieler Geomar-Instituts, die herausgefunden haben wollten, dass sich die obersten zwei Kilometer der Weltozeane während der letzten 25 Jahre viel schneller erwärmt hätten als zuvor angenommen.[17] Daraus leiteten sie eine weitere Verschärfung der Klimagefahr mit dringendem politischen Handlungsbedarf ab.[18] Medien im In- und Ausland berichteten ausführlich über diese beunruhigenden neuen Resultate.[19; 20] Allerdings stellte sich schnell heraus, dass den Autoren bei ihrer Analyse schwerwiegende Fehler unterlaufen waren,[21] sodass die Arbeit knapp ein Jahr später zurückgezogen werden musste.[22] Weder das Geomar noch die deutschsprachige Presse informierten die Öffentlichkeit darüber, dass die zuvor berichteten Ergebnisse ungültig geworden sind. Ein trauriges Negativbeispiel für den verantwortungslosen Umgang mit politisch relevanten Ergebnissen aus der Klimaforschung.

Nachträgliche Datenveränderungen

Ein potenzielles Aufregerthema sind auch nachträgliche Korrekturen an Messwerten der Erdoberflächentemperaturen. Zunächst einmal gibt es gute Gründe, die gemessenen Rohdaten nachzubearbeiten, um sie vergleichbar zu machen, also zu homogenisieren. Wenn sich Messapparaturen, Berechnungsverfahren, Ort oder Umgebungsbebauung einer Wetterstation verändern, müssen die ermittelten Temperaturdaten entsprechend angepasst werden. Auch Satellitendaten benötigen zunächst Korrekturen, um allmähliche Veränderungen der Satellitenbahn und Sensoren auszugleichen. Allerdings gibt es bei all diesen Eingriffen einen recht weiten Ermessensspielraum, den verschiedene Anbieter globaler Temperaturprodukte unterschiedlich auslegen. Nehmen wir als Beispiel die Datenreihe des NASA Goddard Institute for Space Studies (GISS) in New York City. Das Institut wurde lange Jahre von James Hansen geleitet, der die Leitung später an Gavin Schmidt abgab. Beide Wissenschaftler sind stark in der Klimaschutzbewegung engagiert. Die Messdatenkorrekturen führten zu einer nachträglichen Abkühlung der ersten Hälfte des 20. Jahrhunderts um etwa 0,1 °C, während die letzten Jahrzehnte des 20. Jahrhunderts um etwa 0,1 °C angehoben wurden (s. Abb. 1).[23] Insgesamt steigerte sich der Wert der globalen Erwärmung hierdurch um etwa 0,2 °C. Dies klingt nicht gerade nach sehr viel, entspricht aber immerhin einem Fünftel der gesamten zur Debatte stehenden Erderwärmung von insgesamt mittlerweile 1,0 °C. Zudem erhöht es die Erwärmungsgeschwindigkeit. Datenveränderungen mit ähnlichen Trends wurden auch vom britischen Hadley Centre vorgenommen, welches die bekannte HadCRUT-Temperaturreihe verantwortet. Trotz der teilweise fragwürdigen Datenkorrekturen ist der Großteil der aus den Temperaturreihen hervor-

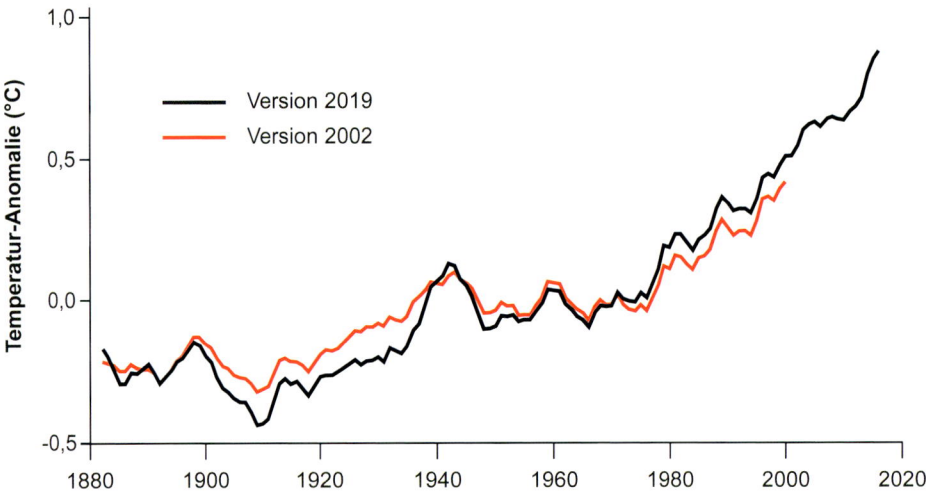

ABB. 1: Nachträgliche Datenveränderung der globalen Temperaturkurve (GISS). Die rote Kurve zeigt die Version von 2002, die schwarze Kurve repräsentiert die modifizierte Datenreihe von 2019. 5-jährige gleitende Mittelwerte. Quelle: GISS-Webseite.[23]

gehenden Erwärmung der letzten 150 Jahre real und lässt sich nicht allein mit Veränderungen an den Messdaten erklären.

Systematische Temperaturbestimmungen mithilfe von Satelliten begannen erst 1979. Eine der beiden gängigen Satellitentemperaturreihen wird vom Privatunternehmen »Remote Sensing Systems« (RSS) herausgegeben, das in Kalifornien ansässig ist. Lange Zeit waren die RSS-Daten relativ stabil, bis vor wenigen Jahren schließlich auch RSS damit begann, die Temperaturen des 21. Jahrhunderts von Hand um anderthalb Zehntel Grad heraufzusetzen.[24] So wurde aus einer stagnierenden Temperaturentwicklung 2000–2014 quasi über Nacht eine leichte Erwärmung. Die Verantwortlichen der zweiten Satellitenreihe, Roy Spencer und John Christy von der University of Alabama in Huntsville (UAH), sehen die Veränderungen ihrer RSS-Kollegen hingegen skeptisch und gehen von einem Kalibrierungsfehler aus.[25; 26]

Ob die Temperaturdatenveränderungen im vollen Ausmaß gerechtfertigt sind oder nicht, lässt sich schwer sagen. Auch ohne diese Eingriffe verbleibt noch immer eine deutliche – wenn auch geringere – Erwärmung während der letzten 150 Jahre. An der globalen Erwärmung ändert die Korrekturdiskussion daher erst einmal nichts. Es fällt jedoch auf, dass die Datenveränderungen im klassischen »Salami-Stil« Jahr für Jahr immer weiter ausgebaut wurden, wobei sich die daraus resultierende Erwärmungsrate stetig steigerte.

Städtischer Wärmeinseleffekt

Eine weitere Kontroverse in der Klimadebatte ist der sogenannte städtische Wärmeinseleffekt. Es ist seit längerer Zeit bekannt, dass sich städtische Regionen durch ihre wärmespeichernde Betonbebauung, verringerte Verdunstungskühlung, eingeschränkte Luftzirkulation und Abwärme deutlich stärker aufheizen als das ländliche Umland. So beträgt der Unterschied der Jahresmitteltemperatur zwischen Stadt und Umland in München 2–3 °C und in Hamburg 1 °C (s. Abb. 2).[27; 28] Betrachtet man einzelne Tage, so treten die größten Temperaturdifferenzen in heißen Sommernächten auf, mit Unterschieden von zum Teil mehr als 10 °C. Generell steigt der Wärmeinseleffekt mit der Einwohnergröße und Fläche einer Stadt.[29]

Bei der Erstellung der regionalen und landesweiten Temperaturreihen lässt der Deutsche Wetterdienst (DWD) den städtischen Wärmeinseleffekt unberücksichtigt und führt laut eigenen Aussagen keine entsprechenden Korrekturen durch. Es stellt sich also die Frage, ob ein Teil der in Deutschland

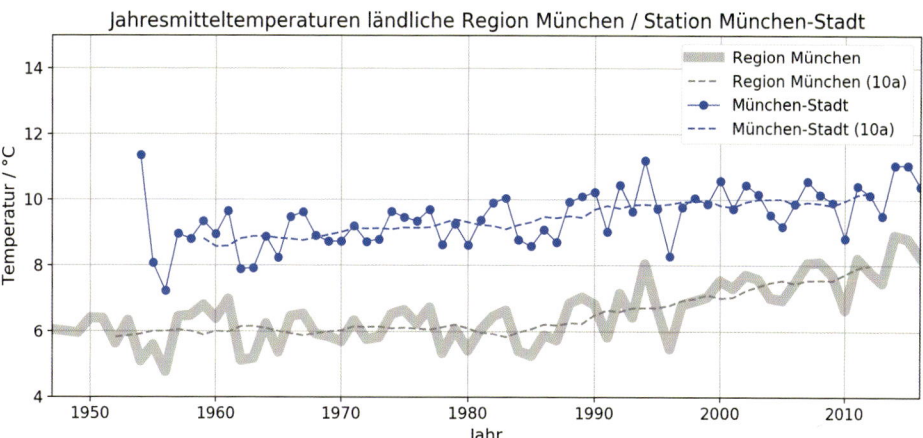

ABB. 2: Jahresmitteltemperaturen und 10-jährige gleitende Mittelwerte für die ländliche Region München (graue Kurve) und die Station München-Stadt (blaue Kurve). Abbildung: Jan Olzem.[28]

berichteten Klimaerwärmung auf den städtischen Wärmeinseleffekt zurückzuführen sein könnte. Eine systematische Analyse der deutschen Temperaturdaten konnte jedoch zeigen, dass dies nicht der Fall ist. Zwar liefern großstädtische Wetterstationen deutlich überhöhte Temperaturwerte, ihr Anteil am weitspannigen Messnetz des DWD hat jedoch im Laufe der letzten 70 Jahre stetig abgenommen und ist heute äußerst gering.[28] Im Zuge der langfristigen Optimierung des Messnetzes ersetzte der DWD Stationen im städtischen Umfeld allmählich durch neue Stationen in ländlicheren Gebieten.

Weiterhin ist zu beobachten, dass sich die Erwärmungsraten in Stadt und Umland in Deutschland ähneln. Die Städte erwärmen sich heute etwa genauso schnell wie das Umland, nur auf einem leicht höheren Temperaturniveau (s. Abb. 2).[28] Nach dem großen Wachstumsschub der deutschen Städte zu Beginn der Industrialisierung und in der ersten Hälfte des 20. Jahrhunderts war in den meisten Fällen eine weitere Zunahme der dichten Bebauung und Flächenversiegelung kaum mehr möglich, sodass der Wärmeinseleffekt seitdem weitgehend stabil blieb. Auch auf europäischem Maßstab ist davon auszugehen, dass der städtische Wärmeinseleffekt kaum einen Einfluss auf die kontinentweiten Temperaturwerte hat, da auch hier darauf geachtet wurde, die Wetterstationen möglichst außerhalb der wärmeverzerrten Großstädte zu errichten.[30]

In anderen Regionen der Erde spielt der städtische Wärmeinseleffekt bei der berichteten Klimaerwärmung jedoch durchaus eine bedeutende Rolle. So liegen in China viele der Wetterstationen im städtischen Umkreis. Laut Berechnungen des Nationalen Klimazentrums in Peking geht etwa ein Drittel der in China während der vergangenen 60 Jahre verzeichneten Erwärmung auf den städtischen Wärmeinseleffekt zurück.[31] Eine detaillierte Überprüfung vieler anderer Regionen der Erde steht noch aus.

Rückgang der Wolkenbedeckung

Die mittlere Lufttemperatur in Deutschland hat sich seit 1881 um 1,5 Grad erhöht,[7] gleichzeitig hat sich aber auch die Wolkenbedeckung deutlich verringert. So verlängerte sich die jährliche Sonnenscheindauer auf der Zugspitze während der vergangenen 115 Jahre um knapp 400 Stunden, eine

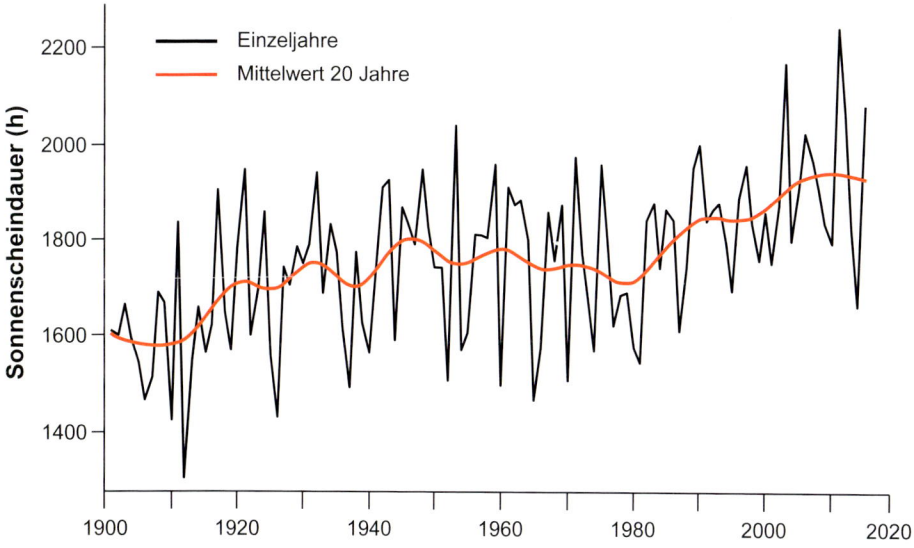

ABB. 3: Entwicklung der jährlichen Sonnenscheindauer an der Station Zugspitze während der letzten 120 Jahre. Schwarze Linie = detaillierte Jahreswerte, rote Linie = gleitendes 7-Jahre-Mittel. Daten: HISTALP.[32]

Steigerung um 25 % (s. Abb. 3).[32] Weniger Wolken in tieferen Atmosphärenschichten bedeuten längeren Sonnenschein.[33] Auch das bisher wärmste Jahr der instrumentellen Temperaturgeschichte Deutschlands zeigt einen interessanten Bezug zu den Wolken. Im Temperaturrekordjahr von 2018 hatte die Sonne in Deutschland mit 2015 Stunden so lange geschienen wie nie zuvor in der Messhistorie.[34]

Der Zusammenhang zwischen Bewölkungsgrad und Temperatur leuchtet intuitiv ein. Das weiß jeder Sonnenanbeter, dessen Vergnügen im Liegestuhl kurzzeitig getrübt wird, wenn sich eine Wolke vor die Sonne schiebt. Weiterhin erscheint es plausibel, dass die langfristig verringerte Wolkendecke für einen Teil der in Deutschland registrierten Klimaerwärmung verantwortlich zeichnet. Aber was ist Ursache, was ist Wirkung? Ein klassisches Henne-Ei-Problem. Mehr Erwärmung durch weniger Wolken oder weniger Wolken durch mehr Erwärmung? Hat das CO_2 die Wolken vertrieben[35], oder spielen hier natürliche Faktoren eine Rolle? Es ist nicht einmal klar, ob zwischen Temperatur und Wolkenbedeckung eine positive[36] oder negative[37; 38] Rückkopplung vorliegt.

Systematische Auswertungen zur globalen Sonnenscheindauer der letzten 100 Jahre gibt es keine. Die weltweiten Messungen per Satellit begannen erst 1983 und lassen keine weitreichenden Aussagen zu Langzeittrends zu. Laut Analysen des International Satellite Cloud Climatology Project (ISCCP) nahm die globale Bewölkung zwischen 1987 und 2000 stark ab, was interessanterweise mit dem letzten starken Erwärmungsschub der globalen Durchschnittstemperatur zusammenfällt. Auch die seit Mitte der 1990er-Jahre intensivierte Eisschmelze des grönländischen Inlandeises wurde durch eine verringerte Sommerwolkendecke mitverursacht, wie Forscher der Universität Bristol feststellten.[39]

Klimawissenschaftler weisen explizit darauf hin, dass die Rolle der Wolken im Klimawandel erst sehr schlecht verstanden ist, da grundlegende physikalische Zusammenhänge noch weitgehend unbekannt sind.[40] Dies führt dazu, dass die Wolken in Klimamodellen nicht im Detail modelliert werden können, was die Robustheit der Modelle einschränkt. Mitunter kommt es in der Folge zu starken Diskrepanzen zwischen beobachteter und simulierter Wolkenbedeckung.[41] Forscher fordern daher eine Art Taskforce, um die zahlreichen offenen Fragen gezielt angehen und klären zu können.[40] Angesichts der enormen Bedeutung der Wolken für das Klimasystem und der großen verbleibenden Unsicherheiten sollten entsprechende Klimasimulationsergebnisse nur unter Vorbehalt Verwendung finden.

2. Mittelalterliche Wärmeperiode und Kleine Eiszeit: Vernachlässigbare lokale Phänomene?

Die moderne Erwärmung der letzten 150 Jahre lässt sich nur im Kontext der vorindustriellen Klimageschichte vollständig verstehen, darüber herrscht Konsens in den Klimawissenschaften. Während das Klima heute auf ein Gemisch natürlicher und anthropogener Antriebe reagiert, hat die vorindustrielle Zeit den großen Vorteil, allein von natürlichen Klimafaktoren angetrieben worden zu sein. Im Prinzip ein Glücksfall, denn so können wir wie in einem kontrollierten Laborexperiment zunächst die Gesetzmäßigkeiten der natürlichen Klimavariabilität studieren, ohne Überlagerungseffekte durch CO_2 oder andere anthropogene Treibhausgase.

Ein besonderes Interesse gilt den natürlichen Wärme- und Kältephasen, die sich in den Jahrhunderten und Jahrtausenden vor Beginn der Industrialisierung um 1850 ereigneten. Wann und wo passierte das, was waren mögliche Auslöser? Beliebtes Studienobjekt ist die Mittelalterliche Wärmeperiode (MWP, 800–1300 n. Chr.), da sie zeitlich der modernen Erwärmung am nächsten kommt. Je mehr wir über diese wichtige natürliche Warmphase in Erfahrung bringen, desto eher verstehen wir die natürlichen Prozesse, von denen wir annehmen müssen, dass sie auch heute noch parallel zu den anthropogenen Beeinflussungen weiterexistieren.

Da es aus dem Mittelalter keine meteorologischen Messreihen gibt, basiert die klimatische Mittelalterforschung vor allem auf geologischen Rekonstruktionen, zu einem kleinen Teil auch auf historischen Aufzeichnungen. Die Paläoklimatologen haben in den letzten 20 Jahren ein umfangreiches Methodikrepertoire entwickelt, das hochinteressante Aussagen zur vorindustriellen Entwicklung von Temperaturen, Niederschlägen und etlichen Extremwetterarten erlaubt. Das Basismaterial stammt dabei üblicherweise von Sedimentkernen aus Sümpfen, Seen und Meeren. Auch Eiskerne, Höhlentropfsteine, Baumringe und etliche weitere geologische Archive liefern wichtiges Probenmaterial.

Grünland

Die bekanntesten Profiteure der MWP waren sicher die Wikinger. Der mittelalterliche Klimawandel ließ die Temperaturen auf ein Niveau steigen, das es ihnen ermöglichte, Island (874 n. Chr.) und später den südwestlichen Küstenstreifen Grönlands (986 n. Chr.) zu besiedeln. Die Temperaturen erreichten damals mindestens das heutige Niveau,[1] und das arktische Meereis war stark abgeschmolzen,[2] was den Wikingerschiffen die Fahrt in ihre neue polare Wahlheimat sicher erleichterte. Die Wikinger lebten auf Grönland vorwiegend von Viehhaltung, ergänzt durch Jagd und Fischfang.[3] Auch im Ackerbau scheinen sie sich versucht zu haben, wobei sie trotz der schlechten Böden zeitweilig zumindest geringe Mengen an Gerste ernteten.[3] An Teilen der Küste scheint es damals Birken und Weidengestrüpp gegeben zu haben,[4] was die Wikinger möglicherweise zum Namen »Grünland« (Grönland) inspiriert hat. Der allergrößte Teil Grönlands war jedoch, so wie heute, vom Inlandeis bedeckt, dessen Ausdehnung sich während der MWP jedoch ein Stück weit hinter den heutigen Gletscherrand zurückgezogen haben könnte.[5]

Eine Klimaerwärmung im Zusammenhang mit der MWP ist aus vielen Fallstudien aus der gesamten nördlichen Hemisphäre seit Längerem bekannt, z. B. aus Skandinavien,[6] dem Ostseebereich,[7] Österreich,[8] dem Mittelmeergebiet,[9] Pakistan,[10] China,[11; 12] Kamchatka,[13] Alaska[14] und Kanada.[15] Aus Deutschland liegt eine Temperaturrekonstruktion für die jährliche Wachs-

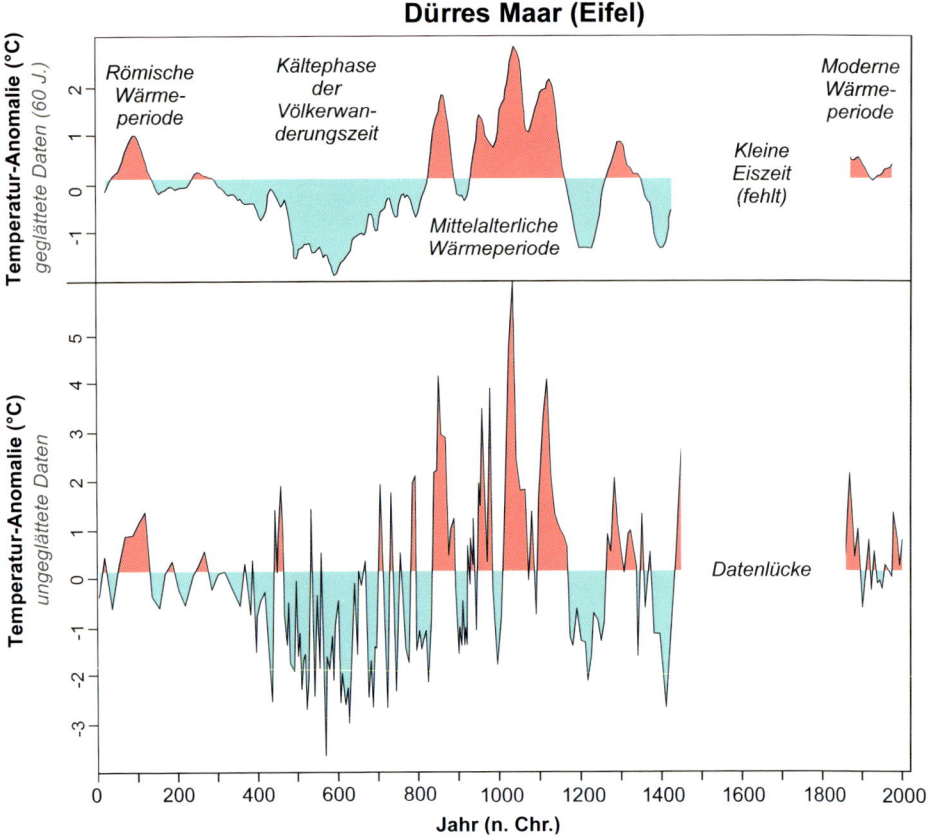

ABB. 4: Temperaturentwicklung des Dürren Maar (Eifel) während der letzten 2000 Jahre.[16] Der Nullpunkt der Temperatur-Anomalie-Skala liegt etwas über dem Temperaturdurchschnitt der letzten 2000 Jahre (Kleine Eiszeit fehlt). Untere Kurve: Ungeglättete Daten. Obere Kurve: Gleitender Mittelwert über 60 Jahre.

tumsperiode auf Basis von Kohlenstoffisotopen in einem Torfkern des Dürren Maar in der Westeifel vor.[16] Die MWP war hier deutlich wärmer als heute. Im Übergang von der Kälteperiode der Völkerwanderungszeit (500–700 n. Chr.) zur MWP stiegen die Temperaturen um mehr als 5 °C rasant an (s. Abb. 4).[16] Im historischen Kontext scheinen weder das heutige Temperaturniveau noch die heutige Erwärmungsrate in Deutschland beispiellos zu sein.

Der Hockey Stick

Der Weltklimarat bestätigte die mittelalterliche Wärme in seinem 5. Klimazustandsbericht von 2013,[17] allerdings mit einer entscheidenden Einschränkung:

»Im kontinentalen Maßstab zeigen Temperaturrekonstruktionen der mittelalterlichen Klima-Anomalie (Jahr 950 bis 1250) mit hohem Vertrauen Intervalle von mehreren Jahrzehnten, die in einigen Regionen so warm waren wie im späten 20. Jahrhundert. Diese regionalen Warmzeiten traten nicht so einheitlich über die Regionen hinweg auf wie die Erwärmung im späten 20. Jahrhundert (hohes Vertrauen).«[18]

Grundlage dieser Aussage ist die Vorstellung, die MWP wäre ein lokal begrenztes Phänomen im nordatlantischen Raum. Zwar wird die in Grönland, Europa und Nordamerika gut dokumentierte mittelalterliche Warme anerkannt, jedoch wäre es in anderen Teilen der Welt gleichzeitig kalt gewesen, sodass am Ende eine »klimatische Null« stünde. Aus diesem Grund müsste man auch nicht nach den natürlichen Ursachen der Erwärmung suchen, da im globalen Durchschnitt kein bedeutender Temperaturanstieg stattgefunden hätte. Um diese Ansicht plakativ zu transportieren, präsentierte der IPCC bereits in seinem 3. Klimazustandsbericht von 2001 eine globale Temperaturrekonstruktion für die letzten 1000 Jahre, in der die vorindustrielle Zeit kühl und ohne größere Temperaturschwankungen dargestellt war. Bei der Temperaturkurve handelte es sich um den legendären »Hockey Stick«, wobei die klimatisch angeblich ereignislose vorindustrielle Zeit als geradliniger Schaft und die rapide moderne Erwärmung als Kelle des Hockeyschlägers interpretiert wurden. In der Zusammenfassung für Politiker brachte der IPCC den Hockey Stick groß und in Farbe für alle Entscheidungsträger unübersehbar gleich auf Seite 3.[19] In der Folge entspann sich ein Wissenschaftskrimi, den Andrew Montford 2010 spannend in seinem Buch »The Hockey Stick Illusion« nacherzählte.[20]

Der Hockey Stick wurde im März 1999 von einer vierköpfigen US-Forschergruppe um Michael E. Mann veröffentlicht.[21] Mann hatte erst im Jahr zuvor promoviert und wurde damals sogleich zum Leitautor des 3. IPCC-Klimazustandsberichts gekürt. Eine wahrhaftig steile Karriere. Letztendlich stellte sich jedoch heraus, dass dem Jungforscher und seinen Kollegen eklatante Pannen bei den Basisdaten und der statistischen Bearbeitung unterlaufen waren.[22-24] Es brauchte einen mathematisch versierten Bergbauspezialisten, Steve McIntyre, um die Pannen der Arbeit systematisch aufzuarbeiten, was kein gutes Licht auf die Selbstkorrekturmechanismen der Klimawissenschaften wirft. Letztendlich ist der Hockey Stick wissenschaftlich gescheitert. Michael E. Mann selber veröffentlichte 2008 eine korrigierte Version der vorindustriellen Temperaturgeschichte der letzten 2000 Jahre, in der die MWP plötzlich wieder auftauchte.[25] Da war der politische Schaden natürlich bereits entstanden. Die neue Temperaturkurve erhielt deutlich weniger öffentliche Aufmerksamkeit und wissenschaftliche Zitierungen als der Hockey Stick. Arbeiten anderer Autoren bestätigten die Existenz der MWP.[26-28]

Der Sohn des Hockey Stick

In den letzten zehn Jahren wurde die Erstellung von Temperaturrekonstruktionen zentralisiert und monopolisiert. Aktuell sammelt und filtert die Gruppe PAGES2k Daten aus der ganzen Welt, aus denen sie dann die Temperaturschwankungen der letzten 2000 Jahre ableitet. PAGES2k ist Teil des PAGES-Programms (»Past Global Changes«), dessen Koordinierungsbüro an der Universität Bern beheimatet ist. An dieser Universität lehrt und forscht auch der Klimawissenschaftler Thomas Stocker, der seit 1998 an den Berichten des IPCC mitwirkte und 2008–2015 Co-Vorsitzender der IPCC-Arbeitsgruppe I (Wissenschaftliche Grundlagen) war. Im Jahr 2015 kandidierte Stocker für den IPCC-Gesamtvorsitz, unterlag jedoch dem Südkoreaner Hoesung Lee. Stocker war Leitautor der technischen Zusammenfassung sowie Co-Autor der Zusammenfassung für Politiker des 3. IPCC-Klimazustandsberichts, in welchem der Hockey Stick eine zentrale Rolle spielte. Warum ist dies überhaupt erwähnenswert? Im Jahr 2019 veröffentlichte PAGES2k eine überarbeitete Version der Temperaturentwicklung für die vergangenen 2000 Jahre.[29] Die Überraschung war gelungen: Von der MWP gab es keine Spur mehr. Die vorindustrielle Zeit war wieder scheinbar ereignislos geworden. Ein neuer Hockey Stick war geboren. Dies geschah gerade rechtzeitig, um noch in den 6. IPCC-Klimazustandsbericht eingearbeitet zu werden, dessen Fertigstellung für 2021 geplant ist. Fünf der 19 Autoren der neuen Hockey-Stick-Kurve kommen aus Bern.

Die großen Veränderungen bei den globalen PAGES2k-Temperaturkurven von einer Version zur nächsten geben Anlass zur Sorge. Denn die vorindustrielle Klimaentwicklung stellt einen wichtigen Kalibrierungsdatensatz für die Klimamodelle dar, deren Prognosequalität stark von der Robustheit der Eichungskurve abhängt. Die Instabilität der paläoklimatologischen Interpretationen wird deutlich, wenn man die neueste Temperaturkurve von PAGES2k mit einer Vorversion von 2013 vergleicht.[30] In dieser ersten Fassung erreichen die Temperaturen zwischen 0 und 800 n. Chr. über weite Strecken das heutige Niveau, ja übertrafen dieses sogar zeitweilig. In der neuen Version von 2019 ist davon nichts mehr zu sehen, nun herrscht auch hier monotone Kühle. Dies ist umso verwunderlicher, da ein Großteil der verwendeten Daten beider Versionen identisch ist.

Eine neue globale mittelalterliche Klimakartierung

Die großräumigen Temperatursynthesen bestehen üblicherweise aus Hunderten von Einzelrekonstruktionen aus der ganzen Welt, die durch statistische Verfahren miteinander verrechnet werden. Die verwendeten Einzelarbeiten werden in den Synthesen üblicherweise aufgelistet, jedoch weder graphisch dargestellt noch im Detail diskutiert bzw. deren Auswahl gerechtfertigt. So bleibt unklar, inwiefern möglicherweise Ausreißerdaten eine Rolle spielen und das Gesamtergebnis verzerrt haben könnten. Der einzige Weg, um hier Klarheit zu erhalten, wäre eine akribische Überprüfung aller verwendeten Eingabedaten. Ende 2015 begannen die beiden Autoren dieses Buches in Zusammenarbeit mit internationalen Klimawissenschaftlern aus

Polen, Uruguay, Spanien, der Türkei und Nigeria, die Literatur systematisch auf Hinweise zur mittelalterlichen Klimaentwicklung zu durchforsten. Hierzu wurden Tausende von Veröffentlichungen überprüft und ausgewertet und die Screening-Resultate auf einer frei zugänglichen Google-Karte eingetragen.[31] Mittlerweile ist die Bearbeitung der Südhalbkugel abgeschlossen, detailliert dokumentiert in vier begutachteten Fachpublikationen, aufgeteilt in Afrika,[32] Südamerika,[33] Ozeanien[34] und die Antarktis[35].

Die wichtigste Erkenntnis: Auch die Südhalbkugel erwärmte sich während der MWP. Die Vorstellung, dass die MWP ein lokales nordatlantisches Phänomen gewesen sein könnte, hat sich nicht bewahrheitet. Besonders gut dokumentiert ist die MWP-Wärme in den südamerikanischen Anden, auf der Antarktischen Halbinsel, im Ostafrikanischen Graben sowie in Marokko, Tasmanien und Neuseeland. An einigen Küsten kühlte sich das Wasser während der MWP ab, da durch veränderte Winde verstärkt kaltes Tiefenwasser an die Oberfläche gelangte. In der Antarktis gibt es zudem Hinweise auf sogenannte Klimawippen, die im Mittelalter wohl ähnlich funktionierten wie heute. Bei diesen Wippen bzw. Dipolen wechseln Kalt-Warm-Muster in systematischer Weise regelmäßig hin und her. Und schließlich wurden noch einige »Ausreißer« identifiziert, bei denen möglicherweise Pannen bei der Probenahme und Auswertung passiert sind. Hier wäre eine erneute Untersuchung mit diversifizierter Methodik notwendig. Als weiteres Resultat der MWP-Studie ergab sich, dass weite Flächen der Südhemisphäre hinsichtlich der MWP noch immer unerforscht sind. Dies gilt besonders für das Innere Afrikas, Südamerika außerhalb der Anden, Australien und die Westantarktis.

Blick unter die Motorhaube

Jede unserer MWP-Veröffentlichungen beinhaltet ein Kapitel, in dem die PAGES2k-Datenbasis der neuen Hockey-Stick-Kurve in den Kontext der Gesamtdatenbasis gestellt wird. Die Analyse zeigt eine Vielzahl von Problemen bei den PAGES2k-Daten, insbesondere von Datenreihen mit kalter MWP, die das mittelalterliche Wärmeniveau künstlich nach unten ziehen. So wurden von PAGES2k offenbar Lokalitäten in küstennahen Auftriebszonen verwendet, die lediglich für einen sehr schmalen Bereich repräsentativ sind. Zum Teil wurden Regendaten mit Temperaturdaten verwechselt und an anderer Stelle krasse Ausreißer mit fragwürdiger Methodik integriert, die von keiner benachbarten Studie bestätigt werden konnten. Weiterhin verwendeten die Autoren große Mengen an fragwürdigen Baumringdaten, die weder formal publiziert noch auf ihre Tauglichkeit als Temperaturanzeiger überprüft worden sind. Im Fall der Französischen Meeralpen warnen die ursprünglichen Autoren der Fallstudie sogar explizit vor einer Verwendung zu Temperaturrekonstruktionszwecken,[36] was PAGES2k nicht davon abhält, genau dies trotzdem zu tun.[9] Qualitative Daten aus Nachbarstudien zur Rechtfertigung der Datenauswahl blieben unberücksichtigt. Bei so viel Kritik wundert es nicht, dass es PAGES2k vorzog, keine unserer MWP-Publikationen in ihrem Temperaturkurven-Paper von 2019 zu zitieren,[29] obwohl zwei der Arbeiten bereits verfügbar waren. Das Datenfundament des neuen Hockey Stick ist auf Sand gebaut. Man muss kein Hellseher sein, um zu erahnen, dass auch der PAGES2k-Temperaturrekonstruktion von 2019 eine äußerst kurze Halbwertszeit beschieden sein wird.

Vor 1850 bleibt es zappenduster

Vergessen wir kurz die globale Szenerie und kehren in heimische Gefilde zurück. Wie bereits berichtet, erreichten die Temperaturen zur Zeit der MWP in Deutschland ein ähnliches Wärmeniveau wie heute. Grund genug, die heutige Klimaentwicklung in diesen wichtigen vorindustriellen Kontext zu stellen. Der Klimawandel ist in den letzten Jahren zum Thema Nummer eins geworden. Mit diesem Hintergrund veröffentlichen Bundesministerien und Landesregierungen regelmäßig Klimaberichte, um den Wandel detailliert zu dokumentieren und entsprechende politische Maßnahmen vorzubereiten. Eines haben die Berichte gemeinsam: Sie beginnen fast alle am Ende der Kleinen Eiszeit um 1850. Den unbequemen vorindustriellen Kontext der mittelalterlichen Erwärmung will man den Bürgern offenbar nicht zumuten.

Ein Unding. Stellen Sie sich einmal vor, Ähnliches würde im Geschichtsunterricht in der Schule praktiziert werden. Dann würden die Kinder nichts über die Französische Revolution, die Entdeckung Amerikas oder die erste portugiesische Seepassage nach Indien lernen. Römer, antike Griechen und ägyptische Pharaonen wären ihnen unbekannt. Ganz zu schweigen von der Wiege der Menschheit in Ostafrika und den Steinzeitjägern. Was im Geschichtsunterricht undenkbar wäre, ist beim angeblich wichtigsten Thema unserer heutigen Zeit bereits Usus: Die Klimageschichte beginnt erst um 1850. Blättern Sie am besten selber nach und staunen Sie, z. B. in den Klimaberichten zu Deutschland,[37] Hamburg,[38] Nordsee,[39] Nordrhein-Westfalen,[40] Süddeutschland[41] und Bayern[42]. Eine der wenigen löblichen Ausnahmen ist ein Klimabericht zur Ostsee.[43] Aus der Vergangenheit für die Zukunft lernen – möchte man das überhaupt?

Wie ging es in Grönland weiter?

Kommen wir zurück zu den Wikingern in Grönland. Auf dem Höhepunkt ihrer Entwicklung zählten die drei Wikinger-Siedlungsgebiete etwa 620 Bauernhöfe mit insgesamt mehreren tausend Einwohnern.[44] Ab 1300 begannen die Temperaturen jedoch zu sinken,[1] und die klimatisch begünstigte Zeit war vorerst vorüber. Nach einer längeren Schmelzphase schalteten die Gletscher jetzt wieder auf Wachstum und Vorschub um.[45] Die Sommer wurden kürzer, sodass irgendwann nicht mehr genug Heu produziert werden konnte, um die Kühe durch den Winter zu bekommen. Die Ernährung musste schrittweise auf Robben, Fisch und Meeresfrüchte umgestellt werden.[44] Im Jahr 1350 wurde die Westliche Siedlung aufgegeben. Um 1450 kam dann wohl das Aus für die Östliche Siedlung. Die Kälte der Kleinen Eiszeit – verschärft durch Pest und mögliche Überfälle durch Inuit und Piraten – hatte die Wikinger in die Knie gezwungen.

Die Kleine Eiszeit

Die Kälte war aber nicht nur in Grönland zu spüren. Die Kleine Eiszeit (Little Ice Age = LIA, 1300–1850) war eine natürliche Kältephase globalen Ausmaßes,[46-50] während der die wohl kältesten Temperaturen der letzten 10 000 Jahre erreicht wurden. Einzige Ausnahme mag ein Kälteschub vor

8200 Jahren gewesen sein, als es ähnlich kalt war. Während der Kleinen Eiszeit dehnten sich Gebirgsgletscher[51] und polare Eismassen[52; 53] stark aus, wobei große Mengen von Wasser im Eis an Land gebunden wurden, wodurch der globale Meeresspiegel um 12 cm absank.[54] Die Kältephase brachte Europa Missernten, Krankheiten, Kriege und Revolutionen.[55; 56]

Die ungewöhnliche Kälte der Kleinen Eiszeit lässt sich auch am Bodensee studieren. Zwischen dem 9. und 12. Jahrhundert gab es zur Zeit der warmen MWP lediglich ein oder zwei Jahre pro Jahrhundert, während denen der Bodensee vollständig zufror.[57] In der nachfolgenden Kleinen Eiszeit ereigneten sich diese »Seegfrörnen« sehr viel häufiger. Zum Höhepunkt im 15. und 16. Jahrhundert fror der Bodensee gleich sieben Mal pro Jahrhundert zu. Im 20. und 21. Jahrhundert gab es – ähnlich wie während der MWP – hingegen nur eine einzige Seegfrörne, nämlich 1963.[57]

Vorrückende Alpengletscher während der Kleinen Eiszeit machten die Bewohner etlicher Dörfer zu Klimaflüchtlingen. Anfang des 17. Jahrhunderts überfuhr der größte Gletscher Frankreichs »Mer de Glace« oberhalb von Chamonix das Dorf Chastellard, sodass es aufgegeben werden musste.[58; 59] Gegründet wurde Chastellard während der MWP, als die Gletscher ähnlich kurz wie heute waren. Das Dorf Bonnenuict wurde ebenfalls Opfer der Gletscher. Hier richteten vorrückendes Eis und damit einhergehende wilde Schmelzwasserströme große Schäden an.[58] Als 1644 auch der Ort Les Bois vom Gletscher bedroht war, pilgerten Geistliche aus Chamonix zur Gletscherstirn, um die Dämonen auszutreiben. Ob es etwas genutzt hat? Letztendlich stabilisierte sich der Gletscher und Les Bois blieb verschont.[58]

Klimamodelle scheitern bei der Simulation der Mittelalterlichen Wärmeperiode

Die Klimaprognosen bis zum Jahr 2100 basieren auf theoretischen Klimasimulationen. Um die Verlässlichkeit der Simulationen zu gewährleisten, müssen die entsprechenden Klimamodelle zunächst an der bekannten Klimaentwicklung geeicht werden. Die Modelle müssen in einer sogenannten Rückwärtsmodellierung (englisch: Hindcast, History Match) zeigen, dass sie die gemessene bzw. paläoklimatologisch rekonstruierte Temperaturgeschichte reproduzieren können. Während die Erwärmung der letzten 150 Jahre von den Modellen in der Regel ohne größere Probleme dargestellt werden kann, können die Klimamodelle die aus geologischen Rekonstruktionen gut belegte MWP-Wärme nicht zufriedenstellend reproduzieren. Der IPCC räumt den Missstand unumwunden in seinem 5. Klimazustandsbericht ein,[60] und etliche Fachpublikationen thematisierten die unbefriedigende Diskrepanz zwischen Realität und Simulationsergebnis bereits.[61–64]

Bei näherer Betrachtung verwundert es jedoch kaum, dass die Modelle die vorindustriellen natürlichen Klimaschwankungen nicht reproduzieren können. In den Simulationen geht der angenommene Einfluss natürlicher Klimafaktoren nämlich bereits vom Ansatz her gegen null.[65] Allenfalls ein gewisses Maß an unsystematischem Rauschen wird der vorindustriellen Phase in den Simulationen zugebilligt. Angesichts der durch Paläorekonstruktionen gut belegten systematischen Temperaturschwankungen in vorindustrieller Zeit deutet vieles auf einen klassischen Ansatzfehler in den Modellierungen hin. Und da die Eichung der Modelle an der letzten Warmphase bisher nicht erfolgreich abgeschlossen werden konnte, sind verlässliche Zukunftsmodellierungen im Prinzip noch überhaupt nicht möglich. Entsprechende Temperaturprognosen bis 2100 sind daher kaum für detaillierte Planungszwecke einsetzbar.

Ein ähnliches Problem besteht bei der Simulation der Kleinen Eiszeit. Da Veränderungen der Sonnenaktivität im gängigen Modellansatz kaum einen Einfluss auf die Temperaturentwicklung haben, werden kurzerhand Vulkanausbrüche als Ursache für die jahrhundertelange Abkühlung angenommen.[66; 67] Da Vulkane durch ihren Ascheausstoß lediglich wenige Jahre lang kühlen, wurden komplizierte Mechanismen vorgeschlagen, um die Kühlwirkung zu verlängern.[66; 68] Das wackelige Konzept erleidet jedoch vollends Schiffbruch, wenn man die Temperaturentwicklung mit der neuesten Rekonstruktion der vulkanischen Tätigkeit der letzten zweieinhalb Jahrtausende vergleicht. Während die zweite Hälfte der MWP durch intensive Vulkanausbrüche gekennzeichnet war, blieben weite Strecken der Kleinen Eiszeit vulkanisch eher ruhig.[69] Die Zeitlichkeit zwischen Kaltphasen und Vulkanausbrüchen stimmt über weite Strecken einfach nicht. Mittlerweile geht man davon aus, dass die Kühlwirkung der Vulkane in den Modellen wohl überschätzt wurde.[70] Die Suche nach dem Auslöser von MWP und Kleiner Eiszeit geht also weiter. Vielleicht wird sich irgendwann jemand an die Sonne erinnern. Während der MWP war sie stark, während der Kleinen Eiszeit schwach und während der modernen Erwärmung wieder stark. Nur ein dummer Zufall?

Wo liegt das »vorindustrielle Temperaturniveau«?

Im Rahmen des Pariser Klimaabkommens vom Dezember 2015 wurde vereinbart, dass die Zunahme der globalen mittleren Temperatur auf deutlich unter 2 °C, verglichen mit dem »vorindustriellen Niveau«, begrenzt werden muss und dass man sich bemühen solle, den Anstieg auf 1,5 °C zu begrenzen. Allerdings wurde im Vertragstext versäumt zu definieren, worum es sich beim »vorindustriellen Niveau« eigentlich genau handelt. Erst im 2018 erschienenen IPCC-Sonderbericht zum 1,5-Grad-Ziel wurde dies nachgeholt, nachdem die Lücke in mehreren Arbeiten bemängelt wurde.[71–73] Das »vorindustrielle Niveau« sei durch die Durchschnittstemperatur des Zeitraums 1850–1900 markiert, legte der IPCC nachträglich fest.

Aber macht das wirklich Sinn? Der genannte Referenz-Zeitraum fällt in die Frühphase der Industrialisierung, als die CO_2-Konzentration in der Atmosphäre langsam zu steigen begann. Die »vorindustrielle Zeit« liegt jedoch in Wirklichkeit *vor* 1850 und umfasst viele Jahrhunderte und Jahrtausende. Ein »vorindustrielles Temperaturniveau« würde entsprechend dem Temperaturmittelwert einer längeren vorindustriellen Zeitphase entsprechen. Die Autoren dieses Buches veröffentlichten 2017 eine Analyse, in der sie auf Basis etablierter vorindustrieller Temperaturrekonstruktionen die vorindustriellen Temperaturmittelwerte abschätzten.[71] Die begutachtete Publikation wurde im IPCC-Spezialbericht zum 1,5-Grad-Ziel sogar zitiert.[74] Das Ergebnis überraschte: Bei Betrachtung der letzten 2000 Jahre[30] lag die mittlere vorindustrielle Temperatur etwa auf dem Niveau von 1940 bis 1970, also deutlich höher als vom IPCC angegeben.[71] Erweitert man den Zeitraum auf die letzten 10 000 Jahre,[75] so liegt der vorindustrielle Mittelwert sogar noch ein paar Zehntelgrade höher.[71]

Der Vergleich der derzeitigen Erwärmung mit dem Referenz-Niveau am Ende der Kleinen Eiszeit vor etwa 150 Jahren ist also wenig sinnvoll, weil diese Zeit eine der kältesten Epochen der letzten 10 000 Jahre repräsentiert.

Die Wahl eines Durchschnitts-Basisniveaus nahe dem untersten Extrem einer Verteilung ist in der Wissenschaft unüblich. Insofern ist das viel zitierte »vorindustrielle Temperaturniveau« des IPCC fachlich nicht robust und sollte nicht als solches bezeichnet werden. Vielmehr markiert es lediglich den jeweiligen Beginn der Industrialisierung, eines verstärkten CO_2-Anstiegs und der meisten instrumentellen Temperaturmessreihen. Und klimapolitisch macht das erst recht wenig Sinn. Wollen wir wirklich zurück in eine Klimawelt, die von bitterer Kälte und Hunger gekennzeichnet war? Ist ein Niveau von 1950, das etwa 0,4 Grad wärmer war als 1870 und dem Durchschnitt der letzten 2000 Jahre entspricht, nicht viel erstrebenswerter?

Verkürzte Farbstreifen

Zur Visualisierung der modernen Klimaerwärmung werden die Temperaturänderungen manchmal in einer Art Streifengraphik dargestellt, wobei Kälte in Blau und Wärme in Rot farbkodiert werden.[76] Die Graphik beginnt am Ende der Kleinen Eiszeit um 1850 in Tiefblau und endet in der Heutezeit in knalligem Rot (s. Abb. 5). Eine Erweiterung der Graphik in vorindustrielle

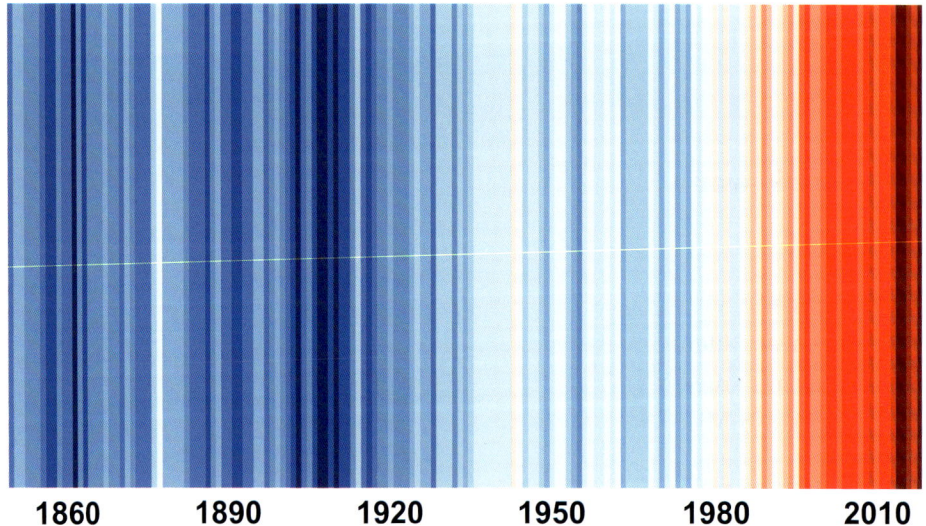

ABB. 5: Globale Temperaturentwicklung 1850–2018 als Farbstreifen dargestellt.[76]

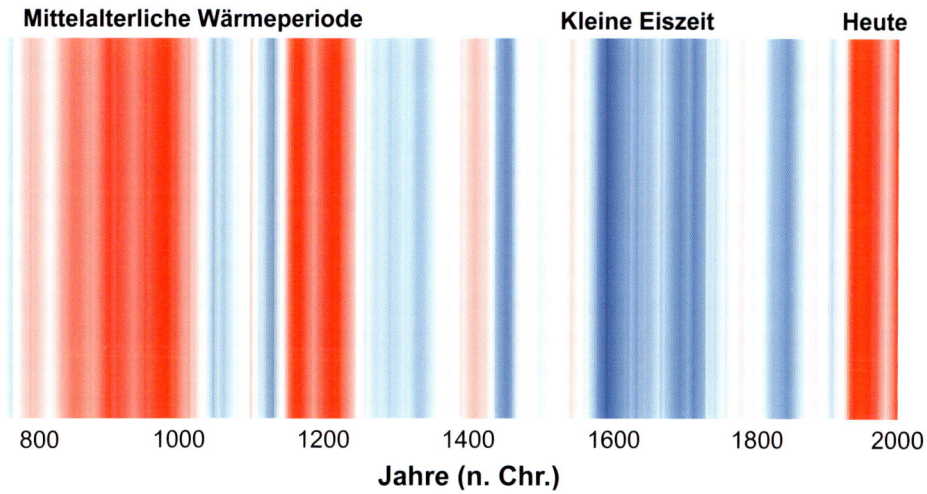

ABB. 6: Entwicklung der Sommertemperaturen in Europa[63] während der letzten 1200 Jahre als Farbstreifen dargestellt.

Zeiten ist auf der von Ed Hawkins erstellten interaktiven Website jedoch nicht möglich. So bleibt dem oberflächlichen Betrachter der vorindustrielle Kontext leider verborgen, was zu vorschnellen Schlussfolgerungen einlädt. Erst bei Berücksichtigung der letzten 2000 Jahre wird die schwingende Natur der Temperaturentwicklung auch visuell deutlich und die aktuelle Erwärmung in einen sinnhaften Zusammenhang gestellt (s. Abb. 6).

3. Noch nie war es so warm wie heute: Stimmt das?

Häufig heißt es in den Medien, es wäre heute so warm »wie nie zuvor«. Man kann sich dabei ein kleines Schmunzeln nicht verkneifen, besonders wenn man durch ein kleines bisschen geologisches Hintergrundwissen belastet ist. Was ist mit »nie« in solchen Beiträgen gemeint? »Noch nie« in der gesamten viereinhalb Milliarden Jahre langen Erdgeschichte? »Noch nie« in den letzten 540 Mio. Jahren, für die wir recht gute geologische Klimainformationen besitzen? Oder sind die letzten 12 000 Jahre nach Ende der letzten Eiszeit gemeint? Könnten es die letzten 1000 Jahre sein? Oder gar nur die vergangenen 150 Jahre, für die systematische Wettermessungen vorliegen?

Bereits seit James Bond wissen wir, dass man eigentlich niemals »nie« sagen sollte, speziell wenn man unter klimahistorischer Kurzsichtigkeit leidet.

In der ersten Hälfte der Erdgeschichte war es unerträglich heiß. Beim Bad in den 70 °C warmen Ozeanen hätte man sich schlimm verbrüht.[1; 2] Vor anderthalb Milliarden Jahren fing das Klima dann langsam an abzukühlen. Vor 700 Mio. Jahren sanken die Temperaturen plötzlich so weit ab, dass der gesamte Planet für mehr als 100 Mio. Jahre unter einer Schicht Eis verschwand. In der Fachwelt wird diese Phase auch als »Schneeball Erde« (Snowball Earth) bezeichnet.[3]

Temperaturschwankungen seit dem Kambrium

Vor 540 Mio. Jahren begann mit dem Kambrium das sogenannte Phanerozoikum. Durch den stark gestiegenen Sauerstoffgehalt in der Atmosphäre konnte sich das Leben üppig entfalten. Während 90 % dieser Zeit lagen die Temperaturen deutlich höher als heute. Lediglich während der spätordovizischen, permokarbonen und pleistozänen Vereisungsphasen war es kälter.[4] Besonders warme Phasen ereigneten sich während des Kambro-Ordoviz, des Mitteldevon, der Trias und der späten Kreide, als es mehr als 10 °C wärmer war als heute. Eine kurzfristige Wärmespitze gab es auch an der Paläozän-Eozän-Grenze (Paleocene-Eocene Thermal Maximum, PETM).

In der Vergangenheit wurde kontrovers diskutiert, wie gut oder schlecht die geologische Temperaturgeschichte zu den CO_2-Veränderungen der letzten 540 Mio. Jahre eigentlich passt. Die Antwort ist nicht ganz einfach, denn streckenweise gibt es durchaus eine gute Übereinstimmung. So erreichte die CO_2-Konzentration in der mitteldevonischen Wärmephase ein Maximum, wohingegen sie zur Zeit der Permokarbon-Vereisung absank.[5] Zu anderen Zeiten korrelierten CO_2 und Temperatur weniger gut miteinander, zum Beispiel während der spätordovizischen Vereisung, als die CO_2-Konzentration hoch war. Eine weitere bedeutende Diskrepanz stellt die Wärmephase der späten Kreide dar, die laut einigen gängigen Rekonstruktionen durch einen starken Abfall der CO_2-Konzentration gekennzeichnet ist.[6] Detailuntersuchungen haben mittlerweile die fehlende Kopplung von CO_2 und Temperatur in der Kreide bestätigt.[7] Unklar ist auch, weshalb die Frühphase des Phanerozoikums nicht viel wärmer als der Rest war, obwohl die CO_2-Konzentration in der Zeit 540–350 Mio. Jahre vor heute um ein Vielfaches höher lag als danach.

Die Unsicherheiten der phanerozoischen geologischen Rekonstruktionen haben dazu geführt, dass sich die publizierten Entwicklungen von Temperaturen und CO_2 von Autor zu Autor oft signifikant unterscheiden. In Abhängigkeit der gewählten Datensätze und subjektiven Toleranzen meinen nun einige Wissenschaftlergruppen eine gute Kopplung von Temperatur und CO_2 in der Erdgeschichte erkannt zu haben,[8; 9] während andere Forscher keine oder streckenweise sogar eine negative Korrelation der beiden Parameter fanden.[10–12]

Ganz unabhängig davon bleiben selbst bei den gut korrelierten Zeitabschnitten Ursache und Wirkung weiterhin unklar. Da warmes Wasser weniger CO_2 lösen kann, könnte ein CO_2-Anstieg während der Wärmephasen zumindest teilweise auf eine Entgasung des CO_2 aus dem Ozean zurückzuführen sein. Genau dieser Mechanismus wirkte während der letzten 2,5 Mio. Jahre, als sich Eiszeiten und warme Interglaziale regelmäßig abwechselten und die CO_2-Gehalte in der Atmosphäre entsprechend um 100 ppm oszillierten.[13; 14] Die letzte interglaziale Warmzeit, das sogenannte Eem, fand in der Zeit 126 000–115 000 Jahre vor heute statt. Damals war es im Durchschnitt mehr als ein Grad wärmer als heute.[15] Die mittlere Temperatur des Eem entspricht der Obergrenze des Pariser 2-Grad-Ziels.[16]

Das Holozäne Thermische Maximum

Nach dem Ende der letzten großen Eiszeit stiegen die Temperaturen schnell an. Vor etwa 8500 Jahren wurde das moderne Wärmeniveau erreicht und in den folgenden 3000 Jahren um bis zu drei Grad übertroffen. Diese besonders warme Phase (nur unterbrochen durch eine relativ abrupte kurze Abkühlung 8250–8050 Jahre vor heute) wird auch das »Holozäne Thermische Maximum« (HTM) bzw. »Atlantikum« genannt. Das HTM ist von allen sieben Kontinenten beschrieben worden und stellt somit eine bedeutende globale Wärmephase dar,[17] während der es auf den Landgebieten über einen längeren Zeitraum wärmer als heute war. Eine Auswahl von Publikationen zu Europa, Afrika,[18; 19] Asien,[20; 21] Ozeanien,[22; 23] Nordamerika,[24; 25] Südame-

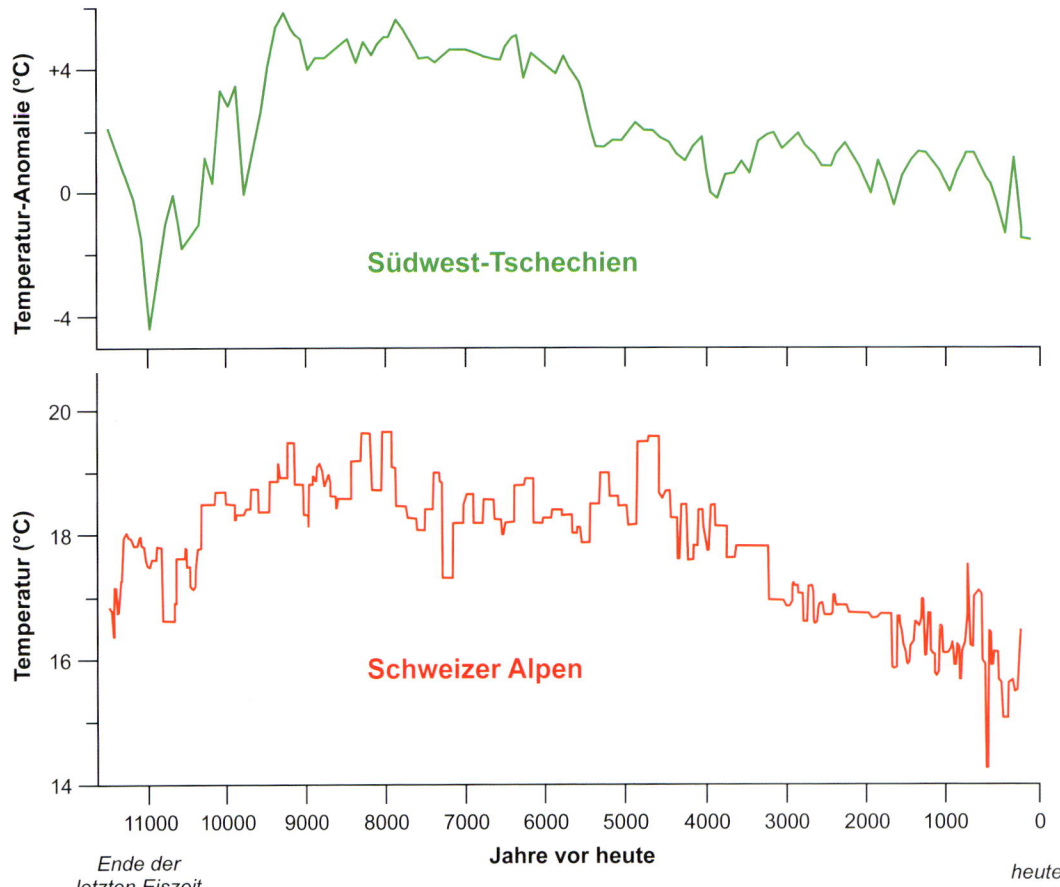

ABB. 7: Entwicklung der Sommertemperaturen in Südwest-Tschechien[30] und in den Schweizer Alpen[31] während der letzten 11 000 Jahre.

rika[26; 27] und der Antarktis[28; 29] befindet sich in der Literaturliste dieses Buches. Abbildung 7 zeigt die holozäne Entwicklung der Sommertemperaturen während der letzten 11 000 Jahre in Südwest-Tschechien[30] nahe der bayerischen Grenze sowie in den Schweizer Alpen[31]. In der Eifel lagen die Temperaturen mehr als ein Grad über dem heutigen Wärmeniveau, wie Untersuchungen am Dürren Maar zeigten.[32] Während des HTM schmolz das grönländische Inlandeis stark ab und besaß ein deutlich geringeres Eisvolumen als aktuell.[33] Viele Alpengletscher waren sehr viel kürzer als heute, z. B. die Pasterze in den Ostalpen.[34] Die arktische Baumgrenze lag nördlich des derzeitigen Limits,[35; 36] die Vegetationszonen in den Gebirgen hatten sich in größere Höhen als heute verlagert.[37]

Das HTM und das Meer

Eine Temperaturkurve der letzten 10 000 Jahre für die globalen Landgebiete gibt es leider noch nicht. Dies verwundert angesichts der enormen politischen Bedeutung des Themas Klimawandel doch ein wenig. An mangelnden Forschungsgeldern kann es wohl nicht liegen. Die einzige publizierte Temperaturkurve über diese Zeit stammt von einem Forscherteam um Shaun Marcott; sie wurde 2013 in der Wissenschaftszeitschrift *Science* veröffentlicht und mittlerweile mehrere hundert Mal von anderen Publikationen zu Referenzzwecken zitiert. Überraschenderweise beträgt der Unterschied zwischen dem HTM und der Kleinen Eiszeit in dieser Kurve lediglich 0,8 °C.

Kann dies stimmen? Zunächst einmal ist festzustellen, dass sich die Temperaturkurve vor allem auf die Meerestemperaturen der letzten 10 000 Jahre bezieht. Von den 73 verwendeten Datensätzen stammen nur 14 von Landgebieten (19 %), obwohl es mittlerweile Hunderte publizierte Studien mit quantitativen und qualitativen Aussagen zur holozänen Temperaturentwicklung und zum HTM gibt.[38] Bei näherer Betrachtung wird klar, dass eine Vermischung der Land- und Ozeandaten wenig sinnvoll ist, denn fast alle von Marcott verwendeten Landlokalitäten zeigen eine HTM-Erwärmung. Im Gegensatz hierzu gibt es bei den Ozeanlokalitäten eine größere Anzahl an Datensätzen mit einer HTM-Abkühlung bzw. unveränderten Temperaturen. Dies zieht die Durchschnittstemperatur in der Gesamtkurve letztendlich enorm nach unten.

Eine Auskartierung der publizierten Studien zeigt, dass die Meere in Ostasien auf der Achse Jakarta-Japan während des HTM keine Erwärmung bzw. sogar eine Abkühlung zeigten. Der Grund könnten Veränderungen in den Meeresströmungen sein. Man darf nicht vergessen, dass der Meeresspiegel in den letzten 15 000 Jahren um 120 m angestiegen ist, wobei der Großteil dieses Anstiegs in der ersten Hälfte dieses Zeitraums geschah. So konnten viele Schwellen im Ozean im Verlauf des frühholozänen Meeresspiegelanstiegs letztendlich überströmt werden, wobei sich Zirkulationsmuster in den Ozeanen veränderten. Shaun Marcott und seine Kollegen wählten gleich sieben der 73 verwendeten Lokalitäten in dieser ostasiatischen Sonderregion, die somit in der globalen Endabrechnung deutlich überrepräsentiert ist. Südlich von Island berücksichtigten die Autoren gleich zwei Studien mit kaltem HTM, obwohl Island selber ganz eindeutig während des HTM sehr warm war, wie zahlreiche Arbeiten zeigten. Im Yukongebiet Kanadas wurde eine Studie ohne HTM-Erwärmung gewählt,[39] obwohl alle anderen Rekonstruktionen in der Region ein warmes HTM anzeigen.[40–42] Das ganze Ausmaß der HTM-Erwärmung wird in der Marcott-Studie aufgrund von Problemen mit der Datenauswahl sicher unterschätzt, insbesondere für die Landgebiete. Eins jedenfalls hat Marcott mit seiner Auswahl der Studien erreicht. Er wurde sehr gerne vom IPCC zitiert.

Römische Warmzeit vor 2000 Jahren

Vor etwa 5500 Jahren endete die Warmphase des HTM. In den folgenden Jahrtausenden kühlte sich das Klima langsam, aber stetig ab. Weltweit begannen die Gletscher wieder zu wachsen, weshalb diese Phase auch als »Neuvereisung« (englisch: Neoglaciation) bezeichnet wird. Dem Langzeittrend überlagert sind charakteristische Warm-Kalt-Zyklen im Jahrtausend-Takt, wozu auch die Mittelalterliche Wärmeperiode (MWP, 800–1300 n. Chr.) und die Kleine Eiszeit (1300–1850 n. Chr.) gehören. Wie bereits in Kapitel 2 beschrieben, war die MWP in vielen Regionen der Erde so warm wie heute.

Tausend Jahre zuvor ereignete sich eine ähnliche Warm-Kalt-Abfolge. Während der Römischen Warmzeit (Roman Warm Period = RWP, 250 v. Chr.–400 n. Chr.) erreichten die Temperaturen in vielen Regionen der Erde das heutige Wärmeniveau oder überschritten es sogar. Besonders gut ist die RWP aus Europa[43–45] bekannt, aber auch aus Afrika,[46; 47] Asien,[48; 49] Ozeanien,[50; 51] Nordamerika,[52; 53] Südamerika[54; 55] und der Antarktis[56; 57] wurde sie bereits beschrieben. Eine detaillierte paläoklimatologische Auskartierung und weltweite Synthese der RWP steht derzeit noch aus. In einer Rekonstruktion der globalen Temperaturen der letzten 2000 Jahre der PAGES2k-Gruppe von 2013 war die RWP gut erkennbar und erreichte insbesondere in Europa höhere Temperaturen als heute.[58] Allerdings lagen der Studie lediglich RWP-Daten aus Europa und der Arktis vor, während die restlichen Regionen der Erde unberücksichtigt blieben. In einer Nachfolgestudie derselben Gruppe von 2019 war die RWP plötzlich aus unerfindlichen Gründen deutlich kälter als die moderne Wärmephase,[59] obwohl der größte Teil der verwendeten Daten unverändert blieb.[60] Aufgrund der dünnen Datenlage und Instabilität der globalen Rekonstruktionen können hieraus derzeit keinerlei Rückschlüsse auf das Wärmeniveau der RWP im Vergleich zur aktuellen Klimaerwärmung gezogen werden. Dasselbe gilt auch für die MWP (s. Kap. 2), die von der RWP durch die Kälteperiode der Völkerwanderungszeit (Dark Ages Cold Period, DACP 400–800 n. Chr.) getrennt ist.

Unterschätzte vorindustrielle Wärmephasen

Der langjährige Leiter des Geoforschungszentrums Potsdam, Reinhard Hüttl, fasste in einem *FAZ*-Interview 2009 zum 2-Grad-Ziel die große Bedeutung der vorindustriellen, natürlichen Klimaschwankungen für die richtige Einordnung der modernen Erwärmung treffend wie folgt zusammen:[61] »*Das Klima ist dynamisch. Im Laufe der Erdgeschichte gab es immer wieder dramatische Veränderungen, die weit über eine solche Grenze von plusminus zwei Grad hinausgingen. Und das war allein auf natürliche Faktoren zurückzuführen. Wir haben diese Faktoren heute nicht abgeschaltet, sie wirken weiter. Keiner von uns bestreitet den menschgemachten Anteil am globalen Wandel. Aber: Obwohl die Begrenzung der anthropogenen Einflüsse unbedingt notwendig ist, erreichen wir damit keine Klimakonstanz.*«

Ähnlich argumentierte auch der Heidelberger Paläoklimatologe Augusto Mangini in einem *FAZ*-Beitrag von 2007:[62] »*Die Behauptung, dass die jetzt stattfindende Erwärmung des Klimas nur mit der Erwärmung vor 120 000 Jahren vergleichbar ist, stimmt einfach nicht. Wir verfügen über Daten, die zeigen, dass es während der letzten zehntausend Jahre Perioden gab, die ähnlich warm oder sogar noch wärmer waren als heute.*«

4. Natürliche Klimaschwankungen im Millenniumstakt: Verborgener Klima-Herzschlag?

Manchmal muss man in die Luft gehen, um das Gesamtbild besser verstehen zu können. Erst aus der Helikopterperspektive werden viele Muster und Zusammenhänge klarer. Das gilt auch für das Klimasystem. Vor 2000 Jahren war es warm (Römische Warmzeit), dann kühlte es vor 1500 Jahren ab (Kältephase der Völkerwanderungszeit), vor 1000 Jahren war es wieder warm (Mittelalterliche Wärmeperiode), vor 500 Jahren war es dann wieder kalt, und heute ist es wieder warm. Können Sie ein Muster erkennen?

Die Frage sollte eher rhetorischer Natur sein. In der aktuellen Klimadebatte scheinen jedoch sehr viele Diskussionsteilnehmer Probleme zu haben, die Regelmäßigkeit zu erkennen. Wenn die moderne Erwärmung im Kern vor allem eine Fortsetzung eines natürlichen Zyklus wäre – heute allerdings verstärkt durch Treibhausgase –, würde sich die Situation und Klimagefahrenlage gänzlich anders darstellen. Alle tausend Jahre eine Warmphase, nach fünfhundert Jahren dann jeweils eine Kaltphase. Falls es einen solchen Zyklus geben sollte, selbst wenn er »nur« regional ausgeprägt wäre, könnten sich zukünftige Generationen besser darauf vorbereiten.

Sein Name ist Bond, Gerard Bond

Die wichtige Nachricht zuerst: Es gibt in der Tat einen Millenniumszyklus im Klimasystem, der über die letzten 2000 Jahre hinausgeht und die gesamten vergangenen zehn Jahrtausende aktiv war. Entdeckt wurde er 2001 von einer Forschergruppe um Gerard Bond vom Lamont-Doherty Earth Observatory in Palisades, New York. Die Wissenschaftler hatten Sedimentkerne aus dem Nordatlantik untersucht und darin Lagen von Eisbergschutt gefunden, die sich quasi-zyklisch alle 1000–1500 Jahre wiederholten.[1] Zu diesen Zeiten schafften es die Eisberge besonders weit nach Süden bis zu den untersuchten Kernlokalitäten westlich der Britischen Inseln, während sie zu anderen Zeiten viel weiter nördlich bereits abschmolzen und ihren Schutt vorzeitig abwarfen. Mithilfe der Eisbergschuttlagen konnten Gerard Bond und seine Mitstreiter die Existenz neun prominenter Kältephasen in den letzten 12 000 Jahren nachweisen. Die jüngste Kältephase entsprach dabei der Kleinen Eiszeit (1500 n. Chr.), die zweitjüngste der Kälteperiode der Völkerwanderungszeit (500 n Chr.).

Gerard Bond starb viel zu früh im Jahr 2005. Noch bis kurz vor seinem Tod arbeitete er weiter an dem Thema und war unter anderem Mitautor einer Studie zu klimatischen Millenniumszyklen der letzten Zwischeneiszeit in Süddeutschland.[2] Zwei Jahre zuvor war Bond bereits Co-Autor einer Studie in Alaska gewesen, bei der die Forscher die Häufigkeitsentwicklung von Kieselalgen in nacheiszeitlichen Seenablagerungen untersucht hatten.[3] Die Studie brachte eine schöne Bestätigung der Nordatlantik-Ergebnisse. Als hätte ein Metronom den Takt vorgegeben, wechselten sich in der Seegeschichte Phasen mit üppigem und magerem Kieselalgenwachstum periodisch ab, mit einer Zyklenlänge von 1000 Jahren. Für seine Arbeiten erhielt Bond im Dezember 2003 die Ewing Medaille der American Geophysical Union (AGU). Gerard Bond hat beste Chancen, posthum zum Alfred Wegener der Klimawissenschaften zu werden. Seine Entdeckung könnte sich im Nachhinein als entscheidend herausstellen.

Millenniumszyklen weltweit nachgewiesen

Mittlerweile haben sich die holozänen »Bondzyklen« zu einer wichtigen Referenz entwickelt. Das im angesehenen Journal *Science* 2001 veröffentlichte Pionier-Paper wurde mittlerweile 3000 Mal in Fachartikeln anderer Forschergruppen zitiert. In vielen Studien aus allen sieben Kontinenten wurden die Zyklen bestätigt,[4] in Europa,[5; 6] Afrika,[7; 8] Asien,[9; 10] Ozeanien,[11; 12] Nordamerika,[13; 14] Südamerika[15; 16] und der Antarktis[17; 18]. Ein eindrucksvolles Beispiel der klimatischen Millenniumszyklik in heimischen Gefilden stammt aus der Bunkerhöhle im Sauerland. Eine deutsch-österreichische Forschergruppe um Jens Fohlmeister entdeckte in den Tropfsteinen der Höhle rhythmische Änderungen der Sauerstoffisotope, die einen fortwährenden Klimawandel zwischen warm/feucht und kalt/trocken im Millenniumstakt anzeigen (s. Abb. 8).[19]

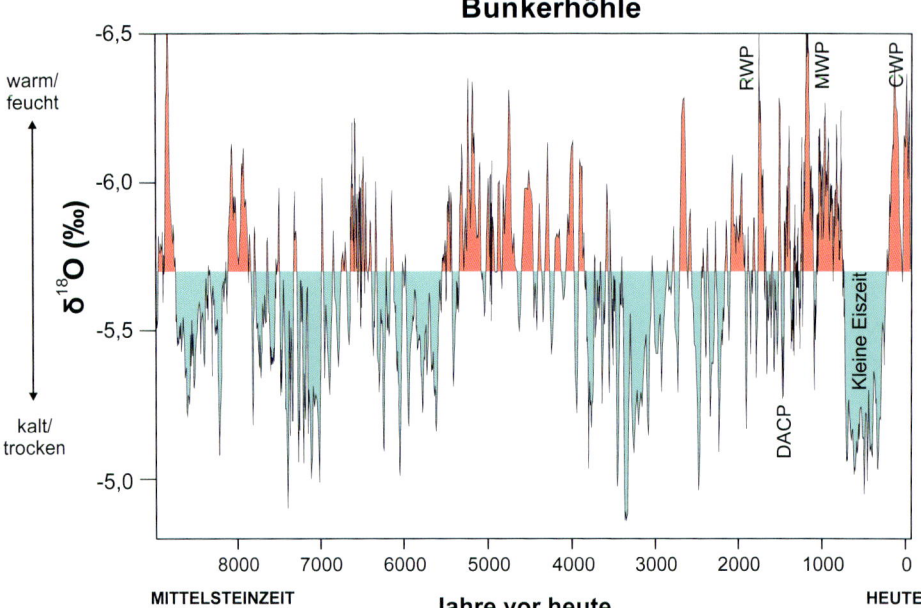

ABB. 8: Klimatische Millenniumszyklen im Sauerland während der vergangenen 11000 Jahre, rekonstruiert auf Basis von Sauerstoffisotopenschwankungen ($\delta^{18}O$) von Tropfsteinen der Bunkerhöhle. Einheit in Promille der Sauerstoffisotope. CWP = Moderne Wärmeperiode (Current Warm Period), MWP = Mittelalterliche Wärmeperiode, DACP = Kälteperiode der Völkerwanderungszeit (Dark Ages Cold Period), RWP = Römische Wärmeperiode. Altersskala zeigt Jahre vor 1950 (Years BP, before ›present‹ = 1950).

Millenniumszyklen aus der letzten Eiszeit

Die Millenniumszyklik ist kein neuartiges Phänomen, das vor 12000 Jahren plötzlich aus dem Nichts aufgetaucht wäre. Ganz im Gegenteil, bereits in der letzten Eiszeit (115000–12000 Jahre vor heute) gab es stark ausgeprägte Klimazyklen mit einer Periode von 1500 Jahren. Die Zyklen nahmen dabei einen sehr charakteristischen Verlauf: Die Erwärmungsphase war stets sehr abrupt, wobei innerhalb von nur wenigen Dekaden die Jahresdurchschnittstemperatur um 6 bis 10 °C anstieg.[20] Die darauf folgende Abkühlungsphase zog sich hingegen über viele Jahrhunderte hin. Dieses Sägezahnmuster der Temperaturkurve ist das Markenzeichen dieser Schwankungen, die nach ihren dänischen und schweizerischen Entdeckern auch Dansgaard-Oeschger-

Zyklen genannt werden.²¹ Einige der Zyklen sind stärker, andere schwächer ausgebildet. Die Einzelzyklen wiederum gruppieren sich zu Bündeln mit längerfristigen Zyklen eines einheitlichen Trends.²² Die Zyklen werden vermutlich über Änderungen des Golfstroms gesteuert.²³ Inwiefern die starken Millenniumszyklen der letzten Eiszeit mit den schwächeren Zyklen der letzten zwölf Jahrtausende zusammenhängen, ist noch unklar. Bemerkenswert ist auf jeden Fall, dass sich das Klimasystem offenbar in natürlicher Oszillation im Rhythmus von 1000–2000 Jahren befindet. Es ist unwahrscheinlich, dass der Mensch diesen langperiodischen Pulsschlag des Klimasystems plötzlich zum Erliegen gebracht haben könnte.²⁴

Der IPCC schweigt

Wie geht der Weltklimarat IPCC mit den klimatischen Millenniumszyklen der letzten 10 000 Jahre um, die potenziell zum »Game Changer« werden könnten, sobald ihre Funktionsweise und Antrieb besser verstanden sind? Der IPCC wurde 1988 gegründet, also mehr als ein Jahrzehnt vor Entdeckung der Millenniumszyklen. Die ersten drei IPCC-Klimazustandsberichte konnten noch gar nichts von diesem bedeutenden Phänomen erahnen, als sie geschrieben wurden. Der 4. IPCC-Bericht von 2007 geht in einem Unterkapitel auf die Zyklik ein, zitiert aber sogleich Kritiker, sodass dem Phänomen letztendlich keine große Bedeutung zugemessen wird. Noch kürzeren Prozess macht der 5. IPCC-Bericht von 2013 mit den Millenniumszyklen. Im Kapitel »Paläoklima« wird das Thema komplett ausgespart, während im Kapitel »Wolken und Aerosole« lediglich ein dürrer Verweis auf das Bond-Paper gegeben wird. Auch Publikationen anderer Forschergruppen zu den Millenniumszyklen sucht man im 5. IPCC-Bericht weitestgehend vergeblich.⁴ Es ist davon auszugehen, dass auch der 2021 erscheinende 6. IPCC-Bericht das Thema ausklammern wird.

Das notorische Desinteresse des IPCC an diesem Thema, an dem aktuell eine Vielzahl von Klimawissenschaftlern aktiv forscht, macht ratlos. Wäre es nicht von großer Wichtigkeit, diesen langrhythmischen Herzschlag des Klimasystems gründlich zu untersuchen, um ihn in die Klimamodelle zu integrieren oder nach sorgfältiger Prüfung zu verwerfen? Das Schweigen des IPCC zu diesem Thema könnte auch daher kommen, dass das Thema zu unbequem ist, um es »in großer Runde« in den Klimaberichten transparent und ergebnisoffen zu diskutieren. Hatte man sich vielleicht zu früh festgelegt und besitzt nun einfach keinen Spielraum mehr für weitere Klimamechanismen? Der IPCC-Spezialbericht zum 1,5-Grad-Ziel von 2018 geht mittlerweile von 100 % anthropogenem Anteil an der Erwärmung der letzten 150 Jahre aus. Es ist klar, dass die natürliche Millenniums-Klimazyklik die monokausale IPCC-Sichtweise in Frage stellen würde. Noch immer erscheinen allmonatlich weitere Fallstudien zu den Bondzyklen. Eine Chance auf Berücksichtigung durch den IPCC haben sie allerdings nicht.

Eine Anleitung zum Forschen

Noch ist unser Wissen zu den Millenniumszyklen recht fragmentarisch. Zwar wurde der Einfluss dieser Zyklen auf Temperaturen und Niederschläge in vielen Fallstudien nachgewiesen, allerdings fehlt ein systematischer Vergleich der Datenreihen. Erst eine sorgfältige Integration kann Klarheit bringen. Es ist plausibel, dass nicht alle Gebiete der Erde identisch auf einen Klimataktgeber reagieren. Wenn sich Regengürtel im Millenniumstakt verschieben, dann regnet es in der einen Region plötzlich mehr, während die Niederschläge in der anderen Region fehlen. Zwar ereignen sich die Regenänderungen im gleichen Takt, aber mit regional umgekehrten Vorzeichen. Bei den Temperaturen ist möglicherweise eine einheitlichere Entwicklung zu erwarten. Jedoch könnten auch hier regionale »Klimawippen« bzw. »Dipole« mit entgegengesetzten Temperaturveränderungen wirken, so wie es sie auch heute gibt.

Grundprobleme bei der Erforschung klimatischer Millenniumszyklen sind die oft beschränkte Datendichte der Studien sowie Unsicherheiten in der Radiokarbon-Altersdatierung. Bei der Untersuchung einer Klimaentwicklung über 10 000 Jahre und einer Auflösung von zwei Datenpunkten pro Jahrhundert müssten 200 Proben aus einem Sedimentkern oder einem anderen Klimaarchiv untersucht werden. Handelt es sich um eine Pollenstudie, so müssten pro Probe wiederum bis zu 30 verschiedene Pollenarten unterschieden werden, was 6000 Einzeldaten entspricht. Nur in den wenigsten Projekten kann dieser Aufwand betrieben werden. Aufgrund der in der Regel niedrig aufgelösten Daten können meist nur Langzeittrends ermittelt werden, wohingegen höherfrequente Klimawechsel oft unerkannt bleiben.

Und selbst wenn hochauflösende Datenreihen generiert wurden, ist die zeitliche Datierung der identifizierten klimatischen Ereignisse oft nur mit plus/minus 100 Jahren Ungenauigkeit möglich. Wenn der Höhepunkt einer Warmphase lediglich 200 Jahre beträgt, kann dieselbe Wärmephase in verschiedenen Studien allein aufgrund der Altersunsicherheit fälschlicherweise als zwei verschiedene Wärmeereignisse erscheinen, versetzt um bis zu 200 Jahre. Eine rein mathematisch-statistische Zusammenfassung der Einzeldaten wird also stets zu einem zeitlichen »Verschmieren« des jeweiligen Wärmeereignisses und einer Unterschätzung des wirklichen Wärmeniveaus führen. Insofern müssen qualitative Schritte vorgeschaltet werden, um die dokumentierten Millenniumszyklen zunächst graphisch zu synchronisieren. Da das aber nicht erfolgt, zeigen uns die Klimaarchive in der Vergangenheit eher ein verschmiertes Bild mit weniger Höhen und Tiefen, geringeren Temperaturanstiegen und -rückgängen. Da erscheint die augenblickliche Erwärmung schnell als einzigartige und nie dagewesene Entwicklung.

5. Die ganze Welt erwärmt sich. Die ganze Welt?

Der größte Teil unseres Planeten hat sich in den letzten 140 Jahren erwärmt, das steht außer Frage. Allerdings gibt es einige Gebiete, in denen die Temperaturen stabil geblieben oder sogar gesunken sind. Hierzu gehört zum Beispiel ein riesiges Meeresgebiet im Nordatlantik südlich von Grönland und Island, das etwa 2 Mio. Quadratkilometer umfasst und sich während der industriellen Phase deutlich abgekühlt hat. Auf Klimakarten erscheint die Region als großer blauer Fleck, weswegen sie in Fachkreisen auch als Erwärmungsloch (»warming hole«) betitelt wird.[1–3] Viele Regionen des Südlichen Ozeans um die Antarktis herum haben sich ebenfalls abgekühlt.[2] In der Ostantarktis – die den größten Teil der Antarktis ausmacht – und auf der Antarktischen Halbinsel konnte bisher kein statistisch signifikanter Erwärmungstrend festgestellt werden.[4] Auch weite Teile des Nordpazifiks blieben während der vergangenen 140 Jahre ohne Erwärmung.[3] Ein weiteres bedeutsames Erwärmungsloch befindet sich im Südosten der USA, wo sich das Klima in etlichen Bundesstaaten während der letzten 100 Jahre abgekühlt hat.[5-7] Die Temperaturen oszillierten hier zwischen kälteren und wärmeren Phasen, wobei die Wärme der 1930er- und 1940er-Jahre noch immer nicht signifikant übertroffen wurde.[8]

Die letzten Jahrzehnte

Betrachtet man lediglich die letzten drei bis fünf Jahrzehnte, so fallen wiederum die Abkühlung im Nordatlantik, Südlichen Ozean[9; 10] und Nordpazifik[11] ins Auge. Die Temperaturen der Ostantarktis haben sich seit den 1950er-Jahren kaum verändert,[12] teilweise kühlten sich hier Gebiete sogar während der letzten Jahrzehnte ab.[13-15] Aber auch andere Regionen der Erde entzogen sich dem generellen Erwärmungstrend. Sowohl in den außertropischen Anden[16] als auch im Schwarzen Meer[17] ist es seit 1950 nicht mehr wärmer geworden. Im tropischen Pazifik stagnieren die Temperaturen seit 30 Jahren.[2]

Der Hiatus

In den ersten anderthalb Jahrzehnten des neuen Jahrtausends kam die globale Erwärmung nahezu zum Stillstand. Die globale Durchschnittstemperatur stagnierte, weshalb die Zeit 2000–2014 auch als »Hiatus« bezeichnet wird. Zahlreiche Forschergruppen bestätigten und analysierten das unerwartet eingetretene Phänomen.[18-21] Keines der gängigen Klimamodelle hatte die Erwärmungspause prognostiziert. Der Hamburger Klimamodellierer Jochem Marotzke nannte den Hiatus in einem Interview von 2013 mit dem Deutschlandfunk *ein ungewöhnliches, überraschendes und auch noch nicht verstandenes Phänomen«*.[22]

Mehr als ein Dutzend Hypothesen wurden aufgestellt, mit den unterschiedlichsten Ideen, weshalb die Temperaturen plötzlich nicht mehr stiegen.[23; 24; 20] Eine Minderheit von Wissenschaftlern wollte die ausbleibende Erwärmung jedoch nicht anerkennen und schrieb aktiv dagegen an. Mithilfe von nachträglichen Veränderungen an den Temperaturdaten,[25] alternativen regionalen Mittelwertsbildungen[26] und geschickter Wahl von zeitlichen Start- und Endpunkten versuchten sie zu zeigen, dass die Erwärmung doch weiterginge.[27] Angesehene Klimaforscher wehrten sich gegen diese Versuche und forderten die Kollegen auf, den Hiatus anzuerkennen.[28–30; 23] Letztendlich spielt es keine Rolle, ob die Erwärmung vollkommen zum Stillstand gekommen ist (»Hiatus«) oder lediglich stark abgebremst wurde (»Slowdown«). Entscheidend ist, dass die Klimamodelle eine Erwärmung von 0,2 °C pro Jahrzehnt erwarten ließen, die in diesem Zeitraum bei Weitem nicht eingetreten ist.

Der »Hiatus« stellte für die Autoren des 5. IPCC-Klimazustandsberichts eine große Herausforderung dar. Der 2013/14 erschienene Bericht sollte die Dringlichkeit von Klimaschutzmaßnahmen bekräftigen, wobei die Erwärmung in der vorangegangenen Dekade jedoch ausgeblieben war. Hinter den Kulissen entspann sich eine Kontroverse zwischen Forschern und Politikern. Während die Wissenschaftler in der Langversion der wissenschaftlichen Grundlagen den Hiatus namentlich erwähnen und detailliert diskutieren,[31] taucht der Begriff in der Zusammenfassung für Politiker aus unerfindlichen Gründen mit keinem Wort auf.[32] *Der Spiegel* berichtete seinerzeit von zähen Verhandlungen.[33] Gegen den Widerstand vieler Forscher wollten offenbar insbesondere Delegierte der deutschen Bundesregierung das Stocken der Erwärmung der vorangegangenen 15 Jahre aus der Zusammenfassung des neuen IPCC-Reports heraushalten. Allenfalls eine *»Verlangsamung des Temperaturanstiegs«* sollte zugegeben werden, die *»wissenschaftlich nicht relevant«* sei. Am Ende setzten sich die Politiker durch, was für einen wissenschaftlichen Bericht schon bemerkenswert ist.

Kurioserweise interpretierte eine britische Politikerin den »Hiatus« bereits als Beleg dafür, dass die politischen Klimaschutzmaßnahmen greifen würden.[34] Eine weitere Kuriosität ist eine Studie aus der Zeitschrift *Science*, die kurz vor dem Pariser Klimagipfel 2015 herauskam und offenbar die versammelten Staatsoberhäupter zur Unterschrift unter das Klimaabkommen motivieren sollte. Der Direktor der Wetter- und Ozeanographiebehörde der Vereinigten Staaten (National Oceanographic and Atmospheric Administration, NOAA), Thomas Karl, behauptete zusammen mit seinen Co-Autoren in der Veröffentlichung, dass die Erwärmungspause gar nicht existiere, sich Tausende von Wissenschaftlern also geirrt hätten. Entgegen den wissenschaftlichen Gepflogenheiten versäumten es die Autoren des »Pausebuster-Papers« jedoch, die in ihrer Analyse verwendeten Daten öffentlich zu archivieren. Selbst auf Nachfrage stellten sie die Datenreihen interessierten Kollegen nicht zur Verfügung.

Als der öffentliche Druck zur Verifizierung der Ergebnisse immer größer wurde, suchte man bei der NOAA den Computer und die Software, mit dem die Untersuchung durchgeführt wurde. Die Überraschung war groß, als die Wissenschaftler erklärten, der Computer hätte samt Programm *wegen technischer Defekte* entsorgt werden müssen. Es gäbe somit keine Möglichkeit, den Wahrheitsgehalt der wichtigen Studie zu überprüfen, we are very sorry for this. Gemäß den wissenschaftlichen Gepflogenheiten hätte *Science* die Veröffentlichung daraufhin eigentlich zurückziehen müssen. Dafür sah der Präsident der American Association for the Advancement of Science (AAAS), unter deren Aufsicht *Science* erscheint, jedoch trotz der eigentlich eindeutigen Sachlage keine Veranlassung.[35]

Ein El Niño beendet die Erwärmungspause

Mitte 2014 setzte im Pazifikraum ein starker El Niño ein, der stärkste der gesamten Messgeschichte. Beim El Niño handelt es sich um eine abrupte ozeanographisch-meteorologische Veränderung der Strömungen im äquatorialen Pazifik, die alle 2–7 Jahre auftritt und üblicherweise die globale Mitteltemperatur nach oben schießen lässt. Und genau dies passierte auch diesmal. Der El Niño 2014-16 beendete die globale Erwärmungspause und ließ die Temperaturen wieder steigen. Der Höhepunkt des außerordentlichen Wärmeschubs wurde 2016 erreicht. Seitdem fallen die Temperaturen wieder, bewegen sich allerdings auf einem höheren Niveau als während der Hiatusphase zu Beginn des Jahrtausends.

Was genau den Hiatus ausgelöst hat, wird weiter kontrovers diskutiert. Am wahrscheinlichsten ist wohl das zeitweilige Abgleiten des PDO-Ozeanzyklus in die negative Phase, was bereits in der Vergangenheit zu Erwärmungspausen und Abkühlung geführt hatte (s. Kap. 7). Wissenschaftler des

Hamburger Max-Planck-Instituts für Meteorologie machten der Öffentlichkeit 2017 allerdings wenig Hoffnung, dass die Mechanismen je geklärt werden könnten.[36; 23]

Winter wird teilweise kühler

Ungeachtet der nun fortgesetzten Erwärmung lohnt es sich, zwischen den verschiedenen Jahreszeiten zu unterscheiden. Interessanterweise scheinen sich nämlich die Winter in den mittleren Breiten der Nordhalbkugel jüngst abgekühlt zu haben. In Deutschland sind die Monate Januar, Februar und März während der letzten dreieinhalb Jahrzehnte nach einem Temperatursprung um 1988 bis vor einigen Jahren wieder leicht kälter geworden (s. Abb. 9), während sich der Dezember erwärmt hat.[37] Die Abkühlung spiegelt sich zum Beispiel in einer zunehmenden Verspätung des Blühtermins einer unter Klimaforschern bekannten Forsythie auf der Hamburger Lombardsbrücke wider.[38] Auch die Winter in Nordamerika[39] und Teilen Sibiriens[40] sind in den letzten Jahrzehnten immer kälter geworden.

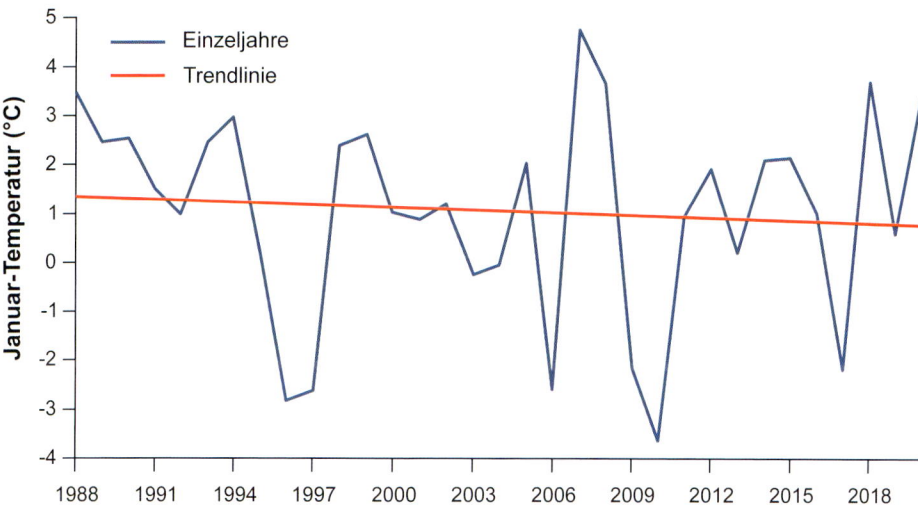

ABB. 9: Entwicklung der Januartemperaturen in Deutschland seit 1988. Daten: Deutscher Wetterdienst.

6. Läuft die moderne Erwärmung schneller ab als je zuvor?

Immer wieder hören wir in den Medien, das Klima würde sich heute schneller erwärmen als je zuvor. Zuletzt wurde diese These im Juli 2019 durch die Universität Bern per Pressemitteilung verbreitet, bezugnehmend auf die vergangenen 2000 Jahre.[1] Was ist dran an dieser Behauptung? Wir versuchen eine Brücke zwischen dem modernen und vorindustriellen Klimawandel zu schlagen.

Die globale Temperatur ist in den letzten 150 Jahren um etwa 1,0 °C angestiegen,[2] was einer durchschnittlichen Erwärmungsrate von 0,07 °C pro Jahrzehnt entspricht. Allerdings konzentrierte sich die Erwärmung vor allem auf drei Temperaturschübe, nämlich von 1860 bis 1880, 1910 bis 1940 und 1975 bis 1998. Die Temperatursteigerungsrate der drei Episoden war ähnlich und betrug etwa 0,15 °C pro Dekade.[3] Zwischen den Erwärmungsphasen kühlte sich das Klima jeweils leicht ab oder stagnierte.

Die Geologensicht

Hat es in den letzten Jahrtausenden wirklich keine Phasen gegeben, in denen ähnliche globale Erwärmungsraten erzielt wurden? Da der Suchhorizont in der vorindustriellen Zeit liegt, besitzen wir leider keine direkten Messdaten und müssen uns daher auf »Proxydaten« aus geologischen Rekonstruktionen auf Basis von Sedimentkernen, Höhlentropfsteinen und anderen natürlichen Klimaarchiven verlassen. Das größte Problem: Die vorindustriellen Daten sind nicht von überall verfügbar und auch nicht immer leicht zu interpretieren. Bei näherer Betrachtung zeigt sich schnell, dass die oben genannte Behauptung der Universität Bern schwer haltbar ist. So verwendeten die Forscher eine große Menge an de facto unpublizierten Baumringdaten, deren Verwendbarkeit als Temperaturanzeiger nicht gewährleistet ist. Zudem enthielt die Datenbasis eine ganze Reihe von Ausreißern, deren Entwicklung in Nachbarlokalitäten nicht bestätigt werden konnte.[4-8]

Generell werden geologisch ermittelte Erwärmungsraten aufgrund einer Vielzahl von Problemen unterschätzt.[9-11] Die verwendeten Paläothermometer-Methoden arbeiten nicht fehlerfrei, wodurch so manche Temperaturänderung undokumentiert bleibt. Auch lässt sich die Beprobungsdichte und damit Datenauflösung bei vielen Methoden nicht beliebig steigern, was zu Datenlücken führt. Die Radiokarbon-Methode unterliegt systematischen Fehlern, die im Extremfall den gesamten Zeitraum der industriellen Phase, also 100–150 Jahre, ausmachen können. Die Erwärmungsschübe erscheinen daher zeitversetzt, was die statistisch ermittelte Erwärmungsrate künstlich verringert.

Statistisch nicht robust

Die Unvergleichbarkeit von modernen Temperaturmessdaten mit geologisch ermittelten Temperatur-Proxydaten wurde bereits im Zusammenhang mit einer 2013 publizierten globalen Holozän-Temperaturkurve deutlich (s. Kap. 3). Die Webplattform »Klimaretter« berichtete seinerzeit über die Studie:[12] »*Die globalen Temperaturen steigen derzeit schneller als jemals zuvor seit dem Ende der letzten Eiszeit. Das ist das Ergebnis einer Studie, bei der ein Team von Wissenschaftlern um den Geologen Shaun Marcott von der Oregon State University in Corvallis die Temperaturen der vergangenen 11300 Jahre rekonstruiert hat.*«

Bereits kurz nach Veröffentlichung der Arbeit entspann sich jedoch eine kontroverse Debatte, da der niedrigauflösenden geologischen Temperaturkurve noch jahresgenaue Messdaten der letzten 150 Jahre angefügt wurden, die am Ende der Temperaturreihe wie eine Rakete nach oben schossen. Eine gemeinsame Darstellung der beiden Datentypen war allerdings gar nicht zulässig, da Daten unterschiedlicher Auflösung statistisch nicht vergleichbar sind. Schnelle vorindustrielle Erwärmungsphasen würden durch die mangelnde Auflösung von lediglich 120 Jahren im Datensatz überhaupt nicht in Erscheinung treten. Dies wurde in der Begutachtung des Artikels bei *Science* offenbar übersehen. Zuvor war das Manuskript übrigens bei *Nature* eingereicht und dort wohl abgelehnt worden.[13]

Interessanterweise fehlten die modernen Messdaten noch in der Doktorarbeit von Marcott aus dem Jahr 2011, welche die Grundlage der *Science*-Publikation des Jungforschers bildete. Weshalb die modernen Werte in der Publikation letztendlich ergänzt wurden, bleibt unklar. Ob hier eine Rolle spielte, dass Marcotts Doktorvater Peter Clark als Leitautor am 5. Klimazustandsbericht beteiligt war und an möglichst dramatischen Schlussfolgerungen interessiert war? Auf jeden Fall wurde das *Science*-Paper bereits im September 2013 im besagten IPCC-Bericht zitiert, obwohl das Marcott-Paper erst am 8. März 2013 offiziell veröffentlicht wurde. Wäre die Arbeit nur eine Woche später herausgekommen, hätte sie im Bericht nicht mehr verwendet werden können, da am 15. März 2013 der sogenannte »literature cut-off« überschritten worden wäre. Am 31. März 2013, drei Wochen nach dem Erscheinen des Papers, räumten Shaun Marcott und seine Co-Autoren in einem Blogartikel auf www.realclimate.org schließlich ein, dass die Temperaturen des 20. Jahrhunderts in der publizierten Kurve statistisch nicht robust sind.[14]

Beispiele aus dem Mittelalter

Der Heidelberger Paläoklimatologe Augusto Mangini bekräftigte in einem *FAZ*-Beitrag von 2007, dass es auch in vorindustrieller Zeit einen intensiven Klimawandel gegeben hat:[15] »*[Es ist] falsch zu behaupten, dass die jetzige Erwärmung sehr viel schneller abläuft als frühere Erwärmungen. Tatsache ist, dass es während der letzten zehntausend Jahre erhebliche globale und vor allem genauso schnelle Klimawechsel gegeben hat, die die Menschen sehr stark beeinflussten.*«

Angesichts der noch nicht belastbaren globalen vorindustriellen Temperaturkurven für die letzten 2000 und 10 000 Jahre[16;17] können wir uns zunächst nur auf Einzelrekonstruktionen stützen. Erstes Beispiel ist die Erwärmung im Übergang der Kälteperiode der Völkerwanderungszeit zur Mittelalterlichen Wärmeperiode (s. Kap. 2). In der Eifel stiegen damals die Temperaturen innerhalb von 400 Jahren um 4 °C,[18] was einer Rate von 1 °C pro Jahrhundert entspricht, also ziemlich genau der heutigen Rate (s. Abb. 4). Dies gilt allerdings nur für die geglättete Temperaturentwicklung. Wenn man die ungefilterten Originaldaten verwendet, erkennt man Temperatursprünge von bis zu 7 °C innerhalb weniger Jahrzehnte.

Ähnlich sieht es in der Spannagelhöhle in den österreichischen Zentralalpen aus (s. Abb. 27). Dort stiegen die Temperaturen zwischen 750 und

850 n. Chr. um 2 °C an.[19] Rasche Erwärmungsphasen gab es damals auch auf anderen Kontinenten. So schnellten in den Seen des ostafrikanischen Riftgrabens die Temperaturen innerhalb von nur 100 Jahren um 1,5 °C in die Höhe.[20; 21] Ein chilenischer See in Patagonien erwärmte sich sogar um 4 °C innerhalb eines Jahrhunderts.[22] Es gibt eine Vielzahl von weiteren Beispielen von allen sieben Kontinenten.

Beispiele aus den letzten Jahrtausenden

Die Untersuchung vorindustrieller Phasen von »abruptem Klimawandel« bildet sogar eine eigene Unterdisziplin der Paläoklimatologie.[23] Starke Temperaturschwankungen ereigneten sich beispielsweise während der letzten 10 000 Jahre im Zuge der klimatischen Millenniumszyklen (s. Kap. 4).[24] So konnte im hochauflösenden Vostok-Eiskern aus der Ostantarktis eine Vielzahl von starken Erwärmungs- und Abkühlungsphasen dokumentiert werden.[25] Auch aus Grönland[26] und dem äquatorialen Pazifik[27] sind schnelle und intensive Temperaturwechsel aus den letzten Jahrtausenden bekannt. Besonders schnelle vorindustrielle Erwärmungsraten ereigneten sich im Übergang zum Bølling-Allerød Interstadial (vor 14 700 Jahren), am Ende der Jüngeren Dryas[28; 29] (vor 9700 Jahren) und am Ende des 8,2k-Kälteereignisses[30] (vor 8500 Jahren).

Während der letzten Eiszeit (115 000 bis 12 000 Jahre vor heute) machte das Klima besonders starke und schnelle Temperatursprünge. Im Rahmen einer 1500-Jahre-Zyklik stiegen innerhalb nur weniger Jahrzehnte die Temperaturen um 6 bis 10 °C an.[31] Die darauf folgenden Abkühlungsphasen hingegen zogen sich dann jeweils über viele Jahrhunderte hin. Das Sägezahnmuster im Temperaturverlauf ist das Markenzeichen dieser Schwankungen, die nach ihren dänischen und schweizerischen Entdeckern auch Dansgaard-Oeschger-Zyklen benannt wurden (s. Kap. 4).[32] Zwei Dutzend dieser Ereignisse wurden im Atlantik nachgewiesen. Einige der Zyklen sind stärker, andere schwächer ausgebildet. Die Einzelzyklen wiederum gruppieren sich zu Bündeln mit längerfristigen Zyklen eines einheitlichen Trends.[33]

Nicht so einzigartig wie vermutet

Die heutige Erwärmungsrate ist also keineswegs so einzigartig wie oft behauptet, weder im Maßstab der letzten 1000 Jahre noch im Kontext der letzten 100 000 Jahre. Erst durch geologische Ungenauigkeiten der Proxydaten »verwaschen« die vorindustriellen Erwärmungsphasen in den aus vielen Einzeldaten synthetisierten globalen Temperaturrekonstruktionen. Bevor hier überhaupt robuste Aussagen getätigt werden können, müssten Hunderte von neuen vorindustriellen Datenreihen generiert werden. Momentan sind weite Teile im Inneren Afrikas und Südamerikas paläoklimatologisch nahezu unerforscht.[4; 6] Die unbequeme Wahrheit ist, dass wir noch immer keine globalen vorindustriellen Temperaturkurven haben, die sich für hochauflösende Detailvergleiche eignen würden.

II. Natürlicher und anthropogener Klimawandel

7. Der Herzschlag der Ozeane: Welche Rolle spielen PDO, AMO, NAO & Co.?

Dreibuchstabenabkürzungen (DBA) spielen in einer Unterdisziplin der Klimawissenschaften eine besonders wichtige Rolle, nämlich in der Fachrichtung »Ozeanzyklen«. Es gibt eine ganze Palette davon, und wenn man das erste Mal davon hört, kann es einen glatt erschlagen: NAO, AMO, PDO, SAM, IOD … Die Beschäftigung mit diesem Thema ist jedoch aus einem sehr wichtigen Grund unerlässlich: Die Ozeanzyklen steuern einen Großteil der natürlichen Klimavariabilität auf der Welt. Hat man erst einmal das Basisvokabular und die Grundzüge verstanden, erklären sich sehr viele Klimatrends wie von selbst. Im Folgenden also ein Crashkurs in Ozeanzyklik. Sie werden erstaunt sein, wie plötzlich vieles zusammenpasst.

Der Begriff »Ozeanzyklen« ist umgangssprachlich, beschreibt aber die Prozesse recht anschaulich. Der Wortteil »Ozean« weist darauf hin, dass es sich um Vorgänge in, auf und über den Ozeanen handelt, die letztendlich auch das Klima der Kontinente beeinflussen. Der Teil »Zyklik« bedeutet, dass es sich um meteorologische Oszillationen handelt, die zwischen zwei Zuständen hin- und herpendeln, einige davon (nicht alle!) nahezu zyklisch. Andere verwendete Begriffe sind »Klimaoszillationen« und »Klimavariabilität«. Das Forschungsgebiet der Ozeanzyklik ist recht jung. Viele der Phänomene wurden erst Ende der 1990er oder später entdeckt und beschrieben. Als der IPCC 1988 gegründet wurde, waren die meisten Ozeanzyklen noch unbekannt und konnten in den ersten beiden Klimazustandsberichten von 1990 und 1995 noch überhaupt nicht berücksichtigt werden. Über die damals bereits laut werdende Einschätzung zu den Klimawissenschaften »*The Science is settled*« kann man in der Rückschau heute nur noch milde lächeln. In Wirklichkeit ist auch heute noch vieles ungeklärt. Das sah übrigens auch schon der Gründungsvorsitzende des IPCC, Bert Bolin, so. Im Jahr 1997 erklärte Bolin in einer öffentlichen Diskussionsrunde »*The climate issue is not settled; it is both uncertain and incomplete.*«[1]

Ozeanzyklen basieren auf Temperatur- und Luftdruckunterschieden in regional genau definierten Meeresgebieten. Diese Unterschiede werden in Form von Indexwerten erfasst, die je nach Abweichung zwischen positiven und negativen Phasen abwechseln. Die jeweiligen Phasen sind typischerweise mit charakteristischen Wetterlagen verbunden, zum Beispiel häufigeren Dürren oder wärmeren Sommern. Eine positive NAO-Phase (NAO+) führt beispielsweise zu wärmeren Wintern in Mittel- und Nordeuropa (mehr s.u.).

PDO: Pazifische Dekaden-Oszillation

Die PDO beschreibt Abweichungen der Meeresoberflächentemperaturen im nördlichen Pazifik von einem mittleren Normalzustand. Wenn sich das Meer an der nordamerikanischen Westküste ungewöhnlich aufheizt und der Nordwestpazifik im Gegenzug abkühlt, befindet sich die PDO in einer positiven Phase (PDO+). Wenn sich die Verhältnisse umdrehen, liegt eine negative Phase (PDO-) vor. Ein kompletter PDO-Zyklus umfasst durchschnittlich 60 Jahre, wobei die PDO jeweils 30 Jahre in der positiven bzw. negativen Phase verharrt.[2] Die PDO wurde erst 1996 durch Steven Hare von der University of Washington entdeckt.[3] Zyklisch schwankende Lachsbestände an der nordamerikanischen Westküste hatten den Forscher auf die Spur geführt.

Die PDO spielt eine überragende Rolle für die Entwicklung der globalen Durchschnittstemperatur, wie ein Vergleich der vergangenen 120 Jahre zeigt. Während positiver PDO-Phasen stieg die globale Temperatur stets besonders stark an, wohingegen die Erwärmung bei negativer PDO jeweils ins Stocken geriet bzw. sich das Klima sogar abkühlte (s. Abb. 10). Die drei Erwärmungsepisoden 1860–1880, 1910–1940 und 1975–1998 ereigneten sich während positiver PDO-Bedingungen, die dazwischenliegenden Erwärmungspausen fanden zu Zeiten negativer PDO statt. Die PDO moduliert den Langzeiterwärmungstrend und überlagert ihm einen charakteristischen 60-Jahre-Takt, der einen treppenstufenartigen Verlauf in der Temperaturentwicklung erzeugt. Der Einfluss der PDO und verwandter pazifischer Ozeanzyklen auf die globale Temperatur wurde in den ersten zehn Jahren nach Entdeckung der PDO zunächst nur zögerlich angenommen,[4-6] ist aber mittlerweile allgemein anerkannt.[7-11]

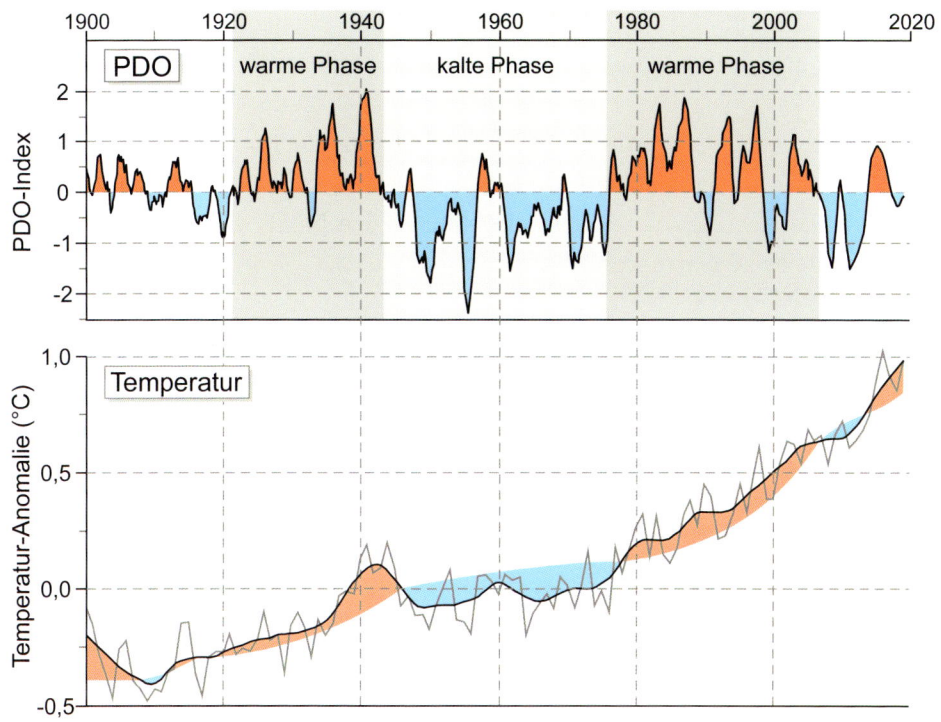

ABB. 10: Treppenstufenartige Erwärmung der letzten 120 Jahre im Kontext der PDO-Phasen.

Um das Jahr 1999 wechselte die PDO in die negative Phase, wodurch die globale Erwärmung abgebremst wurde und in eine anderthalb Jahrzehnte andauernde Erwärmungspause mündete.[10; 12–17] Der Hiatus endete 2015, kurz nachdem die PDO wieder zeitweise ins Positive wechselte. Gemäß dem 60-Jahre-Zyklus könnte es sich jedoch lediglich um eine kurze positive Zwischenspitze handeln. Falls die PDO nun wieder in die negative (kalte) Phase wechselt, könnte dies bis etwa zum Jahr 2030 andauern.

AMO: Atlantische Multidekaden-Oszillation

Die AMO ist das Pendant zur PDO für den Atlantik. Der AMO-Index beschreibt Abweichungen der Meeresoberflächentemperaturen von einem mittleren Normalzustand im Nordatlantik, wobei die Langzeiterwärmung bereits abgezogen ist.[18] In Zeiten, wenn der Nordatlantik wärmer als üblich ist, befindet sich die AMO in ihrer positiven Phase (AMO+), bei kühleren als normalen Temperaturen liegt eine negative AMO vor (AMO-). Ähnlich wie im Pazifik oszillieren die beiden Phasen mit einer Zyklenperiode von 60–70 Jahren.[19] Im Prinzip handelt es sich um die gleiche Schwingung, allerdings hinkt die AMO der PDO um bis zu 20 Jahre hinterher. Die US-amerikanische Klimawissenschaftlerin Marcia Glaze Wyatt verglich den Zusammenhang von PDO und AMO mit einer Stadionwelle, also einer Klimaoszillation, die an verschiedenen Orten der Erde zeitversetzt abläuft.[20; 21] Entdeckt und beschrieben wurde die AMO erst 1994, war also ebenfalls in der Frühphase des IPCC noch unbekannt.[22]

Der AMO-Zyklus übt einen bedeutenden Einfluss auf die Sommertemperaturen in Europa aus (s. Abb. 11), während die Winter weitgehend unab-

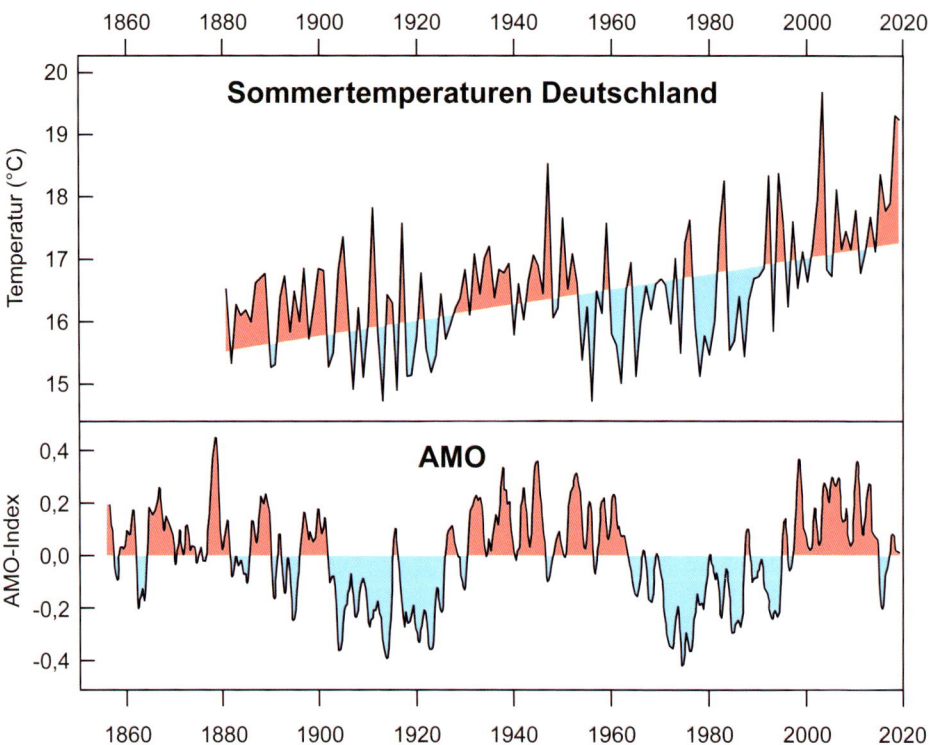

ABB. 11: Entwicklung der Sommertemperaturen in Deutschland während der letzten 140 Jahre im Kontext der AMO-Phasen.

hängig von der AMO sind.[23; 24] Im Frühling beeinflusst die AMO die Temperaturen in Westeuropa, im Herbst die von Nordeuropa.[24; 25] Die negative Phase der AMO in den 1960er- bis 1990er-Jahren hatte das Sommerklima in Europa spürbar abgekühlt, während die danach einsetzende und noch immer andauernde positive AMO zu wärmeren und längeren Sommern auf dem Kontinent geführt hat.[25-28] Im Atlantik kontrolliert die AMO die Bestände von Thunfischarten[29] und Kieselalgen[30]. Ein Großteil der natürlichen Temperaturschwankungen in Irland[31], Mittelengland[32], der Ostsee[33], dem Mittelmeer[34; 35] und dem Roten Meer[36] war während der letzten anderthalb Jahrhunderte an den Verlauf der AMO gekoppelt. Selbst in den Alpenseen wurde die klimatische »Handschrift« der AMO bereits nachgewiesen.[37]

Die 1930er- und frühen 1940er-Jahre waren in etlichen Teilen der Erde ähnlich warm wie heute, z. B. in der russischen Arktis,[38] im äquatorialen Pazifik[39] und in Portugal[40]. Sowohl die PDO als auch die hinterherhinkende AMO befanden sich damals in ihrer positiven, warmen Phase und trieben gemeinsam die Temperaturen nach oben.[41] Eine solche Konstellation kam zuletzt in den 1990er-Jahren vor, was damals zum bekannten rasanten Anstieg der globalen Temperaturen beitrug. Diese letzte starke Erwärmungsphase ist auch auf Spitzbergen gut ausgeprägt und motiviert regelmäßig deutsche Politiker, auf die arktische Insel zu reisen, um vor dem Klimawandel zu warnen. So begab sich 2015 die Bundesministerin für Bildung und Forschung, Johanna Wanka,[42] auf die strapaziöse Dienstreise, ein Jahr später folgte Bundesumweltministerin Barbara Hendricks.[43] Trotz begleitender Fachberatung durch das Bremerhavener Alfred-Wegener-Institut (AWI) entging beiden Ministerinnen jedoch ein wichtiges Detail. Einen ganzen AMO-Zyklus zuvor war es in den 1930er- und 1940er-Jahren auf Spitzbergen nämlich schon einmal ähnlich warm wie heute gewesen.[44] Man stelle sich einmal vor, die beiden Spitzenpolitikerinnen hätten dies in ihren zahlreichen Ansprachen und Fernsehinterviews auf Spitzbergen thematisiert. Aber natürlich blieb es unerwähnt. Wollte man den Bürgern daheim diese verwirrende Erkenntnis vielleicht nicht zumuten?

Neuere Arbeiten kommen zu dem Schluss, dass PDO und AMO gemeinschaftlich 30–50 % des letzten großen Erwärmungsschubs 1975–1998 verursacht haben,[45-49] wobei der Langzeiterwärmungstrend entsprechend deutlich geringer ausfällt als vormals angenommen.[50-54] Die genauen physikalischen Zusammenhänge befinden sich noch in der Erforschung. Allerdings gibt es Hinweise darauf, dass die Wolken hier eine wichtige Rolle spielen. Das wird am Beispiel Deutschlands sehr deutlich. Die Sonnenscheindauer war in den 1950er-Jahren deutlich höher als in den darauffolgenden vier Jahrzehnten.[55] Damals wechselte die AMO gerade aus einer positiven in eine negative Phase (s. Abb. 11). In den späten 1990er-Jahren schaltete die AMO wieder in den positiven Modus (der bis heute andauert), was mit einem signifikanten Anstieg der jährlichen Sonnenscheindauer einherging. Die Wirkungskette ist intuitiv: Positive AMO, längere Sonnenscheindauer durch weniger Wolken, heißere Sommer. Die AMO fungiert als Wolkenschieber und Klimamacher. An Ozeanzyklen gekoppelte Wolkenmechanismen wurden auch in anderen Regionen der Erde beobachtet.[56–58]

NAO: Nordatlantische Oszillation

Im Gegensatz zur PDO und AMO ist die NAO bereits seit 100 Jahren bekannt.[59] Dies ist der dritte Ozeanzyklus, den Sie sich unbedingt merken sollten, da er einen großen Teil der europäischen Klimaschwankungen erklärt und auch das Klima an der US-Ostküste beeinflusst. Die NAO beschreibt den Luftdruckunterschied zwischen dem Island-Tief und dem Azoren-Hoch.[60] Wenn der Unterschied groß ist, also wenn das Hoch besonders stark und das Tief besonders schwach ausgeprägt ist, liegt eine positive NAO vor (NAO+). Wenn der Unterschied im Luftdruck geringer ist, befindet sich die NAO in der negativen Phase (NAO-). Eigentlich ganz einfach. Diese Druckunterschiede spielen für das europäische Winterklima eine entscheidende Rolle, denn sie bestimmen, an welcher Stelle Westeuropas die vom Atlantik hereinkommenden Westwinde an Land treffen. Die Westwinde bringen jede Menge Feuchtigkeit und milde Meeresluft vom Ozean mit.

Bei einer positiven NAO erreichen die Westwinde Europe weiter im Norden und überstreichen die Britischen Inseln, Deutschland und Skandinavien. Die Winter sind dann dort entsprechend feuchter und wärmer als normal.[61; 62] Liegt jedoch eine negative NAO vor, werden die Westwinde in den Südwesten Europas abgedrängt, wo sie es auf der Iberischen Halbinsel kräftig regnen lassen. In Mittel- und Nordeuropa macht sich gleichzeitig kalte Polarluft breit, was zu Kältewintern führt. Für Deutschland bedeutet das also: NAO+ mit warmen und feuchten Wintern, NAO- mit kalten und trockenen Wintern. Für alle Urlauber gilt: Während einer negativen NAO lohnt es sich nicht, nach Kontinental-Spanien zu fahren, um Wintersonne zu tanken. Anstatt Sonnenbrille werden Sie nämlich eher einen Regenschirm benötigen.

Die Auswirkungen der NAO finden sich fast überall im erweiterten nordatlantischen Raum: Die NAO beeinflusst beispielsweise das Meereis der Ostsee,[63] die Eisbildung auf skandinavischen Seen und Flüssen,[64; 65] das Baumwachstum in Europa,[66; 67] Kreislauferkrankungen in Portugal,[68] den Schalentierfang an der US-Ostküste,[69] die arktische Tiefenwasserzirkulation,[70; 71] die Eisschmelze in Grönland[72] und die amerikanische Hurrikantätigkeit[73]. Wer NAO und AMO ansatzweise verstanden hat, lässt sich von der natürlichen Klimadynamik in Europa und im östlichen Nordamerika so schnell nicht überraschen. Die Abkühlung der Wintermonate Januar, Februar, März in Deutschland während der letzten 30 Jahre hängt eng mit dem NAO-Verlauf zusammen. Die NAO erreichte um 1990 die höchsten positiven Werte der gesamten letzten 100 Jahre. Ab 1995 wechselte die NAO jedoch in die negative Phase und erreichte 2010 einen der tiefsten Werte der Messgeschichte. In den Folgejahren ging es für die NAO wieder bergauf.

Einen Wermutstropfen gibt es aber dennoch. Während PDO und AMO im relativ simplen 60-Jahre-Takt schwingen, zeichnet sich die NAO durch eine sehr viel komplexere Variabilität aus, deren Maßstab von Tagen bis Jahrtausenden reicht.[74–76] Leider gibt es nur sehr schwach ausgeprägte Zyklizitäten mit Perioden von 7, 13, 20, 26, 34 und 60 Jahren,[77; 78] die sich alle auch noch überlagern. Zudem scheint es komplizierte Querverbindungen zur AMO mit mehrjährigen Zeitverzögerungen zu geben.[79; 80] Die Berechnungen sollte man daher lieber dem Computer überlassen, sobald alle Zusammenhänge vollständig verstanden sind.

Noch mehr Ozeanzyklen

Die wichtigsten drei langspannigen Ozeanzyklen haben Sie jetzt kennengelernt. Allerdings gibt es noch einige weitere, deren detaillierte Beschreibung hier zu weit führen würde. Zu nennen wäre zum Beispiel die Arktische

Oszillation (AO), die eine Rolle für das Winterklima auf der nördlichen Hemisphäre spielt.[81; 82] Das Gegenstück ist die Antarktische Oszillation (AAO), die auch Southern Annular Mode (SAM) genannt wird und große Bedeutung für das Klima in Australien, Südamerika und auf der Antarktischen Halbinsel hat.[83] Schließlich sei noch der Indische Ozean Dipol (IOD) angeführt, der den Monsun in Indien und China mitsteuert.

Auf kürzere Sicht wirken sich die Gegenspieler El Niño und La Niña massiv auf das globale und regionale Klima aus. El Niño ist ein Warmwasserereignis und La Niña das dazugehörige Kaltwasser-Pendant im östlichen tropischen Pazifik vor der südamerikanischen Westküste. El Niños treten in unregelmäßigen Abständen etwa alle 2–7 Jahre auf und dauern üblicherweise 9–12 Monate. Das Wort El Niño stammt aus dem Spanischen und bedeutet Kind bzw. Christkind, denn das Wetterphänomen ereignet sich meist um die Weihnachtszeit. La Niña bedeutet in Analogie »das Mädchen«. Der Verlauf des Phänomens wird in einem als ENSO bezeichneten Parameter quantifiziert, was für El Niño-Southern Oscillation steht. El Niño und La Niña führen zu charakteristischen Wetteranomalien auf allen Kontinenten. Einige Gebiete werden feuchter, andere trockener. Bei den Temperaturen gibt es entsprechende Wärme- und Kälteanomalien.

Was treibt die Ozeanzyklen an?

Es bleibt die wichtige Frage, was die Ozeanzyklen eigentlich antreibt. Dazu konkurrieren derzeit zwei Denkschulen. Eine Mehrheit sieht Anzeichen, dass die schwankende Sonnenaktivität einen signifikanten Einfluss auf die Ozeanzyklen nimmt (näheres hierzu in Kap. 8). Dieser solare Einfluss scheint jedoch vor allem nichtlinear zu sein, sodass einfache Eins-zu-Eins-Korrelationen zwischen Sonne und Ozeanzyklen bzw. Klima nicht erwartbar sind. Andere Wissenschaftler schlagen hingegen vor, dass die Ozeanzyklen vollkommen selbstständig im Klimasystem ablaufen, ohne dass sie von außen Impulse beziehen. Ein Versuch, die AMO als Folge schwankender Luftverschmutzung zu deuten,[84] ist von der Fachwelt mittlerweile verworfen worden.[85] Eine weitere kontrovers diskutierte Idee ist, dass die 60-Jahre-Zyklik auf Gezeiteneffekte von Jupiter und Saturn zurückzuführen sei.[86]

Klimamodelle beißen sich an den Ozeanzyklen die Zähne aus

Forscher versuchen derzeit händeringend, die Ozeanzyklen in ihre Klimasimulationen einzubauen, allerdings mit wenig Erfolg. Die empirisch auf Basis von harten Messdaten belegten Zyklen lassen sich von selbst einfach nicht in den Computermodellen erzeugen.[87–89] Erst wenn den Modellen externe Steuerungssignale hinzugegeben werden, beginnt sich die Simulation der Wirklichkeit anzunähern.[87] Das geschieht momentan jedoch mit der Brechstange. Anstatt die Ozeanzyklen sauber physikalisch mit Formeln zu beschreiben und vom Computer berechnen zu lassen, gibt man sie meist einfach basierend auf den Beobachtungsdaten von außen vor. Eine Erkenntnis haben die Forscher aus den Simulationen der per Hand hinzugefügten Ozeanzyklen bereits gewonnen: Die hieraus abgeleiteten Temperaturberechnungen passen plötzlich viel besser mit der Wirklichkeit zusammen als vorher. Auch die globale Erwärmungspause 2000–2014 kann nun reproduziert werden.[16; 90]

Langzeittrends der Ozeanzyklen in vorindustrieller Zeit

Wir kennen den Verlauf der Ozeanzyklen für die vergangenen 150 Jahre auf Basis meteorologischer Messdaten ziemlich genau. Mithilfe geologisch-paläoklimatologischer Methoden können jedoch auch die Ozeanzyklen-Entwicklungen der vergangenen Jahrhunderte und Jahrtausende zurückverfolgt werden. Dabei werden übergeordnete Langzeittrends sichtbar, die wohl eine Schlüsselrolle für das Verständnis des vorindustriellen Klimawandels spielen. Mittlerweile kennen wir die PDO der vergangenen 1000 Jahre,[2; 91; 92] die AMO der vergangenen 1700 Jahre[93–95] und die NAO der vergangenen 5000 Jahre.[74; 75; 96]

Wenn dieselben Ozeanzyklen im Maßstab von Jahren und Jahrzehnten das Klima heute maßgeblich beeinflussen, ist davon auszugehen, dass dies auch für die Langzeittrends im Maßstab von Jahrhunderten gilt. So fällt die Mittelalterliche Wärmeperiode sicher nicht ganz zufällig in eine mehrere Jahrhunderte andauernde Phase mit mehr positiven AMO- und positiven NAO-Bedingungen.[74] Gleichzeitig häuften sich El Niños.[97] Während der nachfolgenden Kleinen Eiszeit kehrten sich die Verhältnisse um (negative AMO und NAO, mehr La Niñas). In der industriellen Zeit befand sich die AMO dann wieder häufiger in der positiven Phase, El Niños wurden zahlreicher, während sich die NAO wechselhaft verhielt, mit einigen starken Ausschlägen ins Positive.[98]

Alle Zyklen zusammen dominieren mit ihren vielfältigen regionalen Einflüssen die globale vorindustrielle Klimavariabilität. Keines der derzeit im Einsatz befindlichen Klimamodelle berücksichtigt diese Langzeittrends der Ozeanzyklen. Dafür muss man zunächst einmal Verständnis haben, denn die meisten Ozeanzyklen-Rekonstruktionen wurden erst während der letzten zehn, fünfzehn Jahre entwickelt. Es wird noch eine Weile dauern, bis die dahinterstehenden physikalischen Prozesse besser verstanden sind. Erst wenn die Physik steht, können die Modellierer mit der Integration der vorindustriellen Ozeanzyklen überhaupt beginnen. Bis dahin sind alle Computersimulationen des vorindustriellen Klimas der vergangenen Jahrtausende unter Vorbehalt zu stellen. Behauptungen einiger Klimamodellierer, das vorindustrielle Klima der letzten Jahrtausende sei weitgehend ereignislos gewesen, sind zurückzuweisen, da sie ganz klar auf Basis unzulänglicher Klimamodelle getätigt wurden.

Empirische Wissenschaft

Die Ozeanzyklen sind ein schönes Beispiel für empirische Wissenschaft. Bei der Analyse der regionalen und globalen Temperatur- und Niederschlagsdaten wurden regelmäßige Muster entdeckt, deren Ursprung dann mithilfe mehrerer Ozeanzyklen in Indexform beschrieben wurde. Es wurden Faustregeln formuliert, die am modernen Wettergeschehen erfolgreich überprüft werden konnten. Aufgrund der Regelmäßigkeit einiger Ozeanzyklen ergeben sich daraus nun für die kommenden Jahre Prognosemöglichkeiten (s. Kap. 29). Die genaue physikalisch-meteorologische Analyse der Vorgänge hinkt zwar noch hinterher, ist aber Thema aktiver Forschung. Etwas Geduld bitte! Der Physiker und Wissenschaftsphilosoph Carl Friedrich von Weizsäcker (1912–2007) fasste die empirische Forschungsstrategie wie folgt zusammen:

»Unsere Wissenschaft ist empirisch. Nur soweit Erfahrung möglich ist, ist Naturwissenschaft möglich. Erfahrung heißt, dass man aus der Vergangenheit für die Zukunft, aus dem Faktischen für das Mögliche lernt.«[99]

Die noch junge Disziplin der Erforschung der Ozeanzyklen ist vermutlich einer der »Game Changer« in den Klimawissenschaften. Die Forschung in diesem Themengebiet ist nicht abgeschlossen, im Gegenteil, sie befindet sich sogar noch ziemlich am Anfang. Der bekannte deutsche Klimaforscher Mojib Latif räumte 2014 in einer gemeinsamen Publikation mit fünf internationalen Fachkollegen ein, dass die starken natürlichen Klimaschwankungen im Maßstab von Jahrzehnten bis Jahrhunderten die Detektion des anthropogenen Klimabeitrags noch immer zu einer großen Herausforderung machen.[100]

8. Welchen natürlichen Einfluss übt unsere Sonne auf das Erdklima aus?

Kaum ein Thema in den Klimawissenschaften wird so kontrovers diskutiert wie die Klimawirkung der Sonne. Die einen sind felsenfest davon überzeugt, dass der Klimaeinfluss der Sonne nahezu vernachlässigbar ist, die anderen schreiben der Sonne den gesamten Klimawandel zu. Ein bisschen erinnert die Debatte dabei an den Geologenstreit des frühen 19. Jahrhunderts, als sich die Gelehrten inbrünstig über den Ursprung der Gesteine stritten. Die »Neptunisten« waren sich ganz sicher, dass alle Gesteine als Sedimentablagerung im Wasser entstanden sind, während die »Plutonisten« ausschließlich vulkanische Kräfte am Werke sahen. Heute wissen wir: Die Wahrheit lag in der Mitte, es gibt verschiedene Entstehungsweisen von Gesteinen. Wir schmunzeln heute über diese Episode der Wissenschaftshistorie, aber können wir ganz sicher sein, dass sich die Geschichte hier nicht gerade vor unseren Augen wiederholt? Im Folgenden wollen wir den Sonnenstreit näher skizzieren und den wissenschaftlichen Kenntnisstand zusammenfassen.

Zunächst einmal ist es unstrittig, dass Schwankungen der Sonnenaktivität das *lokale* Klima beeinflussen, denn dies wurde bereits hundertfach in vielen Fallstudien aus aller Welt dokumentiert. Gehen Sie hierzu einfach mal in die wissenschaftliche Suchmaschine »Google Scholar« und geben den Suchbegriff »solar forcing« ein. Sie erhalten derzeit etwa 17500 Treffer mit Publikationen, die zu diesem Thema bereits veröffentlicht wurden. Hitzig debattiert wird jedoch, ob sich hieraus ein überregionaler oder gar globaler Einfluss der Sonne auf das Klima ableiten lässt. Heben sich die vielfältigen solaren Klimaeffekte wirklich alle auf, sodass am Ende eine klimatische Sonnen-Null herauskommt?

Schauen wir uns zwei Beispiele aus Europa an, um zu illustrieren, worum es eigentlich geht. Das Wetter kann ziemlich wechselhaft sein. Im einen Jahr regnet es wie aus Kübeln, im darauffolgenden Jahr bleibt es weitgehend trocken. Auf der Website des Deutschen Wetterdienstes (DWD) kann man sich die Niederschlagsstatistiken für Deutschland bequem online anzeigen lassen.[1] Die Februar-Niederschläge weisen ganz besonders große und zum Teil rhythmische Schwankungen auf. Im Rahmen der landwirtschaftlichen Beratung verglich der Agrarwissenschaftler Ludger Laurenz den Verlauf mit möglichen Auslösern und machte dabei eine spannende Zufallsentdeckung: Über weite Strecken der letzten 120 Jahre liefen Februarregen und Sonnenaktivität im selben 11-Jahre-Takt (s. Abb. 12).[2] Bei aller Freude über den schönen Fund wird bei näherem Hinsehen aber auch

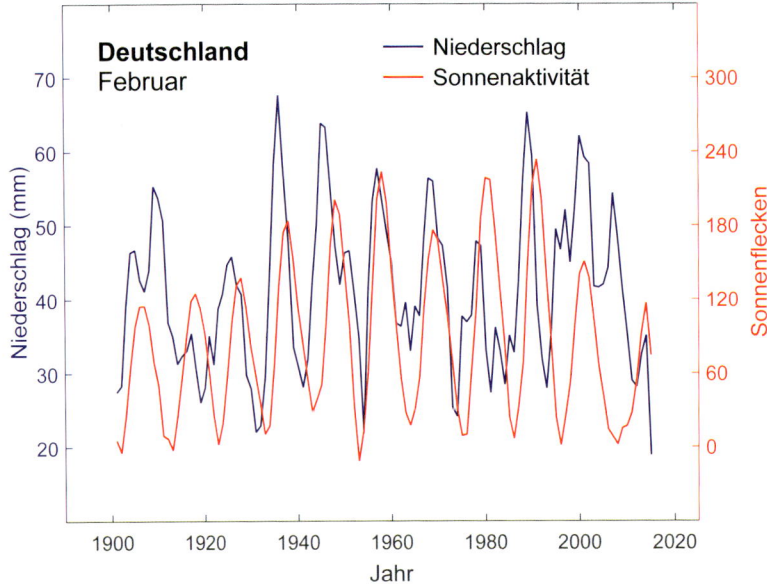

ABB. 12: Vergleich der Februar-Niederschläge in Deutschland (blau) mit den Schwankungen der Sonnenaktivität (rot) während der letzten 120 Jahre. Graphik verändert nach Laurenz und Kollegen.[2] Nähere Erläuterungen siehe Unterkapitel »Solarer Einfluss auf die Ozeanzyklen«.

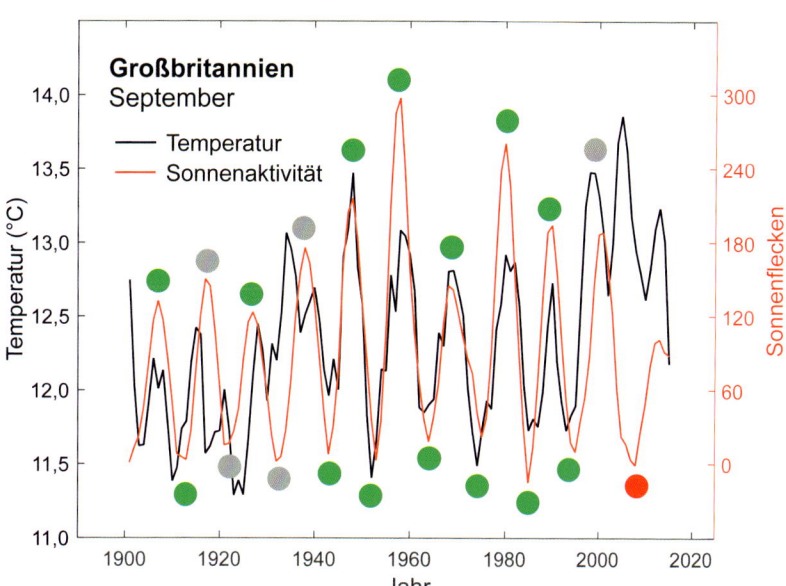

ABB. 13: Vergleich der September-Temperaturen in Großbritannien (schwarz) und Schwankungen der Sonnenaktivität (rot) während der letzten 120 Jahre. Grüne Punkte markieren Phasen guter Synchronität, der rote Punkt zeigt eine gegenläufige Entwicklung. Graphik verändert nach Lüdecke und Kollegen.[3] Nähere Erläuterungen siehe Unterkapitel »Phasenumkehr«.

klar, dass die Synchronität nicht über die gesamte Zeit durchhält. Zudem scheint die Entwicklung von Regen und Sonne leicht gegeneinander versetzt zu sein. Der solare Klimaeinfluss ist offenbar komplexer als gedacht, zeitweilige Divergenzen können auch eine Folge nichtlinearer und zeitverzögerter Prozesse und komplexerer Zusammenhänge sein, dazu später in diesem Kapitel mehr.

Das zweite Eingangsbeispiel stammt aus Großbritannien.[3] Wir vergleichen die britischen September-Temperaturen mit der Sonnenaktivität (s. Abb. 13). Wieder finden wir über viele Jahrzehnte einen schönen Gleichlauf der beiden Größen. Zwischen 1940 und 2000 hätte man sich den Wetterbericht im Prinzip fast sparen können, so perfekt harmonierten die Temperaturen mit dem elfjährigen Sonnenzyklus. Um die Jahrtausendwende brach die Korrelation dann jedoch leider vorerst zusammen, so wie sie bereits in der ersten Hälfte des 20. Jahrhunderts mehrfach ausgesetzt hatte.

Wir haben Ihnen bewusst besonders gute Beispiele gezeigt, um den solaren Klimaeinfluss zu illustrieren. Ein linearer Gleichlauf von Sonne und Klimaparametern ist meist auf einige Regionen während einiger Jahrzehnte und eine bestimmte Jahreszeit beschränkt. In der Regel dominieren die Ozeanzyklen NAO und AMO das europäische Klimageschehen (s. Kap. 7), die jedoch ebenfalls an die Sonne gekoppelt zu sein scheinen, und zwar in nichtlinearer Weise (s. u.). Die abgebildeten schönen Korrelationen stellen daher lediglich die Spitze des Eisberges dar. In den meisten Fällen wirkt die Sonne offenbar indirekt über die Ozeanzyklen. Wir beginnen gerade erst, diese wichtigen Zusammenhänge zu verstehen. Spannende Zeiten für die Klimaforschung.

Der Sonnenfusionsreaktor und seine Zyklen

Im Inneren der Sonne verschmelzen Wasserstoff-Atomkerne zu Helium, wobei große Mengen an Energie erzeugt werden, die in den Weltraum abgestrahlt werden. Die Sonne ist der Lebensquell des irdischen Lebens. 99,98 % des gesamten Energiebeitrags zum Erdklima stammen von der Sonne. Der winzige Rest wird aus der Erdwärme gespeist. Es erscheint plausibel, dass kleine Veränderungen in der eingestrahlten Sonnenenergiemenge große Folgen auf der Erde haben könnten. Die Energieproduktion im solaren Kernfusionsreaktor unterliegt charakteristischen Schwankungen. Eine Reihe von Zyklen ist bekannt, von denen der bekannteste der Schwabe-Zyklus mit einer Periode von elf Jahren ist.[4] Andere bedeutende Schwankungen sind der Hale-Zyklus (22 Jahre), der Gleissberg-Zyklus (90 Jahre), der Suess-DeVries-Zyklus (210 Jahre), ein namenloser 500-Jahre-Zyklus, der Eddy-Zyklus (1000 Jahre) sowie der Hallstatt-Zyklus (2300 Jahre). Alle diese Zyklen überlagern sich, teils verstärkend, teils abschwächend, und bilden die Grundbausteine des Repertoires der solaren Aktivitätsschwankungen. Mittlerweile gibt es starke Hinweise darauf, dass die solaren Zyklen durch den Einfluss der Planetenkonstellationen auf die Sonne erzeugt werden könnten. Die Forscher des Helmholtz-Zentrums in Dresden um Frank Stefani haben eine Korrelation zwischen dem elfjährigen Schwabe-Zyklus und dem 11,07-jährigen Takt der Konstellation Venus–Erde–Jupiter feststellen können. Auch der Gleissberg- und der Suess-DeVries-Zyklus ließen sich durch Planeteneinfluss erklären.[5]

Wie wird die Sonnenaktivität ermittelt?

Es gibt zwei grundsätzliche Verfahren zur Ermittlung der Sonnenaktivität der letzten Jahrhunderte. Die bekannte der beiden Methoden bedient sich der Sonnenflecken, dunkle Stellen auf der Sonnenoberfläche, die kühler sind und daher weniger sichtbares Licht abstrahlen als der Rest der Oberfläche. Zwar sind die Flecken selber kühler, jedoch heizt sich der Rest der Sonnenoberfläche stärker auf, was eine fleckenreiche Sonne insgesamt heißer und aktiver macht. Während besonders starker solarer Aktivitätsphasen gibt es deswegen besonders viele Sonnenflecken, zu inaktiven Zeiten ist die Sonne hingegen fleckenlos. Systematische Sonnenfleckenbeobachtungen reichen 400 Jahre zurück und begannen mit der Erfindung des Teleskops.

Die zweite Methode zur Ermittlung der Sonnenaktivität bezieht sich auf das Sonnenmagnetfeld, das bei einer aktiven Sonne besonders stark und bei inaktiver Sonne schwach ist. Das Sonnenmagnetfeld schirmt die Erde von der sogenannten kosmischen Strahlung ab, einem Strom elektrisch geladener Teilchen aus den großen Weiten des Weltalls. Je schwächer das Sonnenmagnetfeld, desto mehr kosmische Strahlung gelangt auf die Erde. Die Stärke der auf der Erde eintreffenden kosmischen Strahlung können wir anhand von Isotopenmessungen in Eiskernen, Sedimentablagerungen, Tropfsteinen und Baumringen für die vergangenen Jahrtausende recht genau bestimmen. Ganz besonders eignen sich die Isotope ^{14}C des Kohlenstoffs und ^{10}Be des Berylliums, die aus Reaktionen der (sekundären) kosmischen Strahlung mit Stickstoff und Sauerstoff in der Atmosphäre hervorgehen.[6] Vieles deutet darauf hin, dass sich die Sonnenrekonstruktionen über die kosmische Strahlung für klimatische Vergleiche besser eignen als die über die Sonnenflecken.[7]

Eine direkte Messung der Sonnenaktivität durch Satelliten findet erst seit 1978 statt.[8] Dabei wird nicht nur die Gesamtstrahlung der Sonne gemessen, sondern auch spektrale Bereiche wie zum Beispiel Änderungen der Ultraviolettstrahlung (UV). Die modernen Satellitendaten reichen zwar nicht weit zurück, helfen jedoch, den Mechanismus der solaren Klimawirkung zu studieren. Die Gesamtstrahlung der Sonne (Total Solar Irradiance, TSI) schwankt innerhalb eines elfjährigen Sonnenzyklus nämlich nur minimal um 0,1 %. Das ist viel zu wenig, um eine bedeutende klimabeeinflussende

Wirkung zu erzielen. Die in vielen Fallstudien empirisch belegten solaren Klimaeffekte können damit nicht erklärt werden, insofern ist dies mit großer Sicherheit *nicht* der Auslöser, nach dem wir suchen. Leider ist die TSI der einzige in den Klimamodellen verwendete solare Parameter. Es verwundert also nicht, dass die Modelle nahezu keine Klimawirkung feststellen können.

Vielversprechender ist die Änderung des UV, das innerhalb eines Schwabe-Zyklus um 4–8 % variiert,[9] also um ein Vielfaches der Gesamtstrahlung, in einigen Spektralbereichen sogar bis 70 %.[10-13] Das UV spielt eine große Rolle für die hohe Atmosphäre, von wo das Klimasignal bis auf den Erdboden hinuntergeleitet wird. Auch das Sonnenmagnetfeld schwankt viel stärker als die solare Gesamtstrahlung. Die Änderung der kosmischen Strahlung während eines 11-Jahre-Zyklus beträgt bis zu 20 %.[14] Auch dies könnte ausreichen, um signifikante Klimaänderungen am Erdboden hervorzurufen. Die genauen physikalischen Prozesse befinden sich derzeit noch in der Erforschung (s. u.). Bis zur Klärung dieser Mechanismen sollten sich Klimamodellierer in verantwortungsvoller Bescheidenheit üben. Es ist vermessen, die solare Klimawirkung lediglich über TSI darzustellen und daraus abschließend zu folgern, dass die Sonne keinen Beitrag zum Klimawandel liefern kann. In den Computermodellen fehlen noch immer wichtige Prozesse, deren große Bedeutung immer klarer wird.

So hat sich die Sonnenaktivität entwickelt

Die Entwicklung der Sonnenaktivität ist auf Basis von Isotopenmessungen für die letzten 10 000 Jahre gut bekannt.[15; 16] In diesem Zeitmaßstab sind vor allem der Hallstatt-Zyklus (2300 Jahre) und der Eddy-Zyklus (1000 Jahre) von Bedeutung. Bei dieser Langzeitbetrachtung wird deutlich, dass die zweite Hälfte des 20. Jahrhunderts zu den solar aktivsten Phasen der gesamten Nacheiszeit gehört.[17] Ist es wirklich nur ein unerheblicher Zufall, dass die hohe Sonnenaktivität mit dem stärksten Schub der modernen Klimaerwärmung zusammenfällt?

An dieser Stelle lohnt es sich, mit einem viel zitierten Mythos aufzuräumen. Einige Protagonisten der Klimadebatte verbreiten, dass die Sonne bereits in den 1960er-Jahren ihren Aktivitätshöhepunkt erreicht hätte und

Millenniums-Zyklen aus der ganzen Welt beschrieben.[24] In sehr vielen Fällen stellten die jeweiligen Bearbeiter einen Bezug zur Sonnenaktivität her, zum Beispiel in den USA,[62; 63] in Brasilien,[64] Patagonien,[65] Peru,[66] Antarktis,[67] Südafrika,[68] Marokko,[69] Oman,[70] Indien,[71] China,[72] Australien,[73] Spanien,[74] Österreich[75] und Finnland[76]. In anderen Fällen wurde der Zusammenhang mit der solaren Entwicklung nicht überprüft, sodass darüber vorerst keine Aussage getroffen wurde,[77–80] jedoch ein solarer Antrieb wahrscheinlich ist.

Die Kleine Eiszeit als Plausibilitäts-Check

Die Kleine Eiszeit (1300–1850) war eine der kältesten Phasen der letzten 10 000 Jahre (s. Kap. 2). Die Sonnenaktivität bewegte sich auf einem sehr niedrigen Niveau, das nur selten in den letzten zehn Jahrtausenden unterschritten wurde.[15] Ist auch dies wirklich nur ein Zufall? Dann wäre es ebenso rein zufällig, dass die moderne Erwärmung ihren stärksten Erwärmungsschub in der zweiten Hälfte des 20. Jahrhunderts hatte, als die Sonnenaktivität einen der höchsten Werte der letzten 10 000 Jahre erreichte. Zufälle sind unvorhergesehene Ereignisse, die einen Sinn haben, sagte schon der altgriechische Philosoph Diogenes von Sinope.

Die Kleine Eiszeit bietet ein spannendes Forschungslabor für die solare Klimawirkung. Mehrfach sank die Sonnenaktivität für etliche Jahrzehnte stark ab und erholte sich dann rasch wieder. Dabei handelt es sich um das Wolf-Minimum (1280–1350), Spörer-Minimum (1460–1550), Maunder-Minimum (1645–1715) und das Dalton-Minimum (1790–1830). Mithilfe der empirischen Paläoklimatologie wird untersucht, inwieweit diese solaren Schwächephasen zu Klimaänderungen geführt haben. Sollte die Sonne wirklich keine bedeutende Klimawirkung besitzen – so wie es der IPCC derzeit annimmt –, müssten die solaren Minima für das Klima eigentlich folgenlos geblieben sein. Ein ausgezeichneter wissenschaftlicher Blindversuch.

Das Ergebnis indes überrascht. Wider Erwarten rufen die solaren Minimumphasen enorme klimatische Veränderungen hervor. Studien aus Spanien[81] und Portugal[82] dokumentierten signifikante Abkühlung während der

Maunder- und Dalton-Minima. Untersuchungen in der Slowakei,[83] China,[84] Bhutan[85] und den kanadischen Rocky Mountains[86] beschrieben Kälteperioden, die sich zeitgleich zu den solaren Schwächeepisoden Spörer, Maunder und Dalton ereigneten. Die mittleren Wasserschichten des Nordatlantiks kühlten sich während der Wolf-, Spörer- und Maunder-Minima um 2–3 °C ab,[87] das Oberflächenwasser im tropischen Nordatlantik vor Mauretanien um 1 °C[88]. Auf Sachalin, der größten Insel Russlands, herrschten die tiefsten Temperaturen während des Maunder-Minimums.[89] Baumringuntersuchungen im australischen Tasmanien fanden Kältephasen während der Spörer- und Maunder-Minima.[90]

Selbst in der Antarktis machte sich der wiederholte Abfall der Sonnenaktivität stark bemerkbar. Eine chinesische Forschergruppe um Yuesong Gao rekonstruierte die Population der Adelie-Pinguine in einer Bucht der Ostantarktis für die vergangenen 1000 Jahre.[91] Dazu entnahmen sie vom küstennahen Meeresboden einen Sedimentkern, den sie auf Pinguinkot hin untersuchten. Die Forscher fanden eine starke Beeinflussung der Population durch die Sonnenaktivität. Immer wenn die Sonne schwächelte, brach die Population ein, insbesondere während der Spörer-, Maunder- und Dalton-Minima. Dazwischen erholten sich die Pinguine jeweils wieder. Die Forscher vermuten einen solarinduzierten Effekt über die Nahrungskette.

Starke Sonne während der Mittelalterlichen Wärmeperiode

Schauen wir kurz in die Mittelalterliche Wärmeperiode (MWP), die letzte vorindustrielle Warmphase, die in ihrer weiteren Auslegung auf 800–1300 n. Chr. datiert ist. Bereits um 700 n. Chr. stieg die Sonnenaktivität an und blieb auf einem hohen Niveau bis 1250. Warme MWP, starke Sonne – ob auch dies wieder nur einer dieser Zufälle ist (s. Abb. 15)? Verbrachte die Sonne die ersten 100 Jahre damit, das träge Klimasystem allmählich auf Touren zu bringen? Etliche Forscher sehen die Sonne hinter der MWP-Erwärmung, zum Beispiel die Autoren einer Studie zum Tibet-Plateau, wo die MWP wärmer war als heute.[92] Selbst einer der Hockey-Stick-Koautoren stellte ein Jahr nach Veröffentlichung der legendären

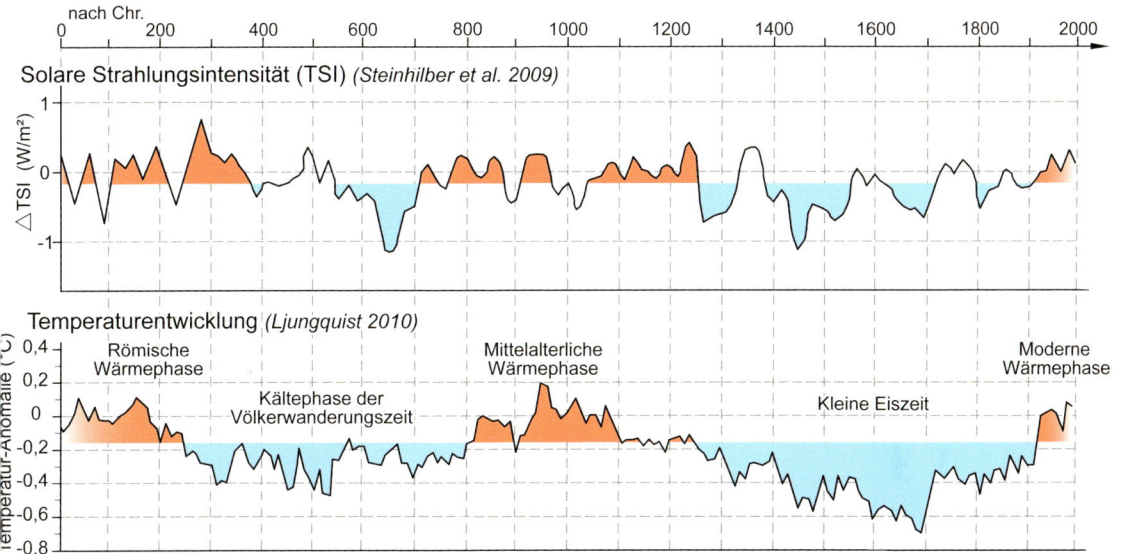

ABB. 15: Langfristige Synchronität von Sonnenaktivität[99] und Temperaturentwicklung[100] (außertropische nördliche Hemisphäre) während der vergangenen 2000 Jahre.

Temperaturkurve (s. Kap. 2) einen Sonnenbezug her. In einer im Rahmen des »Climategate« (eines Hackerzwischenfalls 2009 am Klimaforschungszentrum der University of East Anglia im englischen Norwich) ans Licht gespülten E-Mail an seine Hockey-Stick-Mitstreiter und weitere Fachkollegen räumte Raymond Bradley ein, dass die MWP ein ähnliches Temperaturniveau wie die moderne Wärme gehabt haben könnte.[93] Als Auslöser vermutete er die Sonne: »[...] it may be that Mann et al simply don't have the long-term trend right [...] which of course begs the question as to what the likely forcing was 1,000 years ago. (My money is firmly on an increase in solar irradiance ...)«.

Die starke Sonne während der MWP führte auch zur Abschwächung des Alëuten-Tiefdruck-Systems,[94] das in kürzeren Maßstäben ansonsten an die Pazifische Dekaden-Oszillation (PDO) gekoppelt ist.[95] Zwischen 1010 und 1040 n. Chr., während des solaren Oort-Minimums, schwächte sich die Sonne für drei Jahrzehnte kurz ab. In etlichen lokalen Temperaturrekonstruktionen sank auch die Temperatur während dieser Episode, z. B. in Kenia,[96] Marokko[97] und der Antarktis[98].

Sonne macht Regen

Die Sonne beeinflusst nicht nur die Temperaturen, sondern auch den Regen. In Europa finden sich solare Anzeichen in den Niederschlägen der Monate Februar, April, Juni und Juli.[2] Etliche Studien berichten von Hochwasserphasen, die sich vor allem in Phasen geringer Sonnenaktivität ereignen.[101; 102] Eine Sonnen-Signatur existiert auch in den Regenfällen der USA,[103; 104] des Tibet-Plateaus,[105] des Monsuns Südamerikas,[106] des Indischen Monsuns[107] und des Asiatischen Sommermonsuns[108] sowie in der Wasserführung von Flüssen in den USA,[109] in Ägypten[110] und Brasilien[111]. Der solare 11-Jahre-Sonnenzyklus prägt die Durchflussraten des Amazonas[112] sowie den Wasserstand der Großen Seen in Nordamerika,[113] des Kaspischen Meeres[114; 115] und des Lake Victoria in Ostafrika[116]. Der Einfluss der Sonne auf den Regen ist mindestens genauso stark wie auf die Temperaturen und basiert auf Verschiebungen von Windgürteln und Wolken.

Auf der Suche nach den Solarverstärkern

Die Klimavergangenheit zeigt, dass die Sonne einen erheblichen Einfluss auf das Klima ausgeübt hat, sowohl in vorindustrieller als auch industrieller Zeit. Der Mechanismus funktioniert wohl nicht allein über die solare Gesamtstrahlung (Total Solar Irradiance, TSI), dafür sind die TSI-Änderungen einfach zu gering. Das Sonnenmagnetfeld bzw. die kosmische Strahlung und die UV-Strahlung variieren hingegen sehr viel stärker (s.u.) und bieten sich daher als Kandidaten für den gesuchten Solarverstärker an.

Der UV-Verstärker

Die während solarer Aktivitätsmaxima erhöhte UV-Strahlung facht in 15 bis 50 Kilometern Höhe die Ozonbildung an. Durch den zusätzlichen UV-Energieeintrag wird eine größere Anzahl von Sauerstoffmolekülen (O_2) zu Ozon (O_3) umgewandelt. Eine höhere Ozonkonzentration fängt wiederum mehr UV-Strahlen ab und wandelt deren Energie in Wärme um, was zur Aufheizung der Ozonschicht beziehungsweise der Stratosphäre führt. Gesucht wird nun nach einem Prozess, der die kräftigen stratosphärischen Schwankungen mit dem troposphärischen Klimageschehen unterhalb von 15 Kilometern Höhe verbindet.[117] Vieles deutet darauf hin, dass die UV-Erwärmung in der Ozonschicht Anomalien im atmosphärischen Temperaturgradienten erzeugt, die sich über Zwischenschritte bis auf die Erdoberfläche fortpflanzen.[118-122] Dabei spielt offenbar die Veränderung von Winden eine große Rolle.[123] In Phasen geringer Sonnenaktivität verschieben sich die Westwinde in der südlichen Hemisphäre in Richtung Äquator.[124]

Der kosmische Strahlungsverstärker

Das Grundprinzip dieses Verstärkers ist die Beeinflussung der globalen Wolkenbedeckung durch Schwankungen im Sonnenmagnetfeld. Der mögliche Wirkpfad umfasst mehrere Schritte: 1) Die Stärke des Sonnenmagnetfeldes ist an die Sonnenaktivität gekoppelt. 2) Das Sonnenmagnetfeld schirmt die Erde vor der aus dem Weltall einströmenden kosmischen Strahlung ab. 3) Die kosmische Strahlung bildet Kondensationskeime zur Bildung von tiefen Wolken in den untersten drei Kilometern der Erdatmosphäre. Ähnlich wie in einer Nebelkammer kommt es an den geladenen Teilchen der kosmischen Strahlung zur Kondensation aus dem atmosphärischen Dampf. 4) Wolken steuern die auf dem Erdboden auftreffende Sonnenenergie und damit die Temperatur. Der vollständige Prozess zusammengefasst: Je stärker die Sonne, desto stärker das Sonnenmagnetfeld, desto besser der Schutz der Erde vor der kosmischen Strahlung, desto weniger kosmische Kondensationskeime dringen in die Erdatmosphäre ein, was wiederum zu weniger Kondensation führt und die kühlende Wolkenbedeckung schrumpfen lässt, was letztendlich zur Erwärmung führt. Das Resultat: Eine starke Sonne führt zur Klimaerwärmung.

Das Modell des kosmischen Strahlungsverstärkers wurde seit den späten 1990er-Jahren vom dänischen Physiker Henrik Svensmark in Zusammenarbeit mit Eigil Friis-Christensen entwickelt.[125-130] Wie nicht anders zu erwarten, stieß Svensmarks Modell in Teilen der Fachwelt auf erbitterten Widerstand, denn es stand in Konkurrenz mit der vom IPCC postulierten

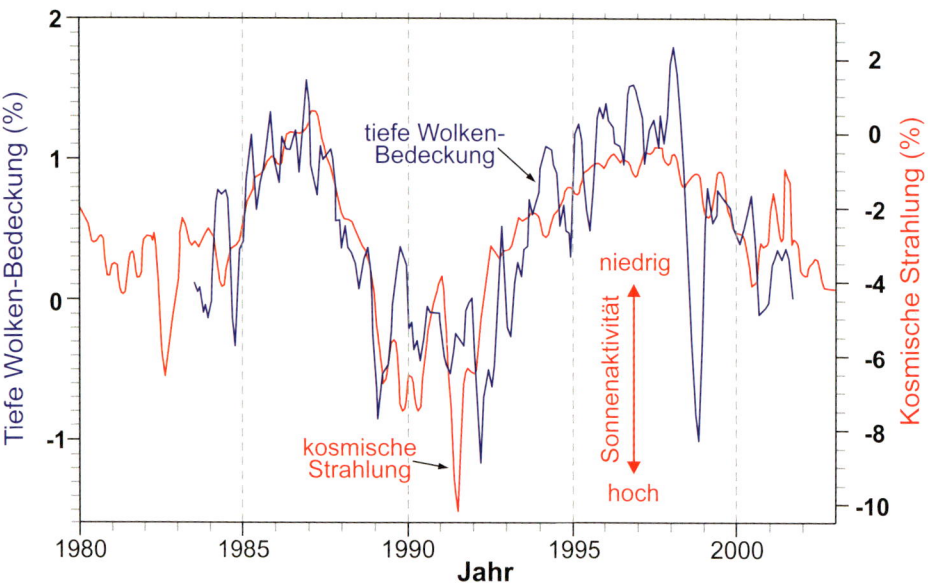

ABB. 16: Korrelation zwischen kosmischer Strahlung und globaler niedriger Wolkenbedeckung von 1980–2003 seit Beginn der systematischen Wolkendaten-Ermittlung.[129]

CO_2-Dominanz. Dabei hatte Svensmark die empirischen Daten ganz eindeutig auf seiner Seite. In der Zeit 1983–2002 verlief die globale Wolkenbedeckung in faszinierender Weise synchron zum elfjährigen Sonnenzyklus (s. Abb. 16). Danach brach die Beziehung aber wieder zusammen, was Kritiker sogleich bemängelten. Was war hier passiert? Wie konnten Sonne und Wolken über anderthalb Sonnenzyklen so perfekt harmonieren, und dann war plötzlich alles vorbei? Alles nur Zufall, bitte weitergehen, hier gibt es nichts zu sehen? Die temporäre Divergenz von Sonnen- und Klimatrend kann auch eine Folge nichtlinearer und zeitverzögerter Prozesse sein, dazu mehr im folgenden Abschnitt.

Andere Forscher bestätigten in der Folge den Svensmark-Effekt generell, fanden aber auch, dass eine viel stärkere Differenzierung in atmosphärische Höhenstockwerke, Breitengrade und Jahreszeiten notwendig ist.[131; 132] Auch waren die Phasenbeziehungen nicht einheitlich. In einigen Gebieten war eine direkte Korrelation festzustellen, in anderen jedoch auch eine gegenläufige. Gar nicht so einfach.

Wie hängt alles zusammen?

Wir beginnen gerade erst zu verstehen, wie die Sonne das Klima mitsteuert. Es gibt viele schöne Fallbeispiele, in denen Sonnenaktivität und Klima parallel ablaufen. In vielen anderen Fällen scheint die Klimavariabilität jedoch an die Ozeanzyklen (z. B. PDO, AMO, NAO) gebunden zu sein. Erst in den letzten Jahren dämmerte es den Forschern, dass auch die Ozeanzyklen an die Sonne gekoppelt sind, allerdings in nichtlinearer Weise. In nichtlinearen Systemen ist das Ausgangssignal nicht proportional zum Eingangssignal, was zu einer großen Komplexität führt. Ein Großteil des solaren Klimaeinflusses wird wohl nichtlinear über die Ozeanzyklen und andere Prozesse auf das Klimasystem übertragen. Ein solares Minimum muss also nicht unmittelbar zu einer sofortigen Abkühlung des Erdklimas führen. Vielmehr werden durch die verringerte Sonnenaktivität Impulse gesetzt, die von den Ozeanzyklen aufgenommen werden und nichtlinear an das Klimasystem weitergegeben werden. Hierbei treten zeitliche Verzögerungen von mehreren Jahren und systematische Phasenverschiebungen auf.

Das zeitweilige Auseinanderlaufen von Sonnen- und Klimatrend ist daher nicht automatisch als »Beweis« einer »klimatischen Impotenz« der Sonne zu werten, sondern kann auch eine Folge nichtlinearer und zeitverzögerter Prozesse sein. In der Vergangenheit regelmäßig von Sonnenkritikern vorgebrachte vermeintliche Totschlagargumente sind daher nicht stichhaltig, sondern entpuppen sich nun als vorschnelle Fehlinterpretationen. Im Jahr 2012 unterstrich ein Spezialbericht des US-amerikanischen National Research Council (NRC) die überraschende Komplexität der Interaktion zwischen Sonne und Klima.[133] Ein begleitender NASA-Nachrichtenartikel beschrieb die Herausforderung in klaren Worten: »*Es wird immer klarer, dass selbst geringe Veränderungen der Sonnenaktivität einen signifikanten Einfluss auf das Erdklima ausüben können. […] Viele der vorgeschlagenen Mechanismen […] beinhalten verkettete Einzelprozesse zwischen verschiedenen Schichten der Atmosphäre und des Ozeans, wobei sowohl chemische Reaktionen als auch thermodynamische und fluidphysikalische Vorgänge beteiligt sind. Nur weil etwas kompliziert ist, heißt dies noch lange nicht, dass es nicht existiert.*«[134]

Solarer Einfluss auf die Ozeanzyklen

Die AMO- und PDO-Ozeanzyklen besitzen eine Periode von ca. 60 Jahren (s. Kap. 7), allerdings findet sich eine solche Periode nicht in den solaren Zyklen. Der Hale-Zyklus mit 22 Jahren ist kürzer, der Gleissberg-Zyklus (90 Jahre) ist länger. Wo könnte der 60-Jahre-Takt also generiert werden? Svetlana Veretenenko and Maxim Ogurtsov von der Russischen Akademie der Wissenschaften haben hierzu kürzlich eine möglicherweise entscheidende Entdeckung gemacht. Sie fanden den 60-Jahre-Takt in der Kopplung zwischen Stratosphäre und Troposphäre, wobei sich die Korrelation zwischen der Sonnenaktivität und dem Luftdruck in den unteren Atmosphärenschichten im Laufe des Zyklus umkehrt.[135; 136] Dies könnte der Antrieb der AMO und PDO sein. Einen solaren Einfluss auf die PDO im Jahrzehnt-Maßstab beschreiben auch andere Autoren,[137; 138] wiederum unter Beteiligung der Stratosphäre.[139]

Die AMO ist positiv an die Sonnenaktivität gekoppelt, wenn man einen mehrjahrzehntigen Maßstab betrachtet und auch Vulkanausbrüche miteinbezieht.[140–144] Negative AMO-Phasen folgen den längerfristigen Sonnenminima mit einer Verzögerung von etwa fünf Jahren[143], mit einer vollen Entfaltung des AMO-Minimums nach ca. 17 Jahren[144]. Allerdings ist die Korrelation zwischen Sonnenaktivität und AMO zeitlich nicht stabil.[143]

Die Variabilität der NAO im Jahrzehnt-Maßstab wird dagegen vom 11-Jahre-Sonnenzyklus synchronisiert.[145–147] Positive NAO-Bedingungen folgen typischerweise einem Maximum des Sonnenzyklus mit einigen Jahren Verspätung, vermutlich aufgrund von Verzögerungseffekten im Atlantik.[145; 148–156] Im eingangs des Kapitels vorgestellten Beispiel des Februarregens in Deutschland erscheint der Regen zeitweise der Sonne vorauszueilen, was aufgrund von Ursache-Wirkung-Überlegungen natürlich nicht möglich ist (s. Abb. 12). Aber auch hierfür gibt es eine logische Erklärung: In Wirklichkeit löst wohl das solare Minimum des 11-Jahre-Sonnenzyklus die verstärkten Regenfälle aus, und zwar mit einer Verspätung von drei bis vier Jahren, gemäß der oben beschriebenen verzögerten Kopplung von Sonnenaktivität und NAO.[2] Letztendlich scheint also der deutsche Februarregen negativ mit dem 11-Jahre-Sonnenzyklus korreliert zu sein, mit mehrjähriger Zeitverzögerung. Man muss also schon ziemlich genau hinschauen, um die Zusammenhänge erfassen zu können, und der erste Eindruck kann manchmal täuschen.

Der Phasenzusammenhang zwischen NAO und Sonnenaktivität verändert sich im Zeitmaßstab von mehreren Jahrzehnten gemäß den längerfristigen solaren Zyklen. Die besten Korrelationen werden während des Maximums des Gleissberg-Zyklus (90 Jahre) erzielt, wenn NAO und Sonnenaktivität synchron verlaufen und positiv korreliert sind.[157] Während der Gleissberg-Minima drehen sich die Verhältnisse um, wobei NAO und Sonne dann negativ korreliert sind. Die Ursachen dieser Phasenumkehren sind noch unklar und könnten mit den Temperaturgradienten zwischen Äquator und den Polen[157] oder dem Feld des Sonnendynamos zu tun haben.[158] Auch bei der NAO wird eine Kopplung an UV- und Ozon-Prozesse in der Stratosphäre angenommen.[121; 159; 160]

Ein solarer Einfluss wurde auch für El Niño und La Niña im Maßstab von Jahren bis Jahrhunderten gefunden.[161–165] Wiederum wird eine Kopplung der höheren mit den niedrigeren Atmosphärenschichten beschrieben.[166] Auch der SAM-Ozeanzyklus (Southern Annular Mode) ist signifikant durch die Sonnenaktivität beeinflusst, wenn man Effekte durch die Quasi-Biennial Oscillation (QBO) einbezieht.[167–170] Die QBO ist eine quasiperiodische Oszillation mit einer durchschnittlichen Periode von 2,5 Jahren, welche die Umkehr der Windrichtung in der tropischen Stratosphäre von Ost- auf Westwinde beschreibt. Der solare Einfluss wird offenbar durch Änderungen in der UV-Strahlung hervorgerufen, die Ozonanomalien in der unteren polaren Stratosphäre bewirken,[171; 172] die dann im Rahmen eines »Top-Down«-Mechanismus in die Troposphäre hinuntergeleitet werden.[173] Die Stärke der Kopplung zwischen Stratosphäre und Troposphäre wird offenbar durch die Sonnenaktivität moduliert.[174] Positive SAM-Bedingungen in Luftdruck und Winden sind meist mit solaren Maxima verbunden.[173] Schließlich sei noch kurz auf einen solaren Einfluss auf die Arktische Oszillation (AO) hingewiesen.[38; 175]

Phasenumkehr: Die Sonne macht es uns nicht leicht

Wenn die Sonne den Takt des lokalen Klimas vorgibt, lässt sich daraus in der Regel eine Faustregel ableiten. Nimmt die Temperatur während starker Sonnenaktivität zu, entspricht dies beispielsweise einer positiven Korrelation. Ein solcher Zusammenhang ist für die September-Temperaturen Großbritanniens für die Zeit 1940–1990 erkennbar (s. Abb. 13).[3] Nachdem sich die Sonne ein halbes Jahrhundert an die »Regel« gehalten hatte, kehrten sich die Verhältnisse jedoch zur Zeit der Jahrtausendwende überraschenderweise um. Nun fiel das Temperaturmaximum des Jahrzehnts plötzlich in eine Zeit geringer Sonnenaktivität, was einer Phasenumkehr entspricht. Man könnte fast meinen, die Regeln hätten sich abrupt verändert. Bei näherem Hinsehen scheint aber auch hier System zu walten. Das Zusammenwirken der verschiedenen Sonnenaktivitätsperioden von elf bis 2300 Jahren sowie die nichtlineare Zwischenschaltung der Ozeanzyklen führen zu komplizierten Mustern, die wir gerade erst entschlüsseln. Das Aufkommen der künstlichen Intelligenz wird sicher bald helfen, das dahinterstehende »Mischungsrezept« besser zu verstehen. Mit einfachen statistischen Vergleichsmethoden kann in solchen Fällen keine langfristige Korrelation zwischen Klima- und Sonnenzyklen gefunden werden. Einige Forscher nahmen dies in der Vergangenheit bereits zum Anlass, den Klimaeinfluss der Sonne anzuzweifeln. Zu Unrecht, wie sich jetzt zeigt.

Ein gut dokumentiertes Beispiel für eine Phasenumkehr stammt aus Fortaleza an der brasilianischen Atlantikküste. Die Niederschläge der letzten 150 Jahre schwankten hier im Takt des solaren 11-Jahre-Schwabe-Zyklus sowie des 22-Jahre-Hale-Zyklus.[176] Allerdings fielen die Maxima der Niederschläge bis in die 1940er-Jahre mit den Maxima der Sonnenzyklen zusammen. In der Folgezeit bildete sich hingegen ein gegenläufiger Trend aus. Die Regenmaxima fielen in den letzten 60 Jahren in die Sonnenminima. Eine russisch-brasilianische Forschergruppe entwickelte eine mathematische Formel, mit der sie die dokumentierten Zyklen zuverlässig nachbilden und die Phasenverschiebung gut reproduzieren konnte.[176]

Auch das abrupte Ende der von Henrik Svensmark entdeckten Korrelation zwischen Sonnenaktivität und Wolken (s. o.) ist offenbar einer solchen Phasenumkehr zum Opfer gefallen. Um die Jahrtausendwende veränderte sich die Kopplung zwischen Stratosphäre und Troposphäre gemäß dem 60-Jahre-Zyklus der atmosphärischen Zirkulation, und die stratosphärischen Polarwirbel (»polar vortex«) schwächten sich ab, wie russische Forscher zeigen konnten.[177; 178] Dadurch verkehrte sich der Sonneneffekt auf die wolkenerzeugenden Tiefdruckgebiete ins Gegenteil. Während solare Minima mit intensiverer kosmischer Strahlung vormals mehr Wolken brachten, nahm die Bewölkung nun bei schwacher Sonnenaktivität sogar ab.[177; 178] Den Svensmark-Kritikern kam die Phasenumkehr natürlich gerade recht. Für den dänischen Klimaforschungspionier hätte das Timing hingegen nicht schlechter sein können. Nun braucht Svensmark etwas Geduld. Gemäß dem 60-Jahre-Zyklus könnte sich die Polarität der Sonne-Wolken-Korrelation in den 2030er-Jahren wieder ins Positive umkehren.

Time Lags: Kniffelige Zeitverzögerungseffekte

Wir sind es gewohnt, dass Ursache und Wirkung zeitlich nah aneinanderliegen. Wenn im Fußball ein Tor fällt, lässt der Jubel der Zuschauer nicht lange auf sich warten. Bei der Sonne ist dies mitunter etwas anders. Es kann mehrere Jahre dauern, bis der Sonnenimpuls im Klimasystem endlich angekommen ist. Wir hatten das bereits am Beispiel der Ozeanzyklen gesehen, wobei ein Sonnenmaximum zu einer positiven NAO führt, allerdings mit dreijähriger Verspätung.[179]

Die Dauer der Zeitverzögerung hängt eng mit dem zeitlichen Maßstab des betrachteten Zeitraums zusammen. Temperaturen in der unteren Atmosphäre reagieren mit 6–10 Tagen Verzögerung auf einen solaren UV-Impuls.[180] Eine Verspätung von einem oder mehreren Jahren auf solare Auslöser wurde in den Temperaturen der nördlichen Hemisphäre,[181; 31] der Intensität des Azorenhochs[151] und den Niederschlägen in Europa[2] und den USA[109] beschrieben. Bei der Angabe der Zeitverzögerung muss man zudem beachten, dass selbst die Indikatoren der Sonnenaktivität zeitlich gegeneinander verschoben sind. So hinkt die Entwicklung der kosmischen Strahlung den Sonnenflecken um bis zu ein Jahr hinterher.[6; 182] Bei Rekonstruktionen der kosmischen Strahlung über Beryllium- und Kohlenstoff-Isotope kommt noch ein weiteres Jahr Verzug dazu, welches die Nuklide benötigen, um nach dem Herumvagabundieren in der Atmosphäre endlich auf dem Erdboden einzutreffen.[6] Selbst der Vergleich von Sonnenflecken und Magnetfeld ergibt unterschiedliche Zeitverzüge.[151] Ein Verzug von 13 Jahren zum Sonnensignal wurde für den Indischen Sommermonsun berichtet.[183] Beim Vergleich von Klimareihen der letzten Jahrhunderte und Jahrtausende ergeben sich Zeitverzögerungen von 10–40 Jahren.[184–186]

Dipole: Gleicher Auslöser, unterschiedliche Wirkung

Die Komplexität des Klimas wird weiter gesteigert, indem derselbe Auslöser in verschiedenen Regionen der Erde gegensätzliche Klimaeffekte hervorrufen kann. Man spricht hier auch von klimatischen Dipolen oder Wippen. Ein gutes Beispiel ist das Klima im westlichen und östlichen Mittelmeer, deren Trends oft umgekehrt verlaufen. Wird die eine Seite des Mittelmeers trockener oder wärmer, wird die andere feuchter oder kälter.[187–190] Das gilt übrigens nicht nur für die letzten Jahrzehnte, sondern auch für die letzten Jahrhunderte und Jahrtausende.[191; 192] Ähnliche Dipole gibt es in der Antarktis.[193] Bei der Analyse überregionaler oder gar globaler Daten gilt es, diese Dipole zunächst zu identifizieren, um gegenläufige Effekte nicht unerkannt einfach wegzumitteln.

Klimamodelle vermögen die Sonne nicht zu fassen

Neben den gut erkennbaren linearen Klimaauswirkungen der Sonne wird vermutlich ein noch viel größerer solarer Einfluss auf das Klima über nichtlineare Effekte erzielt. Immer mehr Wissenschaftler weisen auf die große Bedeutung der nichtlinearen Zusammenhänge hin.[183; 185; 195–197; 199] In den Klimamodellen ist die Komplexität des Zusammenwirkens von Sonne und Klima nicht einmal ansatzweise enthalten. Weder die linearen noch die nichtlinearen Prozesse können derzeit physikalisch formuliert werden, denn die Solarverstärker befinden sich noch in der Erforschung. Zeitverzögerungen, Phasenverschiebungen und Klimadipole können in den meisten Fällen von den Modellen nicht reproduziert werden. Die unbequeme Wahrheit ist, dass die Klimamodelle momentan keine Chance haben, den solaren Einfluss auf das Erdklima nachzuvollziehen, geschweige denn zu quantifizieren. Da wirkt es wie purer Hohn, wenn auf Basis genau dieser Modelle eine bedeutendere Klimawirkung der Sonne abgestritten wird.[198–200]

Ein wenig erinnert die Situation an die Debatte der Plattentektonik vor mehr als einem halben Jahrhundert. Lange hatten sich die Fachgelehrten dagegen gesträubt, dass die Kontinente mobil sein könnten und sich im Laufe der Erdgeschichte ständig umgruppierten. Als dann ab 1960 aber immer mehr unterstützende Hinweise gefunden wurden, kam es innerhalb nur eines Jahrzehnts zum Denkumschwung. Alfred Wegeners Idee hatte sich posthum schließlich doch gegen alle Widerstände durchgesetzt.

Was hatte den Durchbruch bewirkt? In der Plattentektonik war es die aufregende Entdeckung der mittelozeanischen Rücken, der magnetischen Streifenmuster am Meeresboden und der Subduktionszonen (Abtauchzonen lithosphärischer Erdplatten). In den Klimawissenschaften könnte es die stetig wachsende Flut an Hinweisen für eine lineare und nichtlineare Beteiligung der Sonne am Klimageschehen sein. Diese Tausende von Puzzleteilen müssen nun in einem physikalisch-chemischen Gesamtmodell zusammengebracht werden. Wenn dies geschafft ist, wird man vielleicht schon bald die Sonnenkritiker ebenso milde belächeln wie einst die Verfechter des geologischen Fixismus. Denkrichtungen kommen und gehen, am Ende setzt sich stets die solide Wissenschaft durch, früher oder später. Aber: »*Es ist schwieriger, ein Vorurteil zu zertrümmern, als ein Atom*«, sagte schon Albert Einstein.

9. Wann war der CO_2-Gehalt der Atmosphäre zuletzt so hoch wie heute?

In der Frühphase der Erdgeschichte vor viereinhalb Milliarden Jahren bestand die Erdatmosphäre zu 80 % aus CO_2, welches aus vulkanischen Quellen stammte. In den folgenden dreieinhalb Milliarden Jahren reduzierte sich der CO_2-Gehalt in der Atmosphäre aber rapide, da das CO_2 sukzessive in Kalksteinen, Kohlenwasserstoffen und Pflanzen festgelegt sowie im Wasser der Ozeane gelöst wurde. Vor 550 Mio. Jahren betrug die CO_2-Konzentration nur noch 0,7 %, was 7000 ppm (parts per million) entspricht. In der Zeit von 500–400 Mio. Jahren vor heute rangierte der CO_2-Gehalt bei 5000–2000 ppm, sank dann aber im späten Devon dramatisch ab und erreichte im Karbon und Perm ähnliche Konzentrationen wie heute, also etwas mehr als 400 ppm.[1; 2] Während der Trias-, Jura- und Kreidezeit stieg der CO_2-Gehalt wieder auf Werte zwischen 1000–2000 ppm.[2] Der CO_2-Höhepunkt dieser Erdmittelalter-Phase ereignete sich im Jura. In der nachfolgenden Kreide und im Tertiär nahm die CO_2-Konzentration stetig ab und erreichte vor einer Million Jahre ein Niveau um 300 ppm.

Während der Serie der pleistozänen Eiszeiten fiel das CO_2 jeweils auf

180 ppm, stieg aber in den dazwischenliegenden Interglazialphasen (Warmzeiten) wieder zurück auf knapp 300 ppm. Die CO_2-Änderungen folgten dabei den Temperaturschwankungen mit einer Verzögerung von durchschnittlich 800 Jahren.[3-7] Das zu Beginn der Warmzeiten in die Atmosphäre dazutretende CO_2 gaste jeweils aus den Weltozeanen aus, da warmes Wasser weniger CO_2 lösen kann als kaltes Wasser.[8] Während der Eiszeiten verlagerte sich das CO_2 wieder in die Ozeane.

Am Ende der letzten großen Vereisung geschah das, was bereits vielfach zuvor passiert war. Als es vor 18 000 Jahren allmählich wärmer wurde, begann der CO_2-Gehalt in der Atmosphäre anzusteigen und erreichte 11 000 Jahre vor heute seine typische interglaziale Bandbreite von 265–280 ppm, die bis zum Beginn der anthropogenen Emissionen nicht verlassen wurde. Hochauflösende Untersuchungen an antarktischen Eiskernen zeigen, dass der CO_2-Gehalt während der Mittelalterlichen Wärmeperiode etwa 10 ppm höher war als in der nachfolgenden Kleinen Eiszeit.[9]

Als im 19. Jahrhundert die Industrialisierung einsetzte, begann die CO_2-Konzentration das übliche zwischeneiszeitliche Niveau zu übertreffen. Der Anstieg ab 1800 war noch relativ milde, beschleunigte sich dann aber immer mehr und erreichte um 1970 die heutige Geschwindigkeit. Das zusätzlich in die Atmosphäre strömende CO_2 stammt vor allem aus der Nutzung fossiler Brennstoffe, aber auch aus der Zementherstellung und der Veränderung der Landnutzung. Etwa die Hälfte der anthropogenen CO_2-Emissionen wird in den Weltozeanen gelöst und von den Pflanzen gespeichert, die andere Hälfte reichert sich in der Atmosphäre an. Aktuell beträgt die CO_2-Konzentration in der Atmosphäre 414 ppm (0,0414 %, Stand 2020). Jedes Jahr erhöht sich der atmosphärische Wert um ca. 2 ppm. Das letzte Mal in der Erdgeschichte mit ähnlicher CO_2-Konzentration wie heute war im Pliozän vor 3 Mio. Jahren.[10]

Messung der CO_2-Konzentration

Die erste Messstation für CO_2 wurde 1958 auf dem Mauna Loa auf Big Island, der größten Insel des Hawaii-Archipels, in Betrieb genommen. Der Ort wurde wegen der reinen Luft und abgelegenen Lage abseits von Störfaktoren durch menschliche Aktivitäten oder Vegetation gewählt. Allerdings handelt es sich beim Mauna Loa auch um einen der größten aktiven Vulkane der Erde, sodass Kontamination durch vulkanische Gase (z. B. CO_2) ein Problem darstellen kann.

Die NASA räumt ein, dass es in 15 % aller Nächte zwischen Mitternacht und 6 Uhr morgens zu einer leichten CO_2-Verunreinigung durch CO_2-Ausgasungen aus Spalten auf dem 6 km entfernten Vulkangipfel kommt.[11] In diesen Nächten weht ein leichter Südwind, der die vulkanischen Ausgasungen direkt zur Messstation weht und dort die CO_2-Messungen kurzfristig um mehrere ppm nach oben drückt. Diese Spitzen werden aber laut Angaben der NASA von Hand aus den Messreihen entfernt.[11] Nach dieser Korrektur scheinen die Daten verlässlich verwendbar zu sein, denn andere CO_2-Observatorien (z. B. Barrow/Alaska, Samoa/Pazifik, Südpol) befinden sich außerhalb vulkanischer Einflüsse und ermitteln einen ähnlichen CO_2-Anstieg wie auf Mauna Loa.

Aus Messungen einer Reihe von Satelliten (GOSAT, OCO-2, TanSat) wurden globale CO_2-Verteilungskarten erstellt, die regionale Unterschiede von bis zu 25 ppm zeigen.[12] Die Kartierungen belegen, dass das CO_2 nicht gleichmäßig über den Erdball verteilt ist. Größere Anomalien verlaufen entlang der Breitengrade und deuten auf Umverteilungseffekte durch Windsysteme hin. Außerdem gibt es jahreszeitliche Effekte im Zusammenhang mit gesteigerter Photosynthese in den Sommermonaten sowie anthropogenen Emissionszentren.

CO_2-Kreislauf

In den Ozeanen, der Landvegetation und der Atmosphäre sind große Mengen an Kohlenstoff gespeichert, die in einem ständigen Austausch miteinander stehen. Zwischen Land und Atmosphäre werden jährlich etwa 120 Milliarden Tonnen Kohlenstoff ausgetauscht, überwiegend über die Photosynthese der Pflanzen. Ozeane und Atmosphäre tauschen jedes Jahr weitere 80 Milliarden Tonnen Kohlenstoff über Gasprozesse an der Meeresoberfläche miteinander aus.[13] Aus der Nutzung fossiler Brennstoffe sowie der Zementproduktion gelangen jedes Jahr 10,4 Milliarden Tonnen Kohlenstoff zusätzlich in die Atmosphäre.[14] Der anthropogene Beitrag macht zwar nur einen sehr kleinen Teil des jährlichen Kohlenstoffzyklus aus, bringt jedoch ein lange etabliertes Gleichgewicht aus der Balance. Der relativ stabile CO_2-Gehalt in der vorindustriellen Atmosphäre während der letzten 10 000 Jahre zeigt, dass CO_2-Quellen und -Senken im Gleichgewicht gestanden haben müssen. Nun ist diese Balance gestört, was zum Anstieg des atmosphärischen CO_2 führt.

Der Austausch zwischen Atmosphäre, Land und Meer von CO_2 in der Größenordnung von fünf bis sieben Jahren darf nicht verwechselt werden mit der Halbwertszeit des CO_2, die bei etwa 35–40 Jahren liegt (zur Berechnung s. weiter unten). Die Menschheit stößt zur Zeit jährlich etwa 36,8 Milliarden Tonnen CO_2 aus, das sind auf die Atmosphäre umgerechnet 4,7 ppm. Es werden durch die Ozeane und die Pflanzen zurzeit etwa 55 % (also 2,6 ppm) der heutigen Emissionen aufgenommen, 2,1 ppm verbleiben in der Luft.[14] Die Aufnahme ist aber nicht abhängig von der Emission, sondern von der Differenz zwischen heutigem CO_2-Gehalt (410 ppm) und dem vorindustriellem Gleichgewichtszustand (280 ppm) in der Atmosphäre.

Das ist nicht unbedeutend, heißt dies doch, dass bei einer Verringerung der Emission die Abbauzeit bestehen bleibt und bei einer Halbierung der Emission, etwa auf 2,35 ppm, mehr CO_2 abgeschieden wird, als neu hinzukommt, was bereits zu einer Verringerung der CO_2-Konzentrationen in der Luft führen würde. So weit zu den groben globalen Zahlen. Der Kohlenstoffzyklus besteht aus unzähligen Einzelprozessen mit starken regionalen und zeitlichen Unterschieden, die noch nicht alle vollständig aufgeklärt sind.[15] Auf der einen Seite gibt es CO_2-Quellen, die CO_2 in das System dazugeben, auf der anderen Seite existieren CO_2-Senken, die dem System CO_2 entziehen. Eine Nullemission ist also zur Senkung der CO_2-Konzentration nicht erforderlich.

CO_2-Quellen

Bei den Quellen kommen einem sofort die Vulkane in den Sinn, die laut IPCC-Schätzungen jährlich aber lediglich 100 Mio. Tonnen Kohlenstoff ausstoßen.[13] Der genaue Wert birgt Unsicherheiten, denn die Tiefseevulkane sind noch immer schlecht kartiert und ihre CO_2-Emissionen wenig verstanden. Zudem unterliegt auch die vulkanische Aktivität offenbar Zyklen, die von wenigen Wochen bis 100 000 Jahre reichen.[16] Selbst wenn sich der vulkanische CO_2-Ausstoß zeitweilig vervielfachen würde, bliebe der Anteil am Kohlenstoffzyklus jedoch wohl immer noch äußerst gering. Als zu Beginn der Erdgeschichte die Vulkane den CO_2-Gehalt der Atmosphäre auf 80 % ansteigen ließen, hatten sie dazu viele Millionen Jahre Zeit, außerdem war die junge Erde sicher auch etwas »feuriger«, mit aktiverem Vulkanismus als heute. Trotz allem bleiben offene Fragen, denn nur von den wenigsten Vulkanen der Erde liegen Messdaten vor, die dann hochgerechnet werden. Am isländischen Vulkan Katla nahmen Forscher jüngst Messungen vor und waren erstaunt, dass allein dieser Vulkan 4 % der globalen vulkanischen CO_2-Emissionen verantworten sollte.[17] Die Wissenschaftler stellen die berechtigte Frage in den Raum, ob der vulkanische CO_2-Ausstoß vielleicht in Wirklichkeit viel größer ist und die Katla damit gar nicht so außergewöhnlich wäre, wie sie jetzt erscheint?[17]

Immer wieder hören wir Befürchtungen, dass die moderne Klimaerwärmung Kohlenstoffquellen aktivieren und intensivieren könnte. So stellte man sich 2008 beispielsweise vor, dass durch den Klimawandel austrocknende Moore riesige Mengen an CO_2 freisetzen könnten.[18] Nach mehreren Jahren Forschung stellte sich dann jedoch heraus, dass die Klimaerwärmung nahezu keinen Einfluss auf die nördlichen Moorgebiete hat.[19-21] Im Gegenteil, es scheint sogar so zu sein, dass sich die Ablagerungsrate des Torfs unter warmen klimatischen Bedingungen sogar erhöht.

Und gleich noch ein Beispiel zu Fehlannahmen des CO_2-Kreislaufs: Aktuelle Klimamodelle simulieren bei fortschreitender Erderwärmung eine verstärkte Freisetzung von CO_2 aus dem Boden. Dies führt in den Simulationen zu einem positiven Rückkopplungseffekt, denn das zusätzliche CO_2 steigert die Erwärmung weiter. Verantwortlich für die CO_2-Freisetzung aus dem Boden sollen Bodentiere sein, die bei höheren Temperaturen vermehrte Aktivität zeigen und dabei CO_2 erzeugen. So weit die Theorie. Aber stimmt das eigentlich alles? Wissenschaftler des Deutschen Zentrums für integrative Biodiversitätsforschung in Halle-Jena-Leipzig untersuchten den postulierten Effekt.[22] Das Ergebnis war überraschend, denn es gibt den Effekt gar nicht. Im Gegenteil, wenn die Erwärmung mit Trockenheit einhergeht, dann verringert sich sogar die CO_2-Freisetzung der Bodentiere. Auch in einem anderen Bereich entpuppten sich Annahmen als viel zu pessimistisch. Ein wärmeres Klima beschleunigt die Zersetzung von Laubresten offenbar weniger als gedacht.[23] Die aus diesem Prozess erwachsenden CO_2-Emissionen wurden schlichtweg überschätzt.

CO_2-Senken

Die wichtigsten Kohlenstoffsenken sind Ozeane, Wälder,[24] Sümpfe und Böden. Die Effektivität der Senken kann sich jedoch mit der Zeit ändern. Der Nordatlantik hat in den letzten zehn Jahren beispielsweise doppelt so viel CO_2 aus der Atmosphäre weggepuffert wie noch im Jahrzehnt zuvor,[25] während das CO_2-Aufnahmevermögen des Südpolarmeers über die Jahre schwankt.[26; 27] Ein Untersuchungsgebiet im Nordpazifik hat sich in den letzten Jahren von einer CO_2-Senke in eine CO_2-Quelle verwandelt.[28] Das Mündungsgebiet des Amazonas ist offenbar eine viel bedeutendere CO_2-Senke als lange angenommen.[29] Im Fall des flächenmäßig größten Süßwassersees der Erde, dem Oberen See (Lake Superior) an der Grenze zwischen den USA und Kanada, wusste man lange nicht, ob die CO_2-Bilanz positiv oder negativ ist. Nun haben Forscher nachgemessen und Klarheit gewonnen. In der warmen Jahreszeit nimmt der Obere See üblicherweise CO_2 auf, im Winter gibt er es hingegen ab.[30] In der Karibik ist es andersherum: Sie ist im Sommer Kohlenstoffquelle, im Winter eine Senke.[31] Auch die Verwitterung von Gesteinen entzieht der Atmosphäre CO_2, und zwar offenbar zehnmal schneller als zuvor gedacht.[32] Bislang hatte man hier vor allem die Verwitterung von Silikatgesteinen im Blick. Nun wurde jedoch klar, dass auch die Karbonatverwitterung eine wichtige CO_2-Senke darstellt.[33]

Natürlicher Abbau des CO_2 in der Atmosphäre

Nehmen wir einmal an, wir würden schlagartig aufhören, fossile Brennstoffe und Zement zu nutzen. Wie lange würde die Natur wohl brauchen, bis der anthropogene CO_2-Berg abgebaut und das vorindustrielle Gleichgewicht wiederhergestellt wäre? Man kann berechnen, dass der Großteil des CO_2

nach 100–150 Jahren wieder aus der Atmosphäre entfernt ist.[34] Der IPCC geht dabei nicht von einem gleichmäßigen Prozess aus. Nach dem vom ihm verwandten BERN-Modell wird ungefähr die Hälfte der neu eingetragenen Menge CO_2 in einem Zeitraum von 45 Jahren aus der Atmosphäre entfernt und durch die obere Schicht der Ozeane und Pflanzen aufgenommen. Die restlichen 50 % entziehen sich nach Auffassung des IPCC diesem Weg, sodass weitere 30 % erst im Verlauf mehrerer Jahrhunderte (durch Vermischen mit den Tiefenwässern) und die restlichen 20 % erst nach einigen tausend bis hunderttausend Jahren durch Karbonatsgesteinsbildung dem CO_2-Kreislauf entzogen werden[35; 13] (s. S. 342).

Diese Werte sind nicht zu verwechseln mit der Frage, wie lange sich ein einzelnes Molekül CO_2 (z. B. aus der Verbrennung fossiler Brennstoffe) durchschnittlich in der Atmosphäre aufhält, bevor es im Meerwasser oder von der Vegetation aufgenommen wird. Es wird lediglich durch ein anderes Molekül in der Atmosphäre ersetzt, das zuvor im Meerwasser (oder der Vegetation) war. Hierbei würde sich der CO_2-ppm-Gehalt der Atmosphäre nicht ändern, weil einfach Molekül CO_2 gegen Molekül CO_2 getauscht wird. Hierzu herrscht weitgehend Einigkeit, dass nämlich die Moleküle selber nur etwa sieben Jahre in der Luft bleiben, bevor sie alle ausgetauscht worden sind.

Die Modellprojektionen gehen im Zuge der globalen Erwärmung von einer zunehmenden Sättigung der Kohlenstoffsenken aus, sowohl in den oberen Ozeanschichten als auch auf dem Land. Bislang nehmen die Kohlenstoffsenken an Land allerdings noch deutlich zu. Eine Forschergruppe um Vanessa Harverd ermittelte, dass die Pflanzen in diesem Jahrhundert mehr als das doppelte der CO_2-Menge aufnehmen können (nämlich 546 Milliarden Tonnen CO_2 statt 238 Milliarden Tonnen CO_2), als der IPCC in seinen Szenarien bis 550 ppm ermittelte.[36] Die Modelle scheinen die Empfindlichkeit der terrestrischen Kohlenstoffsenke zu überschätzen und die Aufnahmefähigkeit im Zusammenhang mit dem CO_2-Anstieg (CO_2-Düngeeffekt) zu unterschätzen.[37]

Das BERN-Modell wurde im zweiten Sachstandsbericht des IPCC 1995 eingeführt und kommt zum Ergebnis, dass ein erheblicher Anteil dauerhaft in der Atmosphäre verbleibt. Dieser Anteil wurde mit jedem Sachstandsbericht durch neue Zahlenwerte ersetzt. War noch 1995 13,6 %[38] des CO_2 auf Dauer in der Atmosphäre, waren es 2001 15,2 %[37] und 2013 bereits 21 %,[39] die auch nach 1000 Jahren immer noch dem Abbau durch Ozeane und Pflanzen entzogen werden. In der neuesten Publikation aus dem Jahre 2020 kommen die Berner Forscher wieder auf etwa 16 % mit einer Abbauzeit von Tausenden bis Zehntausenden von Jahren.[40] Dabei ist der Abbauprozess sehr gut durch die Entwicklung des seit 1958 in Mauna Loa gemessenen CO_2 und die jährliche Aufnahme in die Ozeane und Pflanzen darstellbar.

Die Abbauzeit des CO_2 lässt sich relativ einfach berechnen. Teilt man die gegenüber dem Ausgangszustand (280 ppm) anthropogen erzeugte CO_2-Konzentration eines Jahres durch den Abbau (durch Aufnahme in Ozeane und Pflanzen) in dem jeweiligen Jahr, so erhält man die Abbauzeit, in der der Ausgangswert auf einen Wert von 1/e (36,79 %) abgeklungen ist. Sie betrug 1959 insgesamt 55 Jahre (34 ppm : 0,64 ppm) und 2019 etwa 50 Jahre (130 ppm : 2,6 ppm).[41; 42] Um die Abbauzeiten mit den Halbwertszeiten des IPCC vergleichbar zu machen, müssen diese mit dem Faktor ln 2 (0,6931) multipliziert werden. So erhalten wir eine Halbwertszeit von 38 Jahren 1959 und 35 Jahren 2019. Es zeigt sich eher eine Verringerung der Halbwertszeiten, was im Einklang steht mit der deutlich angestiegenen Photosyntheseleistung der Pflanzen.

Nehmen wir einfach mal eine Halbwertszeit von 40 Jahren an, so verringert sich die von den Menschen emittierte Konzentration von 130 ppm (410 ppm heute minus 280 ppm im Jahr 1870) um die Hälfte auf 65 ppm. Nach 80 Jahren ist es auf die Hälfte von 65 ppm, nämlich 32,5 ppm reduziert worden. Nach 120 Jahren sind es 16,25, d. h. wir wären bei 280 plus 16,25, also 296,25 ppm.

Warum sollte sich an den Senken auf absehbare Zeit etwas ändern?[43] Zudem ist beim Umgang mit dem BERN-Modell Vorsicht geboten: Es legt seinen Berechnungen mitunter eine Gesamtemission von bis zu 18 000 Milliarden Tonnen CO_2 zugrunde. Zum Vergleich: Die Menschheit hat rund 1600 Milliarden Tonnen ausgestoßen. Es ist nicht zu erwarten, dass sich das noch bis 2100 mehr als verdoppeln wird. Bei solch großen Impulsen tritt in den Modellen möglicherweise sehr schnell eine Überforderung und Verstopfung der Senken ein. Insofern stehen die Anwendung des BERN-Modells auf solch unrealistische Emissionen und die damit verbundene lange Verweildauer des CO_2 in der Atmosphäre auf ziemlich wackeligen Füßen. Es bleibt ein Modell, dessen Unsicherheiten durch die Modellannahmen gekennzeichnet sind.

10. Wie genau lässt sich die Erwärmungswirkung des CO_2 quantitativ heute eingrenzen?

Der Treibhauseffekt wurde 1824 von Joseph Fourier entdeckt und 1896 von Svante Arrhenius erstmals quantitativ genauer beschrieben. Von der Sonne ankommende kurzwellige Strahlung kann die Erdatmosphäre weitgehend ungehindert passieren. Auf der Erdoberfläche wird die Energie in Wärme umgewandelt und als langwellige Infrarotstrahlung zurückgeworfen, die jedoch von den Treibhausgasen am Verlassen der Erdatmosphäre gehindert wird. Treibhausgase nehmen die Wärme auf und geben sie in alle Richtungen ab, auch in Richtung der Erdoberfläche, was schließlich zum erwärmenden Treibhauseffekt führt. Die wichtigsten Treibhausgase sind Wasserdampf (H_2O), Kohlendioxid (CO_2), Ozon (O_3), Lachgas (N_2O) und Methan (CH_4). Ohne natürliche Treibhausgase würde die gesamte Wärmestrahlung ungehindert ins Weltall entweichen und das Erdklima wäre 33 °C kühler als heute, die Erde wäre ein Eisball.

In der öffentlichen Klimadebatte geht es in der Regel nicht darum, *ob* CO_2 erwärmt, sondern *wie stark* es erwärmend wirkt. Es handelt sich also vor allem um eine quantitative Frage. Leider lässt sich die genaue Erwärmungswirkung nicht so einfach durch Experimente oder theoretische Berechnungen ermitteln. Konsens herrscht allein in einem Teilaspekt. Würde CO_2 allein und ohne Verstärkermechanismen wirken, so würde die globale Temperatur bei jeder Verdoppelung der CO_2-Konzentration in der Atmosphäre um gut 1 °C ansteigen.[1; 2] Das ist nicht besonders viel und liegt weit unter den aktuellen Annahmen des IPCC zur CO_2-Gesamterwärmungswirkung, denn in der Realität müssen zusätzliche Effekte berücksichtigt werden, die verstärkend oder abschwächend hinzutreten. Und hier gehen die Meinungen der Experten weit auseinander.

Der Zusammenhang zwischen CO_2 und Erwärmung ist logarithmisch, das heißt, es wird stets eine Verdoppelung der CO_2-Konzentration in der Atmosphäre benötigt, um den gleichen Erwärmungsbetrag zu erzielen. Der für die aktuelle Zwischeneiszeit übliche CO_2-Gehalt der Atmosphäre beträgt knapp 300 ppm. Eine Verdoppelung wäre also bei knapp 600 ppm erreicht. Momentan liegt der Wert bei gut 400 ppm, es wird also noch ein Weilchen dauern, bis die erste Verdoppelung eingetreten ist.

Die CO$_2$-Klimasensitivität

Die Stärke der CO$_2$-Erwärmungswirkung wird durch die sogenannte CO$_2$-Klimasensitivität, oder, besser verständlich, die Klimawirksamkeit des CO$_2$, beschrieben. Der IPCC ist sich noch immer nicht sicher, wie stark das CO$_2$ nun wirklich erwärmt. Pro CO$_2$-Verdoppelung könnte die Erwärmung laut IPCC 1,5 °C betragen, aber auch bis zu 4,5 °C, also das Dreifache. Dies entspricht einer sehr großen Unsicherheitsspanne, die der IPCC seit seinem ersten Klimazustandsbericht 1990 nahezu unverändert anführt. Trotz größter Forschungsanstrengungen in den letzten drei Jahrzehnten konnte diese Unsicherheit nicht verringert werden. In der Öffentlichkeit ist kaum bekannt, wie rudimentär unser Wissen in diesem Punkt ist, da in den Medien meist nur ein wenig aussagekräftiger theoretischer Mittelwert angegeben wird, der im 4. IPCC-Bericht von 2007 3,0 °C betrug. Im darauffolgenden Bericht von 2013 konnten sich die IPCC-Experten jedoch nicht einmal mehr einigen, wel-

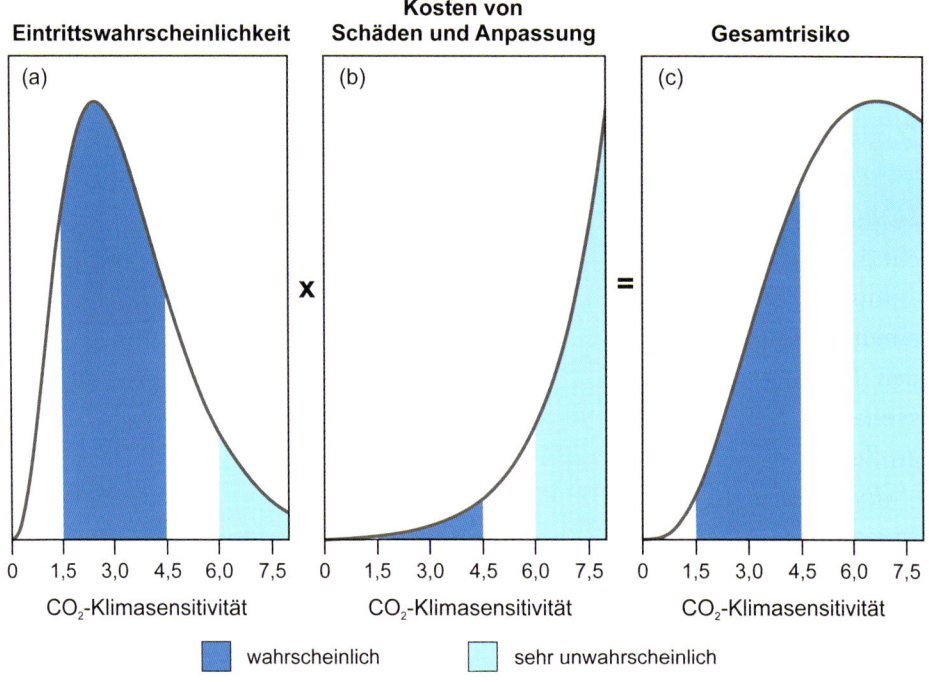

ABB. 17: Klimarisiken in Abhängigkeit der CO$_2$-Klimasensitivität (schematische Darstellung).[6]

chen Mittelwert sie ansetzen sollten. Allerdings schaffte es diese wichtige Information nur ins Kleingedruckte. Mit Lupe ausgestattete politische Entscheider konnten auf Seite 14 ihrer deutschsprachigen Zusammenfassung lesen:[3]

»Aufgrund fehlender Übereinstimmung der Werte aus den beurteilten Anhaltspunkten und Studien kann kein bester Schätzwert für die Gleichgewichts-Klimasensitivität angegeben werden.«

Die Höhe der CO_2-Klimasensitivität ist jedoch für politische Planungen die alles entscheidende Größe, denn die Klimarisiken steigen exponentiell zur Klimasensitivität (s. Abb. 17). Befände sich der wahre Wert am unteren Ende der IPCC-Unsicherheitsspanne bei 1,5 °C – und hierauf deutet vieles hin –, so wären die Klimafolgen eher moderat und leicht beherrschbar.[4; 5] Bei einem Wert von 4,5 °C hingegen wären katastrophale Klimafolgen zu befürchten. Es ist daher überaus bedauerlich, dass die Klimaforschung in dieser Frage nicht weiterzukommen scheint. Das Problem scheint teilweise hausgemacht, weil ernsthafte Kalibrierungen über die vorindustrielle Klimageschichte der letzten Jahrtausende nicht vorgenommen wurden (s. Kap. 2).

Darstellungslücken

Es verwundert sehr, dass prominente Klima-Protagonisten die großen Unsicherheiten in puncto Klimasensitivität der Öffentlichkeit offenbar nicht zumuten wollen. So suggerierte der Kieler Klimaforscher Mojib Latif in einem Interview 2018 mit dem Deutschlandfunk, dass die Unterschiede in den Temperaturprognosen bis 2100 überwiegend an den CO_2-Emissionsszenarien hängen würden, wobei er den Zuhörern die mindestens ebenso großen Unsicherheiten in der CO_2-Klimasensitivität glatt verschwieg:[7]

»Eigentlich muss man sagen, der IPCC gibt auch immer einen Unsicherheitsbereich an. Der wird aber meistens nicht wahrgenommen, denn eine große Unbekannte bleibt natürlich. Die wird auch nie weggehen. Das ist nämlich die Frage, wie werden wir Menschen uns eigentlich in der Zukunft verhalten. Wird es so etwas wie eine globale Energiewende geben oder nicht, und wenn ja, wie schnell wird sie erfolgen. Deswegen streuen die Ergebnisse auch – nicht nur deswegen, aber vor allen Dingen deswegen –, und dann liest man hin und wieder, dass die Erwärmung bis *zum Ende des Jahrhunderts vielleicht zwei Grad beträgt oder möglicherweise fünf Grad, und dann wundern sich die Menschen, wie kann denn das eigentlich angehen. Das liegt nicht daran, dass das eine Modell zwei Grad sagt und das andere Modell fünf Grad. Das liegt einfach an den Annahmen, an dem Szenario, das wir annehmen für die zukünftige Entwicklung der Treibhausgase in der Luft.«*

Ähnliche Lücken weist auch ein vom Deutschen Klimakonsortium (DKK) in Zusammenarbeit mit Klimaaktivisten des WWF 2015 erstellter kostenloser Online-Kurs zum Klimawandel auf.[8] In Kapitel 2 schiebt der Hamburger Klimamodellierer Jochem Marotzke die gesamte Ungenauigkeit der Klimaprognosen irreführenderweise auf die zukünftige CO_2-Entwicklung. Zielgruppe des Kurses sind unter anderem Schulen.

Hinweise auf eine reduzierte CO_2-Klimasensitivität häufen sich

Trotz scheinbarer Stagnation in den Berichten des IPCC schreitet die Forschung zur CO_2-Klimasensitivität dennoch weiter voran. Dabei häuften sich in den letzten Jahren ernst zu nehmende Studien, die einen Wert in der unteren Hälfte und sogar im unteren Drittel des IPCC-Möglichkeitsspektrums wahrscheinlicher werden lassen. Die IPCC-Spanne von 1,5–4,5 °C bezieht sich übrigens auf die Gleichgewichts-Klimasensitivität (englisch: Equilibrium Climate Sensitivity, ECS). Allerdings kann es Jahrzehnte bis Jahrhunderte dauern, bis das thermische Gleichgewicht mit der CO_2-Konzentration erreicht wird. Aus diesem Grund wird meist auch ein Wert für die kurzfristige Erwärmungswirkung angegeben, die Transient Climate Response (TCR). Beide Größen gilt es sauber voneinander zu unterscheiden, um nicht Äpfel mit Birnen zu vergleichen. Im Folgenden werden wir Werte zur Gleichgewichts-Klimasensitivität (ECS) diskutieren.

Zu den größten Unbekannten im Klimageschehen und in den Klimamodellen gehören die Wolken und Schwebstoffteilchen (Aerosole). Eine Expertengruppe des Hamburger Max-Planck-Instituts für Meteorologie (MPI-M) um Bjorn Stevens und Thorsten Mauritsen hat hier in den letzten Jahren riesige Fortschritte gemacht, was nun verbesserte Abschätzungen der CO_2-Klimasensitivität ermöglicht. Eine Haupterkenntnis ist, dass die Erde offenbar eine Art »Iris« besitzt, die dafür sorgt, dass bei mehr Erwärmung auch mehr

Wärme abgegeben wird als bei kühleren Temperaturen. Im Zeitraum 2013–2017 waren die Hamburger an mehreren Veröffentlichungen beteiligt, die die ECS im Bereich 1,8–2,2 °C verorteten.[9–13] Der mittlere Wert von 2,0 °C liegt dabei ein ganzes Grad unter dem besten Schätzwert des 4. Klimazustandsberichts des IPCC sowie lediglich ein halbes Grad oberhalb der Untergrenze der IPCC-Unsicherheitsspanne. Das MPI-M betont die Bedeutsamkeit der neuen Ergebnisse in einer Pressemitteilung aus dem Mai 2016:[13]

»Die Klimasensitivität der Erde wurde oft als der ›Heilige Gral‹ der Klimawissenschaft angesehen. Es gibt keine andere Maßzahl, die soviel über Klimawandel aussagt wie die Klimasensitivität. […] Im Bereich der Tropen ist das Verhältnis von Schwankungen der ins All abgegebenen Infrarotstrahlung zur Oberflächentemperatur in Beobachtungen größer, als es in Klimasimulationen ist. Das könnte darauf hinweisen, dass in den Modellen wichtige Rückkopplungsprozesse fehlen. […] Sowohl eine niedrigere Klimasensitivität von etwa 2 °C als auch eine verstärkte hydrologische Änderung könnten die Modelle näher an die besten Schätzungen aus Beobachtungen heranbringen.«

Die Entwicklung gefiel natürlich nicht allen Fachkollegen, insbesondere nicht denjenigen, die sich bereits auf ein sehr stark erwärmendes CO_2 festgelegt hatten.[14] Als sich die öffentliche Debatte zu den neuen Hamburger Ergebnissen auf beiden Seiten zu sehr aufheizte, reagierte Stevens besonnen. Er erklärte kühl, es sei nicht seine Aufgabe, die Öffentlichkeit von der Realität des Klimawandels zu überzeugen. Er habe den naiven Glauben, dass sich die wissenschaftliche Wahrheit am Ende von ganz alleine durchsetzen wird (»My job isn't to convince the public more about the reality of climate change.« »I have a naïve faith the truth will win out«).[15]

Im Oktober 2019 geschah dann aber etwas Unerwartetes. Thorsten Mauritsen, der in den Vorjahren Teil der Hamburger Forschung zur Klimasensitivität war, zwischenzeitlich aber an die Universität Stockholm gewechselt ist, veröffentlichte eine neue Studie, die eine Klimasensitivität von 2,8 °C postulierte, ein Wert nahe am besten Schätzwert des 4. IPCC-Klimaberichts. Wie kam es zu diesem plötzlichen Sinneswandel? Im April 2018 wurde Mauritsen vom IPCC zum Leitautor des 6. Klimazustandsberichts, Kapitel 7, ernannt: »The Earth's energy budget, climate feedbacks, and climate sensitivity«. Gibt es da vielleicht einen Zusammenhang, der Mauritsen nun zu anderen, politisch angepassteren Resultaten motivierte?[16] Schwer zu sagen. Da die

Studie lediglich die letzten 50 Jahre umfasst und allein anthropogene Faktoren annimmt, eignet sich die Methodik sowieso nicht für robuste Aussagen, sollte also nicht überbewertet werden. Es fällt zudem auf, dass Forschungspartner Bjorn Stevens weder an der besagten Studie noch am 6. IPCC-Bericht beteiligt ist.

Vergleichsweise niedrige CO_2-Klimasensitivitäten nahe der IPCC-Untergrenze berechnen auch die beiden Klimaforscher Nicholas Lewis und Judith Curry aus Großbritannien bzw. den USA. Auf Basis von Energiebudget-Betrachtungen kommen sie auf ECS-Werte von 1,6–1,7 °C.[17-19] Eine Reihe weiterer Forschergruppen schlagen Klimasensitivitäten deutlich unterhalb des besten Schätzwerts des 4. IPCC-Berichts von 3,0 °C vor. Die veröffentlichten Werte fallen in die ECS-Kategorien 2,5–2,1 °C,[20-24] 2,0–1,6 °C[25-29] und 1,5–1,0 °C[30-33].

Aber natürlich sind auch die Forscher am anderen Ende des Meinungsspektrums nicht untätig. So gibt es immer noch Arbeiten, die mit ECS-Werten von 5 °C, 6 °C und sogar 9 °C rechnen,[34-36] auch wenn sie deutlich in der Minderheit sind. Übrigens lag sogar Arrhenius selber mit seiner 1908 veröffentlichten ECS von 5–6 °C deutlich über dem vom IPCC heute für möglich gehaltenen Spektrum.[37] Mehrere Studien konnten jedoch zeigen, dass derartig hohe Klimasensitivitäten praktisch auszuschließen sind.[16; 38; 39] Unklar ist ebenfalls, ob die ECS unter 1 °C liegen kann, wie von einigen Autoren vorgeschlagen wurde.[40-42] Dies würde negative Rückkopplungseffekte erfordern.

Die wissenschaftliche Debatte zur vorübergehenden Klimasensitivität (TCR) läuft analog zur ECS ab. Laut 5. Klimazustandsbericht liegt die TCR zwischen 1,0–2,5 °C Erwärmung pro CO_2-Verdoppelung (mittlerer Wert 1,8 °C). Etliche Arbeiten sehen hier eine deutlich niedrigere TCR von 1,0–1,3 °C,[43; 12; 18; 19; 26; 30; 44; 48] nahe dem unteren Rand der TCR-Spanne des IPCC.

Forscher sind sich unsicher

Die Klimawissenschaft ist in Sachen Klimasensitivität zerstrittener denn je. The Science is *not* settled. Auch deutsche Forscher wissen nicht genau, wo die Reise hingeht, äußern ihre Unsicherheit aber bevorzugt im englischsprachigen Ausland. So beklagte Mojib Latif im Juli 2013 in einem Vortrag auf einer Tagung im US-amerikanischen Baltimore gegenüber Fachkollegen, dass die CO_2-Klimasensitivität wohl vom IPCC zu hoch angesetzt worden sei (Folien 21, 30).[45] Zurück in Deutschland weicht Latif zwei Monate später in einem Interview mit *Spektrum der Wissenschaft* der klar formulierten Frage des Redakteurs jedoch aus unerfindlichen Gründen umständlich aus.[46] Der Potsdamer Stefan Rahmstorf wurde 2014 von Reuters indirekt zitiert, dass noch niemand genau wisse, inwieweit CO_2 die Temperaturen beeinflusst (»*[Stefan Rahmstorf] said that a shift to tracking carbon dioxide concentrations in the atmosphere, for instance, would not help because no one knows exactly how far rising carbon concentrations affect temperatures.*)«[47]

Eine Forschergruppe um Stephen Schwartz vom Brookhaven National Laboratory im US-Bundesstaat New York rechnete 2010 vor, dass der globale Temperaturanstieg der letzten anderthalb Jahrhunderte lediglich 40 % von dem beträgt, was laut CO_2-Klimasensitivität zu erwarten gewesen wäre.[48] Die Gründe könnten in einer geringeren ECS oder einer stärkeren Kühlung durch Aerosole liegen, schreiben die Wissenschaftler. Die Aerosol-Option scheidet jedoch wohl aus, denn 2017 fanden Aerosol-Experten heraus, dass die Kühlwirkung von Schwefeldioxid offenbar viel geringer ist als in den gängigen Klimamodellen angenommen.[49]

Nach Berücksichtigung der neuen Aerosol-Erkenntnisse lieferten die im Vorfeld des 6. IPCC-Berichts (6th Assessment Report, AR6) erstellten Klimamodelle äußerst unrealistische Resultate, die sich nicht mit den Messdaten der letzten 140 Jahre in Einklang bringen ließen.[50-52] In gleich acht der Modelle liegt die Klimasensitivität bei 5 °C oder höher.[50] Die Ursache scheint in der fragwürdigen Annahme einer starken Erwärmungsverstärkung durch Wolken zu liegen.[53] Eine Gruppe um den IPCC-Autor Piers Forster von der University of Leeds warnte im Dezember 2019 explizit, dass die überhöhten ECS-Werte der neuen Klimamodelle der Generation CMIP6 nicht in Einklang mit anderen Beobachtungen stehen und sich daher wohl letztendlich als falsch erweisen werden (»*However, the higher values seen in CMIP6 are not supported by other lines of evidence and may eventually be proven wrong*«).[51] Forster und Kollegen stellen zudem fest, dass die Resultate der neuesten Klimamodelle nicht als Grundlage für politische Entscheidungen verwendet werden sollten (»*As we have shown that raw projections of surface temperature from CMIP6 should not be used directly in creating policy related to achieving tempera-*

ture targets, a way of translating the model results to improve their policy relevance is needed«).[51] Eine klare Empfehlung der Wissenschaft an die Politik.

Angesehene Klimawissenschaftler wie Reto Knutti und Gabriele Hegerl scheinen die Öffentlichkeit bereits auf eine bevorstehende Abwärts-Revision des Wertes der CO_2-Klimasensitivität vorzubereiten und erklären, dass die Klimaschutzbemühungen auch bei niedrigeren ECS-Werten auf jeden Fall fortzusetzen seien.[54] Dies ist nur im Prinzip richtig, denn es sollte dabei nicht außer Acht gelassen werden, dass niedrigere Werte das Schadensniveau drastisch herabsetzen (s. Abb. 17) und dass es mehr Zeit für eine nachhaltigere Planung der vorzunehmenden Maßnahmen gibt. Die Forschung zur Klimasensitivität bleibt auf jeden Fall spannend. Erst kürzlich fanden Forscher beiläufig, dass der Treibhauseffekt in der Antarktis reduziert ist,[55] in den hochgelegenen Gebieten sogar null beträgt oder gar negativ ausfällt.[56]

11. Wie hoch ist der natürliche Anteil an der modernen Klimaerwärmung?

Die globale Durchschnittstemperatur ist in den letzten anderthalb Jahrhunderten um ein Grad angestiegen. In der Klimadebatte wird hitzig darüber gestritten, was nun genau diese Erwärmung verursacht hat. War es ausschließlich der Mensch, oder waren ausschließlich natürliche Faktoren am Werk? Könnte es eine Kombination mehrerer Ursachen sein, und wenn ja, mit welcher Gewichtung? Fragen dieser Art werden im Rahmen der »Attribution« geklärt, also der ursächlichen Zuordnung beobachteter Klimaveränderungen. Die Analyse ist jedoch bei Weitem nicht so einfach, wie sie auf den ersten Blick erscheint, und sie birgt eine Vielzahl von Fehlermöglichkeiten.

Ein erster Schritt bei der Suche nach den verursachenden Faktoren der modernen Klimaerwärmung ist der visuelle Vergleich mit möglichen Antriebsfaktoren. In Abbildung 18 vergleichen wir den globalen Temperaturverlauf seit 1900 mit einem aus didaktischen Gründen zunächst nicht näher bezeichneten Klimafaktor, nennen wir ihn »Parameter X«. Beide Größen zeigen über die letzten 140 Jahre einen langfristigen Anstieg. Über kürzere Zeiträume von wenigen Jahrzehnten fallen Abweichungen auf, zum Beispiel die fortgesetzte Erwärmung von 1980 bis 2000, als »Parameter X« auf hohem Niveau stagnierte.

Temperatur

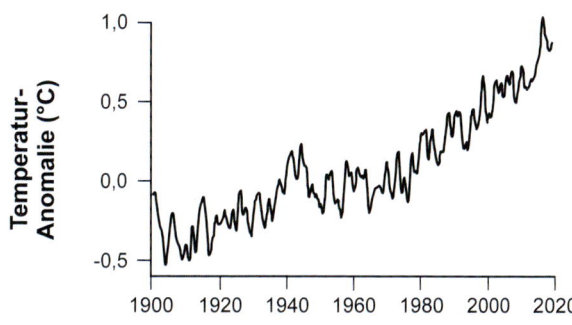

Parameter X

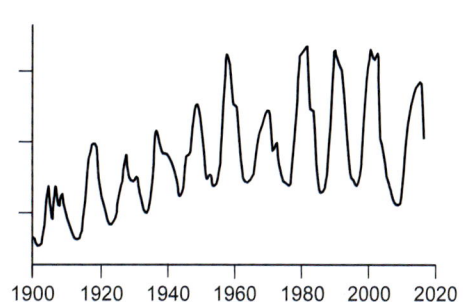

ABB. 18: Globale Temperatur seit 1900 verglichen mit der Entwicklung von »Parameter X«.

Es erscheint plausibel, dass »Parameter X« ein wichtiger Antrieb für die Langzeiterwärmung sein könnte. Dies gilt insbesondere, wenn man die Trägheit des Klimasystems berücksichtigt, wobei es mehrere Jahrzehnte dauern kann, bis sich das Klima auf das neue mittlere Niveau des Antriebs eingestellt hat. Wie bei einem Topf Wasser auf einer Heizplatte kann auch ein konstanter Wärmeimpuls eine fortgesetzte Klimaerwärmung erzeugen, bis Heizimpuls und Temperatur schließlich im Gleichgewicht stehen.

Wir nehmen nun einen zweiten Antriebskandidaten hinzu, den wir »Parameter Y« nennen (s. Abb. 19). Er zeigt während der letzten 120 Jahre ebenfalls einen stetigen Anstieg, mit einer Beschleunigung in der zweiten Hälfte des 20. Jahrhunderts. Auch er könnte den Langzeittrend der Klimaerwärmung erklären. In kürzeren Zeiträumen von einigen Jahrzehnten laufen aber auch hier die Kurven von Temperatur und »Parameter Y« auseinander. Auffällig sind die Erwärmungspausen von 1900–1910, 1940–1975 sowie 2000–2014, obwohl »Parameter Y« weiter stetig angestiegen ist.

Geht man unvoreingenommen an die Analyse heran, ist es also gar nicht so einfach zu entscheiden, welcher der beiden Parameter als Hauptantrieb der Erwärmung fungiert. Ist es X alleine oder Y alleine, oder vielleicht

Temperatur

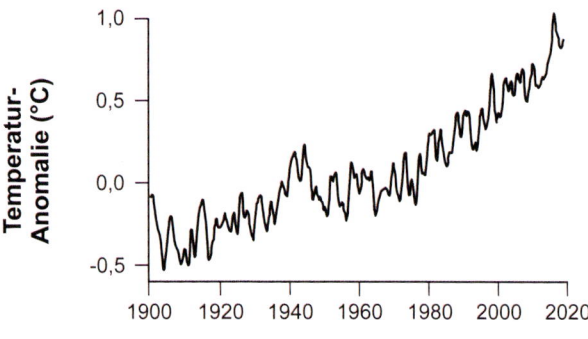

Parameter X

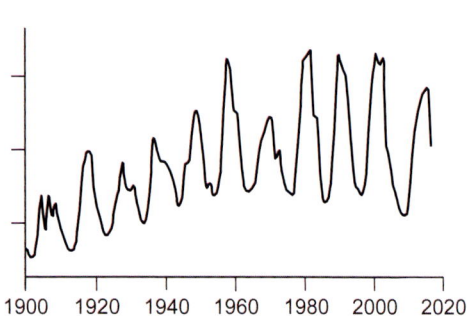

Parameter Y

ABB. 19: Globale Temperatur seit 1900 verglichen mit der Entwicklung von »Parameter X« und »Parameter Y«.

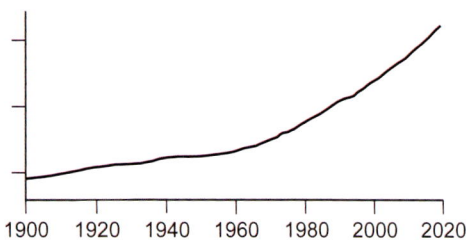

beide mit hälftigem oder anderem Anteil, oder gar ein bisher unberücksichtigter Parameter Z? Die Lösung ist auf jeden Fall nicht trivial und erfordert äußerste Sorgfalt. Eine gute Korrelation bedeutet nämlich noch lange keine Kausalität. Vorsicht ist vor Scheinkorrelationen (englisch: »spurious correlations«) geboten. Tyler Vigen hat auf seiner Website[1] und in einem Buch[2] zahlreiche unterhaltsame Scheinkorrelationen zusammengestellt. Zwischen 1999 und 2008 gab es in den USA beispielsweise ein Jahrzehnt lang eine ausgezeichnete Korrelation zwischen dem Alter von Miss America und der Anzahl der Morde durch Dampf und heiße Objekte. Eine absolut zufällige Korrelation, die keinen kausalen Hintergrund haben kann.

Temperatur

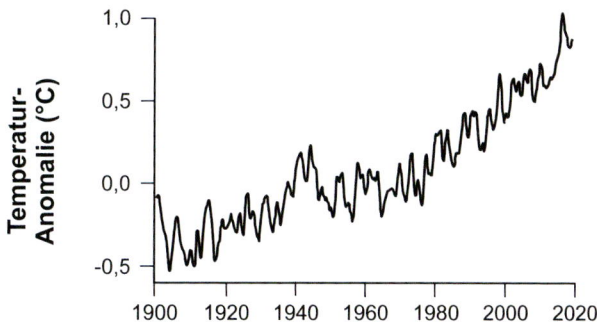

Sonnenaktivität

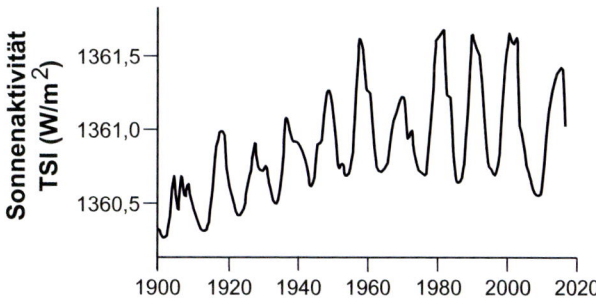

CO_2

ABB. 20: Globale Temperatur seit 1900 verglichen mit der Entwicklung der Sonnenaktivität (»Parameter X«) und der CO_2-Konzentration (»Parameter Y«).

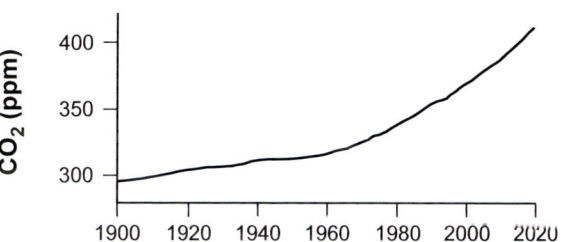

Man sollte sich durch vorschnelle Zuordnungen also nicht aufs Glatteis führen lassen.

Eine sorgfältige Analyse von Ursache und Wirkung ist auch beim Klimawandel notwendig. Es wird immer klarer, dass die Klimawissenschaften das Attributions-Problem offenbar unterschätzt haben. Im obigen Beispiel entsprechen »Parameter X« der Sonnenaktivität und »Parameter Y« der CO_2-Konzentration (s. Abb. 20). Die Erwärmung der letzten 120 Jahre passt auf den ersten Blick nur zu gut zur zeitgleich steigenden CO_2-Konzentration in der Atmosphäre, sodass andere mögliche Erwärmungstreiber vorschnell ignoriert wurden. Wie gezeigt, wäre auch die Sonnenaktivität ein starker Kandidat, um einen Großteil der Temperaturentwicklung zu erklären.

Über die starke Variabilität der Sonnenaktivität und die verschiedenen Näherungsgrößen haben wir bereits in Kapitel 8 berichtet. Besonders relevant für die Zuordnung der modernen Erwärmung ist der Langzeitanstieg der Sonnenaktivität während der letzten drei Jahrhunderte (s. Abb. 15). Während der Kleinen Eiszeit ereignete sich das solare Maunder-Minimum (1645–1715), als die Sonne ihre Aktivität stark herunterschraubte und in einem Zeitraum von 30 Jahren lediglich 50 Sonnenflecken produzierte, während eine durchschnittlich aktive Sonne im Normalfall über drei Jahrzehnte 40 000 Flecken hätte produzieren müssen. Im Gegensatz hierzu erreichte die Sonne in der zweiten Hälfte des 20. Jahrhunderts eine ihrer intensivsten Phasen der letzten 10 000 Jahre (s. Kap. 8). Die Stärke des Sonnenmagnetfeldes hat sich während des 20. Jahrhunderts mehr als verdoppelt.[3-5]

Die Frage, wie viel CO_2 und Sonne jeweils zur modernen Klimaerwärmung beigetragen haben, lässt sich letztendlich nur über logische Zusammenhänge und das Studium physikalischer Prozesse entscheiden. Für eine starke Beteiligung der Sonne spricht folgendes Paradoxon: Sollten natürliche Klimafaktoren und vor allem die Sonne keine Rolle für das Klima spielen, dürfte es eigentlich auch keinen vorindustriellen Klimawandel geben. Unzählige Studien haben jedoch für die vergangenen 10 000 Jahre starke, systematische Klimaschwankungen mit starken Bezügen zur schwankenden Sonnenaktivität unzweifelhaft belegt (s. Kap. 4 und 8). Insofern ist davon auszugehen, dass die Sonne offenbar doch und auch heute eine signifikante klimabeeinflussende Wirkung besitzt.

Da sich dies mittlerweile nicht mehr abstreiten lässt, bedienen sich Anhänger der anthropogenen Klimadominanz einer Hilfskonstruktion. Forscher des Potsdam-Instituts für Klimafolgenforschung (PIK) behaupten nun, dass die Sonne in vorindustrieller Zeit zwar eine bedeutende Klimawirkung besessen habe, diese jedoch während der industriellen Ära »*verloren gegangen sei*«.[6] Das PIK und die nachlassende Wirkung des gallischen Zaubertranks ... Allerdings ist dies wenig plausibel, denn es gibt keinen vernünftigen wissenschaftlichen Grund für die Annahme, dass natürliche Klimamechanismen, die seit Jahrtausenden auf der Erde aktiv sind, nun plötzlich vor 150 Jahren aufgehört haben sollten zu wirken. Es ist vielmehr davon auszugehen, dass die

Prozesse auch heute noch weiter aktiv sind, zusätzlich überlagert durch die neu dazugekommene anthropogene Klimabeeinflussung durch Treibhausgase, Ruß und andere menschengemachte Faktoren.

Der natürliche Anteil an der modernen Klimaerwärmung

Wie viel Klima macht der Mensch und wie viel die Natur? Der 5. Klimazustandsbericht des IPCC (AR5) von 2013 ließ hier noch einigen Spielraum. In der Zusammenfassung für Politiker heißt es:[7]

»Es ist äußerst wahrscheinlich, dass mehr als die Hälfte des beobachteten Anstiegs der mittleren globalen Erdoberflächentemperatur von 1951 bis 2010 durch den anthropogenen Anstieg der Treibhausgaskonzentrationen zusammen mit anderen anthropogenen Antrieben verursacht wurde.«

Im Umkehrschluss bedeutet dies, dass bis zu 49 % der Erwärmung seit 1951 natürliche Ursachen haben könnte. Dazu käme noch ein Großteil der Erwärmung von 1850–1950, als Treibhausgase nur eine untergeordnete Rolle spielten.[8] Man würde dem IPCC gerne zu dieser Aussage gratulieren, wenn er nicht gleich im nächsten Satz behauptete, dass im Normalfall wohl überhaupt kein Platz für natürliche Klimafaktoren wäre:[7]

»Die beste Abschätzung des anthropogenen Beitrags zur Erwärmung ist ähnlich wie die beobachtete Erwärmung in diesem Zeitraum.«

Das war 2013. Noch ein Jahr zuvor gab der bekannte Kieler Klimaforscher Mojib Latif in einem Zeitungsinterview mit der *Neuen Osnabrücker Zeitung* auf die Frage an, wie die anthropogenen und natürlichen Anteile an der globalen Erwärmung in industrieller Zeit verteilt sind:[9] *»Es ist ein Mix aus beidem. Klar ist, dass der Mensch über die Hälfte des Temperaturanstiegs seit Beginn der Industrialisierung zu verantworten hat.«* Ähnliches sagte Latif damals der österreichischen Zeitung *Die Presse*,[10] bezugnehmend auf das Buch »Die kalte Sonne«[11] von Fritz Vahrenholt und Sebastian Lüning:

»Die Presse: Zurück zur bisherigen Erwärmung, 0,8 Grad seit 100 Jahren. Für Vahrenholt kommt die Hälfte von der Sonne. Und beim IPCC kommt alles vom CO_2?

Latif: Nein, das hat der IPCC nie gesagt, er ist sehr vorsichtig und sagt, dass etwa die Hälfte der Erwärmung anthropogen ist.

Die Presse: Dann sagt er das Gleiche wie Vahrenholt?

Latif: Ja, das ist es ja, was mich wahnsinnig macht: Da wird ein Popanz aufgebaut und dann genüsslich zerrissen.«

Forscher der University of Washington in Seattle veröffentlichten 2013 eine Studie, in der sie zeigen konnten, dass 40–50 % der Erwärmung der letzten Jahrzehnte auf Effekte der natürlichen Ozeanzyklen zurückgehen, also nicht anthropogenen Ursprungs sind.[12; 13] Eine internationale Forschergruppe unter Beteiligung der Universität Gießen erklärte 2018, dass ein Drittel der modernen Temperaturentwicklung Ostasiens durch natürliche Antriebe verursacht wurde.[14] Laut einer Umfrage unter Mitgliedern der American Meteorological Society glaubt weniger als ein Drittel, dass der Klimawandel ganz überwiegend oder vollständig Folge menschlicher Aktivitäten sei.[15]

Unbeeindruckt davon propagiert der IPCC eine immer extremer werdende Sichtweise. So behauptete der Weltklimarat in seinem 2018 erschienenen 1,5-Grad-Sonderbericht (SR15) kurzerhand, dass der menschengemachte Anteil an der Erwärmung bereits final geklärt sei und dass der Temperaturanstieg nahezu vollständig auf den von Menschen verursachten Treibhausgasemissionen beruhen würde.[16] Dies steht im krassen Gegensatz zu deutlich ausgewogeneren Ansichten von großen Teilen der Klimawissenschaftler. Es ist davon auszugehen, dass die Aussage des SR15 nicht etwa einen Konsens in der Fachwelt abbildet, sondern wohl eher politisch motiviert war. Dies wird umso klarer, als ein nahezu zeitgleich veröffentlichter Klimabericht der Schweiz den natürlichen Klimafaktoren deutlich mehr Raum einräumt.[17] Dort heißt es, dass natürliche Faktoren bis zur Hälfte der im Land beobachteten Erwärmung der letzten 100 Jahre verursacht haben könnten. Auch eine Reihe anderer Autoren fordert eine stärkere Berücksichtigung natürlicher Klimafaktoren in den Klimamodellen.[18–22] Über die spezielle Arbeitsweise des IPCC berichten wir in Kapitel 38.

Einfluss der Sonne auf den Klimawandel

Eine Reihe von Forschungsinstituten und Wissenschaftlergruppen räumt der Sonne eine signifikante Beteiligung an der modernen Klimaerwärmung ein. In einer Mitteilung von 2009 gab das Max-Planck-Institut für Sonnensystemforschung in Katlenburg-Lindau bekannt:[23]

»Über längere Zeiträume hinweg deuten die Daten auf einen Einfluss der Sonne auf das Klimageschehen hin, auch wenn dessen genaues Ausmaß und die Wirkungsmechanismen selbst noch unklar sind. Bei der globalen Erwärmung der vergangenen 100 Jahre wird ebenfalls ein gewisser Beitrag der Sonne nahegelegt, allerdings hat spätestens seit etwa 1980 der verstärkte Treibhauseffekt durch die Zunahme von Kohlendioxid in der Atmosphäre die Überhand gewonnen.«

Das Hamburger Max-Planck-Institut für Meteorologie (MPI-M) erklärte noch am 5. November 2019 auf seiner Website:[24]

[Computersimulationen] »zeigen, dass in den letzten 100 Jahren durch den Anstieg in der Sonnenintensität ein Teil der beobachteten Erwärmung erklärt werden kann, allerdings mit etwa 0,2 Grad Celsius nur ungefähr ein Drittel.«

Kurz darauf wurde der Text gelöscht, die Botschaft wurde dem MPI-M offenbar zu unbequem. Im März 2017 hatte auch der Schweizerische Nationalfonds zur Förderung der Wissenschaftlichen Forschung (SNF) in einer Pressemitteilung den Einfluss der Sonne auf den Klimawandel beziffert:[25]

»Die IPCC-Berichte gehen davon aus, dass die Sonnenaktivität in der jüngeren Vergangenheit und auch der nächsten Zukunft keine Bedeutung für den Klimawandel hat. Eine vom Schweizerischen Nationalfonds (SNF) geförderte Studie relativiert diese Annahme nun. Die Forschenden vom Physikalisch-Meteorologischen Observatorium Davos (PMOD), der EAWAG, der ETH Zürich und der Universität Bern liefern mit aufwendigen Modellrechnungen eine belastbare Schätzung des zu erwartenden Beitrags der Sonne zur Temperaturänderung in den nächsten 100 Jahren und finden dabei erstmals einen signifikanten Effekt. Sie errechnen eine Abkühlung des Erdklimas um ein halbes Grad, wenn die Sonnenaktivität ihr nächstes Minimum erreicht. Auch wenn diese Abkühlung den menschgemachten Anstieg der Temperatur keineswegs kompensieren wird, ist sie bedeutsam, so Werner Schmutz, Direktor des PMOD und Leiter des Projekts: »Wir könnten wertvolle Zeit gewinnen, wenn die Aktivität der Sonne zurückgeht und sich der Temperaturanstieg damit ein wenig verlangsamt. Das dürfte uns helfen, mit den Folgen des Klimawandels umzugehen.«

Als Anfang des Jahrtausends der globale Temperaturanstieg für anderthalb Jahrzehnte ins Stocken geriet (s. Kap. 5), erkannten einige Forscher einen Zusammenhang mit der erlahmenden Sonnenaktivität.[26] So erklärte der Geesthachter Klimaforscher Hans von Storch in einem Interview mit dem Deutschlandfunk 2013:[27]

»Eine andere Erklärung könnte sein, dass wir bisher die Wirkung der Treibhausgase ein bisschen überschätzt haben, dass wir deshalb stärkere Erwärmungen erwartet haben. Oder schließlich, dass ein weiterer Faktor hier mitwirkt: Man könnte da zum Beispiel an die Sonne denken oder Ähnliches. [...] Wir rechnen eigentlich mit unseren Klimamodellen immer nur den zukünftigen Effekt von Treibhausgasen und eventuell auch industriellen Aerosolen hinein. Aber wir berücksichtigen zum Beispiel nicht die systematischen Änderungen der Sonnenleistung in der Zukunft.«

»Parameter Z«: Andere Erwärmungstreiber

Außer CO_2 und der Sonnenaktivität gibt es aber auch weitere Faktoren, die es bei der ursächlichen Zuordnung der Erwärmung zu berücksichtigen gilt. Eine Forschergruppe um Pierre Nabat von Météo-France nimmt an, dass fast ein Viertel der Erwärmung in Europa seit 1980 durch den Rückgang der Luftverschmutzung bedingt ist.[28] Die nun sauberere Luft[29] enthält weniger kühlendes Schwefeldioxid und kann leichter vom Sonnenlicht passiert werden, wodurch sich die unteren Luftschichten erwärmen. Ein Wissenschaftlerteam aus Japan und Simbabwe geht davon aus, dass das Ozonloch und damit verbundene Veränderungen des SAM-Ozeanzyklus (s. Kap. 7) Hauptgrund für die Klimaerwärmung der letzten zwei Jahrzehnte im südlichen Afrika sind.[30] Eine Forschergruppe von der Columbia University im US-Bundesstaat New York errechnete, dass etwa die Hälfte der besonders arktischen »Turbo-Erwärmung« 1955–2005 auf die Treibhauswirkung von Fluorchlorkohlenwasserstoffen (FCKWs) und andere ozonzerstörende Substanzen zurückzuführen ist.[31]

Eine Überraschung gab es auch vor einigen Jahren beim Ruß. Noch in seinem 4. Klimazustandsbericht (AR4) von 2007 ging der IPCC davon aus, dass Ruß nur mäßig stark erwärmend wirkt. Zahlreiche Untersuchungen nach Erscheinen des Berichts wiesen dem Ruß dann aber eine erheblich höhere Wirkung zu. Insbesondere der Klimaforscher Veerabhadran Ramanathan von der Universität San Diego konnte nachweisen, dass die erwärmende Strahlungswirkung des Ruß offenbar dreimal so groß ist.[32] Es wird immer deutlicher, dass »Universalschurke« CO_2 vom IPCC kräftig überbucht ist und in Wirklichkeit ein viel komplexerer Mix an Klimafaktoren am Werk ist. Ein besseres Verständnis der Zusammenhänge ist unabdingbar, um die zukünftige Klimaentwicklung besser zu prognostizieren und Schutzmaßnahmen effektiver zu planen.

Ein Blick unter die Motorhaube der Klimamodelle

Seine angebliche klimatische Gefährlichkeit verdankt das Kohlendioxid allein der Tatsache, dass der Weltklimarat für dieses Treibhausgas einen massiven Verstärkungsprozess annimmt. Wasserdampf und Wolken sowie untergeordnet Schnee- und Eisbedeckung sollen die Schuldigen dafür sein, dass sich die eigentlich moderate Wärmewirkung von CO_2 vervielfacht (s. Kap. 10). Obwohl die Rückkopplungsmechanismen noch immer nicht richtig verstanden sind, verwendet der IPCC den Verstärkereffekt großzügig, und zwar so großzügig, dass die CO_2-bedingte Erwärmung in den Modellen weit über die real gemessene Erwärmung hinausschießt. CO_2 und andere Treibhausgase zeichnen in den Modellen für etwa 140 % der seit 1951 gemessenen Erwärmung verantwortlich (s. Abb. 21). Um den Wärmeüberschuss wieder auszugleichen, werden in den Modellen entsprechend starke Kühleffekte durch Schwefeldioxid (SO_2) eingebaut, die jedoch in dieser Höhe von den Aerosol-Experten für unmöglich gehalten werden.[33] Nach Berücksichtigung der neuen Aerosol-Erkenntnisse lieferten die im Vorfeld des 6. IPCC-Berichts erstellten Klimamodelle äußerst unrealistische Resultate, die sich nicht mit den Messdaten der letzten 140 Jahre in Einklang bringen lassen,[34; 35] was für eine deutlich zu hoch angesetzte CO_2-Klimawirkung spricht.

Bei der Klimawirkung der Sonne ist es genau andersherum. Der IPCC weigert sich standhaft, Verstärkermechanismen anzuerkennen, obwohl nur diese die zahlreichen empirisch belegten solaren Klimaeffekte erklären würden. Vielversprechende Verstärkerprozesse umfassen UV-Reaktionen in der Stratosphäre sowie Wolkenveränderungen durch Veränderungen des Sonnenmagnetfeldes (s. Kap. 8). Der IPCC quantifiziert die verschiedenen Klimafaktoren in Form eines Strahlungsantriebs. Dem CO_2 wird im 5. Klimazustandsbericht (AR5) ein erwärmender Wert von +1,68 W/m^2 seit 1750 zugestanden. Zusammen mit Methan, den Halogenkohlenwasserstoffen und Lachgas (N_2O) bildet das CO_2 die Gruppe der »gut gemischten Treibhausgase«, die der IPCC mit einem erwärmenden Gesamtwert von +3,00 W/m² ansetzt. Dazu kommen weitere wärmende und kühlende anthropogene Klimafaktoren. Der einzige natürliche Klimafaktor, den der IPCC in seinen Modellen zulässt, ist die Sonne, die jedoch nur mit +0,05 W/m² veranschlagt wird. Der IPCC geht also davon aus, dass allein die Treibhausgase das Klima der industriellen Ära 60 mal stärker erwärmt hätten als die Sonne. Vermutlich handelt es sich um einen groben Ansatzfehler in den Modellen, der schnellstmöglich behoben werden sollte.

Der IPCC illustriert die Vernachlässigung der natürlichen Klimafaktoren selber eindrucksvoll in einer Abbildung seines Syntheseberichts zum AR5 (s. Abb. 21).[36] Dort wird die zwischen 1951 und 2010 gemessene globale Erwärmung von 0,65 °C auf die verschiedenen Antriebe verteilt. Die Treibhausgase sollen während dieser Zeit das Klima um 0,90 °C erwärmt haben, sonstige anthropogene Antriebe sollen um 0,25 °C gekühlt haben. Unterm Strich kommen dabei 0,65 °C Erwärmung heraus. Bleiben genau 0,00 °C – also nichts – für die Sonne oder andere natürliche Klimafaktoren übrig. Wenn der IPCC die Sonne schon ignoriert, dann macht er es auch gründlich.

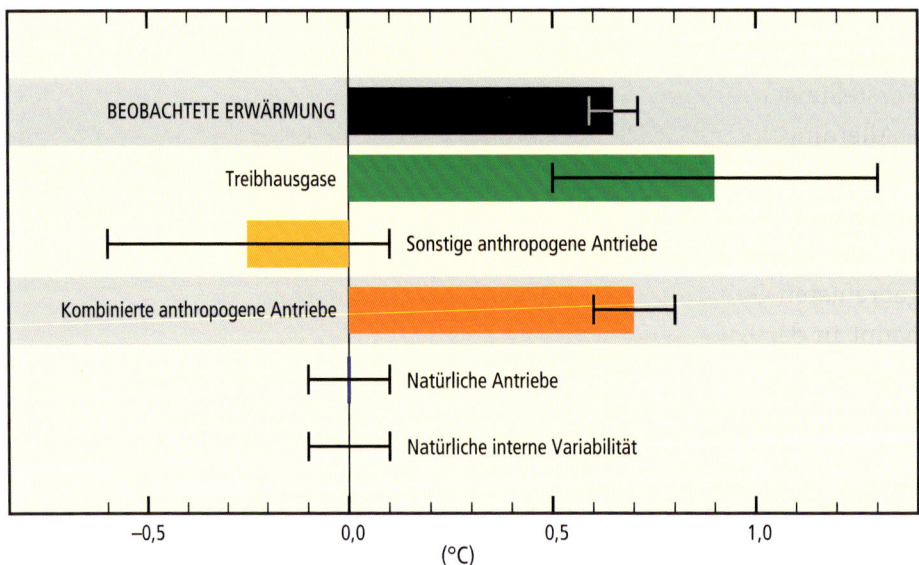

ABB. 21: Beiträge zur beobachteten Veränderung der globalen Oberflächentemperatur über den Zeitraum 1951–2010. Abbildung aus dem Synthesebericht zum 5. IPCC-Klimabericht.[3]

12. Wird der Golfstrom versiegen?

Der Golfstrom befördert warmes Wasser aus dem subtropischen Golf von Mexiko quer über den Atlantischen Ozean nach Westeuropa. Ohne die »Fernwärme« des Golfstroms wäre es bei uns im Schnitt mehr als fünf Grad kälter. Eine Gruppe um den Potsdamer Klimaforscher Stefan Rahmstorf warnt, dass sich der Golfstrom in den letzten Jahrzehnten abgeschwächt habe, sodass nun weniger Wärme nach Europa gelange. Schuld daran sei die vom Menschen verursachte Eisschmelze in Grönland, denn das Schmelzwasser versinke langsamer im Ozean als salzhaltiges Meerwasser, was die Zirkulation bremse.[1] In einer Pressemitteilung von 2015 warnte das Potsdam-Institut für Klimafolgenforschung (PIK) zudem davor, dass die Strömung vielleicht sogar vollständig zusammenbrechen könnte, ein gefährliches Kippelement.[1] Das könnte fatale Folgen für Europa haben, mit frostigen Verhältnissen wie in Roland Emmerichs Hollywood-Eiszeitszenario »The Day After Tomorrow«. Die Verlangsamung des Golfstroms, die seit mindestens einem Jahrtausend beispiellos sei,[2] führte laut Rahmstorf auch zur Abkühlung in einem Ozeangebiet südlich von Grönland (s. Kap. 5). Da auch die Klimamodelle auf ein genau solches Muster kämen, habe man hier sozusagen einen »Fingerabdruck« der anthropogenen Klimabeeinflussung durch Treibhausgase.[3; 4] So weit die Potsdamer Vorstellungen, die durch die Medien eine weite Verbreitung erfuhren.

Allerdings regt sich in der Fachwelt heftiger Widerstand gegen diese auf den ersten Blick so plausibel erscheinende Argumentationskette. Stimmt es überhaupt, dass sich der Golfstrom stetig und beispiellos abgeschwächt hat? Ist das Erwärmungsloch südlich von Grönland wirklich eine Folge des gebremsten Golfstroms? Ist Schmelzwasser des grönländischen Eises überhaupt in der Lage, den Golfstrom abzubremsen? Wir gehen im Folgenden diesen Fragen nach.

Verlangsamt sich der Golfstrom wirklich?

Das Deutsche Klimakonsortium (DKK) hält Rahmstorfs Behauptung einer beispiellosen Verlangsamung des Golfstroms für haltlos. Auf seiner Webseite[5] zu einer Golfstrom-Broschüre[6] stellte das DKK 2017 fest:

»Eine wissenschaftlich gesicherte Auskunft über einen langfristigen Abschwächungstrend seit 1900 kann es nicht geben, da nicht ausreichend Beobachtungsdaten verfügbar sind. In den vergangenen 20 Jahren haben die Forscherinnen und Forscher den Ozean dank moderner Methoden und Technologien deutlich genauer analysieren können. Diese Zeitspanne reicht jedoch nicht, um Klimatrends abzuleiten. Vielmehr haben sie festgestellt, dass die Golfstromzirkulation in den vergangenen 20 Jahren recht stabil war und viele natürliche Schwankungen zeigte. Diese natürliche Variabilität macht es noch schwerer, den möglicherweise schon vorhandenen menschlichen Einfluss auf die Golfstromzirkulation nachzuweisen.«

Eine Mehrheit der internationalen Forschergruppen teilt diese Ansicht, darunter die NASA, die Universität Bergen und die australische James Cook University. Offenbar hat die Potsdamer Gruppe die starke natürliche Variabilität des Golfstroms (im Fachjargon: »Atlantic Meridional Overturning Circulation«, AMOC) fälschlicherweise als Langzeittrend interpretiert.[7–14] Dabei ist seit Längerem bekannt, dass der Ozeanzyklus der Nordatlantischen Oszillation (NAO)[15–19] sowie Veränderungen der Sonnenaktivität[20; 21] einen bedeutenden Einfluss auf den Golfstrom ausüben (s. auch Kap. 7). *Der Spiegel* ließ 2015 weitere Kritiker zu Wort kommen:[22]

»Klimaforscher Martin Visbeck vom Helmholtz-Zentrum für Ozeanforschung Kiel (Geomar) zieht gleich Rahmstorfs gesamte Deutung der Ergebnisse in Zweifel: [...] Die Arbeit [...] biete keine starken Hinweise auf die Entwicklung der AMOC während der vergangenen 50 Jahre. Die meisten Studien gingen gar von einem Erstarken der Strömung aus. Auch Michael Hofstätter von der Zentralanstalt für Meteorologie und Geodynamik (ZAMG) in Wien bewertet die Rahmstorf-Studie skeptisch. Die Temperaturschwankungen könnten auch eine ›vorübergehende natürliche Variation‹ sein, sagte Hofstätter dem Onlinedienst des ORF. Die Messungen deckten einen zu kurzen Zeitraum ab, um konkrete Vorhersagen zu treffen.«

Die Welt berichtete 2017:[23]

»›Bereits seit den 40er-Jahren werden Tiefentemperaturen im Nordatlantik gemessen‹, berichtet Professorin Monika Rhein von der Universität Bremen. Diese Temperaturen sind ein indirekter Hinweis auf die Stärke des Golfstroms. ›Diese Messdaten zeigen starke Schwankungen, aber keinen Trend in irgendeine Richtung‹, bilanziert die Ozeanografin die langen Messreihen. Eine Abnahme des Golfstroms ist also bislang nicht festzustellen.«

Kann grönländisches Schmelzwasser den Golfstrom bremsen?

Mehrere Forschergruppen untersuchten zwischenzeitlich, ob das Schmelzwasser aus Grönland den Golfstrom bereits beeinflusst haben könnte. In den Simulationen gab es jedoch keine Hinweise auf signifikante Effekte in diese Richtung.[24] Das Schmelzwasser mischt sich offenbar zu schnell in der Wassersäule[25] und wird außerhalb der Golfstromroute rasch mit dem Labradorstrom entlang der kanadischen Küste nach Süden abtransportiert.[26; 27] Das in Potsdam erdachte Modell konnte somit nicht bestätigt werden.

Auch Femke de Jong und Laura de Steur vom niederländischen NIOZ-Institut können der Rahmstorf-Idee einer blockierenden Schmelzwasserüberschichtung südlich von Grönland nichts abgewinnen. Die beiden Forscherinnen installierten in der Region Messapparaturen, um die theoretischen Konzepte anhand von harten Daten zu überprüfen. Überraschenderweise fanden sie das Gegenteil von dem, was aufgrund der Potsdamer Hypothesen zu erwarten gewesen wäre. Die vertikale Durchmischung hat sich in den letzten Jahren eher verstärkt als abgeschwächt.[28] Das Wärmeloch (»cold blob«) südlich von Grönland kann daher nicht Folge der grönländischen Eisschmelze sein.[29]

Überhaupt scheinen beim Golfstrom noch viele Fragen offen zu sein. Die Universität Bergen vermutet, dass ein vermehrter Eintrag von Süßwasser in der Arktis den Golfstrom eher stärkt als abschwächt.[30; 31] Laut den Norwegern wurde in den Modellen der Arktische Ozean nicht ausreichend berücksichtigt, was unterm Strich zu gänzlich anderen Ergebnissen führt. Forscher der University of Washington wiederum gehen davon aus, dass der Salzgehalt für den Golfstrom im Zuge des Klimawandels gar keine große Rolle spielt, sondern vielmehr der Zustrom von warmem Wasser aus dem Indischen Ozean über den Agulhasstrom vor Südafrika relevant sei.[32; 33] Gemäß einem Modell der Scripps Institution of Oceanography und der Yale University würde eine Erwärmung des Indischen Ozeans zu einem Erstarken des Golfstroms führen.[34; 35]

Eine gehörige Überraschung brachten kürzlich auch Messungen im Ozean vor Grönland im Rahmen des OSNAP-Programmes. Das Tiefenwasser bildet sich nämlich östlich von Grönland, und nicht etwa westlich, wie Klimamodelle bisher fälschlicherweise angenommen hatten.[36; 37] Alle Golfstrom-Modellierungen – die vom angeblichen Treibhaus-Fingerabdruck eingeschlossen – stehen daher nun wieder unter Vorbehalt. Eine Überarbeitung der Klimamodelle wäre auch schon deshalb notwendig, weil sie die längerfristigen Veränderungen der Golfstrom-Intensität noch immer nicht korrekt reproduzieren können.[38] Zudem unterscheiden sich die Ergebnisse der einzelnen Modelle enorm voneinander.[39; 40] Die Simulation des Golfstroms hat jedoch einen großen Einfluss auf die nähere Eingrenzung der CO_2-Klimasensitivität[41] (s. Kap. 10), und dadurch auch auf die Prognosen der zukünftigen Erwärmung durch anthropogene Treibhausgase. Vieles ist noch offen.

Der Golfstrom-Hockeyschläger

Stefan Rahmstorf publizierte 2015 eine Rekonstruktion, die suggerierte, dass der Golfstrom heute so schwach wie nie zuvor in den letzten 1000 Jahren sei. Zu den Co-Autoren des Papers gehört auch Michael E. Mann, der bereits anderthalb Jahrzehnte zuvor mit der berühmt-berüchtigten Hockeyschläger-Kurve (s. Kap. 2) kontroverse Diskussionen in der Fachwelt ausgelöst hatte. Daten aus überarbeiteten Nachfolge-Versionen des Hockeyschlägers von Michael E. Mann[42; 43] bilden auch die Grundlage der Golfstrom-Rekonstruktion. Es verwundert daher kaum, dass sich nun auch der Golfstrom in Form eines (umgekehrten) Hockey Sticks darstellt. Entsprechend skeptisch wurde die Potsdamer Golfstrom-Geschichte in der Fachwelt aufgenommen. Selbst ansonsten fest auf der Klimawarner-Seite verankerte Wissenschaftler wie der für seine Temperatur-Farbbalken bekannte Ed Hawkins von der University of Reading (s. Kap. 2) zweifeln an der Robustheit der Rekonstruktion. In seinem Blog kommentierte Hawkins das Paper von Rahmstorf, Mann und Kollegen überaus kritisch:[44]

»*I think there are many caveats on Rahmstorf et al. which were not reported by the media, although I am no expert in using proxies or in Greenland melt rates. But, to my mind, the uncertainties are vastly underestimated. […] I have spoken to several colleagues who have significant doubts about the strength of the conclusions of the paper – I believe there is more healthy skepticism than may be visible from outside the community.*«

Die Kritik ist berechtigt, denn andere Rekonstruktionen fanden einen schnellen Golfstrom während der Mittelalterlichen Wärmeperiode,[45] eine

Verlangsamung in der Kleinen Eiszeit[46; 47] und eine erneute Beschleunigung in der Modernen Wärmeperiode.[48; 49] Auch in der Rückschau der vergangenen zehn Jahrtausende hat sich der Golfstrom stets gewandelt.[50] Vor 10 000 Jahren war der Golfstrom noch recht langsam, nahm dann aber stetig an Fahrt auf, um zwischen 8000 und 4000 Jahren vor heute die höchsten Strömungsgeschwindigkeiten zu erreichen. Nach diesem Höhepunkt verlangsamte sich der Golfstrom in den letzten vier Jahrtausenden dann wieder allmählich.[50]

Lange hatte man gedacht, der Golfstrom wäre in der letzten Eiszeit besonders langsam gewesen. Das hat sich nun als falsch herausgestellt, denn in Wirklichkeit war die Zirkulation des Atlantischen Ozeans damals schneller als heute.[51; 52] In einer Pressemitteilung von 2014 ordnete die Universität Heidelberg die heutige Golfstromdebatte in den geologischen Kontext ein:[53]

»*Die Forscher analysierten die nordatlantische Tiefenwasserzirkulation der vergangenen 140 000 Jahre und konnten zeigen, dass der aktuelle atlantische ›warm‹-Zirkulationsmodus entgegen bisheriger Annahmen selbst während der letzten Kaltzeit der Erde bestimmend war. Nach den Worten von Dr. Evelyn Böhm vom Institut für Umweltphysik lässt dies den Rückschluss zu, dass die derzeitige Zirkulation so stabil ist, dass ihr Zusammenbruch etwa durch Schmelzwasser von verstärkt abtauendem Grönlandeis extrem unwahrscheinlich ist.*«

Suche nach dem CO_2-Fingerabdruck geht weiter

Der vom PIK postulierte »CO_2-Fingerabdruck« des Golfstroms hat sich angesichts der vielen Kritikpunkte als nicht robust erwiesen. Die Suche nach einem überzeugenden Beweis muss also weitergehen. Bereits vor einigen Jahren wurde ein anderer »CO_2-Fingerabdruck« leise und heimlich beerdigt. Noch 2012 war der Kieler Klimaforscher Mojib Latif fest davon überzeugt, einen eindeutigen CO_2-Klimabeweis gefunden zu haben. In einem Interview mit *Zeit Online* erklärte Latif 2012:[54]

»*Zeit Online: Wie kann man dem Menschen erklären, dass der Mensch eine erhebliche Mitschuld an der Erderwärmung trägt?*

Latif: Die oberen Luftschichten in 30 Kilometer Höhe und mehr kühlen sich ab, während sich die Erdoberfläche erwärmt. Das ist der Fingerabdruck des Kohlendioxids. Die Sonne erwärmt hingegen die gesamte Luftsäule.«

Das war allerdings falsch, wie Latif vier Jahre später selber feststellte, als er erkannte, dass die Temperaturen in der Stratosphäre im 60-Jahre-Takt der Pazifischen Dekaden-Oszillation (PDO) schwanken, moderiert über den Wasserdampfgehalt.[55] In einer mutigen Pressemitteilung von 2016 zog das Geomar den zuvor in den Medien weit gestreuten »CO_2-Fingerabdruck« wieder zurück:[56]

»*Ende des 20. Jahrhunderts beobachteten Wissenschaftler eine Abkühlung am Übergang zwischen Troposphäre und Stratosphäre in etwa 15 Kilometern Höhe. Sie führten diese Entwicklung in der sogenannten Tropopause auf menschliche Einflüsse zurück. Klimaforscher aus Kiel und Bergen haben jetzt in der internationalen Fachzeitschrift ›Scientific Reports‹ eine Studie veröffentlicht, nach der die Abkühlung auch Teil einer natürlichen, jahrzehntelangen Schwankung sein könnte, die von den Wassertemperaturen des Pazifiks gesteuert wird. [...] In den Modellsimulationen konnten die Wissenschaftler sehen, dass die Schwankungen der Wassertemperaturen auch die Windsysteme über dem tropischen und subtropischen Pazifik beeinflussen. Damit verändert sich auch der Lufttransport zwischen den unteren und den oberen Schichten der Troposphäre, was letztendlich die Temperaturen an der Grenze zur Stratosphäre mit reguliert. ›Diese Zusammenhänge konnten wir jetzt erstmals nachweisen‹, erläutert Dr. Wang. Damit widerspricht die aktuelle Studie älteren Hypothesen zur Entwicklung an der tropischen Tropopause. Schon Ende des 20. Jahrhunderts hatten Wissenschaftler dort eine Abkühlung registriert, die in den 1970er-Jahren begonnen hatte. Sie führten diese Beobachtung auf anthropogene Ursachen zurück, insbesondere den Anstieg der Treibhausgase. ›Allerdings beruhte diese Annahme auf einer recht lückenhaften Datengrundlage und vereinfachten Klimamodellen. Unsere Studie zeigt, dass die Abkühlung der tropischen Tropopause keine Einbahnstraße sein muss, sondern auch Teil einer natürlichen Schwankung sein könnte, die sich jeweils über mehrere Jahrzehnte erstreckt‹, betont Professor Matthes. [...]. ›Nur, wenn wir natürliche Schwankungen von menschengemachten Einflüssen gut unterscheiden können, können wir auch zuverlässige Prognosen für die weitere Klimaentwicklung abgeben‹, resümiert Prof. Matthes.*«

Trotz Pressemitteilung schweigen sich die Medien zur Latif-Kehrtwende aus. Die Trauer um den »CO_2-Fingerabdruck« sollte offenbar ganz still und leise geschehen, ohne die Öffentlichkeit mit der Fehlinterpretation übermäßig zu verunsichern.

III. Eis

13. Die Gebirgsgletscher schmelzen. Wie schlimm ist das?

Gletscher haben die Menschen seit jeher beeindruckt, kaum jemand kann sich ihrer Faszination verschließen. Elegant schlängeln sich die weißen Eisschlangen durch die Gebirgstäler und transportieren wie ein Förderband zu Eis gewordenen Schnee vom Berg ins Tal. Wir genießen den Anblick und halten dennoch ehrfürchtig Abstand. Hinterhältige Gletscherspalten haben schon so einige Bergwanderer auf ewig verschlungen. Allerdings wandelt sich die eisige Bergwelt, was für viele Grund zur Beunruhigung ist. Weltweit sind die meisten Gebirgsgletscher in den letzten 150 Jahren geschrumpft, was kaum verwundert, denn das Klima der Landgebiete hat sich ja auch um anderthalb Grad erwärmt. Gletscherschmelze ist die logische Konsequenz.

Einige Gletscher sind sogar bereits gänzlich verschwunden, was Klimaaktivisten dazu veranlasste, öffentlichkeitswirksame Beerdigungszeremonien vor Ort am Berg zu inszenieren. So traf man sich am 18. August 2019 auf Island, um den »Tod« des Okjökull zu betrauern. In rund 130 Jahren hatte der Gletscher, der auf Englisch den Spitznamen Ok Glacier verpasst bekam und 1890 noch 16 km² umfasste, 35 m an Eisdicke verloren. Mittlerweile ist das Eis nur noch 15 m dünn, womit er zu leicht geworden ist, um sich vorwärtszuschieben.[1] Das kostete den Okjökull nun den Gletscherstatus. An der Abschiedszeremonie nahmen rund hundert Menschen teil, darunter auch die isländische Premierministerin Katrín Jakobsdóttir von der Links-Grünen Bewegung sowie die frühere UNO-Menschenrechtskommissarin Mary Robinson. Vor Ort wurde eine Gedenkplatte mit der Überschrift »*Ein Brief an die Zukunft*« enthüllt, auf der das Ende aller isländischen Gletscher innerhalb der kommenden 200 Jahre prophezeit wird. Datiert ist die Tafel mit »*August 2019, 415 ppm CO_2*«.

Der Zyklus ist voll: Tod eines isländischen Gletschers

In der Medienberichterstattung zur »Beerdigung« des Okjökull wird auch beiläufig erwähnt, dass der Gletscher 700 Jahre alt geworden sei. Ein stolzes Alter, möchte man meinen. Es wäre allerdings lohnend gewesen, die näheren Umstände der »Geburt« des Okjökull ebenfalls zu beleuchten, was jedoch nicht geschah. Die Entstehung des Gletschers fällt nämlich offensichtlich in die Frühphase der Kleinen Eiszeit (s. Kap. 2). Um 1300 n. Chr. endete die Mittelalterliche Wärmeperiode (MWP), während der über mehrere Jahrhunderte in Island und vielen anderen Regionen der Erde ähnlich milde Temperaturen herrschten wie heute.[2] Etliche Regionen in Island waren damals gletscherfrei,[3; 4] darunter auch das Gebiet des späteren Okjökull. Die MWP in Europa war 1–2 Grad wärmer als der langfristige Durchschnitt und somit vergleichbar warm wie heute.[5] Die Zeit wies als Blütezeit des Hochmittelalters gute Rahmenbedingungen für die Menschen auf. Die Einwohnerzahl in Europa verdreifachte sich dank besserer Ernten von Getreide, dessen Anbau bis in den schottischen Norden möglich war.

Als dann die Temperaturen zu fallen begannen,[6] entstanden vielerorts auf Island neue Gletscher, und bestehende Eiszungen verlängerten sich. Die Kleine Eiszeit bildet eine der kältesten Phasen der Klimageschichte der letzten 10 000 Jahre, daher überrascht es nicht, dass die meisten Gletscher Islands (und weltweit) während der Kleinen Eiszeit ihre größte Ausdehnung erreichten.[7-9] Die sich heute allmählich auflösenden Gletscher bildeten sich während einer klimatischen Sondersituation, die in keiner Weise dem klimatischen Durchschnitt der letzten zehn Jahrtausende entspricht. Während des Holozänen Thermischen Maximums (HTM, 9000–5000 Jahre vor heute) war Island beispielsweise weitgehend eisfrei.[10; 11; 9]

In den letzten Jahrtausenden wechselten die Gletscher zwischen Wachstums- und Schrumpfungsphasen regelmäßig hin und her.[7; 8] So ereignete sich die vorletzte Gletschervorschubphase auf Island während der Kältephase der Völkerwanderungszeit (500 n. Chr.), die nur wenige Jahrhunderte später durch die MWP gestoppt wurde.[7; 4] Ähnlich wie heute müsste damals eine Reihe von isländischen Gletschern vollständig abgeschmolzen sein. Ob die damals relativ frisch auf Island angekommenen Wikinger vor 1000 Jahren ähnliche Trauerfeiern für verschwindende Gletscher veranstaltet haben?

Auf der entsprechenden Gedenktafel hätte dann als Datumsangabe zum Beispiel »*5. Juli 1105, 283 ppm*« stehen können. Vielleicht legen die heute wieder zurückweichenden Gletscher irgendwann eine solche Wikinger-Tafel frei, was die Archäologen sicher freuen würde.

Dem früheren Premierminister Islands von 2013 bis 2016, Sigmundur Davíð Gunnlaugsson, missfiel der Okjökull-Aktivismus seiner Amtsnachfolgerin. In einem Gastartikel in der konservativen britischen Wochenzeitung *The Spectator* aus dem November 2019 erinnerte er an die bewegte isländische Gletschergeschichte und das Unheil, das die zu Beginn der Kleinen Eiszeit vorrückenden Eismassen für die strauchelnden Wikinger-Farmen mit sich brachten:[12]

»My home country is a young country; it was first settled just over 1,000 years ago. As a result, it offers unique insight into the relationship between man and nature, albeit not in the way commonly presented in the media. [...] It is a spectacle we have witnessed in Iceland since the first settlers arrived in the ninth century. [...] some of Iceland's glaciers are now considerably larger than when the country was first settled over a millennia ago. Iceland's glaciers reached their peak around 1890. When the glaciers were expanding, laying waste to what had previously been green meadows and farmlands, the people who lost their homes would hardly have been grief-stricken by the thought that one day that trend might be reversed.«

Trauer auch in der Schweiz: Pizol-Gletscher (†) beerdigt

Weil es so schön schaurig und medial überaus erfolgreich war, wiederholte man die Gletscherbeerdigung einen guten Monat später in der Schweiz. Am 22. September 2019 trafen sich rund 250 Menschen – viele davon schwarz gewandet – in den Westalpen etwa hundert Kilometer südöstlich von Zürich, um das Ableben des Pizol-Gletschers öffentlich zu betrauern.[13] Der Gletscher war in den vergangenen Jahren so stark geschrumpft, dass er 2019 zum letzten Mal vermessen wurde. Allerdings war er bereits 1968 mit 0,24 km² (24 Hektar) sehr klein, also ein Minigletscher (englisch: »glacieret«), wie aus historischen Luftbildern hervorgeht.[14] Interessanterweise verlief das Abschmelzen des Pizol-Gletschers während der letzten Jahrzehnte nicht kontinuierlich,[14] sondern wurde offenbar vom AMO-Ozeanzyklus (s. Kap. 7) mitgesteuert.[15] Während der warmen AMO-Phase 1930–1960 verkürzte sich der Pizol-Gletscher enorm, während das Eis in der darauffolgenden kalten AMO-Phase zwischen 1966 und 1986 wieder deutlich zunahm. Als die AMO dann ab Ende des 20. Jahrhunderts wieder in die warme Phase umschlug, kam das schleichende Ende des Pizol-Gletschers. Übrigens spielt die AMO auch für die isländischen Gletscher eine wichtige Rolle.[16]

Über das Alter des Pizol-Gletschers wurde in der Presse diesmal wohlweislich nichts berichtet. War die Altersangabe anlässlich der Zeremonie auf Island vielleicht eine bedauerliche Kommunikationspanne? Auch der kleine Pizol-Gletscher ist selbstverständlich erst in der Kleinen Eiszeit entstanden. Zu dieser Zeit wuchsen die Alpengletscher stark an und erreichten Rekordausdehnungen.[17; 18] Auf vielen Gipfeln entstanden neue Gletscher, wie am Pizol. Im Gegensatz dazu schmolzen die Alpengletscher während der direkt davor gelegenen Mittelalterlichen Wärmeperiode stark ab.[19-23] Ähnlich wie auf Island waren weite Teil der Alpen zur Zeit des HTM eisfrei.[20; 24-26] Christian Schlüchter, Professor für Quartär- und Umweltgeologie an der Universität Bern sowie Lehrbeauftragter der ETH Zürich und begeisterter Alpenforscher, hat jahrelang aus Alpengletschern herausgespülte Holzstücke und andere Pflanzenreste mit der Radiokarbonmethode altersdatiert. Das Material stammte von dort, wo heute Eis liegt. Dabei stellte sich heraus, dass die heute vergletscherte Fläche über weite Strecken der letzten zehn Jahrtausende offenbar gletscherfrei war. Die Web-Zeitung der ETH-Zürich berichtete im Februar 2005 über die aufsehenerregenden Ergebnisse:[27]

»*Holz- und Torffunde aus den Alpen: Klimabild gerät ins Wanken: Grüne Alpen statt ewiges Eis*

Gletscher gelten als Indikatoren für die globale Klimaerwärmung. Nun stellen gleich mehrere Gletscher- und Klimaforscher brisante Untersuchungen vor. Das aktuelle Gletschersterben soll demnach kein Einzelfall sein. Mehr noch: Die Alpen waren in den letzten 10 000 Jahren schon mehrfach grün. [...] [Schlüchter erläutert:] ›Über die letzten 10 000 Jahre gerechnet, ergibt das etwas über fünfzig Prozent der Zeit mit kürzeren Gletschern als heute.‹ Im Klartext: Unsere Gletscher waren nach der letzten Eiszeit selten so stark ausgebildet wie heute. Der Berner Christian Schlüchter zieht aus den Ergebnissen noch einen weiteren Schluss: ›Vor 1900 bis 2300 Jahren lagen die Gletscherzungen mindestens 300 Meter höher als heute. So wurden in der Römerzeit die Gletscher kaum als solche erlebt, aus dem einfachen Grund, weil sie weitab von den damals benutzten Alpenübergängen lagen und somit auch nicht als Hindernis empfunden wurden.‹ Dies würde auch erklären, weshalb in den sonst sehr detaillierten Beschreibungen der römischen Chronisten kaum ein Wort über die Gletscher zu finden ist. Schlüchter fordert: ›Auf Grund dieser Funde muss die bisher gängige Vorstellung von den seit der Eiszeit durchgehend relativ stark vergletscherten Alpen entscheidend revidiert werden. Denn die Alpen waren mehrheitlich grüner, als sie es heute sind‹.«

Der Österreichische Sachstandsbericht Klimawandel 2014 fasste die vorindustriellen Veränderungen der Gletscherlängen in Österreich wie folgt zusammen:[28]

»Die Gletscher waren im Alpenraum während der letzten rund 11 000 Jahre gekennzeichnet durch lang andauernde Perioden mit vergleichsweise geringer Ausdehnung im frühen und mittleren Holozän (bis vor rund 4000 Jahren) und mehrfache sowie weitreichende Vorstöße in den folgenden Jahrtausenden, die in den großen Gletscherständen der ›Kleinen Eiszeit‹ (ca. 1260 bis 1860 n. Chr.) kulminierten. Die gegenwärtigen Gletscherausdehnungen wurden im Früh- und Mittelholozän mehrfach sowohl unter- als auch überschritten.«

Das aus den Alpen und Island altbekannte Temperatur- und Gletschermuster findet sich in vielen Teilen der Erde wieder, es handelt sich daher um ein globales Muster.[29–34] Dabei kam es zu schnellen Veränderungen der Gletscher, die der heutigen Geschwindigkeit in nichts nachstanden. Die Klimageschichte zeigt, dass Gletscherschmelzen nicht irreversibel sind. Die Gletscher passen sich jeweils an die klimatischen Bedingungen an und schrumpfen bzw. wachsen, bis sie wieder im Gleichgewicht mit Temperatur und Schneefall stehen.

Was lässt die Gletscher schmelzen?

Die ereignisreiche vorindustrielle Gletscherdynamik weist darauf hin, dass es wirkmächtige natürliche Klimaantriebsfaktoren geben muss, die die Gletscher regelmäßig schrumpfen und wieder wachsen lassen konnten, lange bevor der Mensch den CO_2-Gehalt der Atmosphäre in die Höhe schnellen ließ. Letztendlich ist die Gletscherentwicklung eng an die vorindustrielle

Temperaturgeschichte der letzten zehn Jahrtausende gekoppelt. Als Hauptantrieb beider Klimagrößen werden in der Fachwelt Änderungen der Sonnenaktivität[35; 23; 29; 33] sowie eine (oft nichtlineare) Modulierung über die Ozeanzyklen genannt (s. Kap. 7, 8). Die besonders große Wärme und Gletscherarmut des Holozänen Thermischen Maximums ist an Erdbahnparameter über die Milankovic-Zyklik gekoppelt.[33]

Aber auch andere Faktoren können die Gletscher beeinflussen. Wenn es zum Beispiel bei gleichbleibenden Temperaturen weniger schneit, schrumpft der Gletscher. Erst vor wenigen Jahren erkannte man, dass auch Ruß den Gletschern und schneebedeckten Gebieten kräftig einheizt.[36; 37] Da er so schwarz ist, schluckt Ruß den größten Teil des Sonnenlichts und erwärmt das Eis damit. Ruß stammt aus industrieller Aktivität, aber auch aus natürlichen Prozessen wie etwa Waldbränden. Mittlerweile weiß man, dass Ruß die Luft ungefähr doppelt so stark erwärmt wie noch im 4. Klimazustandsbericht des IPCC aus dem Jahr 2007 angenommen, was Ruß heute zum zweitwirksamsten anthropogenen Klimafaktor hinter CO_2 macht.[38]

Der über Nacht ins Rampenlicht geblasene Ruß bot sich zwischenzeitlich auch als Erklärung für ein ungelöstes Gletscherrätsel an. Mitte des 19. Jahrhunderts waren die Alpengletscher stark geschrumpft – deutlich bevor die Temperaturen anstiegen. Wie war dies zu erklären? Eine Gruppe um Thomas Painter vom kalifornischen California Institute of Technology hatte 2013 eine Idee dazu.[39] Ruß aus dem sich damals schnell industriell entwickelnden Europa könnte sich auf dem Eis abgesetzt und die Wärme der Sonnenstrahlen auf der Oberfläche der Gletscher eingefangen haben, was zum verstärkten Schmelzen geführt haben könnte. Fünf Jahre später überprüfte eine andere Wissenschaftlergruppe um Michael Sigl vom schweizerischen Paul Scherrer Institut die Hypothese anhand von Rußmessungen in einem Eiskern aus den italienischen Alpen.[40] Dabei zeigte sich allerdings, dass die Alpengletscher um 1860 bereits *vor* dem massiven Eintrag von Ruß zu schmelzen begannen. Der Rußeintrag setzte aber erst gegen 1875 ein, als bereits 80 % der Gletscherschmelze des 19. Jahrhunderts abgeschlossen war. An der Ruß-Theorie muss also noch etwas weitergeforscht werden, bevor hier verlässliche Aussagen getroffen werden können.

Uni Innsbruck: Nur ein Viertel der Gletscherschmelze ist menschengemacht

Das Klima der Kleinen Eiszeit ist aus heutiger Sicht weder erstrebenswert noch klimahistorisch repräsentativ.[41] Bei der Diskussion der modernen Gletscherschmelze wäre es nützlich, wenn eine durchschnittliche Länge des betreffenden Gletschers für die vergangenen 2000 oder 10 000 Jahre der vorindustriellen Zeit angegeben werden würde. Wie lang wäre der Gletscher im langjährigen Mittel ohne anthropogene Beeinflussung?

Eine Studie der Universität Innsbruck um den Leitautor Ben Marzeion quantifizierte kürzlich den menschenverursachten Anteil an der globalen Gletscherschmelze seit Ende der Kleinen Eiszeit.[42] Das überraschende Resultat: Nur ein Viertel der Schmelze geht offenbar auf das Konto des Menschen. Im Umkehrschluss bedeutet dies, dass drei Viertel der Gletscherschmelze während der industriellen Zeit durch natürliche Klimaprozesse verursacht worden sein müssen. Die Autoren führen Änderungen der Sonnenaktivität explizit als eine der möglichen Ursachen an. Ben Marzeion war auch an einer weiteren Arbeit beteiligt, in der die globalen Gletscher-Schmelzverluste im 20. Jahrhundert berechnet wurden.[43] Interessanterweise scheint der Eisverlust in der ersten Hälfte des Jahrhunderts ähnlich groß gewesen zu sein wie in der zweiten Hälfte. Eine Beschleunigung der Gletscherschmelze ist somit nicht zu verzeichnen, im Gegensatz zur globalen Erwärmung, die erst in der zweiten Hälfte des 20. Jahrhunderts so richtig Fahrt aufnahm. Eine Forschergruppe um Paul Leclercq von der Universität Utrecht geht sogar so weit, dass die globale Gletscherschmelzrate in der ersten Hälfte des 20. Jahrhunderts größer war als in der anthropogen beeinflussten zweiten Hälfte.[44]

14. Das Grönlandeis schrumpft. Wann hat es das zuletzt gegeben?

Das schmelzende Eis der Arktis wird oft als Paradebeispiel herangezogen, um den Klimawandel verständlich zu machen. Dabei gilt es zwei Eissorten voneinander zu unterscheiden. Beim ersten Typ handelt es sich um das grönländische Inlandeis, das die zweitgrößte permanent vereiste Fläche nach dem Antarktischen Eisschild bildet. Das Eis ist im Mittel mehr als anderthalb Kilometer dick und erreicht stellenweise eine Mächtigkeit von mehr als drei Kilometern. Würde das Eis in Grönland komplett abschmelzen, hätte dies einen globalen Meeresspiegelanstieg von etwa sieben Metern zur Folge. Der zweite Eis-Typ ist das arktische Meereis, das sich im Arktischen Ozean um den Nordpol herum bildet und als bis zu 4 m dicke Eisschicht auf der Meeresoberfläche schwimmt. Im Winter erreicht die Eisbedeckung etwa 15 Mio. km^2, im Sommer reduziert sich die Fläche derzeit auf etwa 4 Mio. km^2. Das komplette Abschmelzen des arktischen Meereises hätte keinen Einfluss auf den Meeresspiegel, da es in etwa so viel Wasser verdrängt, wie Wasser in ihm enthalten ist.

Sowohl grönländisches Inlandeis als auch arktisches Meereis sind in den letzten 150 Jahren geschrumpft, weil sich das Klima seit Ende der Kleinen Eiszeit erwärmt hat. Gleichzeitig haben sich aber auch die Schneefallmengen auf Grönland erhöht,[1-3] weil aus dem eisärmeren Arktischen Ozean mehr Wasser verdunsten kann[4] und wärmere Luft mehr Wasserdampf aufzunehmen vermag.[2] Der zusätzliche Schnee gleicht einen Teil der stärkeren Sommerschmelze auf der großen Eis-Insel wieder aus. Ähnlich wie die globale Temperaturentwicklung (s. Kap. 7) vollzog sich die arktische Eisschmelze während der vergangenen 150 Jahre in Schüben. Zwischen 1920 und 1945 ereignete sich eine intensive Schmelzphase, während der die grönländischen Gletscher und das arktische Meereis[5-9] stark schrumpften, wie aus historischen Luftbildern,[10-12] Schiffslogbüchern,[8] Gletschersedimentablagerungen und Modellsimulationen hervorgeht.[13] Die Gletscher erreichten damals Schmelzraten, die jene der heutigen Zeit zum Teil noch übertrafen.[10-12; 14] Die Temperaturen in der Arktis lagen in den 1930er-Jahren auf einem ähnlich hohen und zum Teil sogar noch höheren Niveau als heute,[15-18] so zum Beispiel im arktischen Russland im Franz-Josef-Land[19] und auf Sewernaja Semlja.[20]

Als es in den 1950er- bis 1970er-Jahren in der Arktis dann wieder kälter wurde, stoppte das Schmelzen von Gletschern und Meereis, zum Teil expandierten sie sogar wieder.[8; 11; 14] Anders als oftmals vermutet, können die grönländischen Gletscher in Kältephasen offenbar relativ schnell verlorene Masse wieder aufholen.[14] Die aktuell noch anhaltende generelle Eisschmelze in der Arktis begann in den 1980er-Jahren.

Wer gibt hier den Takt vor?

Der Wechsel zwischen Schmelz- und Eiswachstumsphasen wird vor allem von den beiden Ozeanzyklen AMO[21; 22] und NAO gesteuert, der Atlantischen Multidekaden-Oszillation und der Nordatlantischen Oszillation (s. Kap. 7). Als generelle Faustregel kann man sich merken, dass eine positive AMO (AMO+) das Eis in der Regel schmelzen lässt, während eine negative AMO (AMO-) üblicherweise stabilisierend auf das Eis wirkt.[23–25] Bei der NAO ist es andersherum, NAO+ bringt meist Eiswachstum, NAO- fördert die Eisschmelze.[5; 9; 13; 23] Die besonders intensiven Schmelzphasen 1930–1945 und 2000–2010 wurden durch ein Zusammenfallen von AMO+ und NAO- befördert.[23; 25] Stabilität erlangte das Eis 1965–1980 durch ein Umschlagen der AMO ins Negative (AMO-).

Im Detail ist alles noch viel komplizierter, weil das Gletschereis in West- und Ostgrönland zum Teil gegensinnig auf die NAO reagiert[26] und die Verhältnisse sich nach gewisser Zeit umkehren (Phasen-Inversion).[27] So ist zum Beispiel auch der Schneefall in Grönland an die NAO gekoppelt,[1] wobei sich das Vorzeichen der Korrelation alle paar Jahrzehnte umdreht.[3] Da der Arktische Ozean auch eine Verbindung zum Pazifik besitzt, wird das arktische Meereis in bestimmten Regionen auch durch pazifische Ozeanzyklen (z. B. PDO, IPO, ENSO) beeinflusst.[28–30] Etliche Studien fanden auch einen Einfluss der Sonnenaktivität auf das grönländische Inlandeis[31] und das arktische Meereis[32].

Wie hoch ist der natürliche Anteil am Rückgang des arktischen Meereises?

Es wird immer deutlicher, dass Ozeanzyklen und die interne Klimavariabilität eine sehr große Rolle für das arktische Eis spielen.[33; 34] Eine Forschergruppe um Qinghua Ding von der University of California in Santa Barbara hat den Versuch unternommen, den anthropogenen und natürlichen Anteil an der arktischen Meereisschmelze der letzten 40 Jahre per Fingerabdruck in Klimasimulationen zu quantifizieren. Dabei errechneten Ding und Kollegen, dass 40–50 % des Eisrückgangs auf natürliche Ursachen zurückzuführen sind und die restlichen 50–60 % durch den Menschen verschuldet worden sein müssen.[35; 36] Der Mensch ist für das Verschwinden des Eises offenbar nicht allein verantwortlich.[37] Die bislang unterschätzte natürliche Komponente ist wohl auch der Grund, weshalb mehrere prominente Eis-Prognosen fehlschlugen. So warnten die Klimaforscher Peter Wadhams (University of Cambridge) und Mark Serreze (University of Colorado Boulder) im Jahr 2008, dass sich das arktische Sommer-Meereis in einer »Todesspirale« befinden würde und bereits 2015 mit einem völligen Verschwinden zu rechnen sei. Dies bewahrheitete sich jedoch nicht, einen eisfreien Sommer hat es bis heute nicht gegeben. Laut seriöseren Prognosen wäre selbst unter Annahme der aggressivsten Erwärmungsprognosen erst gegen Ende des 21. Jahrhunderts mit einem im Sommer eisfreien Nordpolarmeer zu rechnen bzw. gegen Ende des 23. Jahrhunderts mit einem ganzjährig eisfreien arktischen Ozean.[38]

Jakobshavn-Gletscher wächst wieder

Kein anderer Gletscher in Grönland schrumpfte in den vergangenen 20 Jahren so stark und schnell wie der Jakobshavn-Gletscher, über den 7 % des gesamten grönländischen Eises abfließen. Im Jahr 2012 stellte der Jakobshavn Isbræ mit 46,8 m pro Tag einen Fließgeschwindigkeits-Rekord auf, wobei er innerhalb von einem Jahrzehnt seine Geschwindigkeit glatt vervierfachte.[39] Der westgrönländische Gletscher verlor enorm an Mächtigkeit und verkürzte sich zunehmend. Im Jahr 2016 kam dann die Wende. Der Jakobshavn-Gletscher fließt seitdem wieder sehr viel langsamer, verdickt sich und expandiert Richtung Küste.[40] Was war der Auslöser dieser unerwarteten Entwicklung? Forscher des California Institute of Technology in Pasadena stellten fest, dass sich die Wassertemperaturen der oberen 250 m in der vorgelagerten Diskobucht auf Werte abkühlten, wie sie dort zuletzt Mitte der 1980er-Jahre gemessen wurden.[40] Verantwortlich dafür ist ein steiler Anstieg der NAO.[41; 42] Noch 2012 war die NAO stark negativ, wechselte dann jedoch auf eine positive NAO, die üblicherweise in Grönland Eiswachstum mit sich bringt.

Vor 5000 Jahren gab es weniger Grönlandeis als heute

Wenn wir heute über die »arktische Turboerwärmung« und die grönländische Eisschmelze sprechen, ist vielen Diskutanten eines nicht bewusst: In der Zeit von 10 000 bis 6000 Jahren vor heute war es in Grönland zwei bis vier Grad wärmer als aktuell.[43–46] Das blieb für das Inlandeis nicht ohne Folgen, es schmolz drastisch ab. Die meisten lokalen grönländischen Gletscher (unabhängig vom Inlandeis) waren während des Holozänen Thermischen Maximums (HTM, s. Kap. 3) viel kürzer als heute oder waren sogar ganz verschwunden.[47] Mit einer Zeitverzögerung von mehreren tausend Jahren schrumpfte das grönländische Inlandeis 5000–3000 Jahre vor heute auf ein Eisvolumen-Minimum, das weit unterhalb des heutigen Wertes lag.[46; 48–51] Fakt ist, dass Grönland über weite Strecken der letzten 10 000 Jahre wärmer und eisärmer als jetzt war. Vor etwa 4000 Jahren begann das grönländische Eis wieder zu wachsen, der Beginn der sogenannten Neoglaziation. Die meisten grönländischen Gletscher erreichten ihre größte Länge der letzten 10 000 Jahre während der Kleinen Eiszeit[52] (1300–1850), darunter auch der Jakobshavn Isbræ[53] (s. Kap. 2). Das Nordpolarmeer war während Teilen des HTM im Sommer eisfrei.[54–57] Auch in der Mittelalterlichen Wärmeperiode schrumpften die grönländischen Gletscher[58] und das arktische Meereis,[59] ausgelöst durch milde Temperaturen auf ähnlich hohem Niveau wie heute[60–62] (s. Kap. 2).

Polare Verstärkung als Gemeinschaftsprodukt von Mensch und Natur

Die Arktis erwärmt sich etwa doppelt so schnell wie niedrigere Breitengrade, ein Phänomen, das »Polare Verstärkung« (englisch: Polar Amplification) genannt wird. Verantwortlich hierfür sind Verstärkerprozesse über die Schnee- und Eisreflektion (Albedo), Wolken, Wasserdampf und Unterschiede im Wärmetransport,[63] auch wenn der jeweilige relative Anteil an der Verstärkung noch nicht abschließend geklärt ist.[64; 65]

Generell ist die Temperaturdatenbasis in der Arktis aufgrund der geringen Stationsdichte ziemlich löchrig, wobei unter den Forschern kontrovers diskutiert wird, wie mit den datenfreien Regionen, Unsicherheiten und Modellschwächen umzugehen sei.[66–68] Im Jahr 2014 nutzten zwei Autoren der klimaaktivistischen Website »Skeptical Science«, der Protein-Röntgen-Kristallograph Kevin Cowtan und der damalige Geographie-Doktorand Robert Way, diese Freiräume weidlich aus. Auf Basis einer veränderten Berechnungsmethodik behaupteten sie, dass sich die Arktis während der vergangenen 15 Jahre viel stärker erwärmt hätte als zuvor angenommen.[68] Das Paper löste in der Fachwelt heftige Diskussionen aus. Die Klimawissenschaftlerin Judith Curry analysierte die Methodik der Studie und kam zu einem vernichtenden Urteil, die Vorgehensweise ergäbe physikalisch schlichtweg keinen Sinn.[69]

Mittlerweile wird immer klarer, dass ein Teil der »arktischen Turboerwärmung« natürliche Ursachen hat.[70] Forscher sehen hier vor allem die negativen Phasen der NAO-[71] und PDO-[72] Ozeanzyklen als zusätzliche nicht-anthropogene Wärmetreiber. Laut einer Gruppe um Petr Chýlek vom Los Alamos National Laboratory in New Mexico geht etwa die Hälfte der Arktis-Erwärmung der letzten 120 Jahre auf natürliche Ursachen zurück, während die andere Hälfte menschengemacht sei.[73] Die fehlerhafte rein anthropogene Attribution der Erwärmung führt letztendlich auch dazu, dass die arktische Erwärmung von den gängigen Klimamodellen signifikant überschätzt wird. Während die Messwerte Anfang des 21. Jahrhunderts dort Erwärmungsraten von 0,21 °C pro Jahrzehnt anzeigen, simulieren die Modelle satte 0,35 °C pro Jahrzehnt.[74] Sämtliche Prognosen zur Arktiserwärmung bis 2100 sind daher aller Voraussicht nach überzogen und müssen nachgebessert werden.[74]

15. Wie stabil ist das Eis der Antarktis?

Bis vor 20 Jahren gehörten die Antarktische Halbinsel und die Westantarktis zu den sich am schnellsten erwärmenden Gebieten der Erde. In der zweiten Hälfte des 20. Jahrhunderts stiegen die Temperaturen um mehr als 0,3 °C pro Jahrzehnt an,[1–3] wobei von der westantarktischen Byrd Station sogar noch höhere Erwärmungsraten berichtet wurden.[4–6] Allerdings endete die Erwärmung in den späten 1990er-Jahren. Seitdem kühlt sich die Antarktische Halbinsel mit einer Rate von fast 0,5 °C pro Jahrzehnt rapide ab.[1; 7; 8] Dies bremste die Gletscherschmelze, randliche Gletscher verzeichnen nun wieder Eismassenzuwächse, und die aktive Permafrostschicht dünnt aus.[9–11]

Die Temperaturen der Westantarktis erreichten in den letzten zwei Jahrzehnten einen Plateauwert oder kühlten sich sogar leicht ab.[4; 12; 13] Trendaussagen für diese Region sind jedoch schwierig, da es in der Westantarktis nur wenige Wetterstationen gibt, deren lückenhafte Daten zum Teil gegensätzliche Trends aufweisen.[14] In der Ostantarktis haben sich die Temperaturen seit den 1950er-Jahren nicht signifikant verändert,[15] einige Gebiete haben sich in den letzten Jahrzehnten sogar abgekühlt.[6; 8; 13; 16–20] Die vom Alfred-Wegener-Institut (AWI) in der Ostantarktis betriebene Forschungsstation Neumayer III begann 1982 mit regelmäßigen Temperaturmessungen. Anlässlich des 30-jährigen Jubiläums der Station teilte das AWI 2012 mit:[21]

»Ein Ergebnis der Langzeitforschung: An der Neumayer-Station ist es in den vergangenen drei Jahrzehnten nicht wärmer geworden.«

Die Meeresoberflächentemperaturen des Südlichen Ozeans südlich von 45° S haben sich während der letzten drei Jahrzehnte überwiegend abgekühlt,[22–25] während sich die subpolaren Tiefenwässer erwärmt haben.[26] Bei Betrachtung der letzten 100 Jahre kann an den meisten antarktischen Messstellen kein statistisch belastbarer Erwärmungstrend festgestellt werden.[20; 27] Die antarktischen Temperaturen scheinen sich daher noch vollständig im Bereich der natürlichen Schwankungsbreite zu bewegen.[28] Natürliche Klimafaktoren wie etwa die im Maßstab von mehreren Jahrzehnten operierenden Ozeanzyklen scheinen in der Antarktis noch immer die Oberhand über anthropogene Klimafaktoren wie zum Beispiel CO_2 zu besitzen.[1; 8; 13; 27; 29–31] Im Maßstab von mehreren Jahren verhalten sich die Temperaturen in der Ostantarktis gegenüber der Antarktischen Halbinsel/Westantarktis oft gegenläufig.[32] Das Transantarktische Gebirge agiert dabei als Scheidelinie zwischen den Temperatur-Regimes, wobei warme Luft der Amundsensee durch die topographische Barriere gestoppt wird.[6]

Die gute Nachricht: Eis der Ostantarktis ist und bleibt stabil

Die fehlende Erwärmung sowie die Zunahme der Schneefälle[33; 34] haben dem ostantarktischen Inlandeis in den letzten 15 Jahren einen Massenzuwachs beschert.[35–43] Die Küstengletscher der Ostantarktis zeigen für die vergangenen 50 Jahre keine systematischen Veränderungen.[44] Im Gegensatz hierzu verringerte sich die Eismasse in der Westantarktis und auf der Antarktischen Halbinsel. Insgesamt sind die Eiszugewinne in der Ostantarktis aber geringer als die Verluste im Rest des Kontinents, sodass das antarktische Eis insgesamt schrumpft.[36] Das AWI informierte 2014 per Pressemitteilung:[45]

»Während die Gletscher der Westantarktis und auf der Antarktischen Halbinsel schrumpfen, wächst der Eispanzer der Ostantarktis – allerdings in einem so geringen Maße, dass die Zuwächse die Verluste auf der anderen Seite des Kontinents nicht ausgleichen können.«

Jedoch ist die antarktische Eismassenbilanz Teil einer hitzigen wissenschaftlichen Kontroverse, bei der einige Autoren angeben, dass nicht einmal das ostantarktische Eis an Masse zunähme.[46] Einigkeit besteht hingegen darin, dass sich der Schneefall in der Antarktis im Zuge der Klimaerwärmung steigern wird, was zumindest einen Teil der Eisverluste ausgleicht.[47-50] Der Beitrag der Antarktis zum Meeresspiegel wurde von der NASA 2018 mit 0,6 mm pro Jahr angegeben,[51; 52] etwa 20 % des gesamten Anstiegs (s. Kap. 26).

Schnelle Gletscher und ihre Geheimnisse

Immer wieder tauchen in den Medien dramatische Schmelzgeschichten über die beiden größten Gletscher der West- und Ostantarktis auf, den Pine-Island-Gletscher und den Totten-Gletscher, deren Rückzug angeblich bereits »unumkehrbar« sei. Allerdings haben britische Forscher den Pine-Island-Gletscher kürzlich genau vermessen und bescheinigten ihm eine stärkere Widerstandskraft gegen den Klimawandel als zuvor angenommen.[53; 54] Übersehen wurde offenbar, dass die sehr unebene Topographie der Gletscherauflagefläche bremsend auf die Eisfließbewegung wirkt. Andere Gletscher in der Westantarktis haben sich innerhalb der letzten 50 Jahre interessanterweise verlangsamt.[55] Erst jetzt wurde klar, dass der Pine-Island-Gletscher lange Jahre ein heißes Geheimnis hütete. 2018 erkannten Forscher, dass unter dem Gletscher eine vormals unerkannte vulkanische Hitzequelle liegt, die dem Eisstrom einen nichtklimatischen Wettbewerbsvorteil im antarktischen »Gletscherrennen« verschafft.[56; 57] Zudem waren am Pine-Island-Gletscher in den letzten Jahrtausenden immer wieder rasche natürliche Schmelzphasen zu verzeichnen, auf die auch wieder Gletscherwachstumsphasen folgten.[58]

Das Schmelzen des ostantarktischen Totten-Gletschers stellte die Forscher lange vor ein großes Rätsel, denn auch hier zeigen benachbarte Gletscher keine Schmelzerscheinungen. Laut einer Studie der NASA könnte das Schrumpfen des Totten-Gletschers mit der Zunahme des antarktischen Meereises zusammenhängen, die bis 2015 anhielt.[59; 60] Dabei schlossen sich Löcher im Meereis (»Polynjas«), an denen kaltes, salzreiches Wasser absank, welches eine wirksame Barriere gegen das vom offenen Ozean einströmende wärmere Wasser bildete. Eine andere Studie konnte zeigen, dass das basale Abschmelzen des Gletschers starken natürlichen Schwankungen unterliegt, ohne dass ein Langzeitschmelztrend zu beobachten wäre.[61]

Ein Drama entspann sich 2015 auch um die Gletscher der südlichen Antarktischen Halbinsel. Eine von der University of Bristol angeführte Forschergruppe schlug Alarm, dass sich die Gletscher seit 2009 rasant auflösen würden, mit angeblich signifikanten Auswirkungen auf den globalen Meeresspiegelanstieg.[62; 63] Anderen Forschern kam dieses Ergebnis seltsam vor, zumal sich zu der Zeit weder Lufttemperatur noch Schneefall nennenswert verändert hatten. Die Universität Leeds nahm die Spur auf und stellte eigene Untersuchungen zum Eisverlust auf der südlichen Antarktischen Halbinsel an. Nach zwei Jahren Forschung hatten sie Gewissheit. Die von der Uni Bristol behaupteten riesigen Eisverluste hielten einer seriösen Überprüfung nicht stand. In Wirklichkeit waren die Verluste nur ein Drittel so hoch wie behauptet, Alarm abgeblasen. Die noch 2015 eifrig berichtende Presse[64] schwieg diesmal aus unerfindlichen Gründen, sodass kaum jemand davon erfuhr.

Auch der Thwaites-Gletscher in der Westantarktis schrumpft. Reflexhaft wurde der Rückzug sogleich vollständig dem Klimawandel angelastet.[65; 66] Umso größer war später die Überraschung, als entdeckt wurde, dass bisher übersehene Vulkane dem Thwaites-Gletscher von unten kräftig einheizen.[67–69]

Larsen C: Wenn vom Eisschelf ein Brocken Eis abbricht

In einigen antarktischen Küstenregionen schiebt sich das Inlandeis bis ins Meer hinein. Dort, wo das Eis den Kontakt mit dem Boden verliert und auf dem Wasser schwimmt, beginnt das Schelfeis, das in der Regel 100–1000 m dick ist. Die größten Schelfeise sind das Ross-Eisschelf und das nahe der Antarktischen Halbinsel gelegene Filchner-Ronne-Eisschelf. Kleinere Eisschelfe gibt es vereinzelt entlang den Küsten der Ostantarktis sowie der Antarktischen Halbinsel. Am äußersten Rand der Schelfeise brechen regelmäßig Eisberge ab, ein Prozess, der als Kalben bezeichnet wird und den förderbandähnlichen Eisnachschub vom Kontinent ausgleicht.

Am 12. Juli 2017 brach auf der Ostseite der Antarktischen Halbinsel vom Larsen-C-Schelfeis ein 5800 km^2 großer Eisberg ab. Der 175 km lange und bis zu 50 km breite Eisbrocken erhielt die Bezeichnung A-68. Das sei der Klimawandel gewesen, waren sich viele Medienberichterstatter sogleich ganz sicher. Damit erwiesen sie der Wissenschaft allerdings einen Bärendienst, denn die spontane Vermutung stellte sich schnell als Irrtum heraus, wie Adrian Luckman von der walisischen Swansea University umgehend klarstellte. In einem Artikel des Online-Magazins *Krautreporter* erläuterte der Professor für Gletscherkunde, der selbst in der Larsen-C-Forschung aktiv ist:[70]

»Ich stand auf Larsen C in der Antarktis – dass dieser Eisberg abbrach, hat nicht direkt mit dem Klimawandel zu tun. Mit meinem Team erforsche ich seit Jahren das Schelfeis in der Antarktis. Ich war erstaunt über die einseitigen Erklärungen, warum der Eisberg gekalbt hat.«

Ein vollständiger Kollaps des Larsen-C-Eisschelfs würde übrigens lediglich einen zusätzlichen Meeresspiegelanstieg von 4 mm verursachen.[71; 72] Das im Eisschelf enthaltene Wasser liefert hierzu keinen Beitrag, da das schwimmende Schelfeis genauso viel Wasser verdrängt, wie im Schelfeis enthalten ist. Der Meeresspiegelanstieg wäre bei einem vollständigen Kollaps vielmehr mit einem schnelleren Abfließen von Gletschern verbunden, die derzeit vom Larsen-C-Schelfeis gebremst werden.

Wie stets lohnt sich der Blick auf die längere Klimageschichte. In Eiskernen aus dem Larsen-C-Eisschelf konnte eine britische Forschergruppe für die vergangenen 300 Jahre zwei intensive Schmelzphasen identifizieren.[73] Außer der aktuellen Schmelze, die um 1960 begann, dokumentierten die Wissenschaftler auch eine schmelzreiche Zeit während des 18. Jahrhunderts. So richtig neu sind die aktuellen Vorgänge also nicht. Zu einem ähnlichen Ergebnis kam auch eine andere Studie, die vom British Antarctic Survey geleitet wurde, unter Beteiligung des AWI.[74] Überraschenderweise dünnen die Eisschelfe auf der Ostseite der Antarktischen Halbinsel bereits seit 300 Jahren aus, lange bevor anthropogene Faktoren eine Rolle spielten. Als Ursache sehen die Forscher den damals vollzogenen langspannigen Wechsel des SAM-Ozeanzyklus in seine positive Phase (Southern Annular Mode, s. Kap. 7).

Antarktisches Schelfeis birgt Überraschungen

Ende September 2019 brach wieder ein großer Eisbrocken ab, diesmal vom Amery-Eisschelf in der Ostantarktis. Der Eisberg mit der Kennung D-28 umfasste eine Fläche von 1636 km². Die *Bild-Zeitung* berichtete diesmal vorbildhaft:[75]

»*D-28 ist 15-mal so groß wie Paris: Riesen-Eisberg in der Antarktis abgebrochen ... und der Klimawandel hat NICHTS damit zu tun.* [...] *Die Professorin Amanda Fricker von der US-amerikanischen Scripps Institution of Oceanography erklärte: ›Wir glauben nicht, dass dieses Ereignis mit dem Klimawandel zusammenhängt. Das ist Teil des normalen Zyklus' im Schelfeis, wo wir alle 60 bis 70 Jahre große Kalb-Ereignisse sehen.‹ Zuletzt gab es am Amery-Schelfeis eine vergleichbare Ablösung in den Jahren 1963/64.*«

Auf dem Fimbul-Eisschelf in der Ostantarktis durchbohrten Forscher vom Norwegischen Polarinstitut in einer aufwendigen Operation die mehr als 200 m dicke Eisplatte an drei Stellen, um erstmals Temperaturmessungen durchzuführen.[76] Dabei stellten sie zu ihrer Überraschung fest, dass die klimatischen Schelfeismodelle eine viel zu hohe Temperatur unter dem Eis angenommen hatten. In Wirklichkeit war das Wasser unter dem Schelfeis deutlich kühler, was dem Eisschelf Stabilität verleiht. Auch auf dem Ross-Eisschelf sind positive Entwicklungen zu verzeichnen, denn hier haben sich die Eisströme in den letzten Jahrzehnten deutlich verlangsamt.[77; 78] Zudem scheint man die Stabilität der hohen Eisklippen am Rand der Eisschelfe in den Klimasimulationen bisher unterschätzt zu haben. Ging man früher davon aus, dass Klippen mit einer Höhe von mehr als 90 m schnell kollabieren würden, hält man mittlerweile Klippen von mehr als 500 m für stabil.[79; 80]

Das antarktische Meereis macht, was es will

Seit Beginn der Satellitenmessungen 1979 bis 2015 ist das antarktische Meereis nahezu stetig angewachsen.[23] Keine der Klimasimulationen konnte diesen Trend nachvollziehen, ein absolutes Rätsel.[81; 82] Offenbar scheitern hier die Klimamodelle bei der Nachbildung der natürlichen Klimavariabilität.[83] Im Jahr 2016 kam dann die überraschende Kehrtwende, die Meereisbedeckung reduzierte sich schlagartig und bewegt sich seitdem auf einem Niedrigniveau, das alle Werte der letzten 40 Jahre unterschreitet. Wieder waren die Forscher ratlos, denn auch eine solch abrupte Entwicklung hatte niemand kommen sehen. In der Rückschau scheint wohl das Zusammenwirken des starken El Niño 2015/16 mit einer nachfolgenden stark negativen Phase des SAM-Ozeanzyklus und Stürmen[84] das Eis in die Knie gezwungen zu haben.[85-89] Zudem scheint auch der IOD-Ozeanzyklus[90] (Indian Ocean Dipole) eine Rolle gespielt zu haben. Festzuhalten ist jedenfalls, dass der starke Rückgang des antarktischen Meereises seit 2016 vor allem natürliche Ursachen hat.[91] Generell haben sich die Meereisverhältnisse um die Antarktis in den letzten 100 Jahren in den meisten Sektoren offenbar kaum verändert, wie die Auswertung von Schiffslogbüchern der frühen Entdeckerfahrten von Falcon Scott, Ernest Shackleton und anderen Expeditionen ergab.[92]

Der vorindustrielle Kontext

Der vorindustrielle klimahistorische Kontext ermöglicht auch in der Antarktis eine robustere Einordnung der modernen Klimaveränderungen. So haben sich weite Teile der Antarktis bereits zur Zeit der Mittelalterlichen Wärmeperiode stark erwärmt, insbesondere die Antarktische Halbinsel, Viktorialand, die zentrale Westantarktis sowie die subantarktischen Inseln.[93] Die nacheiszeitlichen Temperaturen der Antarktischen Halbinsel lagen 7000 Jahre lang auf oder über dem heutigen Niveau.[94] In der antarktischen Shackleton Range war es in der Zeit von 4300 bis 2250 Jahren vor heute wärmer als jetzt.[95] Der westantarktische Pine-Island-Gletscher befand sich vor 8000 Jahren jahrhundertelang in einer Schrumpfungsphase.[96] Und der ostantarktische Eisschild überstand selbst die große Wärme des Pliozäns vor 4 Mio. Jahren,[97; 98] was Hoffnung gibt, dass das ostantarktische Eisschild auch im Zuge der Klimaerwärmung stabil bleibt.[99; 100]

Unsichere Modelle

Klimamodelle sind bislang nicht in der Lage, die gemessenen Temperatur-, Schneefall- oder Meereistrends der verschiedenen antarktischen Teilregionen zu reproduzieren.[8; 13; 101] Ein besseres Verständnis der natürlichen Klimavariabilität der Antarktis wäre jedoch dringend notwendig, um die Klimamodelle endlich kalibrieren zu können. Erst wenn die bekannte Klimaentwicklung korrekt reproduziert werden kann, werden die Modelle in die Lage versetzt auch belastbare Zukunftsprognosen abzugeben.[102–104] Dazu gehört im Übrigen auch die Prognose, dass das westantarktische Inlandeis kollabieren könnte. Hier unterscheiden sich die Simulationsergebnisse der verschiedenen Klimamodelle um den Faktor 10.[105] Falls sich die gemäßigten Modelle bestätigen sollten, wird der Kollaps des westantarktischen Eisschildes möglicherweise sogar ausbleiben.[105] Bei den enormen verbleibenden Unsicherheiten der antarktischen Klimasimulationen ist es schwer, hieraus vernünftige politische Schlussfolgerungen ziehen zu wollen.

16. Gibt es heute weniger Schnee als früher?

Im Jahr 2000 prophezeit der Kieler Klimaforscher Mojib Latif: »*Winter mit starkem Frost und viel Schnee wie noch vor zwanzig Jahren wird es in unseren Breiten nicht mehr geben*«.[1] Der schneearme Winter 2019/2020 scheint dabei zunächst gut ins Bild zu passen. Doch wie ordnet sich die Entwicklung in den längerfristigen und globalen Kontext ein? Was steuert die Schneefälle?

Im Zeitalter des Internets lassen sich viele Klimadaten selber verifizieren, das gilt auch für die Entwicklung der Schneefälle. Laut Global Snow Lab der Rutgers University hat die schneebedeckte Fläche der nördlichen Hemisphäre im Herbst und Winter während der vergangenen 50 Jahre zugenommen.[2] Im Frühling und Sommer hat es hingegen einen Rückgang gegeben.

Bricht man die Entwicklung weiter auf die Monate herunter, erkennt man, dass noch viel feingliedrigere Trends vorliegen.[3] Von Oktober bis Dezember ist die Schneebedeckung in den letzten 50 Jahren angestiegen. Zu erahnen ist ein Zusammenhang mit dem 60-jährigen AMO-Ozeanzyklus (s. Kap. 7). Im Januar und Februar nimmt die Schneestatistik einen U-förmigen Verlauf, mit vermehrtem Schnee in den 1970er- und 1980er-Jahren, einem Rückgang der Schneefälle in den 1990er- und frühen Nullerjahren sowie im Anschluss erneut erhöhten Schneefällen. Im März und April ist eine langfristige Abnahme der Schneemengen während des letzten halben Jahrhunderts zu erkennen.

Pauschale Behauptungen, es gäbe immer weniger Schnee, treffen nicht zu. Die Entwicklung muss regional und saisonal differenzierter betrachtet werden. Klimamodelle können den real gemessenen Anstieg der Schneebedeckung im Herbst und Winter bislang in ihren Simulationen nicht reproduzieren.[4] Selbst bei einigen Basisdaten gibt es noch große Unsicherheiten. Erst 2018 musste die Ohio State University einräumen, dass die wirklichen Schneemengen in Nordamerika offenbar 50 % größer sind als lange von der Fachwelt angenommen.[5; 6]

Schnee in Deutschland, Österreich und der Schweiz

Aufgrund der starken regionalen Unterschiede gibt es keine deutschlandweiten Schnee-Zeitreihen, stattdessen müssen Einzelstationen betrachtet werden.[7; 8] Generell ist eine starke natürliche Variabilität erkennbar, mit enormen Schwankungen von Jahr zu Jahr. An den meisten deutschen Stationen ist für die letzten 65 Jahre ein Rückgang der Schneetage zu verzeichnen. Aufgrund des Einflusses von langspannigen Ozeanzyklen sollten aber auf jeden Fall längere Schnee-Zeitreihen betrachtet werden. Eine Studie zur Schnee-Entwicklung des Fichtelberges im Erzgebirge umfasst Schneedaten, die bis 1915 zurückreichen.[9] Gut zu erkennen ist eine langspannige Zyklik der Entwicklung der Schneetage (s. Abb. 22). Während die Anzahl der Schneetage während der ersten Hälfte des 20. Jahrhunderts reduziert war, wurde der Schnee in den 1950er- bis 1970er-Jahren deutlich häufiger. Seit den 1980er-Jahren nahm der Schnee dann wieder ab.

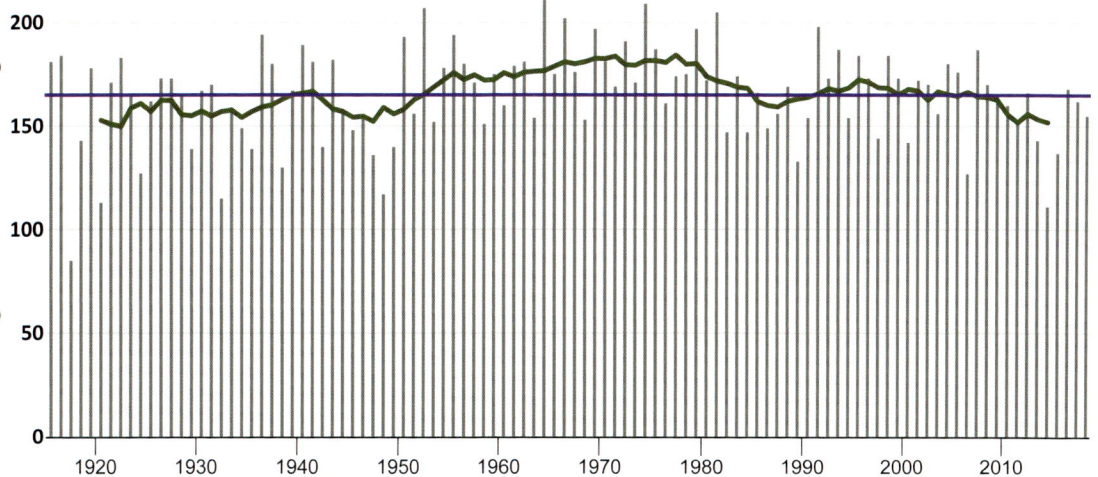

ABB. 22: Tage mit Schneebedeckung am Fichtelberg im Erzgebirge seit 1915. Grüne Linie: Gleitendes 10-jähriges Mittel. Blaue Linie: Im Mittel 165 Tage mit Schneebedeckung pro Jahr. Daten: DWD. Quelle: Zukunft Skisport.[9]

Der Tiroler Skitourismus-Forscher Günther Aigner wertete zusammen mit dem Meteorologen und Hydrographen Wolfgang Gattermayr die Klimadaten der vergangenen 125 Jahre von österreichischen Skiorten aus.[10] Über die vergangenen 50 Jahre haben sich die Wintertemperaturen auf Österreichs Bergen statistisch nicht signifikant verändert. Im Gegensatz zu den Wintermonaten sind die Sommer in Österreichs alpinen Regionen über die letzten fünf Jahrzehnte jedoch um etwa drei Grad Celsius wärmer geworden. Ein Großteil dieser Erwärmung kann höchstwahrscheinlich durch die markante Zunahme der sommerlichen Sonnenscheindauer (plus 30 % seit Mitte der 1970er-Jahre) erklärt werden.

Zum Schneedargebot in Österreichs alpinen Regionen lassen sich kaum allgemeingültige Aussagen tätigen. Am Alpennordrand und im Bereich des Hauptkammes zeigen sich leichte, aber statistisch nicht signifikante Rückgänge bei den jährlich größten Schneehöhen sowie ebenfalls leichte Abnahmen bei der Dauer der Schneebedeckungsperioden. Auf der Alpensüdseite konnte hingegen eine signifikante Verschlechterung des Schneedargebots beobachtet werden. Das Bundesamt für Meteorologie und Klimatologie MeteoSwiss führte 2013 eine ähnliche Untersuchung für neun Gebiete der Schweizer Alpen in Höhenlagen von 450–1860 m durch.[11] Die Schneestatistik zeigt während der letzten 150 Jahre eine große Variabilität, langfristige Trends fehlen jedoch. Die Auswertung von Satellitenbildern in den europäischen Alpen ergab, dass sich die schneebedeckte Fläche in den letzten 27 Jahren kaum verändert hat.[12]

Mythos Weiße Weihnacht

Ein klassisches Thema ist Schneefall zum Weihnachtsfest, sogenannte »weiße Weihnachten«. Generelle Veränderungen in der Häufigkeit hat es hier in den letzten 65 Jahren nicht gegeben, wie Andreas Friedrich vom Deutschen Wetterdienst im Online-Magazin *bento* 2017 erklärte:[13]

»Wir haben das mal für die vergangenen 50 Jahre untersucht und können keine generelle Abnahme von Weißen Weihnachten in Deutschland feststellen. Es war schon immer ein sehr seltenes Ereignis. Die Statistik zeigt, dass es nur in zehn Prozent der vergangenen 50 Jahre Weiße Weihnachten gab.«

Ähnlich äußerte sich der Meteorologe Andreas Neuen 2015 auf *kachelmannwetter.com*.[14] In Bayern sind weiße Weihnachten etwas seltener geworden, im Westen Deutschlands dafür etwas häufiger. Unterm Strich sind keine großen Veränderungen während der letzten 60 Jahre zu erkennen.[15] Dies gilt im Übrigen auch für die Schweiz. In einer im Blog des *Tages-Anzeigers* erschienenen Analyse mit dem Titel *»Das Märli von weissen Weihnachten«* heißt es:[16]

»Ein Blick in die Statistik zeigt, auch früher lag am 24., 25. oder 26. Dezember nicht öfter Schnee. Über die fast 80-jährige Messreihe ist kein eindeutiger Trend zu erkennen. So gab es die längste Phase von grünen Weihnachten von 1941 bis 1949.«

Die starke Variabilität der Schneefälle in den Alpen,[17] auf der italienischen Halbinsel[18] sowie im nördlichen Eurasien[19] scheint vom NAO-Ozeanzyklus mitgesteuert zu sein, zum Teil aber auch von der AMO.[18]

Mehr oder weniger Lawinen?

Wie entwickelt sich das Lawinenrisiko im Zuge der Klimaerwärmung? Aufgrund der Vielzahl von beteiligten Faktoren bleibt eine Abschätzung schwierig. Die derzeitigen Prognosen gehen jedoch davon aus, dass Schneefall später im Jahr erfolgt und im Frühjahr der Schnee früher schmilzt, was das Lawinenrisiko daher insgesamt senken sollte.[20] Paläoklimatologische Studien in den Alpen zeigen, dass besonders viele Lawinen mit Gletschervorstoßphasen zusammenfielen.[20; 21] Während dieser Kaltperioden gab es genügend Schnee für die Lawinen. Im Gegensatz hierzu bewirkt eine Erwärmung ein besseres Waldwachstum und ein Höhersteigen der Waldgrenze. Damit wird die absolute Zahl potenzieller Lawinenanbruchgebiete verringert.[21]

Weniger Hagel?

Als Hagel wird fester Niederschlag bezeichnet, der aus Eis besteht und einen Durchmesser von mindestens 5 mm hat. Die meisten Hageltage in Deutschland gibt es zwischen Mai und August. Aufgrund der relativ geringen räumlichen Ausdehnung von Hagelstreifen und der kurzen Dauer der Hagelschauer von wenigen Minuten ist Hagel ein nur äußerst schwierig quantitativ zu erfassendes meteorologisches Phänomen. Eine offizielle deutsche Zeitreihe der Hagelentwicklung der letzten Jahrzehnte gibt es daher noch nicht. Der Österreichische Sachstandsbericht Klimawandel 2014 erklärt zu Hagel, Schnee, Gewitter, Tornados und anderen kleinräumigen Extremereignissen:[22]

»*Für keinen dieser potenziell schadensverursachenden Klima- und Wetterparameter können zurzeit sinnvolle Aussagen über mögliche Trends gemacht werden, die auf homogenen Zeitreihen beruhen, statistisch signifikant sind, das Kriterium einer gewissen Zeitreihenlänge erfüllen, Österreich abdecken und deren räumliche Messnetzdichte im Hinblick auf die gegebene räumliche Variabilität ausreichend ist. Zumindest eines der angeführten Defizite, meist aber mehrere sind für diese Parameter so gravierend, dass sie sinnvolle Analysen (noch) nicht erlauben.*«

In einer Diplomarbeit der Universität Münster dokumentierte Jan Deepen eine hohe jährliche Variabilität von Hagelereignissen in Deutschland, wobei der Hagel-Trend in den letzten 80 Jahren rückläufig ist.[23] Ähnlich sieht es das Climate Service Center Germany.[24] Mittlerweile fanden internationale Studien, dass die Häufigkeit von Hagel offenbar weitgehend unabhängig von der Entwicklung der Durchschnittstemperatur ist und z. B. Hagel in China trotz Erwärmung in den letzten 50 Jahren seltener geworden ist.[25; 26] Auch in der Tschechischen Republik hat die Hagelhäufigkeit während der letzten 100 Jahre offenbar abgenommen.[27] Aufgrund der schlechten Beobachtungsdatenbasis entwickelten Forscher aus Karlsruhe und Geesthacht ein Hagel-Modell für Europa, das für die vergangenen 60 Jahre jedoch keinen Trend fand.[28] In Australien und den USA gibt es möglicherweise einen Zusammenhang von Hagel und El Niño.[29; 30]

Eis auf Donau und Weser

Am 21. Mai 2018 berichtete das Alfred-Wegener-Institut (AWI) per Pressemitteilung[31] über die Ergebnisse einer Studie zur Donauvereisung.[32] Hauptergebnis der Untersuchungen sei, dass die Donau seit rund 70 Jahren kaum noch zufriere:

»*In der rumänischen Hafenstadt Tulcea wird gründlich Eistagebuch geführt. Seit dem Jahr 1836 dokumentiert die Donau-Kommission des Ortes, wann im Winter die Donau zufriert, wie lange der Fluss über eine geschlossene Eisdecke verfügt und an welchem Tag das Eis wieder aufbricht. Bis vor rund 70 Jahren notierten die Eiswächter in nahezu jedem Winter eine Eisbedeckung. Seit der Mitte des 20. Jahrhunderts aber sind die Einträge in der Tabellenspalte ›Eis‹ selten geworden. [...] Im Vergleich zu früher sind die Winter in Osteuropa heute im Durchschnitt bis zu 1,5 Grad wärmer als noch im Zeitraum von 1901 bis 1950.*«

Das Startjahr des Eistagebuchs von 1836 liegt in der Kleinen Eiszeit, einer sehr kalten Sonderphase (s. Kap. 2). Es verwundert daher kaum, dass es seitdem wärmer geworden ist. Was allerdings verwundert, ist, dass das AWI den Begriff »Kleine Eiszeit« mit keiner Silbe in seiner Pressemitteilung erwähnt. Wollte man unbequeme Kontextinformationen vermeiden, welche die Dramatik der Meldung mildern würden? Der Blick in die Originalpublikation zeigt, dass das AWI in seiner Pressemitteilung einen wichtigen Aspekt der Studie ausgespart hat. Die Forschergruppe hatte nämlich die Donau-Eisentwicklung der letzten 150 Jahre sogar explizit in einen langfristigen Klimakontext gestellt.[32] Während der Mittelalterlichen Wärmeperiode (MWP) hat es ebenfalls sehr wenig Eis auf der Donau gegeben, wird in der Publikation berichtet. Im Übergang zur Kleinen Eiszeit sei das Eis dann sehr viel häufiger geworden. Besonders viel Donaueis habe es während der solaren Minimumphasen Maunder und Dalton gegeben. Danach wurde das Eis dann wieder seltener. Hier handelt es sich um eine ausgezeichnete Studie der AWI-Forscherin Monica Ionita und ihrer drei Kollegen und eine durch gezielte Auslassung dramatisierende Pressemitteilung der AWI-Pressestelle. Mehrfache E-Mail-Anfragen an die Direktorin des mit Steuergeldern finanzierten AWI, Antje Boetius, zur Aufklärung des Sachverhalts blieben unbeantwortet.[33]

Von der Donau geht es nun an die Weser. In Bremen wird seit 1829 jährlich am Dreikönigstag die Eiswette abgehalten. Bei diesem traditionsreichen Brauch am 6. Januar mit Männern in Schwarz und mit Zylinder wird geprüft, ob die Weser fließt oder zugefroren ist – »*of de Werser geiht or steiht*«. Das Ergebnis der Eiswette steht heute meist schon vor der Prüfung fest, denn seit Jahrzehnten ist die Weser am Tag der Heiligen Drei Könige eisfrei. Zuletzt war die Weser 1947 zugefroren. Ist die Eisarmut eine Folge des Klimawandels? Der Startpunkt der Eiswette liegt auch hier in der Kleinen Eiszeit, der global kältesten Phase der gesamten letzten 10 000 Jahre. In den ersten 100 Jahren der Wette war daher zunächst für reichlich Abwechslung gesorgt, denn in vielen kalten Wintern fror die Weser zu. Zwischen 1843 und 1904 war der Fluss 25 Mal zugefroren und 37 Mal offen.[34] In der zweiten Hälfte des 19. Jahrhunderts ist die Eiswette also in 40 % aller Fälle geglückt, und die vereiste Weser konnte zu Fuß überquert werden.

Im Zuge der Wiedererwärmung nach Ende der Kleinen Eiszeit hat sich das natürlich grundlegend geändert, und das Wesereis ist nun eher eine Seltenheit geworden. Zur geringeren Vereisung der Weser tragen aber noch ganz andere anthropogene Effekte bei, zum Beispiel die Einleitung salzhaltiger Laugen aus dem Kalibergbau sowie warmer Abwässer aus Kläranlagen. Zudem wurde die Weser Ende des 19. Jahrhunderts begradigt, was seitdem das Zufrieren ebenso erschwert. Als Bischofsstadt und Kaufmannssiedlung reicht Bremens Geschichte bis ins 8. Jahrhundert zurück. Eigentlich schade, dass die Bremer Eiswette nicht schon damals existierte, denn zur Zeit der Mittelalterlichen Wärmephase war das Wesereis sicher genauso selten wie heute.

IV. Extremwetter

17. Ist das Klima heute wirklich extremer als früher?

Extremes Wetter und andere Naturkatastrophen wie Erdbeben und Vulkanausbrüche richten in der Welt viel Schaden an und haben bereits unzählige Menschenleben gefordert. Das Problem ist leider so alt wie die Menschheit selber und sogar noch viel älter. Schon immer hat es Extremwetter gegeben, haben Stürme Schneisen der Verwüstung hinterlassen, über die Ufer getretene Flüsse die Bevölkerung in den nassen Tod gerissen und schwere Dürren alles Leben verdursten lassen. Extremwetteropfer bedürfen zuallererst unseres Mitgefühls und unserer Unterstützung, das steht außer Frage.

Allerdings wird das Extremwetter heute von einigen Akteuren der Klimadebatte für ihre Zwecke instrumentalisiert. Dem modernen Zeitgeist folgend wird jegliches Extremwetter heute schnell als Folge des menschengemachten Klimawandels gedeutet. Gemäß dem biblischen Vorbild werden die außer Rand und Band geratenen Naturkräfte als Rache des Erdklimas am Menschen dargestellt, welcher durch seinen viel zu bequemen und verwerflichen Lebensstil den Zorn der Erde auf sich gezogen habe. Nun heißt es Buße tun und den Annehmlichkeiten des 21. Jahrhunderts möglichst schnell abzuschwören, dann würde sich auch die Natur wieder besänftigen. Ein für viele Mitmenschen überzeugendes Narrativ, insbesondere für jene, die keine Möglichkeit haben, die naturwissenschaftlichen Zusammenhänge selber auch nur ansatzweise zu prüfen. Dazu gehört wohl die Mehrheit der Weltbevölkerung, die sich somit auf die Aussagen einiger medial gut vernetzter Klimakenntnisträger verlassen muss.

Dabei lassen sich die Sachverhalte meist problemlos auf Plausibilität prüfen. Für die Frage, ob eine bestimmte Extremwetterentwicklung durch den Menschen ausgelöst wurde, muss zunächst der klimahistorische Kontext festgestellt werden. Ist überhaupt eine Steigerung des Extremwetters in den letzten Jahrzehnten, Jahrhunderten und Jahrtausenden erkennbar? In welchem Bereich spielt sich die übliche natürliche Schwankungsbreite ab, und hat das aktuelle Geschehen diesen Korridor bereits nachweislich verlassen?

In zahlreichen Medienberichten und sogar wissenschaftlichen Studien fehlen diese wichtigen Prüfschritte, was die Robustheit der jeweiligen Analyse automatisch in Frage stellt. Eine mathematische Berechnung von anthropogenem und natürlichem Anteil von einzelnen Extremwetterereignissen macht keinen Sinn, solange die verwendeten Modelle die vorindustrielle Extremwetterentwicklung der vergangenen Jahrtausende nicht solide reproduzieren können. Die derzeitigen Attributionsmodelle sind schlichtweg noch nicht robust genug,[1; 2] und dies gilt leider für die allermeisten Extremwettertypen.

Extremwetter-Spezialbericht des IPCC

Im Jahr 2012 veröffentlichte der IPCC einen Sonderbericht zum Extremwetter, in dem die Experten freimütig einräumten, dass es zu den meisten Arten von Extremwetter noch keine gesicherten Trendinformationen gibt, die eine anthropogene Beeinflussung annehmen lassen könnten.[3; 4] Insbesondere könne man keine Zunahme der tropischen Wirbelstürme erkennen, Aussagen zu Tornados und Hagel machen oder globale Trends bei der Entwicklung von Überschwemmungen identifizieren. Dürren würden in einigen Regionen häufiger, in anderen seltener. Im Gegensatz hierzu ist sich der IPCC relativ sicher, dass Hitzewellen zugenommen und kalte Tage abgenommen hätten sowie tropische Koralleninseln durch den steigenden Meeresspiegel nun besonders gefährdet seien.[3; 4] Die Analyse umfasst allerdings lediglich Veränderungen seit 1950, also wenige Jahrzehnte. Die wahre Bandbreite der natürlichen Schwankungen ist damit jedenfalls nicht erfasst. Schwierigkeiten bei der Prognose des Extremwetters werden im Bericht explizit eingeräumt. In der Rubrik »Häufig gestellte Fragen« heißt es im IPCC-Sonderbericht:[3]

»*FAQ 3.1 Wird das Klima extremer werden? [...] Keine der Methoden ist bislang ausreichend weit entwickelt, als dass wir diese Frage mit Sicherheit beantworten könnten.*«

Das extrem schwierige Extremwetter

In einer Rückschau auf das globale Extremwetter von 2013 kommt eine von der NOAA angeführte Studie zu dem Schluss, dass keines der untersuchten Ereignisse eine klare anthropogene Handschrift trägt, mit Ausnahme der Hitzewellen.[5] Eine andere Studie fand, dass die erste Hälfte des 20. Jahrhunderts reicher an Extremwetter war als die wohl stärker anthropogen beeinflusste zweite Hälfte.[6] Der Meteorologe Jörg Kachelmann ärgerte sich 2017 in einem Interview mit *Spektrum der Wissenschaft* über den Missbrauch des Extremwetters in der Medienberichterstattung:[7]

»Der Begriff ist wissenschaftlich eigentlich nicht klar abgegrenzt. Heute wird das alles inflationär verwendet – die Hoffnung auf billige Klicks macht die Meteorologie mittlerweile zum Fokus der meisten Lügengeschichten in den Medien.«

Thomas Deutschländer vom Deutschen Wetterdienst (DWD) erklärte 2018, dass es bislang noch schwierig sei, eine Zunahme von Extremwetterereignissen in Deutschland statistisch nachzuweisen.[8] Auch die österreichische Zentralanstalt für Meteorologie und Geodynamik (ZAMG) kann während der vergangenen zweieinhalb Jahrhunderte keinen Trend zu extremerem Wetter in Österreich und dem Alpenraum feststellen.[9; 10] Die Temperaturvariabilität in Österreich hat sich in den letzten 140 Jahren unabhängig von der mittleren Temperatur entwickelt, und dies zudem ohne langfristigen Trend.[11] Auf ihrer Website schrieb die ZAMG 2018:[12]

»Es sei der genauen Besprechung der Entwicklung von Extremwerten in den folgenden Abschnitten Hitze (Lufttemperatur), Starkniederschlag (Niederschlag) und Stürme (Wind) vorweggenommen, dass alles in allem das Klima in den letzten 200 Jahren nicht extremer geworden ist. Der einzigen geeigneten Grundlage für diese Behauptung – langen und qualitätsgeprüften Messdaten – zufolge blieb die Klimavariabilität im südlichen Mitteleuropa gleich oder sie ging sogar zurück.«

Einen ähnlichen Befund gibt es auch in den Nachbarländern. Eine Forschergruppe um Ulf Büntgen untersuchte Baumringe aus Frankreich, Deutschland, der Schweiz und der Tschechischen Republik, deren Alter zum Teil mehr als 1000 Jahre zurückreichte.[13] Aus der Dicke der einzelnen Lagen konnten niederschlagsbedingte Extremsituationen rekonstruiert werden. Die Autoren fanden, dass Häufigkeit und Schwere von Wetterextremen im regionalen bis kontinentalen Maßstab gleichmäßig über das vergangene

Jahrtausend verteilt waren. In Frankreich hat sich die Extremwettergefahr für die Einwohner in den letzten 35 Jahren sogar verringert.[14] Die Temperaturen in den USA sind in den letzten 100 Jahren nicht extremer geworden.[15; 16] Auch global konnte für die vergangenen Jahrzehnte keine Steigerung der Temperaturvariabilität festgestellt werden.[17]

Der mäandrierende Jetstream

In 8–12 km Höhe befindet sich in mittleren Breiten der Jetstream, der als Starkwind rund um den Globus von Westen nach Osten weht. Flugreisende von Amerika nach Europa profitieren davon, da die Flieger von einem Rückenwind von bis zu 400 km/h beschleunigt werden. Der Jetstream trennt die kalten polaren Luftmassen im Norden von den warmen subtropischen Luftmassen im Süden und ist maßgeblich für die Verlagerung von Tief- und Hochdruckgebieten verantwortlich. Der Verlauf des Jetstreams ist wellenförmig mit großen Einbeulungen nach Norden und Süden, wobei sich die Lage und Ausbildung der Mäander langsam ändert.

Eine Gruppe von Wissenschaftlern – darunter auch Stefan Rahmstorf vom Potsdamer PIK-Institut sowie der für seinen Hockey Stick bekannte Michael E. Mann (s. Kap. 2) – warnten 2017 davor, dass die Jetstreamwellen im Zuge des Klimawandels ins Stocken geraten könnten.[18] Dadurch würde der Wechsel zwischen Tief- und Hochdruckgebieten verhindert, und es würden Wetterextreme im Zuge blockierter Wetterlagen länger an einer Stelle verharren. Untermauert wird die Hypothese mit einem Vergleich von Klimasimulationen und Beobachtungen. In einer dazugehörigen PIK-Pressemitteilung behaupten die Forscher, sie hätten hier »*den menschlichen Fingerabdruck dingfest*« gemacht, und loben sich für ihre »*fortgeschrittene Detektivarbeit*«.

Allerdings widerspricht der Großteil der Fachkollegen diesem pessimistischen Szenario. Eine Zunahme blockierter Wetterlagen konnten sie trotz sorgfältiger Auswertung der Daten bislang nicht feststellen.[19] Zudem kommen die meisten Simulationen zu dem Schluss, dass Blockierungen im Zuge einer Klimaerwärmung eher seltener werden, also sogar weniger Extremwetter zu befürchten wäre.[20-23] Andere Klimamodelle zeigen an, dass sich der Jetstream wohl auch in Zukunft wie gehabt hin- und herwinden wird[24; 25] bzw. Veränderungen regional sehr unterschiedlich ausfallen.[26; 27] In den kommenden Jahrzehnten wird wohl eher die natürliche Variabilität den Jetstream dominieren,[21] so wie bereits in der Vergangenheit.[19]

Keine ungewöhnliche Häufung von Bergstürzen

Am 23. August 2017 kam es in Bondo im Schweizer Kanton Graubünden zu einem schlimmen Bergsturz, der acht Menschenleben forderte. Die damalige schweizerische Bundespräsidentin Doris Leuthard lieferte bereits wenige Stunden nach dem Bergsturz eine Erklärung für die Katastrophe. Schuld sei der Klimawandel gewesen.[28] Geologen widersprachen ihr. Das Schweizer Radio und Fernsehen (SRF) berichtete im Jahr darauf:[29]

»*Ueli Gruner, Geologe und Lehrbeauftragter für Naturgefahren an der Universität Bern, hat die Bergstürze im Alpenraum studiert und sagt dazu: ›Es konnte kein Zusammenhang zwischen Hitze und Bergstürzen hergestellt werden – in kälteren und nassen Zeiten kann es tendenziell sogar zu etwas mehr Bergstürzen kommen.‹*«

Eine Häufung infolge der seit 150 Jahren anhaltenden Erwärmung könne man nicht feststellen, erklärte Gruner zudem.[28] Zwar würde der Klimawandel die Gefahr in Bergregionen über 2500 Meter ü. M. durch Auftauen des Permafrosts erhöhen, in den bewohnten tieferen Gebieten spiele dies jedoch keine Rolle. Hier werde es tendenziell wohl eher weniger Felsstürze geben, vermutet Gruner.[28] Hierzu passen die Ergebnisse von klimahistorischen Untersuchungen. Ein Forscherteam unter Beteiligung der ETH Zürich rekonstruierte die Bergsturz-Historie im Mont-Blanc-Massiv während der vergangenen Jahrtausende.[30] Die Forscher konnten keinen Zusammenhang zwischen Steinlawinen und dem Klima feststellen. Ob kalt oder warm, die Steine scheinen sich kaum um das Klima gekümmert zu haben. Letztendlich handelt es sich bei Bergstürzen um die normale Erosion der Alpen, also ganz gewöhnliche Verwitterung. Eine Studie der Universität Cardiff fand zudem in einer Fallstudie in den südlichen Appalachen, dass eine im Zuge des Klimawandels prognostizierte Zunahme von Regenstürmen wohl kaum einen Einfluss auf die Häufigkeit von Erdrutschen haben würde.[31; 32]

Blitz und Donner

Zu den beeindruckendsten Schauspielen in der Natur gehören zweifelsohne Gewitterstürme mit Blitz und Donner. Früher war man sich sicher, dass dies eine Strafe Gottes sein müsse, insbesondere, wenn jemand vom Blitz getroffen wurde. Dann musste er wohl etwas ganz Schlimmes getan haben. Auch heute noch sehen einige Forscher einen ähnlichen Zusammenhang. Durch seinen exzessiven CO_2-haltigen Lebenswandel habe sich der Mensch versündigt und würde durch den fortschreitenden Klimawandel durch eine immer weiter ansteigende Anzahl von Blitzen bestraft.[33] Die Statistik spricht allerdings dagegen. Zwischen 1968 und 2010 ist die Anzahl der jährlichen Blitzopfer in den USA um 75 % zurückgegangen.[34] In den Folgejahren 2013 und 2017 gab es in den USA sogar noch weniger Todesopfer durch Blitzschlag.[35; 36]

In Deutschland scheinen Blitze in den letzten 15 Jahren seltener geworden zu sein.[37] Die Klimaerwärmung hat also offenbar keinen Einfluss auf die Blitzhäufigkeit auf der Erde. Stattdessen fanden Forscher nun einen ganz anderen Einflussfaktor, nämlich die Sonnenaktivität, welche die Magnetfelder von Sonne und Erde systematisch verändert und hierdurch z. B. die Blitzaktivität in Großbritannien moduliert.[38; 39] Auch in der Blitzstatistik Brasiliens wurde der solare 11-Jahre-Takt nachgewiesen.[40] Die University of Edinburgh prognostizierte im Zuge der Klimaerwärmung eine langfristige Abnahme der globalen Blitzhäufigkeit.[41]

18. Nehmen Überschwemmungskatastrophen immer weiter zu?

Für den Kieler Klimaforscher Mojib Latif ist der Fall klar. Gibt es dieser Tage ein Starkregenereignis, kommt er zu Wort mit dem Hinweis, dass hierfür der Klimawandel verantwortlich sei. Er begründet das damit, dass seit 1981 die durchschnittliche Temperatur in Deutschland um 1,4 Grad angestiegen sei. Bei einer Erwärmung von einem Grad könne die Luft daher 7 % mehr Wasser aufnehmen.[1] Die Fakten sprechen bislang jedoch eine andere Sprache.

Seit 1951 hat sich die Häufigkeit von Starkniederschlag in Deutschland von mehr als 30 mm nur geringfügig erhöht.[2] Die Veränderung ist aus statistischer Sicht jedoch insignifikant, sodass kein belastbarer Langzeittrend ausgemacht werden kann. Die Zeitreihe moderner Radardaten zum Starkregen ist leider noch zu kurz, um aussagekräftige Trends interpretieren zu können.[3] Auch das Umweltbundesamt konnte in seinem Monitoringbericht 2015 zum Klimawandel keine belastbaren Trends zu Starkniederschlägen in Deutschland finden.[4] Die Zahl der Tage mit einer Niederschlagssumme von 20 mm und mehr im Sommer ist seit 1951 nahezu unverändert geblieben. Im Winter ist der entsprechende Index (Flächenmittel der maximalen 5-Tagessumme der Niederschläge) zwar leicht angestiegen, wobei der Anstieg aufgrund der starken Variabilität von Jahr zu Jahr statistisch nicht signifikant ist.

Klimarekonstruktionen dokumentieren eine hohe natürliche Variabilität der Hochwasserhäufigkeit in Deutschland während der vergangenen Jahrhunderte. Studien zeigen, dass Hochwässer in Mitteleuropa in den vergangenen 500 Jahren nicht häufiger geworden zu sein scheinen.[5; 6] Dasselbe gilt auch für Gesamteuropa und die letzten 50 Jahre.[7] Auf der 7. Deutschen Klimatagung im Oktober 2006 stellten Manfred Mudelsee und Gerd Tetzlaff Studienergebnisse vor, die auch für Deutschland keine Zunahme der Hochwasserereignisse sahen.[8] Weil immer mehr Menschen an die Ufer zogen, stiegen aber die Schäden durch Hochwasser. Zieht man diesen Wertzuwachs-Effekt ab, zeigt sich Berechnungen zufolge keine ungewöhnliche Zunahme in den vergangenen Jahrzehnten.[9–11]

Laut dem 4. Österreichischen Sachstandsbericht Klimawandel 2014 (AAR14), gibt es in Österreich keinen landesweiten Trend bei der Entwicklung der Starkniederschläge.[12] Vielmehr wurde ein »buntes Patchwork« von steigenden und fallenden Trends gefunden, »*die allerdings überwiegend nicht signifikant sind*«. Zitat aus dem AAR14: »*Es gab somit in dem Zeitraum überwiegend anthropogener Erwärmung in Österreich keine einheitliche und keine signifikante Reaktion bezüglich der Intensität der eintägigen und auch der fünftägigen Starkregenereignisse, die sich in diesem Datensatz widerspiegelt.*« Zu einem ähnlichen Fazit kommt die Zentralanstalt für Meteorologie und Geodynamik (ZAMG):[13] »*Die objektive Auswertung der lang zurückreichenden und qualitätsgeprüften Messdaten spricht also auch beim Niederschlag gegen extremere Bedingungen. Tatsächlich überwiegt im gesamten Alpenraum ein Trend zu ruhigeren Niederschlagsverhältnissen.*«

Auch im längsten Fluss Österreichs, der Donau, findet sich kein Hinweis auf extremere Hochwasserbedingungen während der letzten 150 Jahre. Die zu Überschwemmungen führenden Durchflussmengen von 7000 m³/s und mehr zeigen laut ZAMG keine Steigerung, und auch die absolut extremsten Donauhochwasser (1899, 2002, 1862, 1954, 1991, 1897) sind gleichmäßig auf die letzten beiden Jahrhunderte verteilt.[13] Die ZAMG gibt zudem zu bedenken:[13] »*Hält man sich an das Fachwissen von Hydrologen, wirkt heute ein vom Menschen verursachter Faktor, der nichts mit dem Klima zu tun hat, viel entscheidender auf das Ausmaß von Hochwassern. Zahlreiche Begradigungen haben die Flussläufe verkürzt, durch Dämme wurden sie von ihren natürlichen Überschwemmungszonen abgeschnitten.*«

Ein Teil der natürlichen Variabilität der Hochwasser geht offenbar auf Schwankungen der Sonnenaktivität zurück. Ein Team des Geoforschungszentrums (GFZ) Potsdam um Markus Czymzik rekonstruierte anhand von feingebänderten Sedimenten die Flutkatastrophengeschichte des bayerischen Ammersees für die vergangenen 450 Jahre. Die Forscher fanden dabei einen deutlichen Zusammenhang der Hochwasser mit der Entwicklung der Sonnenaktivität.[14] Andere Studien in Europa bestätigten den solaren Einfluss,[15–19] dokumentierten aber auch Verknüpfungen mit atlantischen Ozeanzyklen wie der NAO.[20]

Eine vernünftige Einordnung des heutigen Klimas kann nur im Kontext der Klimageschichte der letzten Jahrhunderte und Jahrtausende erfolgen, die äußerst variabel war, wie eine Studie aus dem Jahr 2013 exemplarisch zeigt. Eine Forschergruppe um Tina Swierczynski untersuchte Sedimentablagerungen des oberösterreichischen Mondsees und identifizierte mithilfe von groben Sedimentlagen die Entwicklung von Überschwemmungsphasen, während derer durch Starkregen im Frühling und Sommer die Flüsse der Region über die Ufer traten.[21] Das geologische Archiv reicht mehr als 7000 Jahre zurück. Insgesamt fanden die Wissenschaftler 271 Flutereignisse, die sich während 18 flutreicher Phasen ereigneten, die jeweils 30–50 Jahre andauerten. Die bedeutendsten dieser Phasen gab es im Neolithikum (7100–7050 und 6470–4450 Jahre vor heute), in der späten Bronzezeit und der frühen Eisenzeit (3300–3250 und 2800–2750 Jahre vor heute), in der späten Eisenzeit (2050–2000 Jahre vor heute), während der Kältephase der Völkerwanderungszeit (1500–1200 Jahre vor heute), gegen

Ende der Mittelalterlichen Wärmeperiode sowie während der Kleinen Eiszeit (810–430 Jahre vor heute). Sommer-Fluten sind im untersuchten Mondsee in den letzten 1500 Jahren häufiger geworden, fanden die Forscher. Insbesondere zu Zeiten, als die Alpengletscher auf dem Vormarsch waren, also eher in kälteren Zeiten, steigerten sich die Überflutungen.

Extremregenfälle und Überschwemmungen im Rest der Welt

Hochwasserprobleme gehören leider zur Tagesordnung in der Welt. Die reflexhafte Verknüpfung mit dem Klimawandel ist in den allermeisten Fällen falsch. So wurden die australischen Überschwemmungen 2011 und 2012 durch La Niña und die negative Phase der Pazifischen Dekaden-Oszillation (PDO-) verstärkt.[22] In vielen Fällen weltweit stecken Ozeanzyklen wie die PDO, AMO oder NAO hinter Veränderungen beim Hochwasser.[23] Eine Studie des Max-Planck-Instituts für Physik komplexer Systeme in Dresden fand, dass die globalen Extremniederschläge in den letzten 15 Jahren abgenommen haben.[24] Bei Betrachtung der letzten 25 Jahre fanden sie einen viel schwächeren Zusammenhang zwischen Extremniederschlägen und Temperatur als zuvor von anderen Gruppen berichtet. Zhou und Kollegen schlussfolgern, dass die Gefahr von Extremniederschlägen im Zuge der Klimaerwärmung stark überschätzt wurde und auf realistischere Werte herunterkorrigiert werden muss. In Zukunft könnte extremer Regen sogar weniger werden.[24] Ein Team der National University in Canberra dokumentierte, dass die globalen Niederschläge in den letzten 70 Jahren trotz globaler Erwärmung weniger extrem geworden sind, und dies sowohl in zeitlicher als auch in räumlicher Hinsicht.[25] Eher gibt es eine Tendenz zu ausgeglicheneren Verhältnissen: Trockene Gebiete wurden feuchter, und feuchte Gebiete wurden trockener. Eine Temperaturabhängigkeit der Niederschlagsvariabilität war nicht festzustellen.

Der Sonderbericht des IPCC zum Extremwetter von 2012 stellt fest, dass der Zusammenhang zwischen Überschwemmungen und Klimawandel bislang weitgehend unverstanden ist:[26]

»Es liegen begrenzte bis mittelstarke Belege vor, um beobachtete klimaabhängige Änderungen bei der Größenordnung und Häufigkeit von Überschwemmungen auf regionalem Maßstab abzuschätzen, da die verfügbaren instrumentellen Messungen von Überschwemmungen durch Pegelstationen räumlich und zeitlich beschränkt sind sowie Veränderungen der Flächennutzung und Flächenbewirtschaftungstechnik verzerrende Wirkungen ausüben. Darüber hinaus besteht eine geringe Übereinstimmung hinsichtlich dieser Belege und damit auf globalem Maßstab insgesamt geringes Vertrauen selbst in Bezug auf das Vorzeichen der Veränderungen.«

19. Gab es früher weniger Dürren?

Da es seit 150 Jahren global um 1 Grad Celsius wärmer geworden ist, wird häufig angenommen, dass dies global zu mehr Dürren führt. So schreibt »Brot für die Welt«: »Dürren bringen Hunger und Elend über Millionen Menschen und treten durch die Erderwärmung immer häufiger auf«.[1] Doch eine Temperaturzunahme der Ozeane sollte doch eigentlich zu einem Anstieg der Luftfeuchte führen und damit insgesamt zu mehr Niederschlägen. Was stimmt nun?

In Deutschland gibt es keinen statistisch gesicherten Trend in der Häufigkeitsentwicklung von Trockenperioden, stellte das Umweltbundesamt (UBA) in seinem »Monitoringbericht 2015 zur Deutschen Anpassungsstrategie an den Klimawandel« fest.[2] Allerdings seien ausgeprägte natürliche Schwankungen mit abwechselnden Phasen stärker und geringer ausgeprägter Trockenheit festzustellen.[2] In Österreich sind die Sommer in den letzten 55 Jahren etwas feuchter geworden.[3] Stellt man die Dürregeschichte des Alpenraums der letzten Jahrzehnte in den Kontext der letzten Jahrhunderte, so ist auch hier kein Langzeittrend zu erkennen.[4] Zu den drei trockensten Sommern der letzten 500 Jahre zählen in den Alpen neben 2003 auch die Jahre 1921 und 1540.[5] Ähnlich sieht es in Frankreich aus. Eine Forschergruppe um Inga Labuhn legte 2016 eine Analyse der französischen Sommerdürren für die letzten 700 Jahre vor, die keinen Langzeittrend aufweist, dafür aber stark ausgeprägte natürliche Schwankungen enthält.[6] Das gleiche Bild ergibt sich in der Tschechischen Republik, für die Dobrovolný und Kollegen 2015 eine Dürrerekonstruktion für die letzten 1250 Jahre publizierten.[7] Wiederum liegen starke Schwankungen ohne Langzeittrend vor.

Es ist davon auszugehen, dass sich die mitteleuropäische Dürreentwicklung der letzten Jahrzehnte noch ganz im Bereich der natürlichen Schwankungsbreite bewegt. Eine Studie des Deutschen GeoForschungsZentrums GFZ zeigt zudem, dass es über Jahrtausende betrachtet drastische Schwankungen der Seespiegel in Deutschland gegeben hat, die auf enorme natürliche Veränderungen in den Niederschlägen schließen lassen.[8; 9] Untersuchungen am Großen Fürstenseer See bei Neustrelitz (Müritz-Nationalpark) belegen ein Auf und Ab von rund vier Metern nach oben und nach unten in den letzten 10 000 Jahren. In wenigen Jahrtausenden verringerte sich die Seefläche um die Hälfte bzw. vergrößerte sich der See um mindestens das Dreifache im Vergleich zur heutigen Ausdehnung.

Kein globaler Trend bei Dürren

Die Häufigkeit von Dürren blieb im globalen Maßstab während der letzten 30–100 Jahre unverändert (s. Abb. 23).[10–13] Langzeittrends sind nicht zu beobachten. In einigen Regionen wurden Dürren häufiger, in anderen hingegen seltener.[12] Das sieht im Übrigen auch der Extremwetter-Sonderbericht des IPCC so.[14; 15] Die Regenfälle haben sich im weltweiten Durchschnitt in den letzten 150 Jahren nur unwesentlich verändert.[16–18] Einige Kontinente

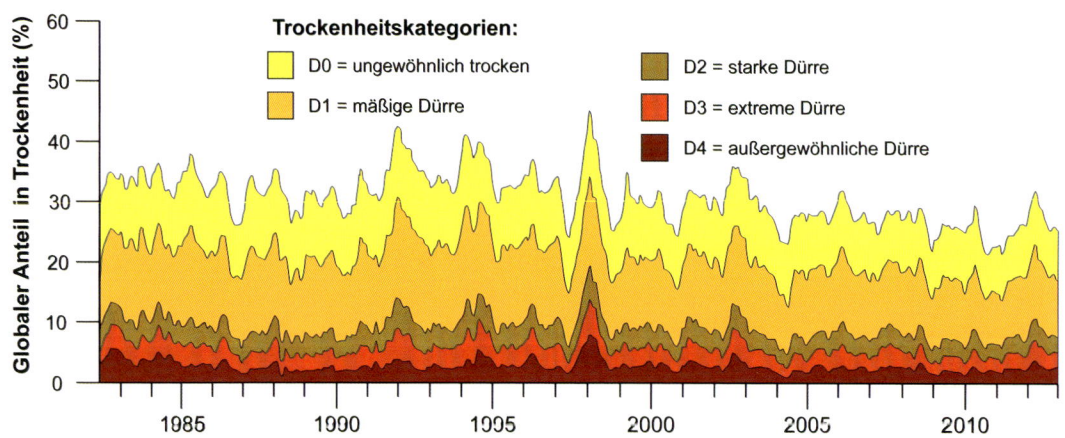

ABB. 23: Entwicklung der Dürren weltweit in den letzten 40 Jahren. Quelle: Hao und Kollegen.[11]

wurden feuchter, andere trockener.[18–20] Zwischen 1984 und 2015 sind auf den Kontinenten fast 90 000 km² offene Wasserflächen ausgetrocknet. Allerdings bildeten sich gleichzeitig 184 000 km² neue Wasserflächen, sodass in den letzten drei Jahrzehnten zusätzliche Wasserflächen in der Größe von 170 Mal dem Bodensee entstanden sind.[21]

Eine frühere Klimawandel-Faustregel entpuppte sich jetzt zudem als falsch. Trockene Gebiete werden nicht immer trockener. Eine global angelegte Studie unter Federführung der ETH Zürich untersuchte Veränderungen der Trockenheit während der Zeitspanne 1948–2005.[22; 23] In über drei Viertel aller Gebiete gab es keine langfristigen Trends zu verzeichnen. In knapp 11 % der Regionen verstärkte sich der hydrologische Trend, wobei trockene Gebiete trockener und feuchte Gebiete feuchter wurden. Allerdings war in knapp 10 % der globalen Landoberfläche auch der gegenteilige Trend zu beobachten, wobei trockene Gebiete feuchter und feuchte Gebiete trockener wurden. Eine Intensivierung der Regenextreme ist daher auf globalem Maßstab nicht zu beobachten. Laut einer Untersuchung der National University in Canberra sind die Niederschläge in den letzten 70 Jahren trotz globaler Erwärmung sogar weniger extrem geworden.[24] Eine Studie der University of New South Wales bestätigte, dass im Zuge der zukünftigen Klimaerwärmung auch trockene Gebiete von einer Zunahme der Regenfälle profitieren werden.[25; 26]

Entscheidender Einfluss der Ozeanzyklen auf die Dürren

Trotz oft fehlendem Langzeittrend gibt es im regionalen Maßstab charakteristische Schwankungen der Dürrehäufigkeit, die im Maßstab von Jahren bis mehreren Jahrzehnten ablaufen. Die Veränderungen im Niederschlag folgen in vielen Fällen dem Takt der Ozeanzyklen wie etwa AMO, NAO oder PDO (s. Kap. 7).[27; 28] Regionale hydrologische Kurzzeittrends sollten daher nicht fälschlicherweise als Folge anthropogener Beeinflussung fehlinterpretiert werden.[29]

Da sich viele Ozeanzyklen durch eine gewisse Regelmäßigkeit auszeichnen, führt ihre systematische Einbeziehung zu stark verbesserten Mittelfrist-Dürrevorhersagen.[30] Eine Reihe von empirisch gut belegten Mustern

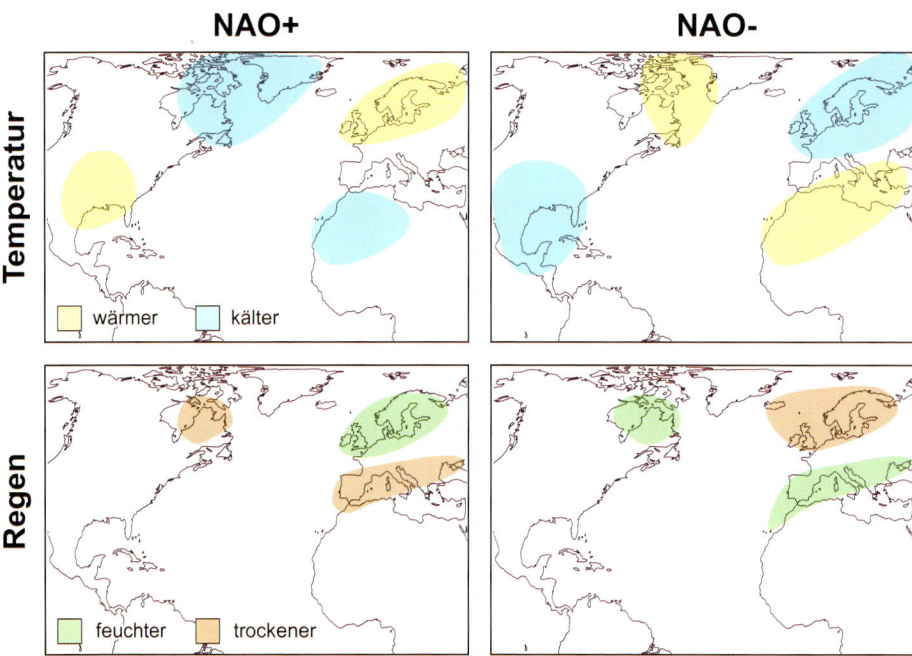

ABB. 24: Wintertrends von Temperatur und Niederschlägen bei positiver (NAO+) und negativer (NAO-) Nordatlantischer Oszillation. Verändert nach britischem MetOffice.[3]

ist bekannt. In der positiven Phase der Nordatlantischen Oszillation (NAO+) ist es im Winter in Nordeuropa feuchter, während Südeuropa, Nordwestafrika und Nordostkanada trockener werden. Während der negativen Phase (NAO-) drehen sich die Verhältnisse um, und die durch die Westwinde herangeführte Feuchtigkeit regnet bevorzugt über Südeuropa und Nordwestafrika ab (s. Abb. 24).[31; 32] Auch in Nordostkanada ist es dann feuchter.

Der 60-jährige Zyklus der Atlantischen Multidekaden-Oszillation (AMO) steuert die Regenfälle in der Sahelzone. Während der warmen AMO-Phase (AMO+) 1925–1965 erhöhten sich die Niederschläge im Sahel (s. Abb. 25).[33–36] Die dürrebedingten Sahel-Hungersnöte der 1970er- und 1980er-Jahre ereigneten sich während der negativen AMO-Phase (AMO). In den 1990er-Jahren nahm der Sahelregen wieder zu,[37–39] als die AMO wieder allmählich ins Positive wechselte. Der Sahel ergrünte spürbar.[40; 41] Schon bald wird die AMO gemäß ihrem Zyklus wohl wieder ins

Negative abrutschen, sodass auf die Sahelzone mittelfristig wieder schwierigere Zeiten zukommen. Auf kürzere Sicht spielt auch der El Niño eine Rolle für den Sahelregen, was ebenfalls zu Prognosezwecken verwendet werden kann.[42; 43] Aufgrund der episodisch auftretenden Feuchtphasen ist die Grundwasserbildung im subsaharischen Afrika sehr viel robuster als lange angenommen.[44; 45] Während in den humiden, also feuchten Regionen die Grundwasserbildung ziemlich konstant ist, füllt sich in den arideren, also trockenen Gebieten das Grundwasser immer wieder während der regenreichen Zeiten auf.

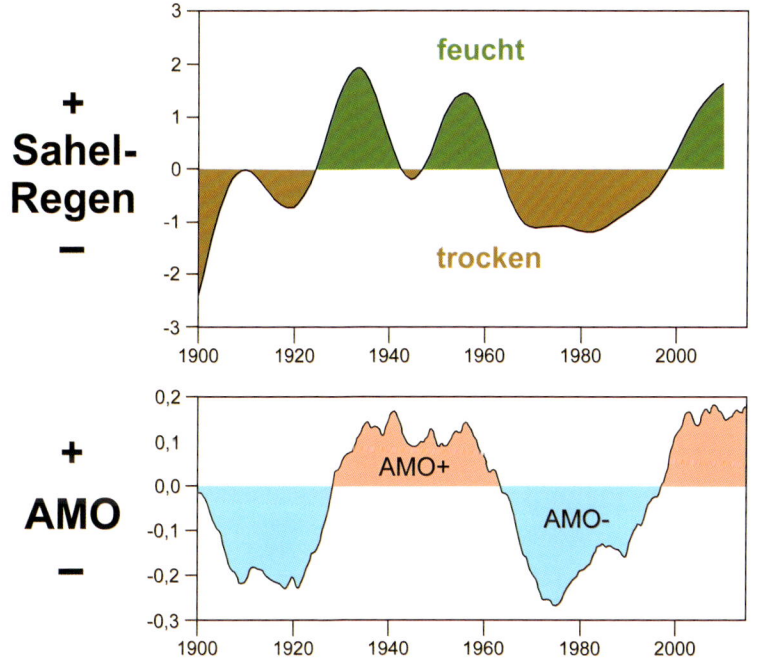

ABB. 25: Schwankungen der Regenfälle im Sahel und Vergleich mit dem Verlauf des AMO-Ozeanzyklus. Datenquellen: Sahel-Regen (ERA-20CM, Juli-September),[46] AMO (Jan-Dez).[47] Beide Datensätze sind gefiltert und trendbereinigt.

In den USA steuert die Pazifische Dekaden-Oszillation (PDO) einen Großteil der Dürredynamik, im Zusammenspiel mit der AMO sowie El Niño/La Niña.[48–50] Während negativer Phasen (PDO-) erhöht sich das Dürrerisiko in vielen Regionen enorm, besonders im Südwesten und Süden des Landes.[51]

Das höchste Dürrerisiko herrscht in den USA, wenn PDO- und AMO+ zusammenfallen.[51; 52] In kürzeren Zeitmaßstäben spielen auch El Niño und La Niña eine Rolle. Während El-Niño-Phasen werden der Süden der USA feuchter und der Nordosten trockener. In La-Niña-Jahren trocknet der Süden aus, und der Nordwesten der USA wird feuchter als normal.

Auch im Bereich des Indischen Ozeans gibt es systematische Veränderungen der Regenfälle. Befindet sich der Indische Ozean Dipol (IOD) in seiner positiven Phase (IOD+), herrscht in Südostasien und Australien Dürre, während es in Indien und Ostafrika vermehrt regnet.[53] Bei einem Wechsel in die negative Phase (IOD-) drehen sich die Verhältnisse um, mit verstärktem Regen in Südostasien/Australien und Trockenheit in Indien/Ostafrika.

Außer den Ozeanzyklen beeinflusst auch die schwankende Sonnenaktivität die regionalen Niederschläge und Dürremuster. Dies verwundert nicht, denn die Sonne ist mit den Ozeanzyklen über nichtlineare Prozesse verbunden (s. Kap. 8). Eine direkte solare Komponente konnte zum Beispiel beim Indischen Monsun,[54–56] asiatischen Monsun,[57–61] sowie bei den Regenfällen in Ostafrika[62] und in der Karibik[63] identifiziert werden.

Klimamodelle können reale Niederschlagsentwicklung nicht reproduzieren

Ein Forscherteam um Fredrik Charpentier Ljungqvist von der Universität Stockholm hat die Niederschlagsentwicklung der letzten 1200 Jahre auf der nördlichen Halbkugel untersucht.[64; 65] Dabei stellte sich heraus, dass die real beobachteten Schwankungen der Regenfälle von den Klimamodell-Simulationen derzeit nicht reproduziert werden können. In einem Interview mit *Spiegel Online* erläutert Co-Autor Eduardo Zorita vom Helmholtz-Zentrum in Geesthacht die weitreichenden Folgen:[66]

»Zorita: *Unsere Studie aber zeigt, dass die Klimamodelle Probleme haben, Veränderungen des Niederschlags zu berechnen.*

Spiegel Online: *Das würde den Kern der Klimaprognosen treffen, denn die wichtigsten Prognosen handeln ja von Veränderungen des Niederschlags. Was ist von den Warnungen vor mehr Dürre zu halten?*

Zorita: *Diese Prognosen sind wenig vertrauenswürdig. Unsere Arbeit zeigt, dass die Ergebnisse der Klimamodelle deutlich abweichen von den Klimadaten zum Niederschlag.«*

Spiegel-Online-Redakteur Axel Bojanowski hakte nach und interessierte sich für die Implikationen der Studienergebnisse:

»*Spiegel Online: Bestätigen die Daten denn, dass sich das Klima bereits verändert hat, wie es die Modelle berechnet haben? Auch beim Niederschlag müsste sich ja spätestens im 20. Jahrhundert der Einfluss des Menschen zeigen.*

Zorita: *In unseren Daten sieht man im 20. Jahrhundert keine Auffälligkeiten, es war beim Niederschlag keine Besonderheit. Vom neunten bis zum elften Jahrhundert war es ähnlich trocken, und da gab es noch keinen menschengemachten Klimawandel. Auch schwere Dürren wie zuletzt im Westen der USA werden durch Daten aus dem Mittelalter relativiert. Die Niederschlagsmenge scheint zudem stärker zu schwanken als bislang vermutet wurde, auch das zeigen die Daten aus 1200 Jahren. [...] Unsere Studie ist ein Warnsignal. Sie zeigt, dass wir die Klimamodelle besser testen müssen. Den Wasserkreislauf, das zentrale Klimaphänomen, können sie bislang kaum modellieren.«*

Auch andere Studien fanden eklatante Diskrepanzen zwischen theoretisch simulierter und der real beobachteten Dürreentwicklung.[12] Der Berner Klimahistoriker Christian Pfister erinnerte 2013 in einem Interview mit der *Basler Zeitung* an »verrücktes Wetter« vor viereinhalb Jahrhunderten:[67]

»*Ich sage Ihnen einmal, was passiert, wenn das Wetter wirklich durchdreht. Stellen Sie sich vor, es habe die letzten elf Monate kaum geregnet. Das Laub fällt mitten im Sommer von den Bäumen, das Vieh verdurstet, es brennen die Wälder. Man kann weit in den Bodensee hineinlaufen wie in einem sehr trockenen Winter, der Rhein verkommt zum Rinnsal. Das Wasser kocht. [Das war im] Jahr 1540. Eine fast einjährige Dürre von der Toskana bis an die deutsche Nordgrenze, von Frankreich bis nach Polen. Mit einem Rauchschleier über dem Kontinent, bedingt durch die brennenden Wälder, wie wir es 2010 in Russland wieder erlebten. 1588 kam dann ein Antisommer: Es regnete und stürmte an 88 von 92 Sommertagen. Die Traubenernte fand in einem Hut Platz. So einen stürmischen Sommer hätten sie noch nie erlebt, bekannten die Admirale der spanischen Armada wie der englischen Flotte, die damals im Ärmelkanal aufeinandertrafen.«*

20. Wie stark werden Waldbrände durch den Klimawandel angefeuert?

Als im Jahr 2018 die Wälder in Kalifornien lichterloh brannten, erklärte Kirsten Thonicke vom Potsdam-Institut für Klimafolgenforschung (PIK), dass die Brände durch den Klimawandel »angeheizt« worden wären.[1] Laut Thonicke sei bei einem »ungebremstem Klimawandel« mit einer Zunahme extremer Waldbrände zu rechnen.[1] Was ist dran an dieser Behauptung?

Vor allem extreme Trockenheit führt zu einem erhöhten Wald- und Buschbrandrisiko. Inwieweit spielt der Klimawandel bereits eine Rolle bei den Bränden der letzten Jahre? Es ist sicher verlockend, jegliche Landschaftsbrände einem Automatismus folgend dem Klimawandel anzulasten. Angesichts der Emotionalität der Waldbranddiskussion lohnt sich ein Blick auf die nüchternen Fakten und den aktuellen wissenschaftlichen Wissensstand.

Die Waldbrandgefahr in Deutschland hat sich in den letzten 55 Jahren gesteigert, wenn man den Anstieg des vom Deutschen Wetterdienst (DWD) errechneten »Waldbrandindex« zugrunde legt.[2] Hierbei handelt es sich um ein theoretisches Gefährdungspotenzial, in das Lufttemperatur, relative Luftfeuchte, Windgeschwindigkeit und Niederschlagsmenge eingehen. Die tatsächlich aufgetretenen Schäden durch Waldbrände in Deutschland werden jedoch von der Bundesanstalt für Landwirtschaft und Ernährung alljährlich im Rahmen der deutschen Waldbrandstatistik erhoben. Hier ist eine langfristige Abnahme der Waldbrandschäden während der vergangenen 25 Jahre zu verzeichnen, sowohl was die verbrannte Fläche als auch die Anzahl der Brände angeht.[3] Allerdings waren die Jahre 2018/19 wieder überdurchschnittlich brandintensiv. Laut Umweltbundesamt waren die lange Trockenheit der Sommermonate 2018 und Fahrlässigkeit die Hauptursachen für das außergewöhnliche Waldbrandjahr 2018.[3]

Eine Forschergruppe um Mortimer Müller von der Universität für Bodenkultur Wien hat die Häufigkeit von Waldbränden in Österreich zwischen 1993 und 2010 ausgewertet und eine starke Variabilität festgestellt, mit hoher Brandhäufigkeit Anfang der 1990er, gefolgt von einer Phase mit nur wenigen Bränden.[4] Seit 2006 brennt es jetzt wieder häufiger. Längere Zeitreihen wären notwendig, um die Schwankungen bei der Waldbrandhäufigkeit besser zu verstehen.

Globale Waldbrandtrends

Die globale jährlich verbrannte Landschaftsfläche ist in den letzten Jahrzehnten leicht gesunken, wie aus Satellitenbildauswertungen hervorgeht.[5-9] Eine der Hauptursachen scheint die teilweise Abkehr von weideerhaltenden Feuern in den afrikanischen Savannen und die Ausdehnung feuerärmerer landwirtschaftlicher Aktivitäten zu sein.[5-7] Klimamodelle können den Rückgang der Brände bislang nicht nachvollziehen, was andeutet, dass die auf ihrer Basis erstellten Langzeitprognosen die Brandgefahr höchstwahrscheinlich überschätzen.[5; 6] Eine internationale Forschergruppe unter Beteiligung des Karlsruher Institut für Technologie (KIT) ging der Diskrepanz nach und entdeckte, dass die Modelle offenbar den Einfluss der Bevölkerungsentwicklung auf Feuer in Ökosystemen ignoriert hatten.[10] In einer Pressemitteilung des KIT erläuterten die Autoren ihre Ergebnisse:[11]

»›Als wir die Modelle um demografische Faktoren erweiterten, dämpfte das die Folgen des Klimawandels stark ab‹, erklärt [Almut] Arneth. Das liege daran, dass der Mensch Flächenbrände weitestgehend unterdrücke, zum Beispiel durch das aktive Löschen von Bränden oder durch die ›Fragmentierung‹ der Landschaft: So bremsen etwa Straßen oder Felder die Ausbreitung von Waldbränden. Mit steigender Bevölkerungsdichte sinke demnach die Anzahl der Feuer. In Zukunft bremse die wachsende Bevölkerung sowie die Erschließung ländlicher Flächen als Lebensraum die Entstehung von Flächenbränden, vor allem in Afrika sowie Teilen Asiens und Südamerikas. Dies heiße aber nicht, so Arneth, dass zukünftig das Brandrisiko für Mensch und Umwelt sinkt: So entstehen beispielsweise immer mehr Siedlungsgebiete in feueranfälligen Regionen. In diesen Gebieten sei dann schlicht aufgrund der wachsenden Bevölkerungsdichte das Risiko höher, durch Feuer Schäden zu erleiden.«

Todesopferzahlen und wirtschaftliche Verluste durch Landschaftsbrände zeigten während der letzten drei Jahrzehnte weltweit keinen klaren Trend.[8; 9] Zudem gibt es heute offenbar weniger Brände als in den Jahrhunderten zuvor.[8; 9]

Feuer in Südeuropa

Im europäischen Mittelmeerraum hat die verbrannte Fläche und die Anzahl von Bränden in den letzten knapp 30 Jahren aufgrund verbesserter Feuerbekämpfungsvorkehrungen abgenommen.[12] Eine Ausnahme bildet Portugal, das einen Anstieg aufweist. Hier spielen lokale Faktoren eine Rolle, wie etwa der exzessive Anbau von Eukalyptus, der voll mit ätherischen Ölen ist und die Brände damit so richtig anheizt. Zudem verwilderten im Zuge der Landflucht ehemalige landwirtschaftlich genutzte Flächen, die nun besonders anfällig für Brände sind.[12; 13] Die verheerenden Feuer in den Wäldern Südeuropas sind laut einer Waldbrandstudie des WWF nahezu immer von Menschen ausgelöst worden:[14] »*In Spanien werden 96 % der Waldbrände von Menschen verursacht, auf den Kanarischen Inseln sind es sogar 99,86 %. Dort ist also so gut wie kein Waldbrand auf natürliche Ursachen zurückzuführen.*«

Waldbrände sind fester Bestandteil der spanischen Geschichte der vergangenen 10 000 Jahre. Nach großen Bränden erholte sich der Wald in der Regel recht schnell. Lediglich während besonders starker Waldbrandepisoden kollabierte der Wald, sodass sich in der Folge für längere Zeit Gras-, Steppen und Heidelandschaften bildeten.[15] Eine solche Phase ereignete sich z. B. 5800 bis 5400 Jahre vor heute während des Holozänen Thermischen Maximums (HTM, s. Kap. 3).

Feuer in Kalifornien

Die Häufigkeit von Waldbränden nahm in Kalifornien während des 20. Jahrhunderts stetig zu und erreichte um 1980 einen Höhepunkt. In den folgenden 40 Jahren reduzierte sich die Anzahl der Brände wieder.[16] Allerdings gibt es in den letzten Jahrzehnten einen Trend zu größeren Schadensflächen, verursacht durch mehr Großfeuer.[17] Ursache ist offenbar ein ungeeignetes und nicht nachhaltiges Wald- und Feuermanagement, wobei Feuer generell unterdrückt wurden.[18] Hierdurch wurden zwar viele kleinere Brände verhindert, gleichzeitig hat sich jedoch dadurch ein enormes Brennstoffpotenzial angehäuft, dass letztendlich im Zuge von schwer kontrollierbaren Großbränden in Flammen aufgeht.[17]

Mehr als 90 % aller kalifornischen Brände werden von Menschen entzündet (USA: 84 %), sodass Aufklärungskampagnen zur Erzielung von Verhaltensänderungen am erfolgversprechendsten sind, gemäß dem Prinzip »kein Feuer ohne Funke«.[16; 18–20] In etlichen Fällen scheinen vom Wind abgerissene Stromleitungen die Brände verursacht zu haben. Es verwundert nicht, dass die Waldbrandentwicklung Kaliforniens während der letzten Jahrtausende eng an die Besiedlungsgeschichte gekoppelt war.[21] Trotzdem fällt die Feueraktivität in den westlichen USA während der letzten 100 Jahre und der Kleinen Eiszeit im Vergleich der vergangenen drei Jahrtausende deutlich unterdurchschnittlich aus.[22; 23]

Durch das enorme Bevölkerungswachstum Kaliforniens in den letzten 100 Jahren sind mittlerweile viele Siedlungen in Hochrisikogebieten entstanden, die vormals aufgrund der Waldbrandgefahr gemieden wurden.[17] Viele Modelle zur langfristigen Feuerprognose vernachlässigen das Verhalten des Menschen in Bezug auf Auslöser von Bränden, Siedlungsexpansion und Feuermanagement.[19; 24] Der Anteil des Klimawandels an der Waldbrandentwicklung in Kalifornien ist daher in Wirklichkeit wohl sehr viel geringer als oft angenommen.[17; 19; 24–27] Unterdessen haben Wissenschaftler damit begonnen, das Vorhersagepotenzial der pazifischen und atlantischen Ozeanzyklen (PDO, AMO, El Niño) zu nutzen, um Dürren und Waldbrandgefahr im Westen der USA bis zu mehrere Jahre vorherzusagen.[28–31]

Feuer im Amazonas-Regenwald

Jedes Jahr in der Trockenzeit brennen im Amazonasgebiet große Flächen, weil dort ansässige Bauern Brände legen, um ihre Felder von Vegetation zu befreien und zu düngen. Natürliche Auslöser von Waldbränden fehlen in der Regel, sodass fast alle Feuer in der Region von Menschen stammen.[32] In El-Niño-Jahren gehen im Amazonasgebiet üblicherweise die Niederschläge zurück, sodass die gelegten Brände schnell außer Kontrolle geraten.[33] Dies geschah beispielsweise in den Dürrejahren 2005, 2010 und 2015, als es zu besonders schlimmen Amazonas-Waldbränden kam.[32] Geologische Studien zeigen, dass es in früheren Jahrtausenden im Amazonas-Regenwald häufiger brannte als heute.[34; 35]

Feuer in Patagonien

Waldbrände sind im südlichen Südamerika seit dem 20. Jahrhundert häufiger geworden, da durch die zunehmende Besiedlung Patagoniens das Zündungsrisiko gestiegen ist.[36] Neben dem »Funken-Risiko Mensch« spielt auch die natürliche Klimavariabilität eine Rolle. So ereignen sich besonders brandreiche Jahre jeweils während der positiven Phase des SAM-Ozeanzyklus (Southern Annular Mode, s. Kap. 7), die zu vermehrten Dürren führt.[36; 37]

Feuer in Australien

Buschfeuer hat es in Australien stets gegeben. So sind im australischen Bundesstaat Victoria im Februar 1851 50 000 km² Land verbrannt, wobei zwölf Menschen, über eine Million Schafe und Tausende von Rindern ums Leben kamen. Das verbrannte Gebiet erstreckte sich über ein Viertel des Bundesstaates. Ermöglicht wurde der Brand, der auch als Black Thursday Bushfires bekannt ist, durch eine lang andauernde Dürre, die die Landschaft in ein Pulverfass verwandelte. Letztendlich ausgelöst wurde die Feuersbrunst durch einen starken heißen Wind, der die Glut einer Feuerstelle aufnahm und damit die benachbarte Graslandschaft entzündete.

Buschfeuer in Australien unterliegen starken zeitlichen und räumlichen Schwankungen, die zu einem großen Teil an die natürliche Klimavariabilität gekoppelt sind.[38] Dürren und damit intensive Buschfeuer ereignen sich in Australien meist zu Zeiten, wenn der IOD-Ozeanzyklus (Indian Ocean Dipole) positiv ist, oft gepaart mit El-Niño-Bedingungen.[38] Als die besonders schlimmen Buschbrände im Südsommer 2019/20 in »Down Under« wüteten, erreichte der IOD-Zyklus so stark positive Werte, wie sie seit 1997 nicht mehr gemessen wurden.[39; 40]

Wenn man die Schäden von Buschfeuern in New South Wales (NSW) gegen die Anzahl des Hausbestandes normiert, so ist kein Schadenstrend für die letzten 90 Jahre erkennbar.[41] Wie in anderen Regionen der Erde liegt das Hauptproblem der Brände beim menschlichen Verhalten. Die Einwohnerzahl Australiens hat sich in den letzten 100 Jahren verfünffacht, und somit auch die potenziellen Zündquellen. Unachtsames Verhalten und Brandstiftung sind der Auslöser von 85 % aller Buschbrände in Australien.[42] Im Jahr 2019 erhöhte die Regierung in NSW die Haftstrafe für Brandstiftung von fünf auf neun Jahre.[43] Zudem fachen auch hier viel zu dicht gepflanzte Eukalyptusplantagen mit ihren ölhaltigen Blättern das Feuer zusätzlich an.[40; 44] Laut dem Brandexperten Alexander Held wurde auch in Australien der Fehler gemacht, auf »milde Feuer« zu verzichten.[40; 44] Die kleineren Feuer würden dafür sorgen, dass brennbares Material regelmäßig und kontrolliert abgebrannt wird, anstatt später als »Zeitbombe« unbeherrschbare Großfeuer zu ermöglichen.

21. Unerträgliche Hitzewellen: Immer häufiger, immer heißer?

Hitzewellen sind ungewöhnlich lange Phasen aufeinanderfolgender außergewöhnlich heißer Tage. In Deutschland, Österreich, in der Schweiz und im globalen Durchschnitt hat die Häufigkeit heißer Tage in den letzten Jahrzehnten zugenommen.[1-4] Die Hitzewelle 2003 war der wärmste Sommer der jüngeren Geschichte Europas.[5; 6] Andere heiße Jahre in der Region waren 2006, 2010, 2013, 2015 und 2018. Ein Blick auf den längerfristigen Kontext zeigt aber auch, dass der wohl wärmste Sommer des letzten Jahrtausends in Westeuropa im Jahr 1540 stattgefunden hat.[7-9]

Leider fehlen Daten zu Hitzewellen und Dürren für die Mittelalterliche Wärmeperiode vor 1000 Jahren, da es derzeit noch keine Möglichkeit gibt, diesen Parameter paläoklimatologisch zu rekonstruieren. Aus Gründen der Vergleichbarkeit (»Äpfel mit Äpfeln«) sollte die heutige Entwicklung jedoch mit früheren natürlichen Wärmephasen und nicht so sehr mit außergewöhnlichen Kältephasen wie der Kleinen Eiszeit (14.–19 Jh.) in Relation gesetzt werden. Generell gilt, dass Hitzewellen zu Zeiten von Wärmeperioden häufiger und extremer auftreten als während Kältephasen (z. B. der Kleinen Eiszeit) (s. Abb. 26).

Während der Mittelalterlichen Wärmeperiode (MWP, 800–1300 n. Chr.) war es in Mitteleuropa und in vielen anderen Regionen der Erde ähnlich

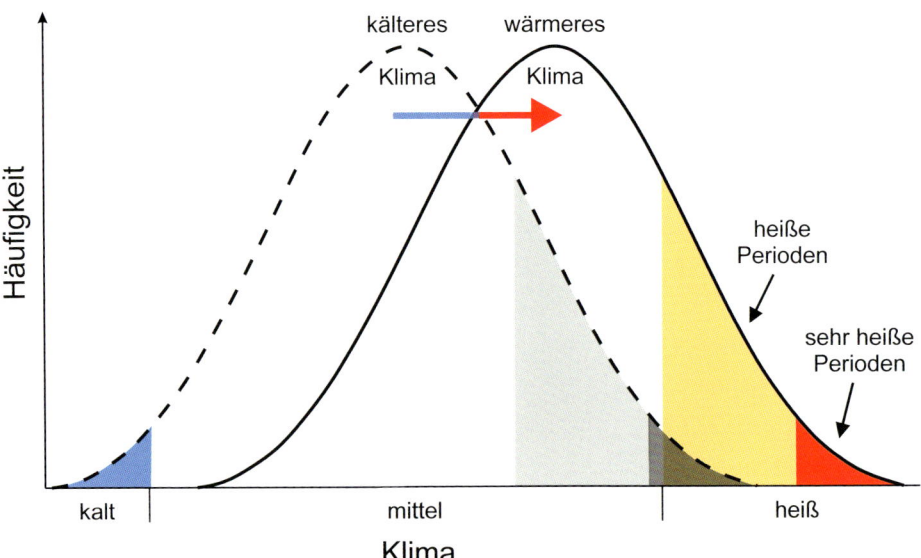

ABB. 26: Bei einer Veränderung des mittleren Klimas zu einem wärmeren Zustand verschiebt sich auch die Häufigkeit des Auftretens von extremen Perioden. Kältewellen treten kaum noch auf, Hitzewellen werden häufiger und noch heißer. Quelle: Hamburger Bildungsserver[10] nach IPCC AR3.

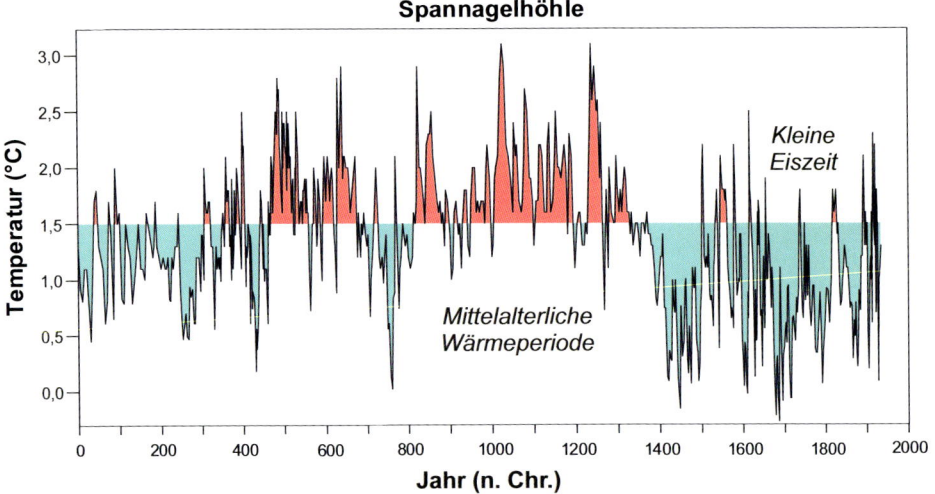

ABB. 27: Temperaturentwicklung der Spannagelhöhle in den österreichischen Zentralalpen während der letzten 2000 Jahre, basierend auf einer Temperaturrekonstruktion anhand von stabilen Sauerstoffisotopen in Höhlentropfsteinen. Umgezeichnet nach Mangini und Kollegen.[11]

warm wie heute (s. Kap. 2) (Abb. 4, 27). Entsprechend ist davon auszugehen, dass bereits vor 1000 Jahren Hitzewellen mindestens so häufig und intensiv waren wie aktuell. Im Übergang zur Kleinen Eiszeit nahm die Anzahl der heißen Tage dann ab, um während der vergangenen 150 Jahre wieder anzusteigen.

Die heißen 1930er-Jahre in Nordamerika

Die Temperaturrekorde der meisten US-Bundesstaaten stammen aus den 1930er-Jahren (s. Abb. 28), als außergewöhnliche Hitze und Dürre zu verheerenden Staubstürmen führten, eine Zeit, die als »Dust Bowl« in die amerikanische Geschichte einging.[12]

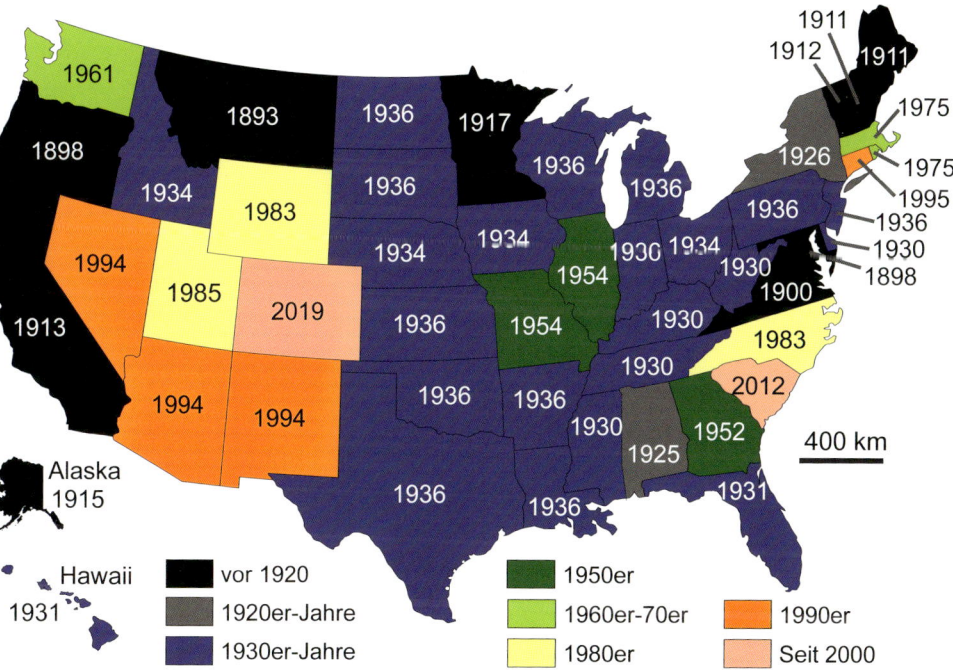

ABB. 28: Jahresangabe des im jeweiligen US-Bundesstaat registrierten Temperaturhitzerekords. Quelle: NOAA.[13]

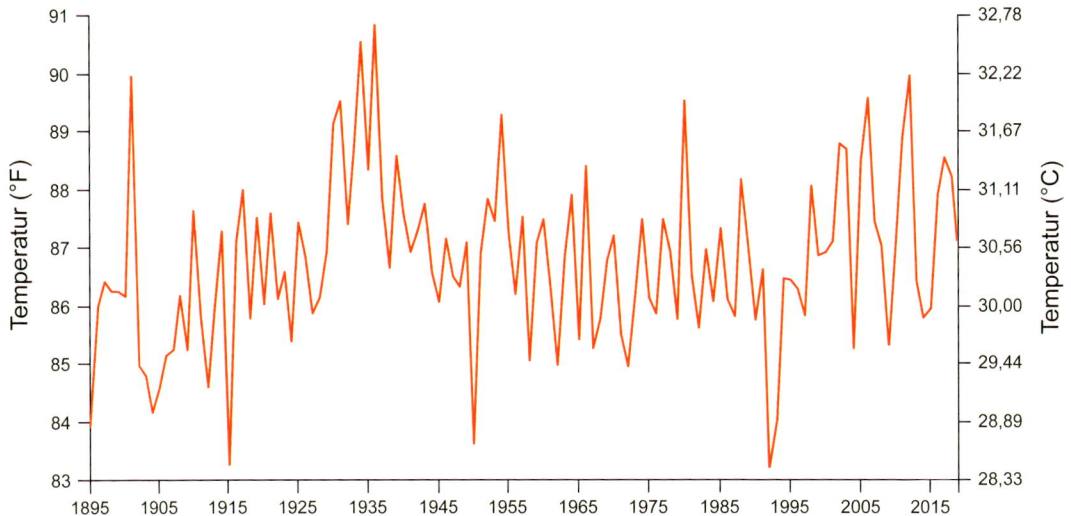

ABB. 29: Maximale Juli-Temperaturen in den kontinentalen USA während der letzten 125 Jahre. Quelle: NOAA.[17]

Im Zentralbereich der USA sind Hitzewellen während der letzten 90 Jahre seltener geworden, während sie im Süden des Landes häufiger wurden.[14] Insgesamt war in den USA zwischen 1970 und 2010 eine Zunahme der Hitzeereignisse zu erkennen, die jedoch durch eine entsprechende Abnahme von 1930 bis 1970 langfristig ausgeglichen wurde.[14; 15] Die maximalen Juli-Temperaturen der Dust-Bowl-Phase übertrafen jene der letzten Jahrzehnte deutlich (s. Abb. 29). Hitzewellen waren in den USA vor 85 Jahren häufiger als heute.[16] Die schlimmste Hitzewelle der modernen Messgeschichte der USA ereignete sich im Juli 1936, als Temperaturrekorde in zehn Bundesstaaten aufgestellt wurden, die auch heute noch unerreicht sind, darunter z. B. in New Jersey, Pennsylvania und Michigan (s. Abb. 28). In den 1960er-Jahren waren Hitzewellen in den Vereinigten Staaten am seltensten.[16] Der Hitzeweltrekord stammt ebenfalls aus den USA und wurde am 10. Juli 1913 im kalifornischen Death Valley mit 56,7 °C (134° Fahrenheit) aufgestellt.

In Europa stammen die meisten Hitzerekorde aus den letzten Jahrzehnten, allerdings gibt es auch Ausnahmen. In Irland wurde der heißeste Tag im Jahr 1887 registriert, in Polen 1921. In Australien stammen die Hitzerekorde von mehr als der Hälfte der Bundesstaaten bzw. Northern Territory aus den 1970er-Jahren oder früher.[18]

Auslöser der Hitzewellen

Was unterscheidet Jahre mit Hitzewellen von anderen Jahren? Hier sind vor allem blockierte Wetterlagen zu nennen, die für stationäre Hochs sorgen, die im Sommer die Temperaturen nach oben schnellen lassen. Bestimmte Wettermuster im Zuge der natürlichen Klimavariabilität sowie die längerfristige Klimaerwärmung tragen ebenfalls zur Entstehung von Hitzewellen bei.[6; 19–21] Ganz wichtig ist auch die Ozeanzyklik. Der 60-jährige AMO-Ozeanzyklus beeinflusst die Sommertemperaturen in Europa (s. Kap. 7) und spielt auch bei der Entstehung von Hitzewellen in Europa, Nordamerika und Asien eine Rolle.[22–27] In der warmen AMO-Phase (AMO+) gibt es mehr Hitzewellen als in der kalten (AMO-).[25; 28; 29] Weiterhin kann auch die NAO die Entstehung von Hitzewellen in Europa beeinflussen,[28; 30; 31] während die ENSO-Zyklik zu Hitze in Asien und Australien führt.[31–34] In Australien scheinen tropische Wirbelstürme Einfluss auf Hitzewellen zu nehmen.[35]

Mensch oder Natur? Kontroverse Attribution

Bei jeder Hitzewelle entbrennt sogleich eine große Debatte, inwieweit der Mensch Mitschuld an den gerade erlebten Extremtemperaturen trägt. Hätte es die Hitzewelle auch ohne anthropogenen Klimawandel gegeben? Wenn ja, wäre sie auch so intensiv und ausdauernd ausgefallen, oder vielleicht etwas kühler und kürzer? Einige Forscher geben vor, sie hätten zur Berechnung eine Art Wunderformel, um den menschlichen Anteil quantitativ präzise zu bestimmen. Zwar legt sich kaum ein Wissenschaftler genau fest, dass diese oder jene Hitzewelle anthropogenen Ursprungs sei, jedoch wird gerne mit Wahrscheinlichkeiten und statistisch häufigerem Auftreten argumentiert.[30; 36] Dabei gehen allerdings die Meinungen der Experten oft stark auseinander, was aus der Medienberichterstattung meist nicht deutlich hervorgeht. Viel zu oft werden Pressemitteilungen bestimmter Institute ohne Überprüfung des wissenschaftlichen Meinungsspektrums einfach übernommen und als neutrale Nachricht verbreitet. Die Folge ist eine einseitige und oft dramatisierende Berichterstattung.

Am Beispiel der russischen Hitzewelle aus dem Juli 2010 wird dies besonders gut deutlich. Eine Forschergruppe aus Boulder von der National Oceanic and Atmospheric Administration (NOAA) und der University of Colorado untersuchte die Hitzewelle in Westrussland anhand von Messdaten und Computersimulationen.[37] Dabei konnten sie zeigen, dass der heiße Sommer vor allem durch natürliche atmosphärische Klimavariabilität erklärt werden kann und dass ähnliche Hitzewellen in der Region bereits früher aufgetreten sind. Menschliche Einflüsse hätten in diesem Fall keine große Rolle gespielt, schlussfolgerte das neunköpfige Wissenschaftlerteam aus Boulder.[37] Einige Monate später erschien eine Arbeit von Stefan Rahmstorf und Dim Coumou vom Potsdam-Institut für Klimafolgenforschung (PIK), welche das glatte Gegenteil behauptete.[38] Die russische Hitzewelle von 2010 sei vor allem auf den CO_2-Ausstoß des Menschen zurückzuführen. Die Potsdamer rechnen vor, dass es die Hitzewelle mit 80-prozentiger Wahrscheinlichkeit nicht gegeben hätte, wenn der Mensch nicht das Klima aufgeheizt hätte.

Seltsamerweise berichteten die Medien fast ausschließlich über die Potsdamer Ergebnisse. Sind Forscher aus Deutschland wirklich so viel vertrauenswürdiger als jene aus Colorado? Die mittlerweile aus Funk und Fernsehen bekannte deutsche Attributionsforscherin Friederike Otto versuchte die überdeutliche Diskrepanz zu kitten. In einem wiederum einige Monate später erschienenen »Rettungspaper« versuchte sie zusammen mit Kollegen aus Großbritannien und den Niederlanden den Widerspruch als Missverständnis darzustellen, allerdings nicht sehr überzeugend.[39] Wieder ein paar Monate später sprangen zwei andere Kollegen aus Boulder in den Ring, die am ersten Paper nicht beteiligt waren.[40] Ihrer Meinung nach sei die Ursache der russischen Hitzewelle 2010 und anderer Extremwetterereignisse im selben Jahr überhaupt nicht feststellbar, da Klimamodelle Vorgänge wie den Monsun, klimatische Fernverknüpfungen (La Niña) und Wetterblockaden noch gar nicht in ausreichender Genauigkeit nachbilden könnten.[40; 41] Vielleicht war es ja als salomonisches Urteil gedacht, um den Streit endlich beizulegen, wobei alle Seiten ihr Gesicht wahren sollten. Lange Jahre hatte man der Öffentlichkeit erklärt, dass die Wissenschaft hinter dem Klimawandel bestens verstanden sei und nur noch die i-Punkte gesetzt werden müssten. Dieser Eindruck sollte nicht gefährdet werden.

Aus der gütlichen Einigung wurde dann aber nichts. Fast zeitgleich publizierte nämlich ein deutsch-russisches Forscherteam aus Rostock, Hamburg und Moskau eine Analyse der russischen Hitzewelle von 2010, die im Grundsatz die erste Studie aus Boulder bestätigte. Die Hitzewelle hatte in der Tat vor allem natürliche Ursachen, wobei die Wissenschaftler eine von einer La Niña angestoßene Wirkungskette rekonstruierten, die unter Beteiligung von Nordpazifik, Südasien und Arktis eine blockierte Wetterlage in Osteuropa generierte.[42] In Potsdam wird man das Paper mit einigem Grummeln aufgenommen haben.

Die Kontroverse um die russische Hitzewelle zeigt exemplarisch, welch breites Meinungsspektrum in den Klimawissenschaften zu vielen Themen existiert. Selbst grundlegende Punkte sind noch ungeklärt bzw. nicht modellierbar. Der bevorzugte Zugang einiger klimawissenschaftlicher Protagonisten zu medialen Multiplikatoren ergibt ein öffentliches Zerrbild, das nur durch eine Selbstverpflichtung zu ausgewogener journalistischer Darstellung geradegerückt werden könnte. Übernehmen und publizieren dann im nächsten Schritt unkritische Journalisten wissenschaftlich nicht belegbare Klima-Aussprüche von Berufspolitikern, so gilt, was Ingo Zamperoni in anderem Zusammenhang (Berichterstattung zur USA) so formulierte: »*Aber ohne eine kritische Haltung, ohne skeptische Betrachtung in alle Richtungen, ohne das buchstäbliche Infragestellen durch Journalisten sind Aussagen von Politikern letztlich kaum mehr als Propaganda.*«[43]

Hitzewellen in den USA 2012 und 2013 scheinen sich noch vollständig im Bereich der natürlichen Schwankungsbreite zu befinden.[44; 45] Laut einigen Prognosen wird sich der anthropogene Einfluss auf die Hitzewellen in den USA[46] und Europa[47] erst in den kommenden Jahren bis Jahrzehnten deutlich machen. Ob das so kommt, kann mit einem natürlichen Fragezeichen versehen werden, denn der AMO-Ozeanzyklus wird in den kommenden Jahren für einige Jahrzehnte in die negative Phase eintauchen (s. Kap. 29), was eher zu einer Abnahme der Hitzewellen in diesen Regionen führen sollte. Man darf auf jeden Fall gespannt sein.

22. Führt die Klimaerwärmung wirklich zu mehr Kältewellen?

Eine Kältewelle ist eine starke Abkühlung auf unterdurchschnittliche Werte der Lufttemperatur, die mehrere Tage bis wenige Wochen andauern kann. Ein erstes Indiz auf Kältewellen sind besonders niedrige Monatstemperaturen. Ein anderes Maß zur Erfassung von Kältewellen ist die Zahl der jährlichen Eistage. Ein Eistag ist ein Tag, an dem das Maximum der Lufttemperatur unterhalb des Gefrierpunktes (unter 0 °C) liegt, d.h. es herrscht durchgehend Frost. Die Anzahl der Eistage ist somit eine Untermenge der Anzahl der Frosttage (Tage, an denen die Temperatur mindestens einmal unter 0 °C fällt).

Die Anzahl der Eistage in Deutschland unterlag in den letzten 65 Jahren starken Fluktuationen. Insgesamt ist eine leichte Abnahme der Eistage zu verzeichnen, die jedoch aufgrund der starken Schwankungen laut Klima-Monitoringbericht 2015 des Umweltbundesamtes (UBA) statistisch nicht signifikant ist.[1] Auch die Anzahl der Frosttage verringerte sich, schwankte aber ebenfalls stark. In den USA sind Kältewellen während der letzten 100 Jahre seltener geworden, mit Ausnahme der 1980er-Jahre, als sich Kältewellen häuften.[2] Die Winter im nördlichen Eurasien (z.B. in Sibirien) und östlichen Nordamerika haben sich in den letzten Jahrzehnten hingegen abgekühlt.[3-5] Auf der Forschungsstation Summit Camp wurde Anfang 2020 mit minus 66 °C ein neuer Kälterekord für Grönland aufgestellt.[6]

Was treibt die Kältewellen an?

Historische Aufzeichnungen aus der Flussschifffahrt zeigen, dass der Rhein in den letzten 230 Jahren insgesamt 14 Mal zufror. Ein Forscherteam um Frank Sirocko von der Universität Mainz verglich die Entwicklung mit den Sonnenflecken und konnte zeigen, dass zehn der 14 Kälteereignisse in Zeiten besonders geringer Sonnenaktivität fielen.[7;8] Dies deutet darauf hin, dass die Kältewellen bevorzugt während der solaren Minima des elfjährigen Sonnenfleckenzyklus auftreten. Ein ähnlicher Zusammenhang zwischen Kältewintern und geringer Sonnenaktivität wurde auch in Großbritannien festgestellt.[9;10]

Die Sonne ist über ihren Einfluss auf blockierte Wetterlagen mit dem Ozeanzyklus der Nordatlantischen Oszillation (NAO) eng verbunden (s. Kap. 8). Daher verwundert es nicht, dass auch die NAO eine wichtige Rolle bei der Entstehung von Kältewellen spielt, insbesondere in Europa[11-13] und China.[14] In Mittel- und Nordeuropa und anderen Regionen wie z. B. Sibirien ereignen sich kalte Winter überwiegend während der negativen NAO-Phase (NAO-).[15-18]

Die Entzauberung eines wackeligen Hilfskonstrukts

In den letzten 20 Jahren ereigneten sich in der nördlichen Hemisphäre überraschende Häufungen von Kältewellen. Im Zuge der Klimaerwärmung wäre eigentlich ein steter Rückgang der Kälteextreme zu erwarten gewesen. Einige Forscher zeigten sich kreativ und erklärten den intuitiven Zusammenhang kurzerhand für falsch. In Wirklichkeit würde die Klimaerwärmung zu häufigeren und nicht zu selteneren Kältewellen führen. Eine interessante Vorgehensweise, denn im Grunde wird damit die wissenschaftliche Falsifizierbarkeit von Hypothesen elegant umgangen. Egal ob sich die Winter kalt oder warm entwickeln, stets wird das beobachtete Resultat als Bestätigung der Klimamodelle gewertet. Das erinnert ein wenig an den Woody-Allen-Film »Bananas«, in dem CIA Truppen auf beiden Seiten einer Revolution in Lateinamerika kämpfen, gemäß dem Motto »*The CIA is not taking any chances*«.[19]

Laut der vorgebrachten Hypothese gibt der eisärmere Arktische Ozean mehr Wärme in die Luft ab, was wiederum überregional die Winde verändern und zu vermehrten blockierten Wetterlagen und arktischen Kaltlufteinbrüchen in mittleren Breiten in Europa, Asien und Nordamerika führen soll.[18; 20-24] Zu den Verfechtern dieses Mechanismus gehören unter anderem auch Mitglieder des Potsdam-Instituts für Klimafolgenforschung (PIK)[25-27] sowie der Potsdamer Zweigstelle des Alfred-Wegener-Instituts (AWI).[28]

Allerdings regte sich schnell Widerstand gegen das Modell.[29] In einem Interview mit der Tageszeitung *taz* im März 2013 stufte der Pressesprecher des Deutschen Wetterdienstes (DWD), Andreas Friedrich, die damalige Kältewelle als »*Laune im System Atmosphäre*« ein, ohne Bezug zur arktischen Meereisbedeckung.[30] Da hatte Friedrich offenbar einen Nerv getroffen, denn bereits am Folgetag schoss der PIK-Forscher Stefan Rahmstorf in seinem Blog »KlimaLounge« scharf und hochemotional zurück.[26] Der DWD sei blamabel, in Fragen des Klimawandels inkompetent, könne nicht mal wissenschaftliche Arbeiten lesen, die Argumente seien platt. Ein ungewöhnlich aggressiver Diskussionsstil, den man sonst in der Wissenschaft eher selten antrifft.

Interessanterweise reagierte eine andere Fürsprecherin des Meereis-Bezuges der Kältewellen einige Monate später ähnlich gereizt auf Kritik an der eigenen Hypothese. Im August 2013 unterstellte Jennifer Francis (Rutgers University)[21] der Kollegin Elizabeth Barnes (Colorado State University)[31] unlautere Beweggründe, welche sie zur Kritik an ihrer Arbeit bewogen hätten (»*[...] it appears that the interpretation of these results in Barnes (2013) was conducted with a particular intent.*«).[32] Judith Curry fand in ihrem Blog »Climate Etc.« die richtigen Worte für die diffamierende Rutgers-Forscherin (»*JC message to Jennifer Francis: I've found that your credibility is reduced and your own motivations are questioned when you attack the motives of another scientist, particularly a young scientist without any apparent agenda beyond doing good science and advancing her academic career*«).[33] Dazu muss man wissen, dass Jennifer Francis nicht nur Klimawissenschaftlerin, sondern auch Aktivistin ist, was ihr vielleicht einen neutraleren Blick erschwert. So war sie unter anderem mit Al Gores Climate Reality Project verbunden.

In den Folgejahren häufte sich dann aber die Kritik an der Meereis-Hypothese. Die meisten Wissenschaftler konnten in ihren daraufhin gestarteten Untersuchungen keinen kausalen Bezug der Meereisentwicklung zu den Kältewellen herstellen.[31; 34–41] Es spricht viel dafür, dass es sich bei der Häufung von Kältewellen um ein Zufallsprodukt der natürlichen Klimavariabilität handelt, wie auch zwei Studien der ETH Zürich bestätigen.[42–44] In einer ETH-Pressemitteilung aus dem März 2015 heißt es:[45]

»*Wissenschaftler um Tapio Schneider [...] zeigen anhand von Simulationen und mit theoretischen Argumenten, dass die Spannbreite der Temperaturschwankungen an den meisten Orten abnehmen wird, wenn sich das Klima erwärmt. Es wird also nicht häufiger, sondern seltener zu extrem niedrigen Tem-*

peraturen kommen. [...] Auch die Simulationen mit den Klimamodellen des Weltklimarats IPCC zeigten ähnliche Resultate: In den mittleren Breiten nehmen die Temperaturunterschiede und mit ihnen die Temperaturvariabilität ab, ganz besonders im Winter. Die Extreme werden also seltener, wenn sich die Varianz verringert.«

Eine Forschergruppe um James Screen von der University of Exeter gab der Meereis-Hypothese dann schließlich 2019 den »Todesstoß«.[12; 13; 46; 47] Offenbar waren die Kollegen von PIK, AWI und anderen Instituten einem klassischen Fehler aufgesessen, denn Korrelation bedeutet nicht automatisch Kausalität. Zwar konnten Screen und seine Studienpartner bestätigen, dass sich Kältewellen in der nördlichen Hemisphäre oft zu Zeiten verringerter Meereisbedeckung im Arktischen Ozean ereignen. Allerdings ist das Meereis nicht der Auslöser der Kälte, wie die University of Exeter in einer Pressemitteilung aus dem August 2019 erläuterte:[47]

»Die Forscher fanden, dass eine Korrelation zwischen reduziertem Meereis und extremen Wintern in mittleren Breiten besteht, weil beide gleichzeitig von demselben großmaßstäblichen atmosphärischen Zirkulationssystem angetrieben werden. [...] [Leitautor Russell Blackport erklärt]: ›Die Korrelation zwischen reduziertem Meereis und kalten Wintern bedeutet nicht, dass das eine das andere verursacht hätte. Wir zeigen, dass der wahre Grund in der Änderung der atmosphärischen Zirkulation liegt, welche warme Luft in die Arktis und kalte Luft in mittlere Breiten schickt.‹«

In den vergangenen Jahren sind die Verteidigungsreden zur Meereis-Kältewellen-Hypothese sehr viel leiser geworden, denn die Winter sind im Durchschnitt wieder wärmer geworden. Der Grund? Nach einigen Jahren stark negativer Werte ist die NAO nun wieder ins Positive umgeschlagen. Nun scheint wieder alles zu passen: Warme Winter als Bote der Klimaerwärmung. Aber schon bald könnte die NAO wieder ins Negative wechseln, dann ist bei einigen Akteuren der Klimadebatte wieder Kreativität gefragt.

23. Bringt uns der Klimawandel mehr Stürme?

Die enorme Kraft der Stürme erinnert uns daran, wie klein und verwundbar der Mensch auf der Erde wirklich ist. Wenn der Wind verrückt spielt, werden wir zum Spielball der Naturgewalten und können uns nur noch in Deckung bringen und abwarten. Im Zuge der Klimawandeldebatte gibt es bei einigen Teilnehmern die Vorstellung, dass der Mensch Einfluss auf die Stürme haben könnte. Plausibel oder größenwahnsinnig? Im Folgenden fassen wir den wissenschaftlichen Kenntnisstand zu dieser Frage zusammen. Zu diesem Zweck unterscheiden wir drei verschiedene Arten von Stürmen, nämlich Stürme in mittleren Breiten, tropische Wirbelstürme und Tornados. Außerdem soll es abschließend kurz um Sturmfluten in Norddeutschland gehen.

Stürme in mittleren Breiten

Das Potsdam-Institut für Klimafolgenforschung (PIK) wertete Satellitendaten aus und stellte für die vergangenen 35 Jahre eine signifikante Abnahme der Sturmaktivität während des Sommers in den mittleren Breiten der nördlichen Hemisphäre fest, darunter auch in Deutschland.[1; 2] Andere Studien stützen das Ergebnis und sagen für die Zukunft eine weitere Abnahme voraus.[3] Winterstürme über dem Nordatlantik und Nordwesteuropa zeigen allerdings starke, jahrzehntelange Schwankungen, wobei derzeit kein Langzeittrend sichtbar ist, wie ein Team um Frauke Feser vom Helmholtz-Zentrum Geesthacht dokumentierte.[4; 5] Erkennbar sind eine Verringerung der Sturmaktivität seit den 1880er- bis Mitte der 1960er-Jahre und ein darauf folgender Anstieg bis Mitte der 1990er-Jahre.[5] Ab Mitte der 1990er-Jahre verringerte sich dann wiederum die Sturmaktivität. Die österreichische Zentralanstalt für Meteorologie und Geodynamik (ZAMG) bestätigt die langfristigen Schwankungen und schreibt auf ihrer Website:[6]

»*In den drei untersuchten Regionen Europas (Nordwest-, Nord- und Mitteleuropa) gibt es langfristig keinen Trend zu mehr Stürmigkeit. In Mitteleuropa ist sogar ein Rückgang gegenüber der stürmischeren Zeit um 1900 deutlich. In allen drei Regionen war das Sturmklima von den 1920er-Jahren bis in die 1970er-Jahre relativ ruhig. Besonders in Nordeuropa stieg die Sturmtätigkeit danach vorübergehend an, seit etwa 1990 ist sie aber überall wieder rückläufig.«*

Ein Wissenschaftlerteam um Sönke Dangendorf von der Universität Siegen untersuchte die Sturmgeschichte der Nordsee für die vergangenen 170 Jahre und konnte ebenfalls keinen Langzeittrend bei Stürmen und Sturmfluten feststellen.[7] Andere Untersuchungen aus Europa bestätigen diese Ergebnisse.[8–12] Noch weiter zurückreichende Sturmrekonstruktionen aus dem mittel- und südeuropäischen Raum zeigen zudem, dass die Kleine Eiszeit meist sogar stürmischer als heute war.[13–18] Während der Mittelalterlichen Wärmeperiode vor 1000 Jahren nahm die Sturmaktivität hingegen in der Regel ab.[14; 18; 19] In der Vergangenheit brausten die Winde in Europa in den kalten Phasen stärker auf als in den warmen.[19] Als Antriebe für die Schwankungen der Sturmtätigkeit werden NAO- und AMO-Ozeanzyklen,[20–23] schwankende Sonnenaktivität[19; 21; 24–26] sowie andere im Millenniumstakt schwingende Klimazyklen[14; 24; 27; 28] genannt (s. Kap. 4, 7, 8). Die Universität Manchester warnt indessen davor, Stürme mit dem anthropogenen Klimawandel zu verknüpfen. Stürme würde es stets geben, unabhängig vom CO_2-Gehalt. Der Schutz der Menschen sollte im Vordergrund stehen.[29]

Tropische Wirbelstürme

Tropische Wirbelstürme sind kräftige Tiefdruckwirbel, die sich bei Wassertemperaturen über 27 °C entwickeln. Je nach Region des Auftretens werden die Stürme unterschiedlich bezeichnet, obwohl es sich um exakt das gleiche Wetterphänomen handelt. Im Atlantik, in der Karibik und im Nordostpazifik werden die Stürme als »Hurrikane« bezeichnet, im Nordwestpazifik werden sie »Taifune« genannt, und im Indischen Ozean und Südpazifik heißen sie »tropische Zyklone«. Um als Hurrikan, Taifun oder tropischer Zyklon zu gelten, muss ein Sturm Windgeschwindigkeiten von mindestens 119 Kilometern pro Stunde erreichen.

Nach jedem verheerenden Wirbelsturm werden Stimmen laut, die den Mensch als verstärkende Ursache sehen. Vielleicht ist es angesichts der Hilflosigkeit ein tief in der menschlichen Seele verankertes Bedürfnis, einen eigenen Einfluss bei den Wirbelstürmen erkennen zu wollen, um dabei hel-

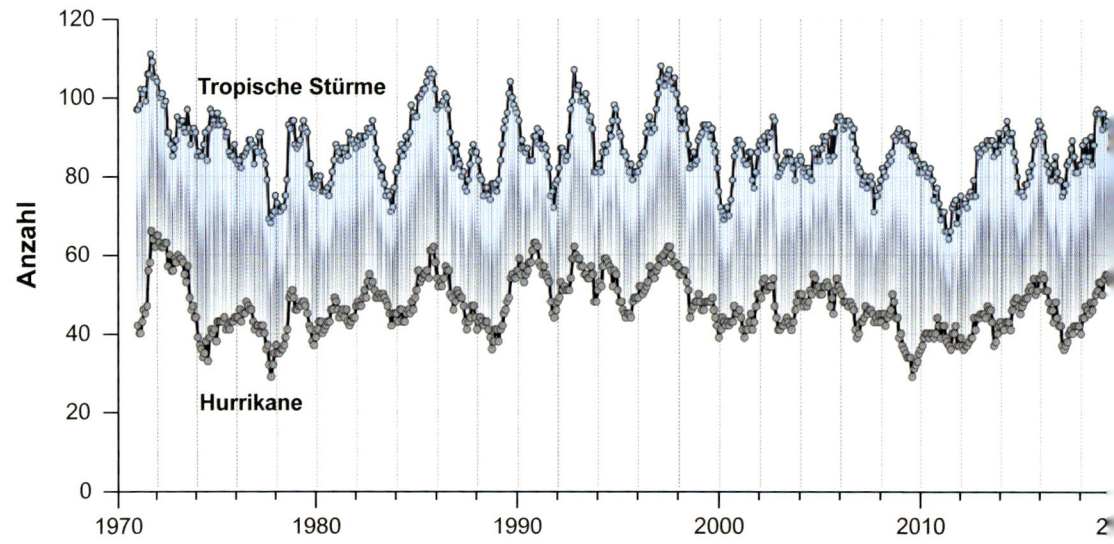

ABB. 30: Häufigkeitsentwicklung von tropischen Stürmen (oben) und tropischen Wirbelstürmen (unten) während der vergangenen 50 Jahre. Quelle: Ryan Maue.[83; 69]

fen zu können, zukünftige Katastrophen zu vermeiden. Der aktuelle wissenschaftliche Kenntnisstand ist jedoch, dass bislang noch kein anthropogener Einfluss auf die Wirbelstürme festgestellt werden konnte. Das bestätigte auch der IPCC in seinem letzten Spezialbericht zum Extremwetter.[30] Einen langfristigen Trend zu vermehrten, intensiveren[31] oder länger andauernden tropischen Wirbelstürmen gibt es nicht, weder global[30] (s. Abb. 30) noch in Nordamerika,[32] Afrika,[33; 34] Asien[35-37] oder Australien[38-40]. Die auf heutige Verhältnisse normalisierten Schadenssummen durch Hurrikane haben sich in den USA während der vergangenen 100 Jahre nicht verändert.[41; 42] Auch für die Zukunft ist keine Zunahme der Wirbelstürme im Zuge des Klimawandels prognostiziert, eher eine Abnahme.[43-49]

Allerdings wechseln Phasen stärkerer und schwächerer Wirbelsturmaktivität im Jahrzehnt- bis Jahrhundertmaßstab miteinander ab,[50-54] angetrieben vom 60-jährigen AMO-Ozeanzyklus,[55-61] El Niño (ENSO),[62-66] anderen Ozeanzyklen im Pazifik[67-70] und Indik[71] sowie solaren Aktivitätsschwankungen[63; 72-76]. Aufgrund des bevorstehenden Wechsels der AMO von der positiven in die negative Phase wird damit gerechnet, dass atlantische Hurrikane in den kommenden zwei Jahrzehnten eher seltener werden.[59; 77]

An der Nordostküste der USA bei Cape Cod, Massachusetts, ereigneten sich in den Zeiten 150–1150 n. Chr. und 1400–1675 n. Chr. hurrikanreiche Phasen, in denen Stürme auftraten, die jene der letzten 150 Jahre zum Teil bei Weitem übertrafen.[78; 79] In Florida waren Hurrikane während der Mittelalterlichen Wärmeperiode häufiger als in der nachfolgenden Kleinen Eiszeit, was auf eine dortige Kopplung an die Meeresoberflächentemperatur hinweist.[80]

Mitte März 2015 verwüstete der Zyklon »Pam« der höchsten Kategorie 5 den pazifischen Inselstaat Vanuatu, eine schlimme Naturkatastrophe. Hilfsorganisationen unterstützten die Bevölkerung in diesen schweren Stunden. Während der Präsident umgehend den Klimawandel als Mitschuldigen ausmachte,[81] äußerte sich der Premierminister des Landes, Joe Natuman, gegenüber Reuters deutlich realistischer:[82]

»Hurrikane oder Zyklone sind für uns nichts Neues. Seitdem unsere Inseln vor etwa 5000 Jahren erstmals besiedelt wurden, setzen uns alljährlich Stürme zu.«

Tornados

Tornados sind bis zu 500 km/h schnell rotierende Luftwirbel mit senkrechter Drehachse und einem Durchmesser von meist 50–100 m. Der Wirbel erstreckt sich durchgehend vom Boden bis zur Wolkenuntergrenze. Die Dauer von Tornados beträgt zwischen wenigen Sekunden bis mehr als einer Stunde. Ihre Vorwärtsbewegung liegt im Schnitt bei 50 km/h. Am häufigsten sind Tornados im Mittleren Westen der USA in der sogenannten »Tornado Alley«, die vom nördlichen Texas nordwärts bis South Dakota reicht.

Trendaussagen über die Häufigkeit von Tornados sind schwierig, weil flächendeckende Daten für die USA erst seit 1950 vorliegen. Ein abrupter Anstieg in der Anzahl der Tornados um 1990 ist der Einführung des Wetterradars geschuldet, mit dem seitdem auch Tornados erfasst werden können, die zuvor durch die Maschen geschlüpft sind.[84] Neben der verbesserten Beobachtungstechnik gibt es heute auch eine größere Bevölkerung und ein breiteres Wissen über Tornados, sodass die Anzahl der Tornado-Sichtungen allein deshalb schon anstieg.[84] Tornados ab der Kategorie EF-1 (moderate Schäden) wären wohl auch in der Zeit vor dem Wetterradar registriert worden. Hier

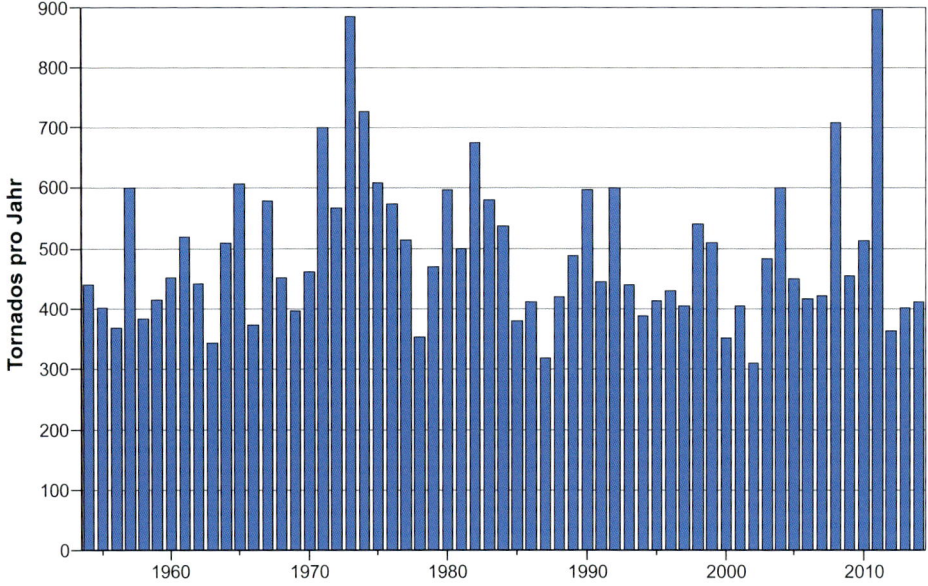

ABB. 31: Häufigkeitsentwicklung von Tornados in den USA der Stärke EF-1 und höher während der vergangenen 65 Jahre. Quelle: NOAA[95]

zeigt sich für die vergangenen 65 Jahre trotz deutlicher Schwankungen in der Häufigkeit kein Trend (s. Abb. 31). Besonders starke Tornados der Kategorien F3 bis F5 sind in den letzten 70 Jahren seltener geworden.[85] Insgesamt hat sich die Zahl der Tornado-Tage pro Jahr seit den 1970er-Jahren reduziert, während die Anzahl von Tornados an Tornado-Tagen angestiegen ist.[86] Räumlich hat sich die Tornado-Aktivität verlagert, mit einer Abnahme der Stürme im Westen und Nordwesten und einer Zunahme im Südosten des Verbreitungsgebietes.[87] Der IPCC Extremwetter-Spezialbericht stellt fest:[30]

»Wegen Inhomogenitäten der Daten und Unzulänglichkeiten bei Überwachungssystemen besteht bei kleinräumigen Phänomenen wie Tornados und Hagel geringes Vertrauen hinsichtlich beobachteter Trends.«

Die US-amerikanische National Oceanic and Atmospheric Administration (NOAA) räumt Defizite im Verständnis der Tornados auf ihrer Frequently-Asked-Questions-Webseite freizügig ein:[88]

»Werden Tornados durch den Klimawandel verursacht? Nein. Der Auslöser sind Gewitterstürme. Die schwierigere Frage ist jedoch, ob der Klimawandel das Auftreten der Tornados beeinflussen könnte. Die kurze Antwort dazu ist: Wir wissen es nicht.«

Die durch Tornados entstandenen Schäden sind in den vergangenen Jahrzehnten gesunken, wenn man die Schadenssummen auf die heutigen gesellschaftlichen und ökonomischen Bedingungen normalisiert.[89] Die Variabilität im Auftreten von Tornados wird offenbar von El Niño/La Niña-Bedingungen mitgesteuert.[90; 91] Einige Forscher vermuten zudem eine Beteiligung des PDO-Ozeanzyklus.[92; 93] Auch in Deutschland gibt es übrigens ab und zu Tornados, etwa 20 bis 60 werden pro Jahr registriert. Einen Häufigkeitstrend für die letzten 15 Jahre gibt es allerdings nicht.[94]

Sturmfluten in Norddeutschland

Laut Bundesamt für Seeschifffahrt und Hydrographie (BSH) gibt es in Norddeutschland nicht mehr Sturmfluten als vor 50 Jahren.[96] Weder bei Häufigkeit noch Intensität der Sturmfluten gebe es einen Trend, dafür jedoch eine

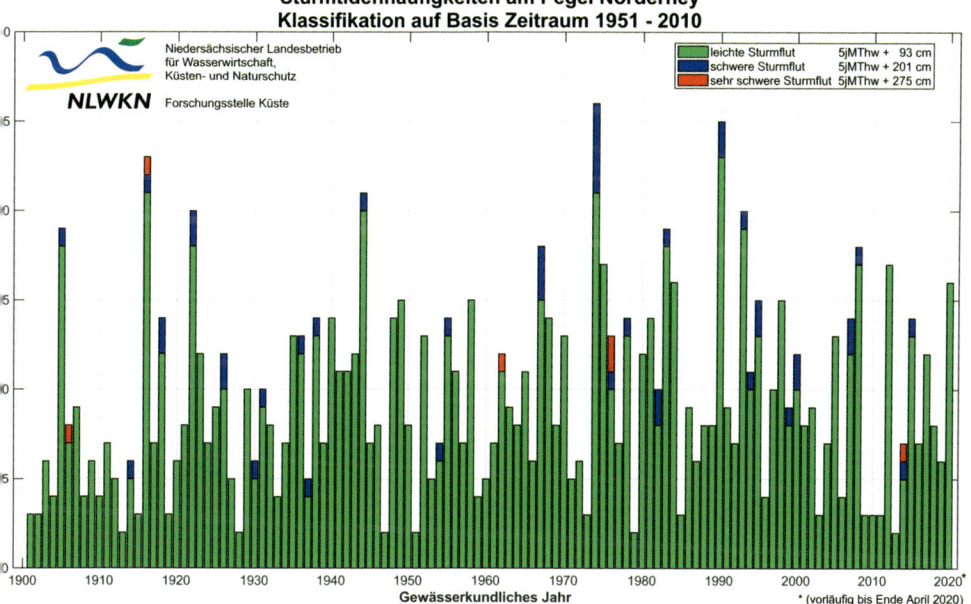

ABB. 32: Anzahl von Sturmfluten am Pegel Norderney seit 1900. Quelle: Niedersächsischer Landesbetrieb für Wasserwirtschaft, Küsten- und Naturschutz.

starke natürliche Variabilität von Jahr zu Jahr. Dies zeigt exemplarisch die Zeitreihe des Pegels Norderney, die die letzten 120 Jahre umfasst (s. Abb. 32). Auch eine Studie von Gabriele Gönnert konnte keinen Langzeittrend für Sturmfluten in der Deutschen Bucht finden, wobei auf eine Phase höherer Sturmfluthäufigkeit im Zeitraum 1900–1950 hingewiesen wird.[97]

24. Welche Rolle spielen Vulkane beim Klimawandel?

Vulkane erinnern uns an die urtümlichen Kräfte aus dem Erdinneren, die für einen kurzen Moment an der Erdoberfläche zum Vorschein kommen. Lava, vulkanische Schlammströme und vulkanische Auswurfmassen bilden eine große Gefahr für die lokale Bevölkerung sowie Vulkantouristen, insbesondere die schwer vorhersagbaren Eruptionen hochexplosiver Vulkane. Neben festen Stoffen treten aus Vulkanen auch große Mengen von vulkanischen Gasen aus, wovon der größte Teil Wasserdampf ist. Zu den anderen vulkanischen Gasen gehören Kohlendioxid (CO_2) (s. Kap. 9), Schwefeldioxid (SO_2), Schwefelwasserstoff (H_2S), Salzsäure (HCl) und Fluorwasserstoff (HF).

Klimatisch wirksam ist vor allem Schwefeldioxid, das im Zuge von besonders starken explosiven Ausbrüchen bis in die Stratosphäre katapultiert wird, wo es innerhalb eines Monats photochemisch zu Sulfataerosolen oxidiert und durch die großräumige Luftzirkulation über den gesamten Globus verteilt wird. Die stratosphärischen Schwefelschwebstoffe wirken wie eine Art Sonnenschirm und blockieren einen Teil des einfallenden Sonnenlichts, was zu einer entsprechenden Abkühlung am Erdboden führt.[1; 2] Im Gegensatz hierzu erwärmen ebenfalls emporgeschleuderte vulkanische Rußpartikel die Stratosphäre. Die Effekte wirken jedoch vergleichsweise kurz, da Schwefel- und Rußaerosole nach wenigen Jahren wieder zurück in die Troposphäre gelangen und dort ausgewaschen werden.[3–5] Eine langfristige durch Vulkanismus angetriebene Klimaveränderung wäre theoretisch also nur durch eine rasche, stetige Folge starker Vulkanausbrüche denkbar.[6] Je nach Ausbruchsregion und Jahreszeit – z. B. Regenzeit oder Trockenzeit – gibt es etwas unterschiedliche Klimaeffekte.[7] So folgen auf starke tropische Vulkanausbrüche meist ungewöhnlich warme Winter, und der darauffolgende Sommermonsunregen ist typischerweise verringert.[8] Neben dem stratosphärischen Klimaeffekt wirken die Schwefelaerosole auch in der Troposphäre auf die Wolkenbildung. Die Schwefelteilchen führen hier zur Entstehung verkleinerter Wolkentröpfchen, die mehr Sonnenlicht zurück in den Weltraum reflektieren als größere Tropfen.[9; 10] Klimamodelle scheinen die vulkanische Kühlwirkung systematisch zu überschätzen.[11-14]

Das Jahr ohne Sommer

Ein klassisches Beispiel für die vulkanische Klimawirkung ist das Jahr 1816, als in Teilen Europas,[15-20] im Nordosten der Vereinigten Staaten[21] und Teilgebieten Chinas der Sommer wegen ungewöhnlicher Kälte ausfiel. »Das Jahr ohne Sommer« wurde in Deutschland als das Elendsjahr »Achtzehnhundertunderfroren« bezeichnet und bekam in den Vereinigten Staaten den Spitznamen »Eighteen hundred and frozen to death«. Hauptursache war der Ausbruch des indonesischen Vulkans Tambora im April 1815.[22] Gleichzeitig ereignete sich aber auch das solare Dalton-Minimum. Der direkt auf den Ausbruch folgende Sommer 1815 war besonders feucht,[15] weil elektrisch aufgeladene Asche möglicherweise die Ionosphäre kurzgeschlossen hatte, was die Wolkenbildung durcheinanderbrachte.[23; 24] Dies könnte dazu beigetragen haben, dass Napoleons Armee in der Schlacht von Waterloo im Schlamm stecken blieb und den Kampf gegen die Alliierten verlor.[23; 24] Kältejahre folgten auch auf große Vulkanausbrüche in Nicaragua 1835,[25] Laki (Island) 1783,[26] Samalas (Indonesien) 1257[27] und Ilopango (El Salvador), 539 n. Chr.[28; 29].

Problemfall Kleine Eiszeit

Die Kleine Eiszeit (1300–1850) war unbestritten eine der kältesten Phasen der letzten 10 000 Jahre (s. Kap. 2). Klimamodelle haben jedoch Probleme, diese Kälte nachzuvollziehen, da sie von einer nahezu vernachlässigbar geringen Klimawirkung der Sonne ausgehen. Dabei wäre die Sonne der ideale Kandidat als Klimaantrieb der Kleinen Eiszeit, denn zeitgleich zur Abkühlung ging auch die solare Aktivität deutlich zurück. Da die Sonne voreilig vom IPCC disqualifiziert wurde, wird die Kälte der Kleinen Eiszeit in den Klimasimulationen durch Vulkanausbrüche generiert. Dabei stellen sich allerdings drei wichtige Fragen: 1) Wie können Vulkanausbrüche, die jeweils nur einige Jahre lang kühlen, überhaupt zu einer über mehrere Jahrhunderte andauernden Kältephase führen? 2) Gibt es Rekonstruktionen der Vulkantätigkeit der letzten Jahrhunderte und Jahrtausende, die das Vulkan-Modell der Kleinen Eiszeit stützen? 3) Ist es wirklich nur purer Zufall, dass die Sonnenaktivität während der Kleinen Eiszeit reduziert war?

Die erste Frage bleibt ein Mysterium, denn die komplizierten Konzepte zur angeblichen Verlängerung der Vulkanwirkung lassen sich weder mit Fallstudien validieren, noch können sie überzeugen.[30; 31] Es ist unwahrscheinlich, dass der Klimamechanismus von Vulkanen in der Kleinen Eiszeit vollkommen anders funktionierte als heute. Die zweite Frage lässt sich ebenfalls leicht beantworten. Eine 24-köpfige Forschergruppe um Michael Sigl vom Desert Research Institute in Reno (Nevada) veröffentlichte 2015 im Fachblatt *Nature* eine globale Rekonstruktion der starken klimawirksamen Vulkanausbrüche für die vergangenen 2500 Jahre,[4; 5] welche Inkonsistenzen früherer Rekonstruktionen korrigierte.[32–34] Dazu werteten die Wissenschaftler vulkanische Sulfatgehalte in mehr als 20 Eiskernen in Grönland und der Antarktis aus. Gegen Ende der Mittelalterlichen Wärmeperiode identifizierten sie für das Jahr 1257 n. Chr. einen besonders starken Ausbruch, dessen Kühlimpuls zusammen mit der damals rapide sinkenden Sonnenaktivität dem globalen Klima einen doppelten Kältestoß verpasste, der den Übergang zur Kleinen Eiszeit einläutete (s. Abb. 33).

Allerdings sind weite Strecken der Kleinen Eiszeit durch eine auffallend geringe vulkanische Aktivität geprägt.[35; 36] Erst in der zweiten Hälfte der Kältephase erhöhte sich die Häufigkeit von Ausbrüchen, wobei aber bereits in der zweiten Hälfte der Mittelalterlichen Wärmephase eine ähnliche hohe Ausbruchfrequenz erreicht worden war. Die Zeitlichkeiten von vulkanischer Aktivität und Klimaentwicklung lassen sich nicht miteinander in Einklang bringen, sodass Vulkanausbrüche als generelle Erklärung für die mehrere Jahrhunderte dauernde Kleine Eiszeit ausfallen. Es bleibt also die Frage, was der tatsächliche Auslöser der Kleinen Eiszeit war, was direkt zur Frage drei führt. Es ist wahrscheinlich kein Zufall, dass die Sonnenaktivität während der Kleinen Eiszeit verringert war. Es wäre an der Zeit, die starke Abkühlung

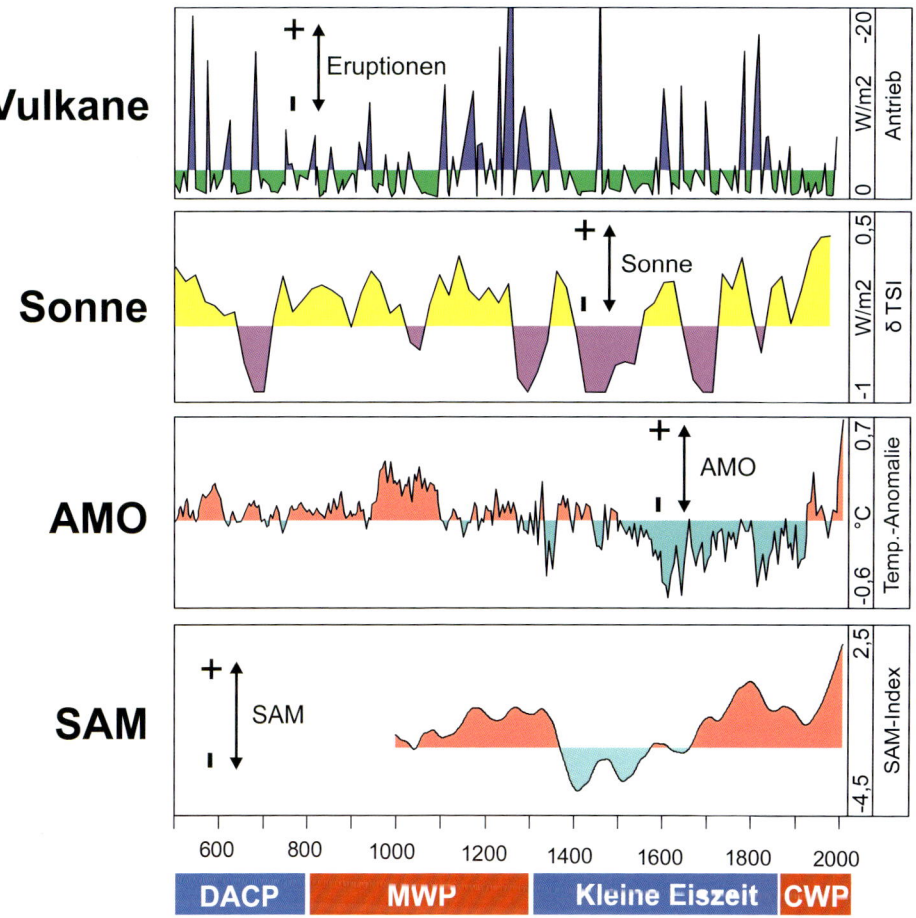

ABB. 33: Entwicklung der globalen Vulkanaktivität (Sigl. et al. 2015),[4] Sonnenaktivität (Steinhilber et al. 2012),[37] Atlantischen Multidekaden-Oszillation (AMO, Mann et al. 2009)[38] und Southern Annular Mode (SAM, Abram et al. 2014).[39] DACP = Kälteperiode der Völkerwanderungszeit (Dark Ages Cold Period), MWP = Mittelalterliche Wärmeperiode, CWP = Moderne Wärmeperiode (Current Warm Period).

ernsthaft unter Verwendung von effektiven Klimaverstärkern des Sonnensignals (s. Kap. 8) testweise in Klimamodellen zu simulieren. Dazu sollten dann aber auch echte regionale Temperaturrekonstruktionen anstatt problematischer »weichgespülter« globaler Daten verwendet werden (s. Kap. 2, »Der Sohn des Hockey Stick«).

Vulkanische Lösung für den ungeliebten Hiatus

Die globale Erwärmungspause zwischen 2000 und 2014 überraschte die Klimaforscher, denn laut Klimamodellen hätte es eigentlich um drei Zehntel Grad wärmer werden sollen. Als der Hiatus schließlich zur Gewissheit wurde, überboten sich die einzelnen Klimadisziplinen mit kreativen Ideen zu möglichen Auslösern. Einige Forscher favorisierten kleinere Vulkanausbrüche, welche die durch Treibhausgase erzeugte Erwärmung ausgeglichen haben sollen.[40-45] Diese Theorie hatte den Vorteil, dass man den Erwärmungsstopp wirklich nicht hätte vorhersehen können, denn Vulkane widersetzen sich bekanntlich allen Prognosen und brechen dann aus, wann sie wollen. Allerdings war es gar nicht so einfach zu erklären, wie das vulkanische Schwefeldioxid in die Stratosphäre gelangt sein soll. Eigentlich katapultieren nämlich nur besonders starke Vulkanausbrüche ihre Fracht in dieses höhere Atmosphärenstockwerk. Zum Teil sollte der Monsun helfen, den Schwefel in die Höhe zu hieven.[46; 47] Andere Wissenschaftler widersprachen und rechneten vor, dass kleinere Vulkanausbrüche gar nicht genügend Abkühlung produziert haben können, um die Erwärmungspause zu erklären.[48; 49] Als dann Ende 2015 ein El Niño die Temperaturen wieder steigen ließ, wurde die Hypothese schnell zu den Akten gelegt.

Klimafaktor Vulkane

Obwohl die Vulkane bei der Kleinen Eiszeit und dem Hiatus des frühen 21. Jahrhunderts wohl keine große Rolle gespielt haben, gibt es dennoch Anzeichen für systematische vulkanische Klimaimpulse. Große Ausbrüche scheinen für kurze Zeit im Zusammenspiel mit solaren Aktivitätsschwankungen die Ozeanzyklen AMO,[50-52] NAO[53-55] sowie El Niño/La Niña[56] zu beeinflussen. Zudem sollen Vulkane klimatische Impulse beim Golfstrom[57; 58] geben. Der ursprüngliche Vorschlag einer vulkanischen Signatur bei tropischen Wirbelstürmen[59] erwies sich mittlerweile als nicht stichhaltig.[60] Die gängigen Klimamodelle haben große Probleme, durch Vulkane hervorgerufene Klimaeffekte korrekt wiederzugeben.[61]

Andere Autoren kritisieren, dass in Temperaturzukunftsprognosen eine viel größere Bandbreite von Vulkanausbruchsszenarien eingebaut werden müsste.[62]

25. Klimaflüchtlinge und Klimakriege: Wie viele und wo?

In vielen Beiträgen von Wissenschaftlern und in den Medien wird der Klimawandel als Fluchtgrund von Klimaflüchtlingen und Auslöser von Klimakriegen dargestellt. Belege hierfür werden jedoch in den allerwenigsten Fällen geliefert, vielmehr wird einem Automatismus folgend oft auf einen intuitiven Zusammenhang gebaut.[1] Die meisten Mitmenschen würden dem viel diskutierten Klimawandel eine solche Rolle durchaus zutrauen, so viel steht fest. In Wahrheit vertritt die Wissenschaft zu diesen Punkten eine sehr viel differenziertere Ansicht, die wir im Folgenden vorstellen wollen.

Klimaflüchtlinge

Zunächst einmal gilt es den Begriff »Klimaflüchtling« zu klären. In seiner direkten Anwendung handelt es sich um einen Menschen, der vor beschwerlichem oder sogar bedrohlichem Klima die Flucht ergreift und hofft, in einen anderen Teil der Welt mit geeigneterem Klima umzusiedeln. So hätte ein Wüstenbewohner gute Gründe, in feuchtere Gegenden umzuziehen. Anwohner der regelmäßig von schlimmen tropischen Wirbelstürmen heimgesuchten Regionen könnten ein berechtigtes Interesse haben, in sturmärmere Länder zu migrieren. Dies hat zunächst einmal nichts mit dem Klimawandel zu tun, sondern einfach mit den klimatischen Zonen, die es auf der Welt gibt. Im Prinzip sind auch Mittel- und Nordeuropäer »Klimaflüchtlinge«, wenn sie in der kalten Jahreszeit in wärmeren Gefilden, z. B. auf den Kanarischen Inseln, überwintern.

Der eigentlich zu gebrauchende Begriff wäre »Klimawandelflüchtling«. Hierbei handelt es sich um Menschen in Gebieten, in denen sich das Klima zu ihrem Nachteil geändert hat. Unterscheiden müsste man dann konsequenterweise auch noch »anthropogener Klimawandelflüchtling«

und »natürlicher Klimawandelflüchtling«. Dies soll am Beispiel des Sahel deutlich gemacht werden. In den 1930er- bis 1960er-Jahren war die Sahelzone relativ feucht, was der Landwirtschaft zugutekam. Als dann der AMO-Zyklus in den 1970er- bis 1980er-Jahren ins Negative umschlug, blieb der Regen aus, und schwere Dürren entwickelten sich (s. Kap. 19).[2] Jene Menschen, die diesen Dürren damals entflohen, um sich in Sicherheit zu bringen, waren Flüchtlinge der natürlichen Klimavariabilität, denn die Schwankungen des Sahel-Regens sind eng an den natürlichen 60-jährigen Ozeanzyklus der AMO geknüpft. Seit den 1990er-Jahren hat sich die Niederschlagssituation wieder verbessert, als die AMO wieder in ihre positive Phase eintrat.

Das Beispiel macht klar, dass zunächst abgeklärt werden müsste, ob die klimatischen Bedingungen überhaupt bereits die natürliche Schwankungsbreite verlassen haben. Das Klima unterliegt ständigen Veränderungen und pendelt in Zeitmaßstäben von Jahrzehnten bis etlichen Jahrhunderten hin und her. Da kann eine Generation der Sahelbewohner Glück haben, während die folgende Generation die nächste Dürrephase der natürlichen Zyklik überstehen muss. Ähnlich ist es mit vielen anderen Formen des Extremwetters, die kommen und gehen, die aber laut vielen Studien und gemäß Berichten des IPCC den Bereich der natürlichen Klimavariabilität noch nicht verlassen haben (s. Kap. 17). Auch die Wikinger auf Grönland oder die Bewohner des Alpendorfes Chastellard (s. Kap. 2) waren in diesem Sinne »natürliche Klimawandelflüchtlinge«, als Kälte und Eis der Kleinen Eiszeit ihre Lebensgrundlage zerstörte. Selbst Teile der deutschen Auswanderer nach Amerika im 19. Jahrhundert wurden offenbar durch die prominente Kältephase zur Migration in die Neue Welt motiviert.[3]

Gibt es bereits »anthropogene Klimawandelflüchtlinge«? Das ist schwer zu sagen. Ähnlich warme Temperaturen sowie Häufigkeiten von Hitzewellen wie heute hat es bereits vor 1000 Jahren in vielen Teilen der Erde zur Zeit der Mittelalterlichen Wärmeperiode gegeben (s. Kap. 2). Der einzige Klimaparameter, der sich aus dem Bereich der letzten Jahrtausende bisher entfernt hat, ist wohl der Meeresspiegel. Aber auch der Meeresspiegelanstieg ist eher Teil eines allgemeinen Trends der letzten 10 000 Jahre nach Ende der letzten Eiszeit, wobei der Meeresspiegel zunächst fast zehnmal so schnell stieg wie heute, sich dann aber verlangsamte

(s. Kap. 27). Die pazifischen Koralleninseln sind seit Jahrtausenden mit diesem Anstieg mitgewachsen, weil sie aus lebenden Korallen (und ihrem Schutt) bestehen, die stets knapp unter der Meeresoberfläche wachsen, wo sie noch ausreichend Licht für ihre Zooxanthellen beziehen (s. Kap. 26). Von »anthropogenen Klimawandelflüchtlingen« kann man also auch hier nicht wirklich reden.

Migrationsentscheidungen

Laut Benjamin Schraven vom Deutschen Institut für Entwicklungspolitik (DIE) gibt es vielfältige Gründe für Migrationsentscheidungen.[4] Sie können von ökologischen, aber sehr häufig auch von vielen anderen Faktoren und Motiven wirtschaftlicher, politischer, sozialer, kultureller oder demographischer Natur beeinflusst werden. Laut Schraven wird der Begriff des »Klimaflüchtlings« immer noch gern und häufig benutzt, aber tatsächlich bilden bewaffnete Konflikte weltweit den Hauptfluchtgrund.[4] Benjamin Schraven warnt:[4]

»*Vieles deutet darauf hin, dass die immer noch weit verbreitete Annahme eines Automatismus zwischen Klimawandel und Migration – getreu einer Formel ›weniger Regen oder mehr Dürren führt zu mehr Migration‹ – stark angezweifelt werden muss. Ein solch genereller ›Ökodeterminismus‹ ist empirisch nicht haltbar.*«

Neben der meist schlechten wirtschaftlichen Lage bildet auch das ungebändigte Bevölkerungswachstum Afrikas einen bedeutenden »push factor«. Die Folgen sind Landknappheit, Überweidung und Schädigung der Böden. Die Hauptkampfgebiete angeblicher Klimakriege in Mali, Niger und Burkina Faso verzeichneten zwischen 1950 und 2019 einen Bevölkerungsanstieg von zehn auf über 60 Mio. Einwohner, wobei bis zum Jahr 2050 ein Bevölkerungswachstum auf insgesamt 130 Mio. prognostiziert wird.[2] Der Wirtschaftswissenschaftler und Soziologe Gunnar Heinsohn rechnet in einem Beitrag in der *Welt* vor:[2]

»*Hätte Deutschland seit 1950 (70 Millionen) ein Wachstum wie die Sahelzone vorgelegt, stünde es heute nicht bei gut 80, sondern bei rund 410 Millionen Einwohnern. Eine Übernutzung der landwirtschaftlichen Flächen wäre dann auch hier unausweichlich geworden.*«

Ein deutscher Professor an der Columbia University, Wolfram Schlenker, und seine Doktorandin Anouch Missirian versuchten in einer effekthaschenden Studie einen simplifizierenden Bezug zwischen Klimaerwärmung und Asylbewerberzahlen in der EU herzustellen.[5; 6] Schlenker kooperiert eng mit dem Potsdamer PIK-Institut. Allerdings ließen die beiden wichtige vorangegangene Studienergebnisse außer Acht, die in eine ganz andere Richtung weisen. Die beiden Migrationsexperten Vally Koubi und Thomas Bernauer von der ETH Zürich sahen sich genötigt, eine Pressemitteilung herauszugeben, in der sie ihren amerikanischen Kollegen vehement widersprachen:[7]

»In einem kürzlich in der Fachzeitschrift ›Science‹ veröffentlichten Artikel, dem wir klar widersprechen, wird beispielsweise davon ausgegangen, dass die Zahl der Asylsuchenden in der Europäischen Union bis Ende dieses Jahrhunderts aufgrund des Klimawandels um fast 200 Prozent ansteigen könnte. [...] Unsere eigene Forschung deutet jedoch darauf hin, dass solche Prognosen – ähnlich wie frühere Vorhersagen, der Klimawandel werde Kriege auslösen – äußerst spekulativ und nicht ausreichend durch solide Daten untermauert sind. [...] Im Gegensatz zu praktisch allen früheren Studien liefern unsere Daten Informationen sowohl zu Menschen, die ihre Heimat verlassen haben, als auch zu solchen, die trotz klimatischer Veränderungen geblieben sind.[8; 9] *Diese Unterscheidung ist wichtig, da die potenziellen Gründe für eine durch den Klimawandel bedingte Migration nur dann bestimmt werden können, wenn Migranten und Nichtmigranten verglichen werden. [...] Nicht hinreichend fundierte Studien, in denen behauptet wird, der Klimawandel würde Millionen von Menschen zum Auswandern zwingen, sind sowohl wissenschaftlich als auch politisch fragwürdig. Solche Studien lenken von der Tatsache ab, dass die überwiegende Zahl der vom Klimawandel betroffenen Menschen, vor allem auch solche in armen Ländern, es vorzieht, in ihrer Heimat zu bleiben.«*

Der Spiegel berichtete über den Vorfall in einem Artikel mit der Überschrift »Mehr Flüchtlinge durch Klimawandel? Asyl-Studie entsetzt Wissenschaftler«.[10] Dort wird u. a. der Statistiker William Briggs von der Eliteuniversität Cornell in den USA mit dem folgenden vernichtenden Statement zur Columbia-Studie zitiert: *»Die dümmste, idiotischste Anwendung von Statistik, die ich seit Langem gesehen habe«*. Eine Reihe weiterer Forscher zeigte sich verwundert, wie solch eine Studie überhaupt publiziert werden konnte.[10–12]

Eine 31-köpfige Forschergruppe verwahrte sich 2019 in einem Artikel im Fachblatt *Nature Climate Change* gegen simplifizierende Ansätze und Falschbehauptungen zur angeblich durch den Klimawandel ausgelösten Massenmigration. Sie bemängeln Forschungsförderungsprogramme, die einseitige Ergebnisse provozieren:[13]

»Anstatt sich von der Politik die wissenschaftlichen Prioritäten diktieren zu lassen, was zu sich selbst erhaltenden falschen Behauptungen zur klimabedingten Migration führt, sollte die Politik eine sorgfältige und kritische fakten-orientierte Abwägung anfordern, um die wichtigsten Herausforderungen der Zukunft zu beschreiben.«

Laut Steffen Bauer und Benjamin Schraven vom Deutschen Institut für Entwicklungspolitik erfolgt Umweltwandel-bedingte Migration vor allem in zirkulären oder saisonalen Mustern.[14] Einzelne Familienmitglieder machen sich dabei zeitlich begrenzt auf den Weg, um anderswo Geld zu verdienen, um Ernte- oder Viehverluste der Familie oder des Clans zu kompensieren. Dabei bewegen sie sich in den allermeisten Fällen innerhalb der Grenzen des eigenen Herkunftslandes oder zwischen benachbarten Ländern einer Region.[14] Die beiden Migrationsexperten Bauer und Schraven wehren sich gegen alarmistische Warnungen wie etwa von Jakob von Uexküll, dem Stifter des Alternativen Nobelpreises, der in der Zukunft mit 200 Mio. Klimaflüchtlingen in Europa aus Afrika rechnet.[14; 15] In einem Artikel in der *Zeit* schreiben die Forscher vom Deutschen Institut für Entwicklungspolitik:

»Doch die Gleichung ›je mehr Klimawandel, desto mehr Migration‹ geht nicht auf. Denn Migrationsentscheidungen sind sehr komplex.«

Der Sozialwissenschaftler und Demograph Wolfgang Lutz sieht dies ebenfalls nüchtern und hält nichts von unbelegten Verknüpfungen, wie er in einem Interview mit der österreichischen Zeitung *Die Presse* 2015 erläuterte:[16]

»Diese großen Migrationsbewegungen sind Teil einer Ungleichzeitigkeit der soziodemografischen Entwicklung. Die Länder im Süden des Mittelmeeres sind in ihrer sozialen, wirtschaftlichen, aber eben auch demografischen Entwicklung einige Jahrzehnte hinter der Entwicklung in Europa. [...] Szenarien, dass Millionen von Klimaflüchtlingen nach Europa kommen, sind aus meiner Sicht stark übertrieben. Das bestätigt auch eine große Studie des englischen Government Office of Science.[17] Wir sehen vielmehr, dass Leute, die vor Fluten oder anderen

Naturkatastrophen von ihrem eigenen Stück Land verdrängt werden, wenn möglich in der näheren Umgebung bleiben.«

Im Sahel ist die Binnenmigration traditionell stark verankert.[18] Zudem scheint der gesellschaftliche Wandel für Nomaden viel problematischer zu sein als der Klimawandel.[19] Angesichts der vielen Fragezeichen beim Thema »Klimamigration« erstaunt es,[20] dass die Grünen bereits großzügig Klimapässe und EU-Einbürgerung von »Klimaflüchtlingen« anbieten wollen, offenbar ohne genauere Information zum aktuellen wissenschaftlichen Kenntnisstand.[21; 22]

Die meisten der in den Medien vorgestellten Klimaflüchtlinge sind gar keine. So hat eine Forschergruppe um Ilan Kelman vom University College London Interviews mit der Bevölkerung der Malediven geführt, mit einem überraschenden Ergebnis.[23] In den wenigsten Fällen führten die Befragten den Klimawandel als Migrationsgrund an. Vielmehr ging es um den Wunsch eines verbesserten Lebensstandards und bessere Jobmöglichkeiten. Es sind vor allem ausländische »Experten«, die den Inselbewohnern erklären, sie wären einer Klimagefahr ausgesetzt. Auch ein kleiner Indianerstamm auf einer untergehenden Insel im Mississippidelta wird gerne als Klimaflüchtlinge verkauft. Wegen Staudämmen, Begradigungen und Schleusen transportiert der Mississippi immer weniger Sedimente ins Delta, wodurch die natürliche Erosion und das normale Absinken des Bodens nicht mehr kompensiert werden können.[24] Mit dem Klimawandel hat das aber herzlich wenig zu tun. Das Mississippidelta sinkt um durchschnittlich 10 mm pro Jahr ab, ein Betrag, der die globale Meeresspiegelanstiegsrate um das Vier- bis Fünffache übersteigt.[25]

Syrischer Bürgerkrieg

Einige Forscher sehen im 2011 ausgebrochenen syrischen Bürgerkrieg ein Paradebeispiel dafür, wie der menschengemachte Klimawandel Aggressionen und Konflikte schürt.[26] Laut ihrer These hätten anthropogen mitverursachte Dürren in den Jahren 2007–2010 eine verstärkende Wirkung bei der Entstehung des Bürgerkriegs gehabt. Durch die Dürren seien Ernten ausgefallen und Vieh verendet, woraufhin Teile der geschädigten Landbevölkerung in die Städte migriert seien, um dort ihr Auskommen zu finden. Durch den massiven Zustrom sei es in den Städten dann zu Gewalt und schließlich zum Krieg gekommen. Zu den Unterstützern diese These gehört unter anderem der Klimaforscher Peter Gleick vom Pacific Institute in Oakland, California.[27] Gleick ist bekennender Klimaaktivist und wurde 2012 einer weiteren Öffentlichkeit bekannt, als er unter Verwendung einer falschen Identität vertrauliche Dokumente des Heartland Institutes, einer konservativen und libertären Denkfabrik in Chicago, erschlich.[28] Als der Schwindel aufflog, war er seinen Posten als Vorsitzender des Ethikkomitees der American Geophysical Union (AGU) los.

Trotz weiter medialer Verbreitung handelt es sich bei dem Konzept eines syrischen Klimabürgerkriegs um eine wissenschaftliche Außenseitermeinung, die von der Mehrheit der Klimaforscher vehement abgelehnt wird.[4; 29-35] Die Fachkollegen bemängeln fast jeden einzelnen Schritt der Argumentationskette. Einigkeit besteht allein über die Tatsache, dass es in den Jahren vor dem Ausbruch des Bürgerkriegs in Teilen Syriens eine intensive Dürre gegeben hat. Die Dürre war vor allem im Nordosten des Landes ausgeprägt, während der Rest Syriens durchschnittliche oder sogar überdurchschnittliche Regenmengen registrierte.[29] Zudem lassen die Verfechter der Klimabürgerkriegsidee in ihrer Analyse vollkommen außer Acht, dass die Regenfälle in Syrien[36; 37] und im östlichen Mittelmeerraum[38] starken natürlichen Schwankungen unterliegen. Insofern ist die Attribution der besagten Dürrejahre als anthropogen beeinflusstes Ereignis höchst fragwürdig.[29; 31]

Die Kritiker mahnen ihre Kollegen, Medien und politische Entscheider, die Fakten und Zusammenhänge viel sorgfältiger zu prüfen, um fragwürdige Schnellschüsse wie im Fall des Bürgerkriegs in Syrien in Zukunft zu vermeiden.[29; 30] Das Deutsche Klima-Konsortium (DKK) sah sich 2016 gezwungen, eine richtigstellende Pressemitteilung herauszugeben.[39] Hier ein Auszug:

»*Die Friedensforscherin Christiane Fröhlich stellte beim DKK-Klima-Frühstück ihre aktuelle Studie zum Einfluss der Dürre auf die Binnenmigration in Syrien und deren Rolle beim Ausbruch der Unruhen 2011 vor. Auf der Grundlage von Befragungen syrischer Bauern und Landarbeiter, die sie 2014/15 in jordanischen Flüchtlingslagern durchführte, kam sie zu dem Schluss: ›Die vielfach propagierte einfache Kausalität zwischen Dürre, Migration und Konfliktausbruch in Syrien lässt sich so nicht halten. Zwar nahm die Binnenmigration tatsächlich während der Dürre zu, doch weder war die Dürre ihr einziger Auslöser, noch waren es die ‚Klimamigranten', die die Proteste initiierten.‹ Insbesondere müssten die Auswirkungen der Dürre im Kontext der Politik der Assad-Regierung seit 2000 gesehen werden. Die Streichung von Subventionen und andere liberale Wirtschaftsreformen hätten den Druck auf die notleidende Bevölkerung erhöht, ›während die Regierung praktisch nichts unternahm, um die Folgen der Dürre abzumildern‹, erklärte Christiane Fröhlich.«*

Laut Fröhlich seien jene, die vor der Dürre geflüchtet wären, eher selten zu Aufständischen geworden. Vielmehr hätten eher wohlhabendere Einwohner den Bürgerkrieg ausgelöst.[33] Ähnlich sieht es Francesca de Châtel, Syrien-Expertin an der Radboud-Universität in Nijmegen. Sie sagt, den Klimawandel als Ursache für Syriens Probleme anzuführen, lenke von den wahren Problemen ab, die Dürre und Hungersnöte verursachten.[32] Die Rolle des Klimawandels sei nicht nur irrelevant, ihre Betonung sogar schädlich. Die Hauptursachen für die Hungersnot seien exzessive Grundwasserförderung, Übernutzung des Bodens durch grasende Tiere und landwirtschaftliche Ausbeutung. Das Klimaargument erlaube es den Politikern, Schuldige für die Hungersnöte außerhalb des Landes zu suchen, obwohl sie doch eigentlich selber für das Missmanagement verantwortlich seien, glaubt de Châtel.[32]

Auch der Konfliktforscher Thomas Bernauer von der ETH Zürich wehrt sich gegen die alarmierenden Studien,[26] die seiner Meinung nach problematisch seien und der Klimaforschung einen schlechten Dienst erwiesen.[33] *Der Spiegel* zitierte Bernauer 2015:[26] »*Ich habe noch keine einzige Studie gesehen, die wissenschaftliche Beweise für einen messbaren Einfluss des Klimawandels auf Konflikte hatte.*«

Klimakriege in Afrika?

Auch der Arabische Frühling in Ägypten Anfang 2011 wurde von einigen Kommentatoren mit dem anthropogenen Klimawandel in Zusammenhang gebracht. Diesmal soll der Auslöser nicht im Land selber gewesen sein, sondern in Zentral-Eurasien. Wegen einer Dürre war in Russland 2010 die

Weizenernte sehr schlecht ausgefallen, sodass das Land ein Exportverbot verhängte, um zunächst den einheimischen Bedarf decken zu können. Leidtragender war u. a. Ägypten, das nun nicht ausreichend Weizen importieren konnte, sodass es zu einer Brotknappheit und einer enormen Verteuerung des wichtigen Grundnahrungsmittels kam. Der Versorgungsengpass soll dann ein Mitauslöser der Revolution in Ägypten gewesen sein. Die Mittelost-Spezialistin Jessica Barnes von der University of South Carolina verwehrt sich gegen solch simplifizierende Sichtweisen.[35] In Wirklichkeit hat sich der Preis des am weitesten verbreiteten und staatlich subventionierten Brottyps in Ägypten überhaupt nicht verändert. Der Regierung war bewusst, dass es den Preis des »baladi«-Brots stabil halten musste, um die Grundversorgung zu sichern. Die eigentlichen Probleme waren der Diebstahl von Mehl in den Bäckereien, deren Besitzer es dann auf dem Schwarzmarkt weiterverkauft haben. Zudem gab es Probleme bei der Lagerung des Getreides, wodurch enorme Mengen verloren wurden.[35] Die Brotknappheit war daher einem komplexen Faktorenmix um das staatliche Subventionierungsprogramm geschuldet. In einem Artikel auf der Website des Informationsportals ReliefWeb kritisiert Barnes:[35]

»Die übereilte Verknüpfung des Klimawandels mit den kürzlichen Aufständen im Mittleren Osten, wie etwa der Revolution 2011 in Ägypten, ist simplifizierend und entpolitisierend. Der Zusammenhang zwischen Klima, Brot und Protesten übersieht wichtige sozialgesellschaftliche Fakten und kulturelle Abstufungen, sowie verzerrt die Zuordnung der Verantwortung. Letztendlich verschleiert die These mehr, anstatt aufzuklären.«

Auch in der Sahelzone können Forscher keinen bedeutenden Zusammenhang der Konflikte mit dem Klimawandel feststellen.[40] Vielmehr scheinen die Hauptauslöser die Ausweitung der Landwirtschaft in traditionelle Weidegebiete, opportunistisches Verhalten im zunehmenden politischen Vakuum sowie Korruption von Regierungsangestellten zu sein. In Ostafrika fanden Forscher der University of Colorado Boulder zwar einen gewissen Einfluss von Hitze und Dürre auf das Konfliktpotenzial, allerdings spielen sozioökonomische, politische und geographische Faktoren eine viel wichtigere Rolle.[41; 42] Zu den wichtigsten Gewalt-Auslösern gehören in Ostafrika laut einer Studie des University College London das rapide Bevölkerungswachstum, das geringe oder sogar rückläufige wirtschaftliche Wachstum sowie die politische Instabilität im nachkolonialen Übergang.[43; 44]

Die Zusammenhänge sind also sehr viel komplizierter, als es einigen Teilnehmern der Klimadiskussion lieb ist. Dazu gehört auch die überraschende Erkenntnis, dass Konflikte in Afrika während dürrefreier Zeiten mit guten Ernten sogar häufiger werden, da die bewaffneten Einheiten dann besser versorgt und mobiler sind.[45; 46] Das generelle Konzept von Dürren als Auslöser von kriegerischen Auseinandersetzungen in Afrika lässt sich nach sorgfältiger Auswertung der vorliegenden Daten nicht bestätigen.[47] Entsprechende Thesen[48; 49] erweisen sich auch auf globalem Niveau als nicht haltbar.[50-55] Während der letzten 600 Jahre ist entgegen den Erwartungen sogar eine Häufung von Kriegen in kühleren Zeiten festzustellen.[56]

V. Meeresspiegel

26. Wie stark steigt der Meeresspiegel?

Laut IPCC-Sonderbericht über den Ozean und die Kryosphäre (SROCC) von 2019 stieg der globale Meeresspiegel zwischen 1902 und 2015 um 16 cm an.[1] Dies entspricht einem durchschnittlichen Langfristtrend von 1,4 mm pro Jahr. Hauptursache ist das Schmelzen von polaren Eiskappen sowie Gebirgsgletschern, aber auch die thermische Ausdehnung der heute wärmeren Ozeane hat einen Einfluss.[1] Die am weitesten zurückreichenden direkten Messdaten zur Meeresspiegelentwicklung stammen von Küstenpegeln. Hierbei handelt es sich um Pegellatten, die an vielen Stellen der Küsten weltweit aufgestellt sind und an denen der Wasserstand direkt abgelesen werden kann. Laut SROCC-Bericht stieg der Meeresspiegel in den letzten 120 Jahren langsamer als noch in früheren IPCC-Berichten angenommen. Eine Neubewertung der globalen Pegeldaten ergab im Langzeittrend einen durchschnittlich um 0,4 mm/Jahr geringeren Anstieg.[2]

Laut einer Studie der Universität Siegen erhöht sich der Meeresspiegel in der Nordsee seit 100 Jahren mit konstanter Geschwindigkeit, und zwar mit 1,5 mm pro Jahr.[3] An der deutschen Ostseeküste sieht es ähnlich aus. Eine Untersuchung der Technischen Universität Dresden fand einen Anstieg um 1,3 mm pro Jahr,[4] wobei es auch hier keine Anzeichen für eine Beschleunigung gibt. In der Arktis[5] und im Indischen Ozean[6] stieg der Meeresspiegel in den letzten 70 Jahren gemittelt um 1,5 mm pro Jahr, im Mittelmeer[7] um 1,3 mm pro Jahr. Ähnliche Anstiegsraten wurden auch aus anderen Teilen der Welt berichtet.[8; 9]

Zwar ist die Präzision der Pegelmessungen hoch, jedoch gibt es nur einige Hundert dieser Messstellen, die sich zudem auf die Küstenlinien beschränken. An den Küsten aufgenommene Daten müssen aber keineswegs mit Veränderungen auf dem offenen Ozean übereinstimmen, und auch diese können von Ozeanregion zu Ozeanregion sehr unterschiedlich sein.[10] Zudem messen Pegel den Meeresspiegel relativ zum Meeresboden, wobei vertikale Bewegungen des Untergrundes in die Daten einfließen können. Dies kann in tektonisch aktiven Gebieten zu erheblichen Verzerrungen der Ergebnisse führen.[10] Seit 1992 wird der Meeresspiegel auch per Satellit gemessen. Dies hat den Vorteil einer nahezu globalen, flächendeckenden Abdeckung, bringt jedoch auch Kalibrierungs- und Korrekturprobleme mit sich, da der Meeresspiegelanstiegswert über hochkomplexe Algorithmen errechnet und nicht direkt gemessen wird.[11] Nach sorgfältigem Abgleich stimmen die Anstiegswerte von Pegel- und Satellitenmessungen in der Satellitenära mittlerweile offenbar weitgehend überein.[2; 12]

Ein österreichisch-australisches Forscherteam um Oliver Baur vom Grazer Institut für Weltraumforschung (IWF) bestimmte anhand von satellitengestützten Schwerefeldmessungen im Rahmen des sogenannten Programms »Gravity Recovery and Climate Experiment« (GRACE) die Wasserbilanz der Kontinente für die Zeit von 2002 bis 2011.[13] Dabei wurden sowohl Grundwasser- als auch Eisschmelzbeiträge erfasst. Unterm Strich fanden die Wissenschaftler einen Wasserzufluss in die Ozeane, der einen Meeresspiegelanstieg von 1,1 mm/Jahr für den Untersuchungszeitraum bewirkte. Zusammen mit der auf 0,5 mm/Jahr angesetzten thermischen Wasserexpansion ergibt dies inklusive einer weiteren Korrektur laut den Wissenschaftlern einen Meeresspiegelanstieg von 1,7 mm/Jahr. Die thermische Expansion wird dabei über die Temperatur der Ozeanwassersäule errechnet, die von 3000 sogenannten Argo-Tauchbojen systematisch weltweit erfasst wird. Anhand der kombinierten Argo/GRACE-Methode ermittelte die NOAA für den Zeitraum 2005–2012 eine Meeresspiegelanstiegsrate von 1,2 mm pro Jahr.[14]

Natürliche Schwankungen des Meeresspiegels

Der Meeresspiegelanstieg der letzten 150 Jahre erfolgte nicht monoton, sondern unterliegt starken regionalen und zeitlichen Schwankungen im Maßstab von Jahren bis mehreren Jahrzehnten.[2] In einigen Regionen ist während gewisser Zeiten sogar ein temporärer Meeresspiegelabfall zu verzeichnen. Ursache dieser Meeresspiegelvariabilität sind unter anderem Veränderungen in den Winden.[2; 15] Pegelmessdaten aus fast allen Ozeanen weltweit zeigen eine Periode von 60 Jahren, mit der sich der Meeresspiegelanstieg mal beschleunigt und mal verlangsamt.[16–18] Amplitude und Phase dieser Zyklik stimmen im Nordatlantik, westlichen Nordpazifik und Indischen

Ozean miteinander überein. Die Periode ist auch aus dem westlichen Südpazifik bekannt, allerdings mit einem zeitlichen Verzug von zehn Jahren. Die einzigen Ozeangebiete ohne derartige Zyklik befinden sich im Zentralpazifik und östlichen Nordpazifik.[16]

In der Nordsee und Ostsee beschleunigt und verlangsamt sich der Meeresspiegelanstieg im 60-Jahre-Takt gemäß der AMO-Ozeanzyklik[19] bzw. verwandter Zyklen.[15] Der mit einer ähnlichen Periode operierende PDO-Zyklus beeinflusst die Meeresspiegelveränderungen im größten Ozean der Welt, dem Pazifik, und damit auch den globalen Meeresspiegeldurchschnitt.[20–25] Forscher der University of Colorado Boulder gehen davon aus, dass 0,5 mm/Jahr des beobachteten globalen Anstiegs während der vergangenen 20 Jahre durch den natürlichen Zyklus der PDO verursacht wurde.[20] Der PDO-Einfluss ist auch in Südostasien stark ausgeprägt, wo aufgrund der überwiegend positiven Phase der PDO in den letzten Jahrzehnten eine der stärksten Meeresspiegelanstiegsraten weltweit festgestellt wurde.[21] Dies lässt sich auf den Westpazifik verallgemeinern.[22; 26]

Es wird damit gerechnet, dass sich der Meeresspiegelanstieg in Südostasien und im Westpazifik in den kommenden Jahrzehnten stark abbremsen wird, da die PDO nun laut Zyklenmuster in die negative Phase wechselt.[21; 26] Dieser PDO-Verstärkereffekt blieb bei einer regionalen Analyse des Potsdam-Instituts (PIK) für Südostasien im Auftrag der Weltbank aus unerfindlichen Gründen unberücksichtigt.[27; 28] Entsprechend wenig robust ist die Prognose des PIK, dass in Südostasien für die Zukunft ein überdurchschnittlicher Meeresspiegelanstieg zu erwarten sei. Mit diesem Defizit belastet, ist der PIK/Weltbank-Bericht sicher keine geeignete Planungsgrundlage für die Festlegung von Prioritäten bei der Bewältigung der Klimawandelfolgen in der Region.

Der Meeresspiegel im Pazifik besitzt kein einheitliches Niveau, sondern ist leicht zwischen Ost- und Westpazifik verkippt. Die Neigung dieser Verkippung verändert sich in Abhängigkeit der PDO-Ozeanzyklik im Zusammenspiel mit El Niño/La Niña (ENSO)[29–33] (s. Kap. 7). Zudem führen El Niño und La Niña auch zu kurzfristigen Änderungen des Meeresspiegels.[34; 35] Von 2011 bis Mitte 2012 fiel der globale Meeresspiegel unerwarteterweise um 5 mm. Auslöser war der Wechsel von El-Niño-Bedingungen 2009/2010, die 2010/2011 durch eine starke La Niña abgelöst wurden.[36] Dies führte zu starken Regenfällen, insbesondere in Australien, im nördlichen Südamerika und in Südostasien, wo das Wasser in Seen und als Grundwasser zwischengespeichert wurde.[36; 37] Die Meeresspiegelentwicklung im Atlantik,[38; 39] Mittelmeer[38; 40–42] und Teilen der Ostsee[43] wird vom NAO-Ozeanzyklus geprägt. An den europäischen und sibirischen Küsten des Arktischen Ozeans beeinflusst der Ozeanzyklus der Arktischen Oszillation (AO) den Meeresspiegel.[44] Schließlich wirken sich auch der elfjährige Sonnenfleckenzyklus[45–47] sowie langfristige Mondzyklen[48] auf den globalen und regionalen Meeresspiegel aus.

Beschleunigt sich der Meeresspiegelanstieg?

Der Meeresspiegelanstieg hat sich in den letzten 150 Jahren beschleunigt. Das ist nicht unerwartet, denn während der Kleinen Eiszeit fiel der globale Meeresspiegel zunächst, weil große Wassermengen in den stark anwachsenden polaren Eiskappen und Gletschern festgelegt und so den Ozeanen entzogen wurden (s. Kap. 2). Als das Eis gegen Ende der Kleinen Eiszeit wieder zu schmelzen begann, stieg der Meeresspiegel, zunächst sehr langsam, dann aber ab ca. 1930 mit größerer Geschwindigkeit.[2; 49] Die Beschleunigung ist eine logische Konsequenz der langfristigen Temperaturentwicklung im Maßstab etlicher Jahrhunderte.

In den vergangenen Jahrzehnten hat sich die Meeresspiegelanstiegsrate in einigen Meeresregionen gesteigert, z. B. im westlichen Pazifik (s. o.). In anderen Meeresgebieten ist hingegen keine Beschleunigung zu verzeichnen.[50–54] Durch die Dominanz des Pazifiks im Konzert der Weltozeane erscheint der globale Meeresspiegel seit Anfang der 1990er-Jahre nun schneller zu steigen als zuvor.[1] Die Pazifikbeschleunigung ist jedoch vor allem durch den PDO-Ozeanzyklus bedingt.[20] Unter Abzug dieser natürlichen Komponente ist auch heute noch keine außergewöhnliche Beschleunigung des globalen Meeresspiegelanstiegs erkennbar, zu sehr wird das Geschehen noch von der natürlichen Meeresspiegelvariabilität und ihren Zyklen maskiert.[12; 19; 20; 55–58] Meeresspiegel-Experten halten es jedoch für möglich, dass sich eine anthropogen-bedingte Beschleunigung in Zukunft klarer vom »Hintergrundrauschen« absetzen könnte.[51; 55; 56; 59; 60] Die Zeit wird es zeigen. Noch ist es auf jeden Fall zu früh, um hier verlässliche Aussagen treffen zu können. Es ist unklar, weshalb der IPCC diese Unsicherheiten in seiner Zusammenfassung für politische Entscheider nicht stärker betont.[1]

Zur weiteren Klärung ist verbessertes Verständnis der natürlichen langperiodischen Meeresspiegeldynamik notwendig.[61; 62] Dies würde in Zukunft auch Fehlinterpretationen vermeiden, wie sie zum Beispiel einer Gruppe um Stefan Rahmstorf vom Potsdamer PIK-Institut unterlaufen sind. Die Forscher hatten eine extreme Meeresspiegel-Sonderentwicklung aus North Carolina[63] fälschlicherweise als repräsentativ für die Nordhemisphäre dargestellt.[64] Die Gutachter der Arbeit erkannten den Fehler zum Glück rechtzeitig und ließen das alarmistische Manuskript im Review »durchrasseln«.[64] Der Potsdamer hatte übersehen, dass vor allem die Ozeanzyklen AMO, NAO, ENSO und verwandte natürliche Prozesse zum zeitweilig besonders schnellen Meeresspiegelanstieg an der US-Ostküste geführt hatten.[65–73] Zieht man diese Effekte ab, entwickelte sich der Meeresspiegel hier ziemlich durchschnittlich.[74] Für Alarm gab es keinen Grund. Auch die politische Führung North Carolinas reagierte prompt und entschied, dass die von Rahmstorf und Kollegen vermutete enorme zukünftige Steigerung des Meeresspiegels nicht plausibel und daher in Planungen nicht zu berücksichtigen sei.[75] Trotz Meeresspiegelanstiegs hat sich die US-Atlantikküste überraschenderweise durch natürlichen Sandvorbau zum Teil ins Meer vorgeschoben.[76]

Attribution: Mensch vs. Natur

Angesichts der neuen Erkenntnisse zur Ozeanzyklik und natürlichen Dynamik lassen sich nun auch Abschätzungen zum anthropogenen Anteil am Meeresspiegelanstieg der letzten 150 Jahre vornehmen. Eine Forschergruppe um Sönke Dangendorf geht davon aus, dass mindestens 45 % des beobachteten Meeresspiegelanstiegs anthropogenen Ursprungs sind.[57] In der dazugehörigen Pressemitteilung der Universität Siegen heißt es:[77]

> *Studie der Universität Siegen zeigt: Einfluss natürlicher Ozeanzyklen auf Änderungen des Meeresspiegels ist größer als gedacht*
>
> [...] ›Bisher führte man rund 90 Prozent des Anstiegs auf anthropogene Einflüsse zurück, also vom Menschen verursacht. Diese Zahlen basieren auf der

Annahme, dass natürlich verursachte Schwankungen im Ozean nicht länger als einige wenige Jahre andauern und damit nur einen sehr geringen Teil des beobachteten Anstiegs erklären können. Die aktuellen Ergebnisse zeigen jedoch, dass die natürlichen Ozeanzyklen sogar über einige Dekaden oder Jahrhunderte andauern können. Damit können wir nun nicht mehr ausschließen, dass natürliche Schwankungen einen Anteil von bis zu ±8 cm zum beobachteten Meeresspiegelanstieg beigetragen haben‹, erklärt Dangendorf. [...] ›Mit unserer Methodik kommen wir zu dem Schluss, dass der Mindestanteil des anthropogenen Anteils am Meeresspiegelanstieg seit 1900 rund 45 Prozent beträgt. Diese Zahl ist kleiner als bisher vermutet, stimmt allerdings besser mit unabhängigen Studien der Einzelkomponenten (z. B. Ozeanerwärmung, Gletscherschmelze) überein‹, fasst Dangendorf zusammen.«

Ein Wissenschaftlerteam um Robert Kopp von der Rutgers University schätzt, dass der Meeresspiegelanstieg im 20. Jahrhundert jeweils zur Hälfte natürlichen und anthropogenen Ursachen zuzurechnen ist.[78]

Koralleninseln wachsen mit dem Meeresspiegel

Eines der größten Missverständnisse in der Klimadiskussion ist der angebliche Untergang der Koralleninseln im tropischen Pazifik und Indik. Verfechter einer alarmistischen Klimavision bedienen sich dieses Bildes nur zu gerne, erinnert es doch an die biblische Sintflut. Die Vorstellung einer Inselbevölkerung, die durch knöcheltiefes Wasser stapft und ohne Fluchtmöglichkeit auf ihren unausweichlichen Ertrinkungstod wartet, kann kaum jemanden kalt lassen. Allerdings handelt es sich hierbei um eine inszenierte Fehldarstellung, die mit dem wissenschaftlichen Kenntnisstand nichts gemein hat.

Korallenriffe und die damit assoziierten Meerespflanzen und Tiere sind nicht nur ein farbenprächtiges Naturwunder, das jeden Schnorchler in Bann zieht. Es handelt sich auch um »kalkbildende Fabriken«, die am besten knapp unter der Meeresoberfläche funktionieren, wo für die mit den Korallen in Symbiose lebenden Algen, die Zooxanthellen, beste Lichtverhältnisse herrschen. Seit jeher passen sich die Korallenriffe der Welt an den jeweils herrschenden Meeresspiegel an. In der Geologie gibt es dafür sogar eigens die

Fachbegriffe »Keep up« für ein routinemäßiges Mitwachsen mit dem Meeresspiegel bzw. »Catch up«, wenn das Riff einmal doch zu große Wassertiefen erreicht hat und die Lücke mit gesteigertem Wachstum schließt.[79] Fakt ist, dass die Korallen selbst den besonders rapiden Meeresspiegelanstieg nach Ende der letzten Eiszeit vor 10 000 Jahren offenbar gut gemeistert haben. Damals lag der Meeresspiegel mehr als 100 m tiefer und stieg mit einer im Vergleich zu heute fast zehnfach höheren Rate.[80] Atolle und Koralleninseln vermochten bereits damals dem Meeresspiegel hinterherzuwachsen, ansonsten wären sie allesamt ertrunken (»Give up«) und langfristig für Korallenriffe unbesiedelbar. Die heutige Vielzahl von Atollen und Koralleninseln zeigt, dass dies offenbar nicht der Fall war. Laut dem Atoll-Experten Paul Kench, Geomorphologe an der University of Auckland, können Riffstrukturen um 10 bis 15 Millimeter im Jahr wachsen, viel schneller als der derzeitige oder zukünftig zu erwartende Meeresanstieg.[81]

Die systematische Auswertung von Luft- und Satellitenbildern hat in den letzten Jahren Klarheit gebracht, dass sich die meisten Koralleninseln sogar vergrößert (und nicht etwa verkleinert) haben.[82–87] Nach starken Taifunen regenerieren die Inseln offenbar relativ schnell,[88] in einigen Fällen werden Inseln durch tropische Stürme sogar erst aufgeschüttet.[89; 90] Der aktuelle Meeresspiegelanstieg und Stürme scheinen daher kein Problem darzustellen, wenn man die Korallen und ihre Riff-Mitbewohner frei wachsen lässt. Die wahre Bedrohung stammt nicht vom Klimawandel, sondern von Eingriffen in das Ökosystem durch die Inselbewohner,[91–93] wie etwa das Einleiten von belasteten Abwässern, Abholzen des Mangrovenwaldes,[94] zerstörerische Fischereimethoden, die Gewinnung von Baumaterial aus der aktiven Riffzone und von Stränden[86; 95] sowie das Asphaltieren und Versiegeln der kalkbildenden Küstenzone[96; 97].

Einige Regierungen von Korallen-Archipelen haben in den letzten Jahren eine interessante Kehrtwende in ihrer staatlichen Öffentlichkeitsarbeit vollzogen. In der Vergangenheit überboten sich die Insel-Präsidenten mit ausgefallenen Aktionen, wie etwa Unterwasser-Kabinettssitzungen,[98] um ihre Nationen öffentlich als Klimawandelopfer hinzustellen und damit in den Genuss lukrativer Klimawandel-Ausgleichszahlungen zu kommen. Allerdings schadeten sie damit ungewollt ihrer Standortattraktivität, vor allem für Investitionen im Tourismussektor. Welcher Investor riskiert beim Bau neuer Luxusresorts schon viele Millionen Dollar, wenn der Präsident des Landes gebetsmühlenartig den bevorstehenden Untergang der Inseln predigt? Heute vermeiden viele Inselstaaten daher die Verbreitung apokalyptischer Klimawandelvisionen, auch weil es in der Wissenschaft kaum noch Unterstützer hierfür gibt. Im Gegenteil, viele Forscher weisen explizit darauf hin, dass die Koralleninseln im Pazifik und Indik wohl auch in Zukunft gute Chancen auf ein Weiterbestehen haben.[86; 99–104] Umfragen unter Inselbewohnern zeigen zudem, dass sie sich selber in der Mehrheit gar nicht als Klimaflüchtlinge sehen und dieser Eindruck vor allem von außerhalb erweckt wird.[105] Der ehemalige Präsident von Kiribati, Anote Tong, erklärte in einem Interview 2018, dass er keine negativen Auswirkungen des Meeresspiegelanstiegs feststellen kann.[106] Auch sein Nachfolger Taneti Maamau ermuntert seine Landsleute zum Verbleib auf der Inselgruppe und fordert mehr Tourismus.[107]

Natürliche Küstendynamik

Angesichts der Dominanz des Themas Klimawandel in der öffentlichen Diskussion kommt es regelmäßig zu vermeidbaren Verwechslungen. Offenbar glauben einige, dass nun alles und jedes eine Folge des Klimawandels sei. So wurde bereits die seit Hunderten von Millionen Jahren aktive Küstenerosion plötzlich als Klimawandelfolge dargestellt. Bröckelt heute ein Stein von einer Küstenklippe, wird sogleich der Klimawandel dahinter vermutet. Außerdem präsentierten öffentlich rechtliche Medienanstalten in den letzten Jahren mehrfach ganz natürliche Sandumlagerungsprozesse an den Küsten von Indien, Ghana und Senegal als meeresspiegelbedingte Klimawandelschäden, bevorzugt kurz vor den großen UN-Klimakonferenzen.[108–110] Die zuständigen Redakteure hatten ganz offensichtlich einen Großteil des Erdkundeunterrichts, speziell den Abschnitt zur physischen Geographie verschlafen. Laut einer Studie der Columbia University in New York führt sozialer Druck und Groupthink vermehrt dazu, dass Journalisten und Privatpersonen nur noch oberflächliche Faktenchecks durchführen.[111]

Auch bei vielen anderen Küsten- und Meeresspiegelphänomenen lohnt sich eine genauere Prüfung. Die Salzmarschen vor New York schrumpfen nicht etwa wegen des Klimawandels, sondern weil viele Zuflüsse wegen der zunehmenden Bebauung im Laufe der Zeit verschwunden sind und daher heute weniger Sediment eingetragen wird.[112] Generell sind die Küstenmarschen der Welt wohl robuster als gedacht, da durch den erhöhten CO_2-Gehalt der Atmosphäre die Pflanzen dort produktiver werden und mehr Sediment bilden.[113] Dadurch können sie aufschlicken und in gewissen Grenzen mit dem Meeresspiegel mitwachsen.[114; 115] Ein wärmeres Klima kurbelt zudem das Mangrovenwachstum in den Küstengewässern im Südosten der USA an, sodass hier neues Sediment entsteht, das einen Teil des Meeresspiegelanstiegs ausgleichen kann.[116] So wurden in den globalen Küstenzonen trotz Meeresspiegelanstieg während der vergangenen 30 Jahre durch vielfältige Prozesse 13 565 km² zusätzliches Land geschaffen.[117] Die Hälfte aller Strände der Erde ist stabil, ein Viertel schrumpft, und ein anderes Viertel wächst.[118] Den Stränden geht es noch immer ziemlich gut.

Landsenkung

Einige der schlimmsten Klimaschauergeschichten stammen aus den großen Deltagebieten der Erde. Dort würde der Meeresspiegelanstieg besonders arg zuschlagen, regelmäßig alles überschwemmen und die Menschen zu Klimaflüchtlingen machen. In der Tat ereignen sich in diesen Gebieten wiederholte Überschwemmungen, die große Schäden verursachen. Der Meeresspiegelanstieg spielt jedoch eher eine Nebenrolle. Bedeutender ist, dass viele Deltas Absenkungsraten besitzen, die ein Vielfaches des globalen Meeresspiegelanstiegs betragen.[119-122] Diese Absenkung (Subsidenz) ist zu einem großen Teil ein natürliches Phänomen, da viele Deltas der Welt unter ihrem Eigengewicht absinken. In einigen Regionen verstärkt exzessive Grundwasserentnahme die Subsidenz, zum Beispiel im Zusammenhang mit der Bewässerung von Palmölplantagen. Viele große Flüsse sind heute mehrfach durch Staudämme unterbrochen, die einen Teil des Sediments aus dem System nehmen, das sonst das Delta aufgefüllt hätte. Durch die verminderten Sedimentmengen verschärft sich das Überflutungsrisiko in den absinkenden Deltaküstengebieten. Auch dies hat aber nichts mit dem Klimawandel zu tun.

27. War der Meeresspiegel in vorindustrieller Zeit stets stabil?

Während der letzten Eiszeit lag der globale Meeresspiegel etwa 120 m tiefer als heute.[1] Damals waren große Wassermengen als Eis in den polaren Eiskappen und Gebirgsgletschern festgelegt. Die östliche Hälfte von Schleswig-Holstein, Mecklenburg-Vorpommern und große Teile Brandenburgs waren vor 22 000 Jahren von einer mächtigen Eisschicht bedeckt. Zweitausend Jahre später begann das Eis dann allmählich zu schmelzen. Vor 16 000 Jahren nahm die Eisschmelze kräftig an Fahrt auf, und das Schmelzwasser ließ die Weltozeane rapide ansteigen, mit einer durchschnittlichen Rate von 12 mm pro Jahr und Spitzenwerten von mehr als 20 mm pro Jahr.[1] Dies liegt um ein Vielfaches höher als die durchschnittliche Anstiegsrate der letzten 100 Jahre von 1,4 mm pro Jahr.[2] Der rasante Anstieg setzte sich bis 7000 Jahre vor unserer Zeit fort, verlangsamte sich dann aber abrupt.[1;3] Während der folgenden sieben Jahrtausende bis heute stieg der Meeresspiegel lediglich noch um weitere 4 m.[1]

Ein gutes Beispiel für die Auswirkungen des nacheiszeitlichen Meeresspiegelanstiegs ist die Nordsee. Noch vor 10 000 Jahren verband eine große Landfläche in der südlichen Nordsee Dänemark mit Großbritannien. Das sogenannte Doggerland wurde von steinzeitlichen Jägern und Sammlern bewohnt, wie mittelsteinzeitliche archäologische Funde belegen.[4] Der kontinuierlich steigende Meeresspiegel ließ das Land jedoch immer weiter schrumpfen, was vor 8500 Jahren zum Untergang des Doggerlands führte. Übrig blieb nur eine 300 km lange rückenähnliche eiszeitliche Moräne, die Doggerbank. Aber auch sie wurde 1000 Jahre später von den Fluten verschlungen.[5] Karl-Ernst Behre vom Niedersächsischen Institut für historische Küstenforschung in Wilhelmshaven hat den Meeresspiegelanstieg in der südlichen Nordsee detailliert anhand von Torfablagerungen und archäologischen Funden rekonstruiert.[6;7] Laut seinen Ergebnissen ist der langfristige Meeresspiegelanstieg von einer Reihe von Schwankungen überlagert. Während der letzten 5000 Jahre sank der Meeresspiegel wiederholt um einen Meter ab, um einige Jahrhunderte später erneut anzusteigen, jedes Mal ein bisschen höher, wie »verbogene« Treppenstufen.[6;7]

Der holozäne Meeresspiegelanstieg überflutete vor 7600 Jahren auch bäuerliche Siedlungen in der nördlichen Ägäis, wodurch der Übergang von einer Kultur der Jäger und Sammler hin zum Ackerbau und sesshafter Lebensweise verzögert wurde.[8; 9] Vor der walisischen Küste legen Stürme regelmäßig abgestorbene Bäume eines prähistorischen Waldes frei, der vor 4500 Jahren vom Meer verschlungen wurde.[10]

Gab es Zeiten, als der Meeresspiegel höher war als heute?

Die Rekonstruktion früherer Meeresspiegelstände ist eine geologische Spezialdisziplin mit vielfältigen Methoden. Dabei kartieren Forscher beispielsweise alte Küstenlinien und Brandungsplattformen, datiert über die Radiokarbonmethode. Weitere Techniken sind die Untersuchung von Veränderungen wassertiefensensitiver Mikrofossilien in Sedimentkernen sowie das Studium räumlicher Verschiebungen fossiler Korallenriffe. Bevorzugte Forschungslokationen befinden sich in tektonisch stabilen Regionen, um Beeinflussungen der Wassertiefe durch Küsten-Absenkungen oder -Hebungen auszuschließen.

Die vorindustrielle Meeresspiegelentwicklung gibt noch so einige Rätsel auf. Eines davon betrifft die Zeitspanne 6000–3000 Jahre vor heute, als in zahlreichen Regionen der Erde der Meeresspiegel bis zu mehrere Meter über dem heutigen Niveau lag.[11] Dokumentiert ist dies zum Beispiel aus Fuerteventura,[12] Südafrika,[13; 14] Kenia,[15] Australien,[16–20] Neuseeland,[21] den zentralpazifischen Marshall Islands,[22] Französisch-Polynesien,[23; 24] Kiribati,[25] Brasilien,[26; 27] Uruguay,[28–31] Karibik,[32] Südkorea,[33; 34] China,[35; 36] Japan,[37; 38] Indonesien,[39; 40] Thailand,[41; 42] Philippinen,[43] dem Persischen Golf,[44] Katar,[45] Indien,[46; 47] Dänemark[48; 49] und Schottland[50]. In anderen Regionen hingegen stellt der aktuelle Meeresspiegel den höchsten Stand der letzten 10 000 Jahre dar, z. B. in der Nordsee,[6] Biskaya,[51] Florida[52] sowie generell entlang den europäischen[53] und US-amerikanischen[54; 55] Atlantikküsten. Die späteiszeitliche Meeresspiegelentwicklung scheint folglich in den verschiedenen Meeresgebieten nicht einheitlich zu sein. Während der Meeresspiegel in großen Teilen des Pazifiks, Indiks und Südatlantiks bereits früher deutlich höher war als heute, fehlt dieser vorindustrielle Meereshochstand offenbar im Nordatlantik. Es verwundert, dass der kürzliche Spezialbericht des IPCC zu den Ozeanen und Kryosphäre (SROCC) diese hochinteressante nacheiszeitliche Meeresspiegelentwicklung und insbesondere den mittelholozänen Meereshochstand nicht thematisiert.[2] Es wird lediglich darauf hingewiesen, dass der Meeresspiegel während der letzten Zwischeneiszeit, dem Eem-Interglazial (130 000–115 000 Jahre vor heute), 6–9 m höher war als heute.

Dabei gibt es eine gute Erklärung für den hohen Meeresspiegel vor einigen Jahrtausenden. In der Zeit 8500–5500 Jahre vor heute lagen die Temperaturen in vielen Teilen der Erde jahrtausendelang mehr als ein Grad über dem heutigen Niveau (Holozänes Thermisches Maximum, HTM; s. Kap. 3), was die polaren Eiskappen und Gebirgsgletscher kräftig schmelzen ließ. Der grönländische Eispanzer besaß damals weniger Eisvolumen als heute (s. Kap. 14). Irgendwo muss dieses Schmelzwasser geblieben sein. Es erscheint plausibel, dass das Wasser – mit einiger Zeitverzögerung durch den langsamen Schmelzprozess – in den Ozeanen landete. So passt es letztlich gut ins Bild, dass der Meeresspiegel 6000–3000 Jahre vor heute in vielen Ozeanbereichen das moderne Niveau deutlich übertraf. Weshalb der Nordatlantik hier eine Ausnahme bildet, wäre eine spannende, noch zu klärende Forschungsfrage. In der Vergangenheit wurde spekuliert, der frühe Meeresspiegelhochstand könnte durch ein damals verringertes Ozeanbeckenvolumen bedingt sein. Die Gletscher der Eiszeit hätten durch ihre Auflast Erdmantelgestein in den Untergrund der benachbarten Meeresbecken gedrückt, was zur lokalen Hebung des Meeresbodens geführt haben soll.[56] Aber ist das wirklich der wahre und wichtigste Grund für diese vorindustrielle Meeresspiegelanomalie? Dem IPCC ist das ganze Thema offensichtlich zu unbequem, weshalb er dazu lieber schweigt. Weshalb möchte man der Öffentlichkeit die wichtige Information nicht zumuten, dass der Meeresspiegel in der Nacheiszeit an vielen Orten bereits einmal deutlich höher war als heute?

Interessant ist auch das unerwartete Ergebnis einer Untersuchung an fossilen Korallen in Südostasien durch eine Forschergruppe um Aron Meltzner vom Earth Observatory of Singapore. Die Wissenschaftler dokumentierten eine abrupte Meeresspiegelabsenkung vor 6800 Jahren, bei der sich der Wasserstand innerhalb von nur einem Jahrhundert um mehr als einen halben Meter erniedrigte.[57; 58] Im darauffolgenden Jahrhundert kletterte der Meeresspiegel dann wieder auf sein altes Niveau zurück, woraufhin sich noch ein weiterer ähnlicher Zyklus anschloss. Die damals erzielten Änderungsraten von bis zu 13 mm pro Jahr sind deutlich höher als die aktuellen Meeresspiegeländerungen in der Region. Was genau diese starken natürlichen Schwankungen damals ausgelöst hat, ist noch ungeklärt.

Wie wirkten sich Mittelalterliche Wärmeperiode und Kleine Eiszeit auf den Meeresspiegel aus?

Im Übergang der Mittelalterlichen Wärmeperiode (MWP) zur Kleinen Eiszeit kühlte sich das Erdklima signifikant ab (s. Kap. 2). Die polaren Eiskappen begannen zu wachsen, und viele Gebirgsgletscher in der Welt erreichten ihre größte Ausdehnung der gesamten letzten 10 000 Jahre (s. Kap. 9, 13, 14). Durch das in den Ozeanen entstehende Wasserdefizit sank der globale Meeresspiegel um bis zu 40 cm ab (Paper »Grinsted«).[59] Andere Rekonstruktionen errechneten lediglich einen Rückgang um 10 cm, wobei die Robustheit dieser Arbeiten jedoch in Frage zu stellen ist (Papers »Kopp«, »Kemp«).[60; 61] Letztere Autoren legten nämlich den Meeresspiegelabfall in die Mitte der MWP, was angesichts der physikalischen Zusammenhänge zwischen Temperatur und Eisschmelze unplausibel erscheint. Die großen Unterschiede zwischen den einzelnen Rekonstruktionen weisen darauf hin, dass die Forschung zur Meeresspiegelentwicklung der letzten 2000 Jahre noch ziemlich am Anfang steht. Es gibt noch immer zu wenig verlässliche regionale Paläo-Meeresspiegel-Fallstudien für diesen Zeitabschnitt, und auch die globalen und hemisphärischen Temperaturrekonstruktionen sind noch nicht ausreichend stabil (s. Kap. 2). Während die eine Rekonstruktion davon ausgeht, dass der Meeresspiegel während der MWP höher war als heute (»Grinsted«),[59] postuliert eine andere, dass das heutige Meeresspiegelniveau wenige Zentimeter über dem des Mittelalters liegt (»Kopp«).[60] Eine dritte Studie wiederum schlägt vor, der Meeresspiegel habe sich während der MWP nur ganz leicht erhöht, stattdessen hätte der Wasserstand aber vor 2800 Jahren einen ähnlich hohen Wert erreicht wie heute (»Kemp«).[61] Dabei widerspricht Letzteres diametral der Vorgängerstudie (»Kopp«), die zu dieser Zeit einen niedrigen Meeresspiegel beschrieben hat. Es gibt offensichtlich noch viel Arbeit und Diskussionsbedarf für die Forscher.[11] The Science is *not* settled.

Eine Reihe von Fallstudien deutet auf eine bedeutende Beeinflussung des Meeresspiegels durch die Temperaturschwankungen der vergangenen 2000 Jahre hin.[62] In einigen Regionen konzentrierte sich der Meeresspiegelanstieg auf die warmen Phasen der Römischen Wärmeperiode und MWP, wohingegen der Meeresspiegel in den dazwischenliegenden Kältephasen (Völkerwanderungszeit, Kleine Eiszeit) stagnierte bzw. sich verlangsamte (s. Kap. 2). Eine solche Entwicklung ist beispielsweise in der Adria[63; 64] und an Abschnitten der US-Ostküste[65; 66] dokumentiert. In anderen Regionen senkte sich der regionale Meeresspiegel während der Kleinen Eiszeit, z. B. in der Biskaya,[51] Südafrika,[67] auf den pazifischen Cookinseln[68] sowie allgemein im tropischen Pazifikraum[69].

Auf den Malediven im Indischen Ozean fiel der Meeresspiegel sowohl in der Kältephase der Völkerwanderungszeit als auch der Kleinen Eiszeit um jeweils fast 90 cm,[70] wohingegen das Meer während der MWP den hohen modernen Wasserstand erreichte.[70] Im Rahmen dieser natürlichen, vorindustriellen Meeresspiegelschwankungen wurden Änderungsraten von bis zu 4,2 mm pro Jahr registriert, sodass weder das heutige Meeresspiegelniveau noch die aktuelle Anstiegsrate im Bereich des Indischen Ozeans beispiellos sind.[70] An der russischen Pazifikküste lag der Meeresspiegel während der MWP einen Meter höher als heute.[71]

Die Meeresspiegeldynamik an der Ostküste der USA wurde in den letzten 2000 Jahren über den Golfstrom gesteuert (s. Kap. 12), ist also nicht direkt an die globale Temperaturentwicklung und Eisbudgets gekoppelt.[72] Bei der Erstellung globaler Meeresspiegel-Rekonstruktionen sollte stets berücksichtigt werden, ob Datensätze eher eine lokale Sonderentwicklung darstellen oder für größere Meeresbereiche repräsentativ sind. Die frühere Vorstellung des IPCC, der Meeresspiegel hätte sich in den letzten zwei vorindustriellen Jahrtausenden stabilisiert,[73] hat sich auf jeden Fall als Trugschluss herausgestellt.[74]

VI. Klimamodelle und Vorhersagen

28. Können wir den Klimasimulationen aus dem Computer vertrauen?

Eine Vielzahl von Arbeiten konnte in den letzten Jahren zeigen, dass Klimamodelle noch enorme Defizite besitzen. Dementsprechend unterliegt das hieraus geschätzte Klimaschadensniveau grundsätzlich größten Unsicherheiten. Dies wurde erst kürzlich wieder deutlich: Nachdem die »CO_2-Uhr« laut früheren Angaben im 5. Klimazustandsbericht bereits abgelaufen war und auf der Null stehen sollte,[1] hat der IPCC im Rahmen seines Sonderberichts zum 1,5-Grad-Ziel das verbleibende CO_2-Budget schlagartig um 420 Gigatonnen CO_2 angehoben.[2] Auf diese Weise wurden der Weltbevölkerung quasi »über Nacht« weitere zehn Jahre an CO_2-Emissionen zugestanden, ohne dass das 1,5-Grad-Erwärmungsziel überschritten würde. Laut anderen Berechnungen könnte das verbleibende CO_2-Budget sogar doppelt so hoch sein.[3-5] Derartige Prognoseschwächen tragen nicht gerade dazu bei, das Vertrauen in die IPCC-Modelle zu stärken.

Deutschlands wohl bekanntester Klimamodellierer, Jochem Marotzke vom Max-Planck-Institut für Meteorologie in Hamburg, warnte, dass selbst kostspielige und gesellschaftlich schmerzhafte Anstrengungen zur CO_2-Reduktion in den kommenden zwei Jahrzehnten möglicherweise kaum einen Einfluss auf das Klima haben werden.[6] Anhand von Klimamodellen simulierte Marotzke den globalen Temperaturverlauf bis 2035 und verwendete einmal einen konventionellen Emissionsverlauf (Szenario RCP 4.5) und einmal ein reduziertes Emissionsszenario. Sein Fazit: Mit hoher Wahrscheinlichkeit wird wohl kein Unterschied zu bemerken sein, da die natürliche Klimavariabilität in diesen Zeitmaßstäben die Oberhand behält. Marotzke sieht eine große Kommunikations-Herausforderung auf die Wissenschaftler zukommen, auf die sich selbstredend auch die Politik vorbereiten sollte.

Marotzkes Institutkollege Bjorn Stevens redete im März 2019 in einem *Spiegel*-Interview Klartext.[7] Obwohl die Rechenleistung der Computer auf das Vielmillionenfache gestiegen ist, sei die Vorhersage der globalen Erwärmung heute so unpräzise wie eh und je. »*Es ist zutiefst frustrierend*«, kommentiert Stevens den fehlenden Fortschritt in der Prognoseforschung. Er gibt weiter zu bedenken: »*Unsere Computer sagen nicht einmal mit Sicherheit voraus, ob die Gletscher in den Alpen zu- oder abnehmen werden.*«[7] Eine der großen Baustellen sind die Wolken, die eine enorme Bedeutung für das Klima besitzen. Bei einer weltweit um 4 % verringerten niedrigen Wolkendecke würde die globale Durchschnittstemperatur um zwei Grad nach oben schießen. In den Simulationen kann der physikalische Prozess der Wolkenbildung jedoch nicht realitätsgetreu nachgebildet werden, da die »Maschenweite« der Modelle viel zu grob ist. Insofern werden die Wolken mithilfe von groben Faustregeln behelfsmäßig eingesetzt. Je nach »Parametrisierung« spucken die verschiedenen Modelle drastisch unterschiedliche Klimaentwicklungen aus.

Ein Team der University of Oxford überprüfte, inwieweit die gängigen Klimamodelle die Wintertemperaturen der letzten 100 Jahre der Nordhemisphäre reproduzieren können.[8] Die Forscher waren erstaunt zu sehen, dass die Prognoseleistung Mitte des 20. Jahrhunderts nahe null fiel. Auch die Wintertemperaturen in Europa haben sich in den letzten Jahrzehnten gänzlich anders entwickelt als von den IPCC-Modellen (CMIP-5) prognostiziert. Statt der vorhergesagten Erwärmung haben sich die europäischen Winter zwischen 1989–2012 um 0,37 °C pro Jahrzehnt abgekühlt.[9] *Spiegel*-Redakteur Johann Grolle schreibt in seinem Beitrag:[7] »*Die Temperaturen in der Arktis zum Beispiel klaffen in den verschiedenen Modellen um teilweise mehr als zehn Grad auseinander. Das lässt jede Prognose der Eisbedeckung wie bloße Kaffeesatzleserei erscheinen.*«

Kann man auf einer solchen Grundlage politisch solide planen? In einem gemeinsamen Artikel mit dem IPCC-Autor Tim Palmer (University of Oxford) erinnerte Stevens Ende 2019 daran, dass in den Klimawissenschaften noch viele wichtige Spezialfragen ungeklärt sind.[10] Während sich Fachwissenschaftler sehr wohl dessen bewusst seien, glaubten viele Politiker und Umweltaktivisten noch immer fälschlicherweise, in den Klimawissenschaften seien heute alle wichtigen Fragen geklärt (»*The Science is settled*«).[10] Die beiden Klimaforscher setzen sich für einen transparenten Umgang mit den existierenden Defiziten der Klimamodelle ein und schlagen einen ergebnisoffenen und systematischen Ansatz vor, um die Modelle schrittweise zu verbessern.[10] Entscheidend ist dabei der unvoreingenommene Vergleich von realen Messdaten und theoretischen Simulationen, die leider noch immer in vielen Bereichen zu sehr auseinanderklaffen. Auch der Leiter der Abteilung Klimafolgen des UK Met Office, Richard Betts, äußerte sich 2014 in einem Internet-Kommentar überaus realistisch:[11]

»Wir stimmen alle darin überein, dass wir die langfristige Klimaveränderung durch den CO_2-Anstieg nicht mit hoher Genauigkeit berechnen können. Die Klimaänderung könnte sehr bedeutend oder auch gering sein. Wir wissen es nicht. Die altmodischen Modelle zur Energiebilanz haben uns dahin gebracht, wo wir heute sind. Wir sind uns nicht sicher, ob es zu massiven Klimaänderungen kommen wird, können es aber auch nicht ausschließen.«

Eine Forschergruppe um Clara Deser vom National Center for Atmospheric Research in Boulder, Colorado, räumte in einem Artikel in *Nature Climate Change* ein, dass die bislang unterschätzte starke natürliche Klimavariabilität von den Klimamodellen einfach noch zu schlecht abgebildet wird, sodass die Modelle die hohen Erwartungen der politischen Entscheider noch nicht erfüllen können.[12] Co-Autor der Studie ist übrigens der vor allem in der Schweiz medial prominent in Erscheinung tretende Reto Knutti von der ETH Zürich.

Während der letzten 20 Jahre offenbarten die Klimamodelle riesige Prognoseschwächen, wobei keines der Modelle die starke Abbremsung der Erwärmung ab der Jahrtausendwende prognostiziert hatte. Einen Teil der fehlenden Erwärmung verortete eine Gruppe um den IPCC-Autor Benjamin Santer nun bei den natürlichen Ozeanzyklen, die offenbar in den Modellen unterschätzt wurden.[13] Auch nach Abzug dieser Komponente bleibt aber immer noch ein Rest unrealisierter Wärme, deren Ursache weiterhin unklar ist. Santer und Kollegen nehmen an, dass die Klimaantriebe in den Modellgleichungen systematische Schwächen aufweisen.[13]

Das US-amerikanische Forschungsunternehmen »Remote Sensing Systems« (RSS) zeichnet neben der University of Alabama in Huntsville (UAH) für einen der beiden globalen Satelliten-Temperaturdatensätze verantwortlich. Auf seiner Website vergleicht RSS die gemessenen mit den theoretisch von den IPCC-Klimamodellen (Version CMIP-5) prognostizierten Temperaturen (s. Abb. 34).[14] Das Ergebnis fällt deutlich aus: In der Realität hat sich das Klima in den letzten 20 Jahren viel langsamer erwärmt als von den

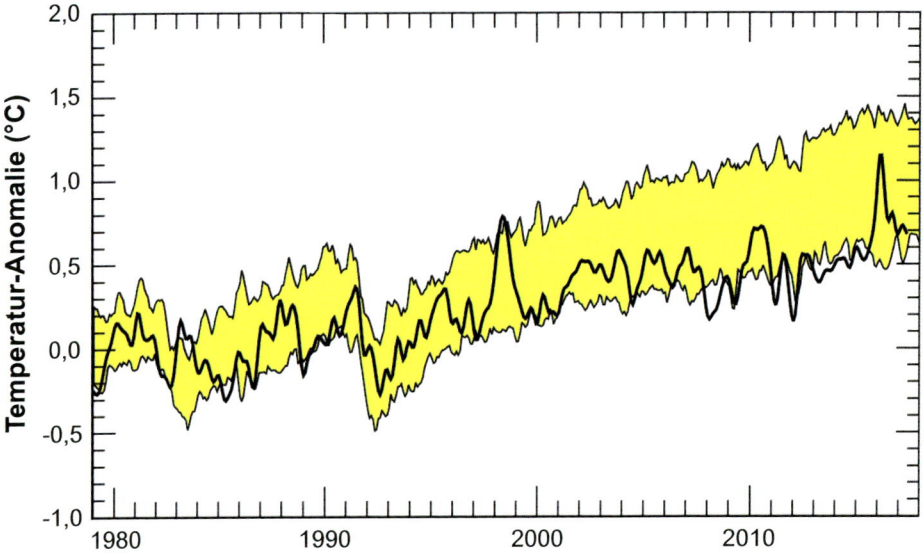

ABB. 34: Per Satellit gemessene globale Temperaturentwicklung der vergangenen 40 Jahre (Version RSS TLT = Temperatures Lower Troposphere, 70° S–80° N, dicke schwarze Linie), verglichen mit der Temperaturprognose auf Basis theoretischer Computermodelle (CMIP-5). Das gelbe Band zeigt den 5–95% Wahrscheinlichkeitsbereich der Prognose. Abbildungsquelle: RSS.[1]

Modellen vorhergesagt. Bereits mehrfach ist die gemessene Temperatur aus dem breiten Prognoseunschärfebereich nach unten herausgelaufen. Lediglich der kurze El Niño 2015/16 brachte die Temperatur kurzfristig in den oberen Teil des Prognosespektrums.

Im Fall der Temperaturen der Tropen (30° S–30° N) ist die Diskrepanz zwischen Wirklichkeit und Modell sogar noch stärker ausgeprägt. Hier liegt die gemessene Temperatur fast durchgängig unterhalb des Prognosebandes.[14; 15] Der für diese Region in Simulationen postulierte tropische »Hot Spot« existiert nicht.[16] Die Österreichische Zentralanstalt für Meteorologie und Geodynamik (ZAMG) betrieb 2013 auf ihrer Website Ursachenforschung und zählte etliche Fehlermöglichkeiten auf:[17]

»Warum die globalen Klimamodelle die aktuelle Temperaturentwicklung viel zu hoch einschätzen – und offensichtlich die dahinter liegenden Prozesse nicht richtig erfassen – wird derzeit diskutiert und ist Gegenstand laufender Forschungsarbeiten. Gemäß dem neuen Sachstandbericht könnte der Fehler in einem fehlenden bzw. inkorrekten Strahlungsantrieb oder einer falschen Reaktion der Klima-

modelle auf externe Antriebe begründet liegen. Darüber hinaus dürften einige Klimamodelle zu stark auf die Konzentration von Treibhausgasen reagieren. Steigt die globale Lufttemperatur in den nächsten fünf Jahren nicht deutlich, so sind alle Simulationen außerhalb des Vertrauensbereiches. Unabhängig davon zeigt sich bereits jetzt, dass die globalen Modelle die natürliche Variabilität unterschätzen und bestimmte Phänomene oder Wechselwirkungen im Klimasystem nur unzureichend erfassen. [...]

Schlussfolgerung: *Die Forschungsergebnisse der letzten Jahre geben immer öfter zu erkennen, dass natürliche Schwankungen im Klima erheblich sind. Der aktuelle Temperatur-Hiatus zeigt, dass das Klimasystem derzeit noch nicht in seiner vollen Komplexität verstanden ist und die globalen Klimamodelle noch nicht ausreichen.«*

Die Modellierungsschwäche gilt übrigens auch für die letzten Jahrtausende, wie eine Studie von Thomas Laepple vom Alfred-Wegener-Institut (AWI) in Zusammenarbeit mit Peter Huybers von der Harvard University 2014 unterstrich.[18] In einer dazugehörigen Pressemitteilung skizzierte das AWI die enormen Diskrepanzen:[19]

»*Das Klima der Erde scheint in den letzten 7000 Jahren sehr viel unbeständiger gewesen zu sein als bisher gedacht. [...]. [Wissenschaftler fanden], dass die aus Klimaarchiven rekonstruierten Meeresoberflächentemperaturen auf langen Zeitskalen erheblich stärker variieren als von Klimamodellen berechnet. [...] Auf tausendjähriger Zeitskala unterschätzten gängige Klimamodelle die aus den Klimaarchiven rekonstruierten Schwankungen der Meeresoberflächentemperaturen um den Faktor 50. ›Theoretisch gibt es nun zwei denkbare Erklärungen‹, so Thomas Laepple. ›Entweder liefern die Klimaarchive keine verlässlichen Temperaturdaten, oder die Klimamodelle unterschätzen die Variabilität des Klimas. Vielleicht stimmt auch beides ein bisschen.‹ Da das Ergebnis auf mehreren unabhängigen Klimaarchiven und Korrekturmethoden beruht, glaubt Laepple, dass das Problem eher bei den Modellen liegt. ›Wir müssen die Vorhersagen, wie stark das Klima regional schwanken kann, wahrscheinlich korrigieren‹, ist Thomas Laepple aufgrund seiner Forschungsergebnisse überzeugt.«*

Große Probleme zeigen sich in den Klimamodellen auch bei der Beurteilung von Niederschlägen. Gängige Modelle überschätzen die Zunahme des globalen Niederschlags offenbar systematisch um 40 %.[20] Auch andere Autoren bemängeln enorme Diskrepanzen zwischen simulierten und real beobachteten Regentrends,[21-27] sodass auch Klimaschadensberechnungen auf Modellbasis nicht robust sein können.

Zu guter Letzt: Wussten Sie, dass alle Klimamodelle bisher eine flache Erde als Scheibe annehmen? Eine Studie von Michael Prather und Juno Hsu in der Fachzeitschrift *PNAS* erläutert, dass durch diese Vereinfachung in den Computersimulationen mächtige Verzerrungen auftreten, mit Fehlern in der Größenordnung des Treibhausgasantriebs.[28]

29. Gibt es natürliche Klimamuster, die uns bei Prognosen helfen könnten?

Die wichtigste Frage in der Klimadebatte betrifft die zukünftige Klimaentwicklung. Wie warm wird es werden? Wie hoch wird der Meeresspiegel steigen? Wird es mehr oder weniger regnen? Auf Basis von Klimamodellen wurden Prognosen bis zum Jahr 2100 erstellt. Oft wird suggeriert, die Entwicklung würde vor allem von der Höhe der CO_2-Emissionen abhängen. Dabei wird jedoch verschwiegen, dass die noch immer schlecht bekannte Erwärmungswirkung des CO_2, die CO_2-Klimasensitivität, eine mindestens ebenso große Rolle spielt. Erwärmungsberechnungen für verschiedene Klimasensitivitäten werden üblicherweise nicht öffentlich diskutiert, was ein großes Defizit ist. Meist wird einfach mit einer mittleren Klimasensitivität gerechnet, die aber wahrscheinlich viel zu hoch liegt (s. Kap. 10). Eine Überprüfung der Langfristprognosen ist schlecht möglich, weil die mit der Realität zu vergleichenden Klimaereignisse schlichtweg viel zu weit in der Zukunft liegen. Insofern ist es heute schwierig, extrem überzogene Szenarien von realistischeren Szenarien anhand neutraler Messdaten zu unterscheiden (s. Kap. 39). Einige der Klimaprotagonisten scheinen diese Unüberprüfbarkeit geradezu auszunutzen und überbieten sich in apokalyptischen Visionen, um eigene ideologische Vorstellungen öffentlichkeitswirksam auszuschmücken.

Neben den Langfristprognosen gibt es mittlerweile auch sogenannte mittelfristige Klimaprognosen, die Vorhersagezeiträume von ein bis zehn Jahren umfassen und daher auch als »dekadische Klimavorhersagen« bezeichnet werden.[1] Im Rahmen des vom deutschen Bundesministerium für Bildung

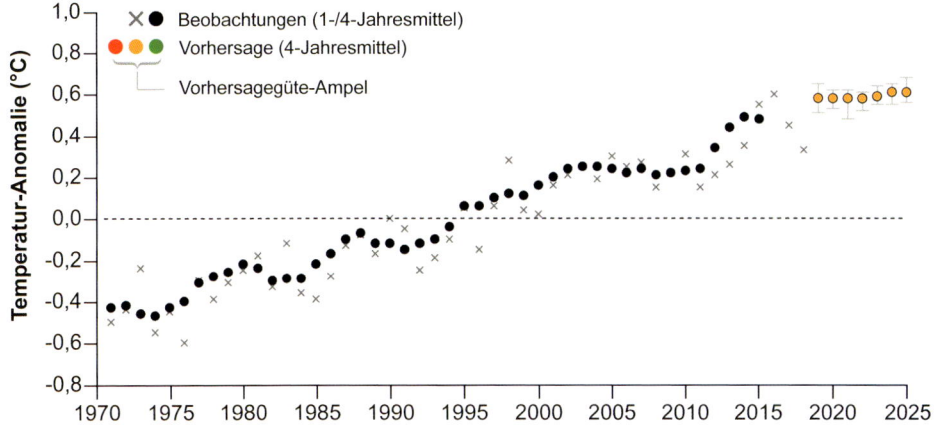

ABB. 35: Mittelfrist-Vorhersage der globalen Temperatur ab 2019 durch das MiKlip-Projekt.[1]

und Forschung (BMBF) geförderten MiKlip-Projektes werden Mittelfristvorhersagen der globalen Temperatur für sieben Jahre im Voraus erstellt. Für die 2020er-Jahre prognostiziert MiKlip interessanterweise eine Erwärmungspause, ähnlich wie bereits in den Nullerjahren des 21. Jahrhunderts (s. Abb. 35). Laut Vorhersage soll sich dieser neue »Hiatus« auf dem Wärme-Niveau des El Niño von 2015/16 abspielen. Man darf gespannt sein, ob sich dies bewahrheitet. Interessanterweise hatte MiKlip noch zwei Jahre zuvor eine rapide Erwärmung von mehr als zwei Zehntel Grad pro Jahrzehnt für die kommenden Jahre prognostiziert. Diese Vorhersage wurde jetzt aber offensichtlich drastisch nach unten korrigiert. Auch eine Gruppe um James Hansen und Gavin Schmidt vom NASA Goddard Institute for Space Studies in New York City geht von einer erneuten Erwärmungspause in den kommenden Jahren aus.[2]

Ozeanzyklen geben die Richtung vor

Für etliche Ozeanzyklen bestehen empirisch gut belegte Zusammenhänge mit wichtigen Klimaparametern, wie etwa Temperatur und Niederschläge (s. Kap. 7). Einige der Ozeanzyklen schwingen in einem Takt von etwa 60–70 Jahren,[3] wodurch sich Mittelfrist-Vorhersagemöglichkeiten eröffnen. So kommt der AMO-Ozeanzyklus aktuell allmählich an das Ende seiner positiven Phase, die mehr als zwei Jahrzehnte andauerte.[4] Mit dem in den kommenden Jahren vermutlich einsetzenden langsamen Abstieg in die negative AMO[5] erwarten Klimawissenschaftler eine Reihe von charakteristischen klimatischen Veränderungen. So werden die Sommer in Mitteleuropa[6; 7] und einigen anderen Regionen der nördlichen Hemisphäre[8] sowie die Jahrestemperaturen im Nordatlantik,[9] Mittelmeer[10] und Roten Meer[11] zwei Jahrzehnte lang tendenziell wohl eher wieder kühler ausfallen bzw. sich zumindest nicht weiter erwärmen. Dasselbe gilt auch für die Jahresdurchschnittstemperaturen der nördlichen Hemisphäre.[12] Zudem ist damit zu rechnen, dass die Regenfälle in der Sahelzone[13] und atlantische Hurrikane[9; 14] gemäß dem AMO-Zyklus wieder seltener werden und sich der Meeresspiegelanstieg an der US-Ostküste beschleunigt[9] (s. Kap. 19, 20). Eine Forschergruppe des Kieler Geomar unter Beteiligung von Mojib Latif hat eine Vorhersagemethodik für die AMO entwickelt, die auf Veränderungen der NAO und ihres Einflusses auf den Golfstrom basiert und mehr als zehn Jahre in die Zukunft reicht.[15–17] Auch andere Wissenschaftlerteams arbeiten an Lösungen zur AMO-Prognostik.[18; 19; 12]

Der Pazifik spielt eine Schlüsselrolle für die natürliche Variabilität der Globaltemperaturen,[20–22] insbesondere der PDO-Ozeanzyklus, der wie die AMO mit einer Periode von 60 Jahren oszilliert (s. Kap. 7). Als die PDO Anfang des Jahrtausends in ihre negative Phase absank, setzte eine Erwärmungspause ein, die anderthalb Jahrzehnte anhielt (s. Kap. 5).[23; 24] Durch einen kräftigen El Niño 2015/16 gab es ein kurzes positives PDO-Intermezzo, was den Hiatus vorerst beendete.[25] Klimawissenschaftler gehen jedoch davon aus, dass sich die PDO und damit verknüpfte pazifische Ozeanzyklen während der kommenden Jahrzehnte wieder überwiegend in der kalten, negativen Phase aufhalten werden.[25; 26] Zusammen mit der im Sinken begriffenen AMO wirken die beiden wichtigsten Ozeanzyklen daher in der mittleren Zukunft dem anthropogenen Klimawandel kühlend entgegen.

Auch die NAO übt einen entscheidenden Einfluss auf das Klima aus, z. B. auf die Wintertemperaturen in Mittel- und Nordeuropa sowie die Regenmengen in Südwesteuropa (s. Kap. 7). Bis vor Kurzem dachte man, dass die saisonalen Schwankungen der NAO eher chaotisch und unvorhersehbar seien.[27] Die Wissenschaft hat ihre Ansicht in diesem Punkt mittlerweile revidiert und arbeitet an Vorhersagemodellen für die NAO, die mehr als ein Jahr in die Zukunft reichen.[23-31] Grundlage sind empirische sowie dynamische Modelle, in die vielfältige Parameter einfließen, wie etwa die Klimavariabilität im Pazifik (El Niño Southern Oscillation, ENSO), die nordatlantischen Meerestemperaturen, das arktische Meereis im Herbst, die eurasische Schneebedeckung, die Quasi-Biennial Oscillation (QBO) (s. Kap. 8), Schwankungen der Sonnenaktivität und die stratosphärische Variabilität.

Es verwundert, dass der systematische Einfluss der Ozeanzyklen und das Vorhersagepotenzial in vielen regionalen Klimaberichten und Medienbeiträgen noch immer weitgehend ignoriert werden. Dabei könnten Landwirtschaft und viele andere wetterabhängige Bereiche der Wirtschaft von einem besseren Verständnis der Zusammenhänge und daraus abgeleiteten Prognosen profitieren. Bestehen vielleicht Bedenken, dass die Öffentlichkeit der anthropogenen Komponente dann weniger Aufmerksamkeit schenken könnte? Diese Befürchtung ist sicher falsch, denn langfristig kann nur eine realistische Darstellung der Klimatreiber erfolgreich sein. Einseitige und lückenhafte Modelle führen zu krassen Prognosefehlschlägen wie im Fall des Hiatus zu Beginn des 21. Jahrhunderts und gefährden zudem die Glaubwürdigkeit der Klimawissenschaften. Prominente Klimaforscher haben dies erkannt und fordern nun eine systematische Einbeziehung der Ozeanzyklik in die Klimamodelle.[32-35] Noch immer gibt es viel zu viele Klimamodelle, die die Ozeanzyklen nur ungenügend abbilden, wobei die Simulationen weder die Amplitude noch die räumlichen Verteilungsmuster der natürlichen Klimavariabilität reproduzieren können.[36] In der heutigen Form sind die gängigen IPCC-Modelle (CMIP-5) kaum geeignet, die zukünftige Entwicklung verlässlich zu prognostizieren.

Trotz der großen Möglichkeiten, die eine solide Integration der Ozeanzyklen für die Klimaprognosen eröffnen, muss man sich über die Grenzen der Vorhersagen bewusst sein. An der 60-Jahre-Zyklik der AMO und PDO besteht kein Zweifel, da sie über paläoklimatische Untersuchungen für mehrere Jahrhunderte zurückreichend bestätigt wurde (s. Kap. 7). Trotzdem handelt es sich nicht um eine perfekte Sinus-Schwingung. Immer wieder gibt es mehrjährige Abweichungen, und der wahre Takt variiert von Zyklus zu Zyklus zwischen 55 und 80 Jahren, was jahresgenaue Vorhersagen erschwert. Eine Abschätzung von Wahrscheinlichkeiten für Mittelfristtrends von fünf bis 25 Jahren ist jedoch möglich, was bereits sehr nützlich ist.

Weiterhin gilt es zu berücksichtigen, dass die Reaktion des Klimas auf die Ozeanzyklen ebenfalls gewissen Unschärfen unterliegt. Im »Klimaorchester« spielen bekanntlich viele »Instrumente« mit, wobei bestimmte Störsignale (z. B. Vulkanausbrüche, spezifische Kombinationen mit anderen Ozeanzyklen) die üblichen empirischen Muster kurzzeitig außer Kraft setzen können. Eines der »Instrumente« ist die schwankende Sonnenaktivität, die in vielfältiger und teilweise komplexer Weise das Klima beeinflusst (s. Kap. 8). Der Großteil der Forscher geht für die kommenden Jahrzehnte von einer weiteren solaren Abschwächung aus.[37–41] Aus der vorindustriellen Vergangenheit gibt es viele Beispiele, wie eine jahrzehntelang schwache Sonne zu einer spürbaren Abkühlung geführt hat, zum Beispiel in der Kleinen Eiszeit.

Vor 30 Jahren wagte Hartmut Graßl, bis 2005 Direktor des Hamburger Max-Planck-Instituts für Meteorologie (MPI-M) und 1994 bis 1999 Leiter des Weltklimaforschungsprogramms der UNO in Genf, eine Temperaturprognose. In seinem Buch »Wir Klimamacher« schrieb er 1990 zusammen mit seinem Co-Autor Reiner Klingholz:[42]

»Schon in den nächsten 30 Jahren wird sich die Erde mit hoher Wahrscheinlichkeit um ein bis zwei Grad erwärmen.«

Die 30 Jahre sind nun um. In Wirklichkeit betrug die Erwärmung lediglich ein halbes Grad,[43] viel weniger als von Graßl damals prophezeit. Die Prognose entpuppt sich nun als alarmistisch. Der US-amerikanische Klimawissenschaftler James Hansen gab mit Kollegen des NASA Goddard Institute for Space Studies (GISS) bereits 1988 eine Prognose ab. Für ein Szenario mit gesteigerter Treibhauskonzentration sagten die Forscher für die Zeit 1985–2020 eine Erwärmung von 1,4 °C voraus. Davon eingetroffen sind jedoch lediglich 0,6 °C, also weniger als die Hälfte. Auch diese Prognose schoss weit über ihr Ziel hinaus. Es gibt also gute Gründe, drastischen Temperaturprognosen mit einer gesunden Skepsis zu begegnen.

Warnung vor der Sintflut

Per Pressemitteilung verbreitete das Potsdam-Institut für Klimafolgenforschung (PIK) am 7. Dezember 2009 kurz vor dem Kopenhagener Klimagipfel eine angsteinflößende Meeresspiegel-Prognose, an der neben einem finnischen Geodäten auch PIK-Mitarbeiter Stefan Rahmstorf mitgearbeitet hatte. Bei einem relativ niedrigen Treibhausgas-Emissionsszenario sei im 21. Jahrhundert ein Meeresspiegelanstieg um mehr als 1 m zu erwarten, im höchsten Szenario sogar bis zu 1,9 m, warnte das PIK.[44; 45] Inhalt und Zeitpunkt der Mitteilung waren sicher dazu gedacht, den Politikern in Kopenhagen einen zusätzlichen Ansporn für ambitionierte Verhandlungen zu geben.

Es dauerte nicht lange, bis Rahmstorfs Fachkollegen vehement Einspruch gegen die überzogene Prognose einlegten. So sagte der IPCC-Autor Peter Lemke vom AWI, wer die Meeresspiegel-Prognose für das Jahr 2100 auf bis zu zwei Meter erhöhe, schieße »*aus der Hüfte. Das sind unbegründete Horrorszenarien.*«[46] Auch der IPCC verweigerte der Rahmstorf-Prognose die Unterstützung. In seinem 5. Klimazustandsbericht von 2013 ging das Gremium von einem Meeresspiegelanstieg von 0,53 m für ein Szenario aus, bei dem die CO_2-Emissionen um 2040 ihren Höhepunkt erreichen (RCP 4.5).[47] Zwei Jahre später wurde diese Einschätzung noch einmal von einem internationalen Expertenteam bekräftigt.[48] Auch im kürzlichen Spezialbericht des IPCC zu Ozeanen und Kryosphäre von 2019 ist der Wert nur leicht auf 0,55 cm erhöht worden.[49] Die alarmistische Meeresspiegel-Prognose aus Potsdam stellt daher eher eine Außenseitermeinung dar.

30. Welche Anzeichen gibt es für Kipppunkte?

Das Konzept der klimatischen Kipppunkte wurde um das Jahr 2000 von Hans Joachim Schellnhuber vom Potsdamer PIK-Institut in die Debatte eingeführt.[1] Laut dieser Hypothese droht das Klimasystem in verschiedenen Bereichen einen kritischen Zustand zu erreichen, bei dem es schlagartig und irreversibel »umzukippen« droht, also ohne Chance, in den Ausgangszustand zurückkehren zu können. Anstatt einer kontinuierlichen klimatischen Veränderung käme es nach Überschreiten dieses kritischen Punktes zu einer abrupt einsetzenden Klimakatastrophe (»runaway climate change«). Hierdurch könnten einige Regionen der Erde »unbewohnbar« werden.[2] Da die Zeit dränge, müsse umgehend gehandelt werden, sonst sei es zu spät. Variationen des Leitthemas sind das »einstürzende Kartenhaus«,[3] die »klimatische Kettenreaktion«,[4] die »kippenden Dominosteine«,[2; 5] »planetare Grenzen«,[6] »Achillesfersen des Klimasystems«[7] oder das »falsche Gefühl von Sicherheit«[8].

Im Jahr 2004 präsentierte Schellnhuber zusammen mit anderen Klimawissenschaftlern im Weißen Haus der Bush-Regierung einen vom Pentagon beauftragten »Geheimbericht« zur Klimagefahr. Darin wird davor gewarnt, dass europäische Küstengroßstädte bis 2020 vom Meer überflutet würden und der menschengemachte Klimawandel Megadürren auslösen könnte, die zu Hunger und gesellschaftlichen Unruhen bis hin zum Atomkrieg führten.[9] Heute wissen wir, dass nichts davon eingetreten ist. Ab 2005 half auch James Hansen vom New Yorker GISS-Institut mit, die Idee der Kipppunkte in Vorträgen und Publikationen zu verbreiten.[1] Sowohl Schellnhuber als auch Hansen sind politisch engagierte Klimaaktivisten.

Was zunächst wohl nur als Metapher gemeint war, um die Klimaproblematik eindrucksvoller ins Bewusstsein der Bevölkerung zu rufen, entwickelte sich in den Folgejahren immer mehr zu einem konkreten klimawissenschaftlichen Konzept. Im Rahmen einer vieljährigen wissenschaftlichen Kampagne entwickelte und bewarb Schellnhuber seine Kipppunkt-Idee, unter Nutzung von Einfluss und Medienreichweite seines PIK-Instituts, das er 1992 mitbegründet hatte und dem er bis 2018 als Direktor vorstand. Entsprechende Publikationen erschienen in hochrangigen Zeitschriften, medial verstärkt durch dazugehörige PIK-Pressemitteilungen in den Jahren 2008,[8; 10] 2015,[6; 11] 2018[2; 12] und 2019.[5; 13]

Darin wurde eine Vielzahl von Kipppunkten beschrieben, wovon wir im Folgenden auf die drei wichtigsten näher eingehen wollen, nämlich 1) den schmelzenden Eisschild in Grönland, 2) das schmelzende arktische Meereis und 3) den Kollaps von Nadelwäldern und tropischem Regenwald. Das PIK warnt eindringlich, dass die Kippelemente viel zu riskant seien, *»um gegen sie zu wetten«*.[5] Sowohl Risiko als auch Dringlichkeit der Situation sei mit Blick auf diese Kippelemente akut.[5] Die Kippelement-Hypothese wurde in Schulen als gesichertes Wissen präsentiert, und den Schülern wurde von Aktivisten suggeriert, ihre Zukunft sei in akuter Gefahr.[14] Nach mehrmonatigen Klimaprotesten der »Fridays for Future«-Schülerbewegung 2019 schob das PIK im Januar 2020 noch eine Publikation zu »gesellschaftlichen Kippmechanismen« hinterher, welche den Durchbruch zur Klimastabilisierung auslösen könnten.[15; 16] *»Nichtlinearität kann man* nur mit Nichtlinearität schlagen«, erläutert Hans Joachim Schellnhuber seine Strategie.[16]

Einer Vielzahl von Fachkollegen geht die Dramatik der Kipppunkte zu weit, darunter James Annan, Experte für Klimaprognosen. Er lehnt das Konzept abrupter Klimaveränderungen rundum ab und geht eher von kumulativen Effekten aus.[17] Auch der renommierte Klimawissenschaftler Mike Hulme von der University of Cambridge warnte in einem im Oktober 2019 im Fachblatt *WIREs Climate Change* erschienenen Leitartikel vor Klimapanikmache und legt seinen Kollegen nahe, auf Kampagnen auf Basis von destruktivem »*Deadline-ism*« und »*Too-lateness*« in Zukunft zu verzichten.[18] Ähnlich sieht es Hulmes Kollege Myles Allen von der University of Oxford, der in einem Meinungsbeitrag auf der Website der Universität schreibt:[19]

»Hört bitte auf zu sagen, dass im Jahr 2030 eine globale Katastrophe eintritt. Die Klimaentwicklung ist zwar bedenklich, und jedes halbe Grad Erwärmung zählt. Aber der IPCC hat keine ›planetare Grenze‹ bei 1,5 °C gezogen, jenseits derer ›Klimadrachen‹ auf uns warten würden.«

30

»Kipppunkt« Grönlandeis

Laut Kipppunkt-Hypothese könnte das Grönlandeis innerhalb weniger Jahrhunderte instabil werden und ins Meer rutschen, was einen Meeresspiegelanstieg von 7 m erzeugen würde.[8] Durch die allmähliche Enteisung würde immer mehr dunkles Gestein zum Vorschein kommen, sodass mehr eingestrahlte Wärme absorbiert wird (Eis-Albedo-Rückkopplung). Außerdem würden die Oberflächentemperaturen auf dem zentralen Eisschild immer schneller ansteigen, weil die Gesamthöhe des Eiskörpers schrumpfe. Der Kipppunkt wird nach PIK-Ansicht bei einer globalen Erwärmung von 1,6 °C über dem mittleren Niveau von 1850–1900 (Ende der Kleinen Eiszeit) erreicht.[20; 21] Diese 2012 in die Welt gesetzte Zahl bereitete unter anderem die Verschärfung des 2-Grad-Ziels auf das 1,5-Grad-Ziel 2018 vor. Allerdings handelt es sich um einen »besten Schätzwert«, wobei der wahre Wert irgendwo in der Spannbreite von 0,8–3,2 °C liegen soll.[20; 21]

Aber wie plausibel ist dieses Szenario überhaupt? Grönland ist seit 3 Mio. Jahren vereist.[22; 23] Die meisten Autoren gehen davon aus, dass die Vereisung zumindest während der letzten 1 Million Jahre kontinuierlich war.[24] Im Zuge der pleistozänen Vereisungszyklik wurden die jeweils ~90 000 Jahre andauernden Eiszeiten für ~10 000 Jahre durch Warmphasen (Interglaziale) unterbrochen. Die letzten vier dieser Warmphasen, die sich während der vergangenen 350 000 Jahre ereigneten, waren alle deutlich wärmer als das aktuelle Interglazial, in dem wir heute leben, mit Temperaturen oberhalb der vom PIK genannten Schwelle.[25] Zwar reduzierte sich das Grönlandeis während jeder dieser Warmphasen, ein Gesamt-Kollaps blieb aber aus.[25; 26] Allerdings gibt es aus der weiteren Vergangenheit noch viele Unsicherheiten.[27; 28] Am ehesten verstehen wir wohl das letzte Interglazial, die Eem-Warmzeit, die sich 126 000–115 000 Jahre vor heute ereignete. Einem internationalen Forscherteam gelang es 2013 zum ersten Mal, die Schichtung des grönländischen Eisschildes aus der Eem-Warmzeit vollständig zu rekonstruieren.[29; 30] Mithilfe dieser Eisdaten konnten die Wissenschaftler feststellen, wie warm es damals in Grönland wurde und wie der Eispanzer auf die Klimaveränderungen reagierte. In einer Pressemitteilung des am Projekt beteiligten Alfred-Wegener-Instituts erläuterten die Wissenschaftler:[30]

»Bei Lufttemperaturen, die bis zu acht Grad Celsius höher waren als im 21. Jahrhundert, schrumpften die Eismassen im Vergleich zu heute weitaus weniger als vermutet. Der grönländische Eisschild hatte demzufolge auch einen viel kleineren Anteil am damaligen Anstieg des Meeresspiegels als bisher angenommen. Sollte der aktuelle Temperaturanstieg in Grönland anhalten, gelten die Reaktionen des Eisschildes im Zuge der Eem-Warmzeit als ein mögliches Zukunftsszenario für die Eismassen der Insel. [...] Die neu gewonnenen Eis- und Temperaturdaten für Grönland sollen jetzt in Klimamodelle einfließen und deren Vorhersagegenauigkeit weiter verbessern.«

»»Diese neuen Erkenntnisse sind wirklich aufregend. Sie widerlegen nicht nur alle Schreckensszenarien, denen zufolge der grönländische Eispanzer im Zuge einer Warmzeit im Nu verschwindet. Sie bestätigen zudem Modellrechnungen, die schon vor über einem Jahrzehnt am Alfred-Wegener-Institut gemacht wurden‹, sagt Prof. Heinrich Miller, Mitautor der Studie und Helmholtz-Professor für Glaziologie am Alfred-Wegener-Institut.«

Grönland steuerte während der Eem-Warmzeit lediglich 1,0–1,4 m zum globalen Meeresspiegelanstieg von insgesamt 6–9 m bei.[26; 31] Aber auch im aktuellen Interglazial, dem Holozän, lag die Temperatur in Grönland in der Zeit von 10 000–6000 Jahren vor heute mehrere Jahrtausende lang um mehrere Grad höher als heute (Holozänes Thermisches Maximum, HTM; s. Kap. 3).[32-34] Zwar schrumpfte das Grönlandeis damals und besaß weniger Volumen als heute,[35-39] ein Kollaps gemäß der Kipppunkt-Hypothese blieb jedoch aus. Eine kürzliche Verlangsamung der Eisbewegung im Südwesten des grönländischen Eisschildes trotz fortgesetzter Erwärmung deutet zudem darauf hin, dass das Grönlandeis wohl doch robuster ist als lange angenommen.[40-43] Das größte Missverständnis in der Grönland-Kipppunkt-Diskussion sind die verschiedenen Zeitmaßstäbe. Während die Wärme der Interglazial-Warmzeiten etliche Jahrtausende auf das Eis wirkte, beschränkt sich die anthropogene Erwärmung auf Zeiträume, die eine ganze Größenordnung kleiner ausfallen. Durch den natürlichen Abbau des CO_2 in der Atmosphäre (s. Kap. 9) würde die für das 21. Jahrhundert prognostizierte anthropogene Erwärmung innerhalb von ein bis zwei Jahrhunderten wieder abgeklungen sein, was viel zu kurz ist, um einen Kollaps des Grönlandeises hervorzurufen.

»Kipppunkt« arktisches Meereis

Der Verstärkermechanismus dieses Kippelementes wurde zuerst durch Ronald Lindsay und Jinlun Zhang von der University of Washington 2005 formuliert.[44] Durch das Schmelzen des auf dem Meer schwimmenden Eises wird darunter die dunklere Wasseroberfläche sichtbar, die mehr Sonnenstrahlung aufnimmt als weiße Eisflächen, was die Erwärmung verstärkt.[8; 44] Die beiden Wissenschaftler interpretierten die späten 1980er- bis frühen 1990er-Jahre als möglichen Kipppunkt, als der jüngste Schmelztrend des arktischen Sommereises begann. Allerdings wiesen Lindsay und Zhang auch auf die Beteiligung von Ozeanzyklen hin, der Pazifischen Dekaden-Oszillation (PDO) und der Arktischen Oszillation (AO). Zudem schlossen sie eine Umkehr des Trends nicht kategorisch aus, sofern eine Reihe kalter Winter in Folge eintreten würde.[44] Laut PIK könnte die kritische Belastungsgrenze zwischen 0,5 und 2 Grad Celsius globaler Erwärmung liegen und bereits überschritten sein, sodass sich schon in wenigen Jahrzehnten ein neuer Zustand mit einer im Sommer eisfreien Arktis einstellen könnte.[8] Der Meereis-Experte Peter Wadhams von der University of Cambridge war von der Kipppunkt-Idee so überzeugt, dass er einen vollständigen Kollaps des arktischen Sommer-Meereises bis spätestens 2016 vorhersagte und als »arktische Todesspirale« titulierte.[45; 46] Der US-Politiker und Klimaaktivist Al Gore erklärte 2008, dass das Sommer-Meereis innerhalb von fünf Jahren verschwunden sein würde.[47] Beide Prognosen stellten sich letztendlich als falsch heraus. Auch heute noch trägt das Nordpolarmeer im Sommer eine ausgedehnte Meereisschicht.

Mittlerweile gehen die meisten Fachexperten davon aus, dass es beim arktischen Meereis überhaupt keinen Kipppunkt gibt, darunter der Meereis-Spezialist Dirk Notz vom Hamburger Max-Planck-Institut für Meteorologie.[48-53] Im Rahmen von Computersimulationen stellte sich nämlich heraus, dass auch ein im Sommer eisfreier Arktischer Ozean innerhalb weniger Jahre bei geeigneten Bedingungen wieder neues Meereis bilden kann.[48; 52] Auf eine größere Stabilität des Meereises weist auch das überraschend schnelle Eiswachstum in kalten Jahren wie 2013 hin.[54; 55] Entgegen der Kipppunkt-Hypothese ist der Schmelzprozess also durchaus umkehrbar und aufzuhalten.[49; 50] Neben den verstärkenden Faktoren existieren auch abschwächende Prozesse (negative Rückkopplung), die verhindern, dass das System unkontrolliert kippt.[48] Die Gründe der früheren Fehlprognosen werden derzeit detailliert analysiert und die Erkenntnisse hieraus in die Klimamodelle eingearbeitet.[50; 56; 57] Mittlerweile geht man davon aus, dass der Arktische Ozean erst ab Mitte des 21. Jahrhunderts im Sommer eisfrei werden könnte,[51] bei einer globalen Gesamterwärmung von 1,7–2,2 °C über dem Niveau von 1850–1900.[58] Anzumerken ist, dass Veränderungen des Meereises keinen Einfluss auf den Meeresspiegel haben, weil das Eis so viel Wasser verdrängt, wie im Eis gespeichert ist.

»Kipppunkt« Wald

Gemäß der Kipppunkt-Hypothese sind sowohl der Amazonas-Regenwald als auch die borealen Wälder in der kalten nördlichen Klimazone in Gefahr. Im Fall des Regenwaldes wird befürchtet, dass der Klimawandel zu einer

Abnahme der Regenfälle führen könnte, wodurch der Regenwald austrocknet und sich unwiederbringlich in eine an die Trockenheit angepasste Savanne oder Graslandlandschaft umwandeln würde.[8] Damit würde eine wichtige Kohlenstoffsenke verschwinden und die Biodiversität große Verluste erleiden.[7] Auch die borealen Wälder drohen laut Ansicht des PIK durch sommerliche Trockenheit, Hitze, Pflanzenschädlingen und Feuer sowie Stürme abzusterben.[8] Da die Winter kalt blieben, könnte der boreale Wald auch nicht durch Baumarten aus gemäßigten Breiten ersetzt werden und würde auch hier durch Busch- und Graslandschaften ersetzt werden.[7;8] Allerdings konnte bislang noch kein Beispiel dafür gefunden werden, dass Wälder durch den vom Menschen verursachten Klimawandel bereits unwiederbringlich gekippt sind.[59]

Wie sehen dies andere Forscher außerhalb Potsdams? Eine britische Forschergruppe hat die Auswirkungen des Klimawandels bis 2100 auf den Regenwald theoretisch simuliert und konnte keinen Biomasseverlust geschweige denn einen Kipppunkt feststellen.[60; 61] Der Amazonas zeigt sich gegenüber dem Klimawandel unerwartet robust[62-64] und wird wohl auch in den kommenden Jahrzehnten eine verlässliche Kohlenstoffsenke bilden, unter anderem, weil mehr CO_2 das Wachstum ankurbelt (s. Kap. 36).[65-68] Zudem hat sich die Zusammensetzung des Regenwaldes trotz jahrtausendelanger Trockenheit während des Holozänen Thermischen Maximums (HTM, 8500–5500 Jahre vor heute, s. Kap. 3) sowie ausgedehnter Wärmephasen der letzten zehn Mio. Jahre kaum verändert.[69; 70] Ein massenhaftes Artensterben durch den Klimawandel ist daher auch in Zukunft unwahrscheinlich.[70] Eine größere Bedrohung für die Artenvielfalt in den tropischen Regenwäldern sind der Bau von Staudämmen,[71] die sich weiter steigernde Zerstörungsrate durch Abholzung sowie andere nichtklimatische Faktoren.[72-75] Das Konzept von Kipppunkten in der terrestrischen Biosphäre wird von vielen Forschern generell abgelehnt.[76]

Auch der für die borealen Wälder postulierte Kipppunkt ist zweifelhaft. Weshalb profitierte der boreale Wald während des HTM von den milderen Temperaturen, wobei die arktische Waldgrenze signifikant weiter nördlich lag als heute?[77] Damals war es in der borealen Zone mehrere Grad wärmer als heute.[78-80] Fichten kommen mit dem Klimawandel besser zurecht als zuvor angenommen, wie eine Langzeituntersuchung des Norwegian Institute of Bioeconomy Research (NIBIO) ergab.[81; 82] Studien zur Vegetationsentwicklung der vergangenen Jahrzehnte und Jahrhunderte konnten zudem zeigen, dass boreale Wälder viel robuster gegenüber Waldbränden sind als lange angenommen. Der Wald erholte sich meist relativ schnell, wenn auch zum Teil mit einer veränderten, angepassten Baumartenzusammensetzung.[83–86]

Die für die kalten nördlichen Gebiete vormals prognostizierte Verschärfung von Dürren ist zudem fraglich, da Klimamodelle die Höhe der Niederschläge oftmals unterschätzen.[87; 88] Neuere Prognosen rechnen für das 21. Jahrhundert sogar mit einer Zunahme der Niederschläge in der borealen Klimazone.[89; 90] Forscher des Alfred-Wegener-Instituts gehen davon aus, dass sich im Zuge des Klimawandels die arktische Waldgrenze wieder nach Norden verschiebt.[91] Eine Erwärmung würde sich auch positiv auf das Waldwachstum im östlichen Kanada auswirken.[92] Mittlerweile gibt es gute Hinweise darauf, dass das Wachstum des borealen Waldes eng an die natürliche Dynamik der nordatlantischen Ozeanzyklik gekoppelt ist.[93; 94] Eine neue Baumzählung hat ergeben, dass es heute wohl sieben Mal mehr Bäume gibt als lange angenommen, was in den Modellen zur Waldentwicklung nun korrigiert werden muss.[95; 96]

Zur Diskussion anderer gängiger Kippelement-Hypothesen möchten wir auf die entsprechenden Spezialkapitel verweisen, insbesondere auftauende Permafrostböden (Kap. 35), schwächer werdender Golfstrom (Kap. 12), Korallen (Kap. 32, 33) und die antarktische Eisschmelze (Kap. 15).

VII. Klimaschäden

31. Welche Auswirkungen hat der Klimawandel auf die Tierwelt?

Regelmäßig berichten die Medien über Verlierer und Gewinner des Klimawandels in der Tierwelt. Die Prognosen sind vielfältig und schlagzeilenmachend, angefangen von den schrumpfenden Feuersalamandern über höher quakende Frösche bis hin zu immer schneller schwimmenden Zebrafischen. Im Folgenden beschränken wir uns aus Platzgründen auf wenige Beispiele.

Eisbären

Das wohl berühmteste angebliche Klimawandel-Opfer ist unbestritten der Eisbär. In Al Gores Oscar-prämiertem Film »Eine unbequeme Wahrheit« kamen den Zuschauern Tränen in die Augen, als sich ein verzweifelt im weiten Ozean paddelnder Zeichentrick-Eisbär mühsam auf eine rettende Eisscholle hievt, diese dann aber unter seinem Gewicht in mehrere Stücke zerbricht und der Eisbär scheinbar aussichtslos weiterziehen muss. Die Befürchtung: Durch den Rückgang des arktischen Meereises bleibt den Eisbären immer weniger Zeit, um auf dem Eis nach Ringelrobben zu jagen. So müssten sie länger an Land hungernd verharren, wo sie entkräftet auf ihr Ende warten würden, der Beginn einer »Todesspirale«. Aber entspricht diese Sichtweise überhaupt den Tatsachen? Ist der Eisbär in seiner Ernährung wirklich so einseitig, und wie hat er eigentlich die früheren Wärmephasen der jüngeren Erdgeschichte überstehen können?

Bis vor einigen Jahren hatte man angenommen, dass der Eisbär »nur« 150 000 Jahre alt sei. Neuere Forschungsarbeiten konnten jedoch zeigen, dass sich der Eisbär bereits vor 600 000 Jahren bzw. vielleicht sogar bereits vor 4 Mio. Jahren von der Braunbärenlinie abgespalten hat.[1; 2] Insofern haben Eisbären bereits mehrere vorangegangene warme Interglazialphasen sowie das sehr warme Holozäne Thermische Maximum (HTM, s. Kap. 3) überlebt, während derer es deutlich wärmer als heute war.[3] Vielleicht hat man die Tiere in ihrer Anpassungsfähigkeit einfach unterschätzt? Eisbären sind ausgezeichnete Schwimmer, wie Studien mit GPS-Peilsendern in der nordamerikanischen Arktis zeigten.[4-6] Die längste dokumentierte Schwimmstrecke betrug knapp 700 km, welche ein Eisbär in zehn Tagen zurücklegte. Auch ist der Speiseplan von »Ursus maritimus« deutlich vielseitiger als lange angenommen. An Land schalten Eisbären ohne größere Probleme ihre Ernährung um und versorgen sich beispielsweise mit Fleisch von Karibus und Schneegänsen sowie mit Vogeleiern.[7;8]

In den letzten 60 Jahren hat sich die Zahl der Eisbären stark erhöht. Während die weltweite Eisbärenpopulation in den 1960er-Jahren nur bei ca. 5000 Tieren gelegen hat, schätzt man die heutige Population auf 20 000–30 000 Exemplare.[9;10] Die Dynamik der letzten Jahre ist dabei allerdings unklar. Einige regionale Populationen sind gewachsen, andere stabil geblieben, und wiederum andere sind gefallen. Es gibt noch immer viele Datenlücken, sodass es bei groben Schätzungen bleibt. Einen robusten Trend in der Entwicklung der Eisbärenzahl gibt es daher nicht.[9;11] Der derzeit wohl größte Feind der Eisbären sind Jäger. Die Tierschutzgruppe Pro Wildlife berichtet auf ihrer Website:[12]

»Im Durchschnitt werden jedes Jahr 800 bis 1000 Eisbären geschossen, die meisten von ihnen ganz legal. Am meisten Tiere werden in Kanada getötet, das als einziges Land noch immer den internationalen Handel mit Fellen und den Abschuss von Tieren durch ausländische Trophäenjäger erlaubt. In Norwegen und Russland ist die Jagd verboten, in Russland werden schätzungsweise jedoch 200 Tiere pro Jahr illegal getötet. In den USA dürfen Eisbären nur von Ureinwohnern für den Eigengebrauch getötet werden«.

Vögel

Laut einer Untersuchung des Frankfurter Senckenberg-Instituts werden die meisten in den gemäßigten Breiten beheimateten Säugetier- und Vogelarten in ihren Lebensräumen auch 2080 noch Temperaturen vorfinden, die innerhalb ihrer Toleranzbereiche liegen.[13] Auch Pinguine mögen es offenbar eher wärmer. Ihre Population hat nach Ende der letzten Eiszeit stark zugenommen.[14; 15] Zudem waren Pinguine während der Mittelalterlichen Wärmeperiode häufiger als in der nachfolgenden Kleinen Eiszeit.[16; 17]

Fische

Die Heringspopulation in der Ostsee sowie im Nord- und Zentralatlantik wird vom AMO-Ozeanzyklus beeinflusst.[18; 19] Schwankungen sind daher nicht automatisch dem anthropogenen Klimawandel zuzuordnen.[20; 21] Dasselbe gilt auch für die Sardinen vor Nordwestafrika, die ebenfalls dem AMO-Zyklus unterliegen.[18] 60-jährige Ozeanzyklen steuern auch die Häufigkeiten von Sardinen, Sardellen und Seehechten an der kalifornischen Küste.[22] Die Klimaerwärmung hat der Sardellen-Fischpopulation vor der peruanischen Küste zumindest bis zum Beginn des 21. Jahrhunderts gutgetan. Die Bestände waren in den letzten Jahrzehnten deutlich höher als am Ende der Kleinen Eiszeit.[23] Seit Jahrmillionen wandern Meeresorganismen nord- und südwärts im Takt der klimatischen Veränderungen.[24; 25]

Eine Forschergruppe um den kanadischen IPCC-Autor Daniel Pauly publizierte 2012 im Fachblatt *Nature Climate Change* Simulationsergebnisse, dass der Klimawandel das Wachstum von Fischen hemmen würde.[26] Wissenschaftlern der Universität Oslo kam dies seltsam vor. Bei einer genaueren Überprüfung entdeckten die Forscher gleich mehrere schwere fehlerhafte Annahmen im Gleichungsgewirr.[27; 28] Sowohl bei geometrischen Zusammenhängen zur Oberfläche von Fischen als auch bei der Sauerstoffaufnahme erlaubten sich Pauly und Kollegen schwere Schnitzer. Das Fazit der Norweger: Die Modelle sind falsch, die zuvor medial weit verbreiteten Schlussfolgerungen unbelegt.[29] Fische können sich besser an wärmeres Wasser anpassen als lange angenommen.[30; 31]

Insekten

Ein ähnlicher Fall ereignete sich in der Insektenforschung. Im Jahr 2018 hatten Forscher von den Universitäten Sydney und Queensland vor einem durch den Klimawandel ausgelösten Insektenmassensterben gewarnt,[32] was ihnen Schlagzeilen in der internationalen Presse garantierte.[33] Forscher der finnischen University of Jyväskylä nahmen die Studie genau unter die Lupe und entdeckten eine Vielzahl von methodischen Fehlern.[34; 35] Zudem warfen sie ihren Kollegen einen alarmistischen Ansatz und den Gebrauch dramatisierender Begriffe vor. Obwohl die Finnen eine Pressemitteilung zu ihrer Kritik herausgaben,[35] zeigten sich die zuvor eifrig berichtenden Medien gänzlich uninteressiert an der Fehleranalyse. Kurz darauf übte auch ein Team aus den USA heftige Kritik an den Behauptungen der alarmistischen Studie aus Australien.[36] Das in Deutschland beobachtete Insektensterben hat nichts mit dem Klimawandel zu tun.[37] In Verdacht stehen Pestizide in der Landwirtschaft, Mais-Monokulturen zur Biogaserzeugung,[38] Lichtverschmutzung[39] und die Rotoren von Windkraftanlagen.[40; 41]

32. Fortschreitende Ozeanversauerung: Wie gefährlich ist die Lage?

Als zu Beginn des 21. Jahrhunderts die globale Erwärmung ins Stocken geriet, verlagerte sich die Klimadiskussion zunehmend in andere Bereiche abseits der Temperaturentwicklung. Eine besonders stark debattierte Frage war die Ozeanversauerung, die »Osteoporose der Meere«. Etwa ein Viertel des aus anthropogenen Quellen emittierten CO_2 wird in den Ozeanen gelöst (s. Kap. 9). Hierdurch hat sich der pH-Wert der Ozeane in den letzten Jahrzehnten leicht von 8,13 auf 8,05 reduziert.[1] Obwohl diese Werte noch immer deutlich im alkalischen Bereich liegen (der bis pH 7 reicht), wird in der Fachsprache von einer »Ozeanversauerung« gesprochen.

Die größte Befürchtung war, dass durch die Absenkung des pH-Werts die Kalkskelette der Meeresorganismen angegriffen werden könnten und somit der Fortbestand des marinen Ökosystems in Frage gestellt war.[2] In der Folge wurde eine Vielzahl von Forschungsprojekten gestartet, deren Ergebnisse nun vorliegen.[3] Es stellte sich heraus, dass viele Meeresbewohner gegenüber dem pH-Wert viel robuster sind als angenommen. So richtig überraschend ist dies nicht, denn in der geologischen Blütezeit der Korallenriffe in der Kreide, vor 100 Mio. Jahren, lag die CO_2-Konzentration in der Atmosphäre deutlich über dem heutigen Wert. Entsprechend stark müssen damals die Weltozeane »versauert« gewesen sein. Das Leben im Meer muss also Mechanismen entwickelt haben, um sich vor niedrigeren pH-Werten zu schützen.

Mittlerweile warnen Fachexperten vor einer pauschalen Dramatisierung der Ozeanversauerung und fordern eine differenziertere Betrachtungsweise.[4] Viele Arten kommen gut mit dem niedrigen pH-Wert klar, einige profitieren sogar davon.[5-8] Laut Aussagen von Klimawissenschaftlern der US-amerikanischen National Oceanic and Atmospheric Administration (NOAA) gibt es noch immer keinen Ort auf der Erde, an dem eindeutige Schäden aufgrund der Ozeanversauerung zu beklagen wären.[9; 10] Den Ozeanen geht es im Allgemeinen besser als oftmals dargestellt.[11]

Korallen trotzen der Ozeanversauerung

Tropische Steinkorallen können ihren internen pH-Wert so einstellen, dass sie über einen langen Zeitraum hinweg auch unter erhöhten Kohlendioxid-Konzentrationen Kalk bilden und wachsen können.[12-18] In den letzten Jahrzehnten blieb die Verkalkungsrate vieler Korallenriffe stabil[19] bzw. steigerte sich sogar.[20] Selbst in der Nähe von vulkanischen CO_2-Quellen entwickeln sich Korallen meist problemlos.[21] Eine Forschergruppe der Woods Hole Oceanographic Institution um Kathryn Shamberger untersuchte Korallenriffe der Südseeinsel Palau und fand unerwartet stark versauerte Bedingungen im Meerwasser, die jenen nahekamen, die vom IPCC für 2100 prognostiziert werden.[22; 23] Überraschenderweise hinderten die niedrigen pH-Werte das Wachstum der Korallen jedoch in keiner Weise. Im Gegenteil, die Forscher registrierten die artenreichsten und weitflächigsten Korallenlandschaften genau in jenen Abschnitten, die am sauersten waren.[22; 23]

In einer anderen Studie wurden Korallen einem leicht sauren Regime mit reduzierten pH-Werten ausgesetzt. Interessanterweise reagierten die lebenden Korallen mit einem gesteigerten Wachstum.[24] Eine Gruppe von der University of Queensland machte beim Great Barrier Reef eine unerwartete Entdeckung. Das Hauptriff agiert als aktive CO_2-Quelle, während die Lagunen als CO_2-Senken fungieren.[25] Eine Gruppe um Jarosław Stolarski von der

Polnischen Akademie der Wissenschaften dokumentierte, dass die Korallengattung Acropora während der letzten 40 Mio. Jahre alle pH-Schwankungen des Meeres problemlos ohne Änderung des Biomineralisationsmusters gemeistert hat.[26] Selbst Kaltwasserkorallen können sich viel besser an saureres Meerwasser anpassen als gedacht, wie eine Geomar-Studie zeigte.[27] Nach einer Eingewöhnungsfrist von einem halben Jahr konnten sie ihre Verkalkungsrate sogar gegenüber den Startbedingungen steigern.

Auch andere Meeresorganismen zeigen sich robust

Einige Kalkbildner profitieren sogar von der Ozeanversauerung. Hierzu gehören zum Beispiel kalkige Mikroalgen (kalkiges Plankton), die bei höheren Kohlendioxid-Werten ein verstärktes Wachstum aufweisen.[28] Insbesondere sind hier die Kalkflagellaten (Coccolithen, z. B. *Emiliania huxleyi*) zu nennen,[29-32] die bereits vor 70 Mio. Jahren zur späten Kreidezeit bestens gediehen und den Hauptbestandteil der Kreideklippen in Rügen, Møn und Dover bilden. Damals lag die CO_2-Konzentration der Atmosphäre mehr als doppelt so hoch wie heute. Die gute Verträglichkeit des CO_2 für das kalkige Plankton kommt nicht überraschend, denn es handelt sich um Kalkalgen, die zur Photosynthese auf das CO_2 angewiesen sind. Coccolithen müssen sogar das CO_2 lokal zur Photosynthese anreichern, da Algen vor mehr als 500 Mio. Jahren bei 15 Mal höherer atmosphärischer CO_2-Konzentration entstanden und die heutige niedrigere Konzentration daher eine signifikante CO_2-Unterversorgung darstellt.[33] Das Phytoplankton kann sich an die veränderten Bedingungen im Zuge des Klimawandels gut anpassen und ist für die Zukunft gut gewappnet.[34] Ebenso robust gegenüber der Ozeanversauerung – im Rahmen der für das 21. Jahrhundert prognostizierten Werte – zeigen sich auch Grünalgen,[35] arktisches Phytoplankton,[36;37] Kieselalgen (Diatomeen),[38;39] kalkschalige Einzeller (Foraminiferen),[40;41] küstennahe Meeresbodenbewohner,[42;43] Seesterne und Küstenkrabben,[44] Seeigel,[45;46] Ruderfußkrebse[47] und Haie[48]. Austern[49;50] und Heringe[51] können sogar von den sinkenden pH-Werten profitieren.

33. Stehen die Korallen vor dem Hitze-Aus?

Immer wieder kommt es in den tropischen Meeren zu schlimmen Korallenbleichen, die den Medien dramatische Bilder liefern. Wenn sich das Meerwasser über die normalen Temperaturen hinaus erhitzt, stoßen Korallen ihre symbiontischen Algen ab. Diese auch »Zooxanthellen« genannten Algen leben in den Zellen der Korallenpolypen und stellen der Koralle 90 % des benötigten Energiebedarfs in Form von Glukose, Glycerol, Aminosäuren und Sauerstoff zur Verfügung. Die Koralle bleicht nach dem Abstoßen der Algen aus und leidet in der Folge unter dem stark eingeschränkten Energieangebot. Ein Teil der gebleichten Korallen stirbt, ein anderer Teil erholt sich wieder. Es wird befürchtet, dass es im Zuge der Klimaerwärmung zu immer häufigeren Korallenbleichen kommen könnte und die Korallenriffe hierdurch an einen Kipppunkt geraten, bei dessen Überschreiten der Großteil der Korallenriffe weltweit unwiederbringlich verloren gehen würde.[1] Eine sehr bedenkliche Entwicklung, falls sie sich bewahrheiten sollte.

Aber wie plausibel ist ein solches Szenario? Korallen gibt es seit geologisch langen Zeiten, und sie waren während Teilen des Erdmittelalters (250–65 Mio. Jahre vor heute) weit verbreitet, als die Meere sehr viel wärmer waren als heute. Wie konnten die Korallen diese hohen Temperaturen überhaupt verkraften, wenn sie angeblich so anfällig gegen hohe Temperaturen sind? Des Rätsels Lösung ist der Zooxanthellen-Wechsel. Wenn Wassertemperaturen dauerhaft steigen, tauschen Korallen ihre symbiontischen Algen sowie Bakterien einfach gegen wärmeresistentere Arten aus.[2–8] Im Fall einer kurzfristigen Hitzewelle und darauffolgender Abkühlung können auch die ursprünglichen Zooxanthellen und Bakterien zur Koralle zurückkehren. Etliche Studien der letzten Jahre ergaben, dass sich die Korallen an die höheren Temperaturen überraschend schnell genetisch anpassen können.[9–15] Durch Anpassung und Akklimatisierung sind viele Korallen gegen die Klimaerwärmung offenbar doch besser gewappnet als zuvor befürchtet.[16–27] Vormals durch katastrophale Bleichereignisse geschädigte Korallenriffe konnten sich zudem nach ein oder zwei Jahrzehnten nahezu vollständig regenerieren, wie Langzeituntersuchungen zeigten.[28–33] Eine auf Jahrhunderte hinaus unwiederbringliche Schädigung von gebleichten Riffen ist daher eher unwahrscheinlich.

In mehreren Fallstudien zeigte sich, dass die Korallenbleichen heute bei höheren Temperaturschwellwerten ausgelöst werden als noch vor einigen Jahrzehnten.[34–36] Offenbar haben frühere Bleichereignisse zu einer Verringerung des Anteils an besonders hitzesensiblen Korallen geführt.[34; 35] Auch dies weist auf eine fortschreitende und langfristige Anpassung der Korallen an die höheren Wassertemperaturen hin. Eine Simulation der University of Texas at Austin bescheinigt den Korallen im australischen Great Barrier Reef eine ausreichende genetische Vielfalt, sodass das Riff durch fortwährende Anpassung noch mindestens 100 Jahre lang trotz Klimawandels weiterbestehen wird.[37; 38] Kaltwasserkorallen könnten von der Klimaerwärmung sogar profitieren.[39]

Besonders häufige und schwere Korallenbleichen ereignen sich in El-Niño-Jahren (s. Kap. 7).[40; 41] Hierbei handelt es sich um ein alle 2–7 Jahre episodisch auftretendes hitzegenerierendes Wetterphänomen im Pazifik, was nicht mit dem Klimawandel verwechselt werden sollte. In der Folge von El Niños entwickeln sich auch Krankheitswellen, die in den Riffen noch zusätzlichen Schaden anrichten.[42] Allerdings ergab eine Untersuchung des besonders starken El Niño 2015/16, dass unterschiedliche Regionen sehr verschieden auf den Hitzestress reagieren und letztendlich ein komplexes Geflecht an Ursachen darüber entscheidet, an welchen Stellen Korallenbleichen auftreten und welche Riffe unbeschadet durch den El Niño kommen.[43] Es zeigte sich zudem, dass äquatornahe Korallenriffe seltener bleichen als Riffe in einiger Entfernung zum Äquator.[34; 35] Riffgebiete, die auch im Normalfall größeren täglichen Temperaturschwankungen ausgesetzt sind, zeichnen sich durch seltenere Korallenbleichen aus.[35; 44]

Ein Team der Woods Hole Oceanographic Institution fand in Bohrkernen eines zentralpazifischen Korallenriffs charakteristische »Stress-Bänder«, die Wachstumsunterbrechungen im Zusammenhang mit Korallenbleichen markieren.[45] Die Bleichhorizonte in dem 100 Jahre umfassenden Kern ereigneten sich im El-Niño-Takt. Die Forscher zeigten sich überrascht, dass sich das Riff nach jeder Bleiche schnell wieder erholen konnte, und hoffen, dass auch die Schäden im Zusammenhang mit dem »Super El Niño« 2015/16 so schnell ausgeglichen werden wie in der Vergangenheit.[45] In einer ähnlichen Studie rekonstruierte ein britisches Team die Korallenbleichen des Great Barrier Reef für die vergangenen 400 Jahre und dokumentierte Phasen mit wechselnden Häufigkeiten der Bleichereignisse, die sich im Jahrhundertmaßstab abwechselten.⁴⁶ Wachstumsunterbrechungen der Korallen in Panama wurden während der vergangenen 7000 Jahre durch Kaltwasser (und nicht Wärme) ausgelöst.⁴⁷ In Japan stoppte das Korallenwachstum eines 6000 Jahre alten Riffs jeweils während Phasen geringer Sonnenaktivität.⁴⁸

Im Zuge des El Niño 2015/16 kam es im australischen Great Barrier Reef zu einer intensiven Korallenbleiche. Viele Forscher und Medien skizzierten eine düstere Zukunft für das von der UNESCO als Weltnaturerbe klassifizierte Riff. Peter Ridd von der James Cook University kritisierte die dramatisierende Berichterstattung und forderte eine ausgewogenere Analyse unter Berücksichtigung aller beteiligter Faktoren, nicht nur des Klimawandels. Ridd ist mariner Physiker und untersucht seit drei Jahrzehnten die Umweltbedingungen am Great Barrier Reef. Nach seiner Ansicht wird das Great Barrier Reef auch die Folgen des Klimawandels gut meistern können. In einem 2018 zusammen mit Piers Larcombe veröffentlichten Fachartikel forderte Ridd die Einrichtung einer unabhängigen Institution, die politikrelevante Ergebnisse zu Umweltthemen im Sinne der Qualitätssicherung auf Robustheit und Reproduzierbarkeit hin überprüft, bevor politische Maßnahmen ergriffen werden.⁴⁹ Die beiden Wissenschaftler illustrierten ihren Vorschlag am Beispiel der kontroversen Klimawandel-Diskussion zum Great Barrier Reef.

Die Idee stieß bei anderen Forschern auf wenig Resonanz.⁵⁰; ⁵¹ Auch Ridds damaligem Arbeitgeber, der James Cook University, gefiel die Kritik überhaupt nicht. Sie ergriff zunächst eine Reihe von Disziplinarmaßnahmen gegen Ridd, um ihn zum Schweigen zu bringen. Als sich Ridd dies nicht gefallen ließ, entließ die Universität den unbequemen Wissenschaftler. In der Folge kam es zu einem Gerichtsverfahren, in dem das Gericht 2019 die Kündigung für unzulässig befand und die Universität zur Zahlung von Entschädigung und Strafgeld verurteilte.⁵²; ⁵³ Zudem bescheinigte der Richter der James Cook University Defizite beim Verständnis des Konzepts der wissenschaftlichen Freiheit und mahnte, dass Peter Ridd das Recht habe, frei sprechen zu können, ohne Angst vor Konsequenzen haben zu müssen.⁵³ Die Universität ging in die Berufung. Peter Ridds Verfahrenskosten werden zu einem großen Teil durch Crowdfunding getragen. Seine Initiative zur Einrichtung einer neutralen Überprüfung politisch relevanter Fakten und Interpretationen der Klimawissenschaften ist zu begrüßen. Das normale wissenschaftliche Begutachtungssystem sowie das politisch eingesetzte Gremium des IPCC lassen leider noch zu viele Lücken, um eine wirklich robuste und vollständig ausdiskutierte Datengrundlage für weitreichende politische Entscheidungen zu ermöglichen.

34. Hitzetote, Kältetote und Krankheiten: Welchen Einfluss hat der Klimawandel?

Immer wieder hören wir von unglaublich hohen Opferzahlen, die der Klimawandel angeblich bereits durch Hitze und Beförderung von Krankheiten verursacht haben soll.[1] Aber wie belastbar sind diese Zahlen? Steigert sich die Gefahr, an einem Hitzetod zu sterben, bald wirklich ins Unermessliche? Der Demograph Roland Rau von der Universität Rostock beschäftigt sich seit Langem mit dem Zusammenhang von Wetter und Sterblichkeit und dokumentierte, dass die höchste Sterblichkeit in Mitteleuropa jedes Jahr im Januar, Februar und März gemessen wird. In diesen Monaten liegt die Sterblichkeitsrate 15–20 % höher als im Sommer,[2; 3] was bedeutet, dass Kälte mehr Menschen tötet als Hitze. Kalte Temperaturen steigern das Risiko für Atemwegsinfektionen und Herz-Kreislauf-Erkrankungen, wobei die geschwächten Abwehrkräfte den Körper für Grippeviren und Lungenentzündungen anfälliger machen.[2; 4] Laut Rau ist das Risiko, an einer Atemwegserkrankung zu sterben, im Winter um 50 % höher als im Sommer. Zudem verengt Kälte die Gefäße, was zu erhöhtem Blutdruck und in extremen Fällen zum Herzinfarkt führen kann.[2; 5] Andere Untersuchungen aus verschiedenen Teilen der Erde bestätigen, dass Kälte in den meisten Ländern den größten Anteil an temperaturbedingten Todesfällen hat.[5–7] In einer Studie von 384 Orten in 13 Ländern auf fünf Kontinenten ergaben sich 20 Mal so viele Opfer durch Kälte im Vergleich zur Hitze.[6–8] Auch hier gibt es aber Ausnahmen, so verursachte Hitze in Australien mehr Todesfälle als Kälte.[9]

Anders als vielleicht zu erwarten, ist die Wintersterblichkeit in vielen wärmeren Ländern mit moderatem Klima höher als in kalten Ländern. Der Grund ist, dass die Bewohner kalter Länder auf die kalten Temperaturen eingerichtet sind, während Kältewellen die Bevölkerung »im sonnigen Süden« eher unvorbereitet treffen.[2; 7] So haben Häuser im Mittelmeergebiet oft keine Zentralheizung. Genau anders herum verhält es sich bei den Hitzewellen. Hier sind besonders die kühleren Länder betroffen, in denen die Bewohner nicht ausreichend auf hohe Extremtemperaturen vorbereitet sind. In Spanien ist der Anteil von Hitzetoten in den letzten vier Jahrzehnten trotz Temperaturanstieg zurückgegangen, weil die Bevölkerung durch Klimaanlagen, verbesserte Gesundheitsversorgung und gezielte Aufklärung heute besser auf Sommerextreme vorbereitet ist.[10; 11] Die Lebenserwartung von Männern im heißen Katar beträgt 77 Jahre, was überraschenderweise in etwa dem Wert im deutlich kühleren Deutschland entspricht. Es ist demnach für die Sterblichkeit nicht entscheidend, wie hoch oder tief die Temperaturen ausfallen, sondern wie gut die Gesellschaft auf Temperaturextreme technisch und vom Verhalten her eingerichtet ist.[7; 8] Der Fortbestand eines geregelten Lebens im Winter in Moskau und im Sommer in Dubai belegt, dass es vor allem eine Frage der Anpassung ist, mit den klimatischen Bedingungen und Änderungen vernünftig umzugehen.

Insgesamt ist der Anteil der Hitzetoten und somit das Hitze-Sterblichkeitsrisiko in den letzten Jahrzehnten in vielen Ländern trotz Klimaerwärmung rückläufig.[6; 12-15] Dies ergab unter anderem die Untersuchung eines 22-köpfigen Forscherteams von der London School of Hygiene and Tropical Medicine, die 2015 in der angesehenen medizinischen Fachzeitschrift *The Lancet* veröffentlicht wurde.[6; 16; 8] Angesichts des einseitigen Fokus auf die gesundheitliche Bedrohung durch Hitzewellen (s. Kap. 21) fordern die Autoren eine stärkere Berücksichtigung des Risikos von Kältewellen für die Gesellschaft (s. Kap. 22).[8] Roland Rau und einige seiner Kollegen bemängeln ein mediales Zerrbild, da Hitzetote ein weit größeres Medienecho erfahren als Kältetote.[7]

Ein pauschaler Zusammenhang zwischen Klimawandel und Krankheiten lässt sich nicht herstellen. So hatte man früher vermutet, dass die globale Erwärmung das Malariarisiko verschärfen würde, allerdings hatte man sich bei der Temperatur, bei der Malaria am effektivsten übertragen wird, um mehrere Grad verschätzt, sodass sich die Rechnungen nun als fehlerhaft herausstellten.[17] In Wirklichkeit würde die Klimaerwärmung in vielen Ländern sogar eher zu einer Abnahme des Malariarisikos führen.[17; 18] Die Anzahl der Malariatoten und Neuinfektionen ist in den letzten 20 Jahren rückläufig.[19] Auch die Denguefieber-Gefahr würde im Zuge einer Erwärmung in vielen Gebieten sinken, z. B. in Nordost-Australien.[20]

Ein Autorenteam um den japanischen Wissenschaftler Shinichiro Fujimori warnte indessen davor, dass bis zu 160 Mio. Menschen weltweit zusätzlich hungern müssten, wenn im Zuge der Bemühungen zur Eindämmung des Klimawandels die Versorgung mit erschwinglichen Lebensmitteln vernachlässigt würde.[21; 22] An der Studie waren auch vier Wissenschaftler vom Potsdam-Institut für Klimafolgenforschung (PIK) beteiligt. Als Hauptgefahr sehen die Studienautoren die Verteuerung der Nahrungsmittel sowie die Konkurrenz um Anbauflächen zwischen Energiepflanzen und Nahrungsmitteln.

35. Was ist von der arktischen Methan-Zeitbombe zu halten?

Am 27. November 2019 war es wieder mal so weit. Im angesehenen Wissenschaftsmagazin *Nature* schlugen Hans Joachim Schellnhuber, Johan Rockström und Stefan Rahmstorf Alarm und erklärten Kipppunkte des Klimas für wahrscheinlicher als bisher angenommen, darunter das Tauen des Permafrostbodens in der Arktis. Er »*beginnt irreversibel zu tauen und Methan freizusetzen*«.[1] Die Forscher geben weiter das Stichwort: »*Wir sind in einem Klimanotstand.*«[1] Sie wollen den Protest der Schulkinder und Städte unterstützen. Daher dürfen wir in Deutschland »*ab 2036 nichts mehr emittieren*«,[2] so Stefan Rahmstorf in seinem Blog. Und da der Staatssekretär im Bundesumweltministerium, Jochen Flasbarth, dem per Twitter zustimmt (»*Die Fakten von @rahmstorf sind korrekt*«[2]), muss man sich nicht wundern, dass eine ganze Jugendgeneration felsenfest davon überzeugt ist, dass die Permafrostböden unser Klima in den nächsten Jahrzehnten dramatisch verändern werden.

So erklärt Luisa Neubauer, Frontfrau von »Fridays for Future«: »*In den nächsten zwei bis fünf Jahren werden Grenzwerte erreicht, bei denen klimatische Kipppunkte überschritten werden. Dann ist die Klimakrise nicht mehr aufzuhalten! Der Permafrostboden ist so ein Kipppunkt, wenn aus ihm durch das Tauen unkontrolliert viel Kohlenstoffdioxid (CO_2) entweicht.*«[3]

Was ist wissenschaftlich belegt und was ist politische Folklore? Zunächst zu den Fakten. Methan ist ein etwa 34 Mal stärkeres Treibhausgas als Kohlendioxid,[4] wenn man einen Zeitraum von 100 Jahren betrachtet. Zwar hat Methan eine größere Fähigkeit, zurückgestrahlte Wärmestrahlung von der Erdoberfläche aufzunehmen, allerdings ist die Abbaurate auf die Hälfte des Ausgangswertes mit 9,1 Jahren deutlich schneller als bei CO_2.[5] Das Methan in der Luft wird relativ schnell abgebaut. Die Selbstreinigung der Atmosphäre bewirkt ein kurzlebiges Waschmittel: das aus dem Wassermolekül abgespaltene Hydroxyl-Radikal (OH-Radikal). Und das Auf und Ab der Waschmittelmenge wird allein durch die Sonneneinstrahlung gesteuert.[6] Das ist der Grund dafür, dass das Methan nur langsam ansteigt, von 2000 bis 2007 gar nicht anstieg und nun wieder leicht ansteigt. 2011 waren 1,65 ppm in der Luft, heute 1,88 ppm.[7] Etwa die Hälfte ist natürlichen Ursprungs, der größte Teil hiervon stammt aus Sümpfen, Mooren und Feuchtgebieten. Die anthropogenen Quellen sind fossile Energien mit 17 %, Viehhaltung mit 16 %, Mülldeponien mit 14 % und der Reisanbau mit 7 %.[8] Und wie viel macht das Auftauen der Permafrostböden aus? Es sind heute 0,2 %, und das Freisetzen der auf den Meeresböden befindlichen Gashydrate erzeugt 1 % des Methans.[8]

Doch das in den arktischen Permafrostböden befindliche Methaninventar ist mit etwa 1600 Milliarden Tonnen sehr groß, die Gashydrate sind ein Vielfaches davon. Wärmere Sommer, so der IPCC-Bericht von 2013, könnten den Boden auftauen lassen und Mikroben das gespeicherte Methan zum überwiegenden Teil zu CO_2 umsetzen und freisetzen. Doch, so der Bericht, wärmere Sommer können durch Pflanzen auch zu einer höheren Aufnahme von CO_2 führen.[9] 2018 bestätigten Forscher der Universität Alaska, dass die Permafrostregion als Nettosenke agieren und selbst bei weiter ansteigenden Temperaturen (selbst unter dem höchst unwahrscheinlichen Szenario RCP 8.5, s. Kap. 39) nicht vor 2100 zu einer zusätzlichen Quelle von CO_2 oder Methan werden könnte. Bei dem eher wahrscheinlichen Szenario RCP 4.5 wird die Permafrostregion bis zum Jahre 2299 mehr Kohlenstoff aufnehmen als abgeben.[10] Da bleibt von einem Kipppunkt nicht viel übrig. Selbst der Fall, dass ein abruptes Auftauen auftreten könnte, etwa durch Zusammenbrüche der Oberfläche, Erosion oder Erdrutsche, wurde Anfang 2020 untersucht.[11] Aber auch dies würde nur in dem unwahrscheinlichen Fall des Szenarios RCP 8.5 zu höheren CO_2- und Methan-Emissionen führen: im Jahre 2300.

Und selbst eine mögliche Freisetzung der Gashydrate auf den Meeresböden eignet sich nicht für Katastrophenszenarien. Schon der letzte IPCC-Report wies darauf hin, dass nur die flachen Ozeanschelfe von Bedeutung sein könnten, denn Methan, das aus tieferen Schichten nach oben steigt, *»wird wahrscheinlich von Mikroorganismen aufgenommen, bevor es die Oberfläche erreicht«*.[9] Das bestätigte Dr. Carolyn Ruppel, Leiterin des US Gas Hydrates Project: *»Falls Methan aus Gashydraten in den Ozeanen freigesetzt wird, wird es durch Bakterien in der Wassersäule verbraucht und erreicht nicht die Atmosphäre.«*[12]

So bleibt eigentlich nur noch zu klären, ob der seit 2006 wieder zu verzeichnende Anstieg des Methans anthropogenen Ursprungs ist. Sehr schnell wurde spekuliert, dass dies mit dem starken Ausbau von Fracking-Gas in den USA zusammenhängen könnte.[13] Doch Methan kommt in unterschiedlichen Isotopen vor, einmal mit dem leichteren Kohlenstoffatom ^{12}C, zum anderen mit dem schweren Kohlenstoffatom ^{13}C. Methan aus fossilen Quellen hat einen höheren Anteil an dem schwereren Isotop. Doch Messungen zeigen, dass in den letzten Jahren der Anteil am schwereren Methan abnahm. Also: Freispruch für Erdgas, Kohle und Öl. Mikroben produzieren in Feuchtgebieten das leichtere Isotop, wie Ed Dlugokencky von der US-amerikanischen Klimaforschungsbehörde NOAA erklärte.[13] Für den natürlichen Anstieg gibt es bislang keine Erklärung. Vielleicht sind es mehr Regenfälle oder weniger Sonneneinstrahlung und weniger aus den Wassermolekülen abgespaltene Hydroxyl-Radikale? Die Permafrostböden sind es jedenfalls nicht, wie eine Reihe von Untersuchungen ergab.[14; 15]

All diese Erkenntnisse hielten Luisa Neubauer und Freunde nicht davon ab, am 6. Februar 2020 Verfassungsbeschwerde beim Bundesverfassungsgericht einzureichen, wonach sie in ihren Grundrechten auf Menschenwürde, Leben und körperliche Unversehrtheit verletzt seien. Begründet wird die Verfassungsbeschwerde damit, dass ein *»Anstieg von globalen Temperaturen über 1,5 °C aktiv in Kauf nimmt, dass Millionen von Menschenleben sowie das Überschreiten von unkontrollierbaren Wendepunkten (tipping points)* (s. Kap. 30) *mit unabsehbaren Folgen für das Klimasystem riskiert werden«*.[16] Zitiert wird hierzu die eingangs erwähnte Veröffentlichung von Rockström,

Rahmstorf und Schellnhuber zu den Kipppunkten. Denn – so zitieren die Anwälte Hans Joachim Schellnhuber – es geht »*um jedes hundertstel Grad Erwärmung, das vermieden werden muss*«.[17]

36. Wird die Erde grüner?

Jahr für Jahr stößt die Menschheit mehr CO_2 aus als zuvor. Waren es 1959 noch 8,5 Milliarden Tonnen, sind es heute schon etwa 37 Milliarden Tonnen. Und egal wie hoch die Emissionen wurden, zunächst knapp die Hälfte, heute mehr als die Hälfte der Emissionen wurde durch die Ozeane und das vermehrte Pflanzenwachstum aufgesogen. So steht es im letzten IPCC-Bericht von 2013.[1] Allerdings wird in den vom IPCC zugrunde gelegten Modellen die zukünftige Aufnahmefähigkeit in Frage gestellt. Im Bericht von 2013 heißt es: »*Basierend auf Erdsystem-Modellen gibt es hohe Konfidenz, dass das Feedback zwischen Klimaentwicklung und Kohlenstoffkreislauf im 21. Jahrhundert positiv ist. Als Resultat wird mehr des emittierten anthropogenen CO_2 in der Atmosphäre verbleiben.*« [1]

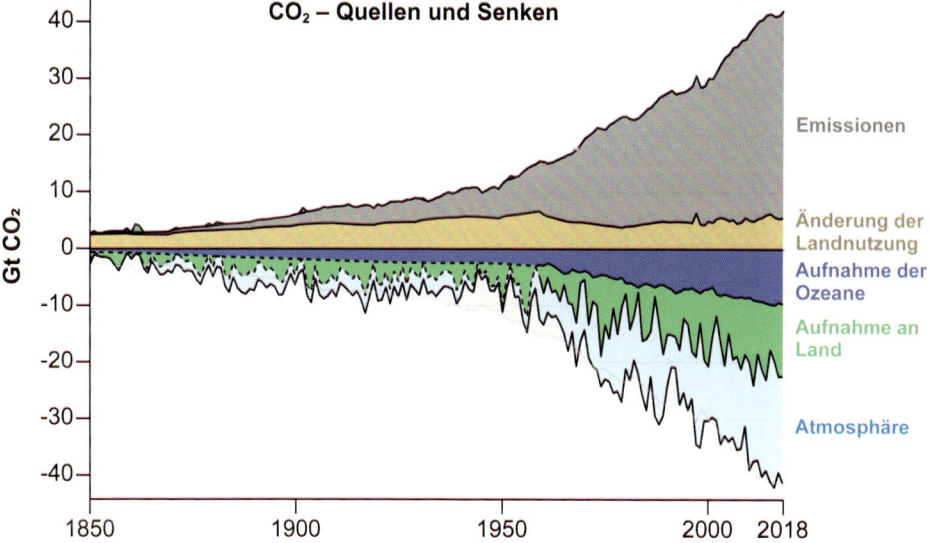

ABB. 36: Aufnahme von CO_2 durch Ozeane, Land (Pflanzen) sowie Verbleib in der Atmosphäre.[2]

Die hohe Konfidenz, mit der die abnehmende Aufnahmefähigkeit der Biosphäre und der Ozeane durch den IPCC prognostiziert wurde, wird von den ermittelten Daten nicht unterstützt. Denn das Global Carbon Project,[2] an dem unter anderem die UN-Organisation WMO (World Meteorological Organisation) beteiligt ist, zeigt in seinem 2019 erschienenen Bericht, dass die Pflanzenwelt mehr CO_2 aufnimmt als gedacht (s. Abb. 36). Die Forscher fanden, dass »*globale Land- und Ozeansenken im Großen und Ganzen Schritt gehalten haben mit den wachsenden CO_2-Emissionen seit 1958, da sie 60 Jahre später immer noch rund 50 % des in die Atmosphäre abgegebenen CO_2 aufnehmen. Diese Intensivierung der Absorption kann zurückverfolgt werden auf die in der Nordhemisphäre gelegenen Landsenken, die auf die wachsenden Emissionen reagieren, vor allen Dingen durch Wälder.*«[2] Die Nordhemisphäre beheimatet ungefähr zwei Drittel der Landfläche und der Vegetation der Erde, während die Südhemisphäre durch die Ozeansenken bestimmt wird.

Das Global Carbon Project stellt also von 1958 bis 2016 eine Intensivierung der Aufnahme in der Nordhemisphäre fest. Die vom IPCC behauptete Abnahme der Aufnahmefähigkeit hat sich zumindest bis heute durch neuere Untersuchungen nicht bestätigt, eher im Gegenteil.

Wie kommt es überhaupt zu dieser starken Dämpfung durch Pflanzen?

Für Pflanzen ist CO_2 überlebensnotwendig. 90 % aller Pflanzen sind sogenannte C3-Pflanzen, die unterhalb von 150 ppm CO_2 die Photosynthese einstellen, sie sterben ab. Unsere Bäume, aber auch Weizen, Roggen und Reis wachsen besser mit steigendem CO_2-Gehalt der Luft (s. Abb. 37). C4-Pflanzen wie Gräser und Mais reagieren nicht ganz so empfindlich auf CO_2.

Von der vorindustriellen Zeit bis heute hat sich die Photosyntheseleistung der meisten Pflanzen um 65 % gesteigert. Bei einem weiteren Anstieg des CO_2 in der Luft von den heutigen 410 ppm auf 600 ppm legen die Pflanzen noch einmal 35 % zu. Manche Gewächshausbesitzer machen sich das zunutze, indem sie die Treibhäuser auf 600 ppm CO_2 anreichern, um damit

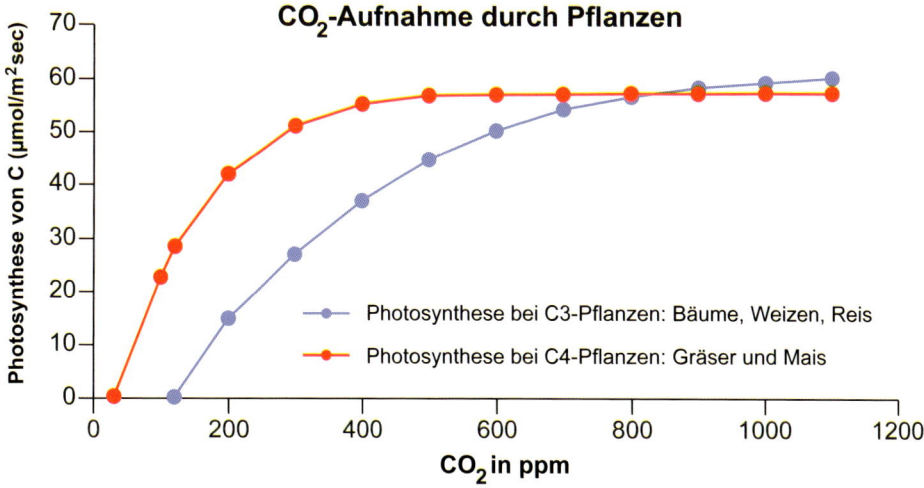

ABB. 37: Die Pflanzenproduktivität nimmt bei C3-Pflanzen zwischen 200 und 600 ppm fast linear zu.[3]

eine entsprechend bessere Nahrungsmittelausbeute von mehr als einem Drittel zu erreichen.

CO_2 macht die Erde grüner

Die Erde wird grüner. Das zeigen Satellitenbilder eindeutig (s. Abb. 38). Etwa auf einem Viertel bis zur Hälfte der bewachsenen Gebiete der Erde hat sich die Vergrünung breitgemacht. Die Zunahme an grüner Biomasse entspricht einer Fläche, doppelt so groß wie die USA.[4] Etwa 70 % sind auf die gesteigerte Photosynthese durch CO_2 zurückzuführen.[4] Geholfen hat natürlich auch die Erwärmung um 1 Grad Celsius seit 1850. Und diese Erwärmung hat zusätzlich die Feuchtigkeit in der Luft erhöht. Die Ernteerträge sind gestiegen, nicht nur, aber vor allen Dingen wegen des »Klimakillers« CO_2.

Für die Klimamodelle ist die Senkendiskussion von zentraler Bedeutung. Und nun, sieben Jahre nach dem Bericht des IPCC vom Jahre 2013, stellt sich heraus, dass die Modelle vollständig danebenlagen, indem sie die Aufnahmefähigkeit von Ozean und Land dramatisch unterschätzten. In einer im Februar 2019 erschienenen Studie[5] stellen Alexander Winkler und Victor

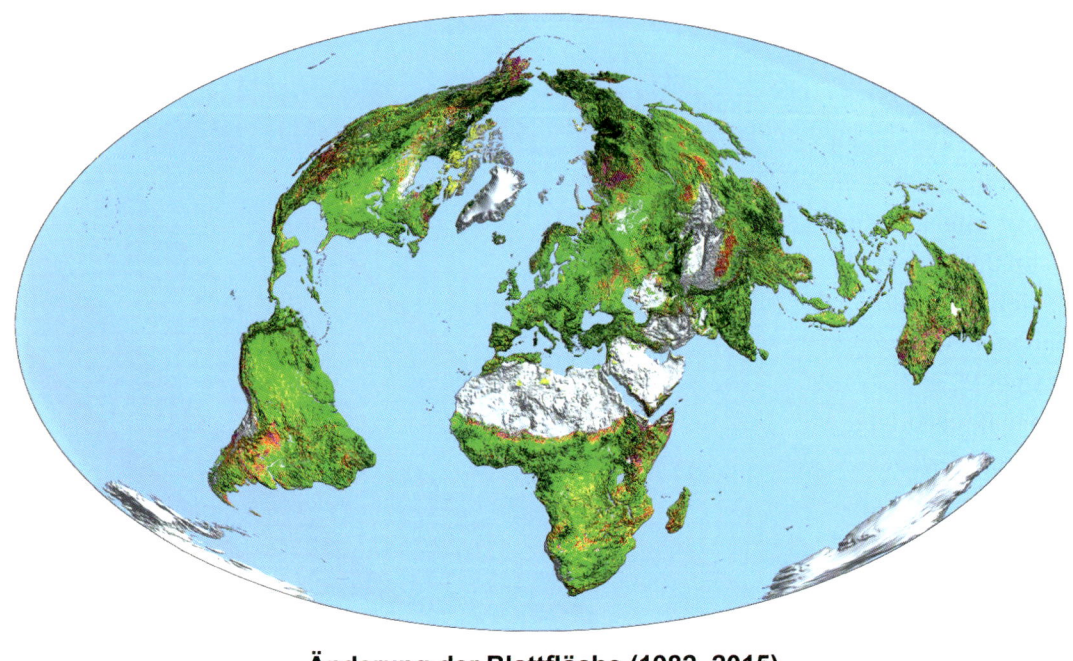

ABB. 38: Die Veränderung der Blätterfläche auf der Erde.[4] Die grüner werdende Erde saugt das CO_2 auf.

Brovkin vom Max-Planck-Institut für Meteorologie in Hamburg und Ranga Myneni vom Department of Earth and Environment der Boston University fest:

»*Diese Modelle, welche die wissenschaftliche Basis für die IPCC Assessment Reports sind, unterschätzen wahrscheinlich auch die zukünftige Kohlenstoffaufnahme durch Photosynthese – ein zentraler Aspekt für Klimaprojektionen. In den letzten beiden Jahrzehnten entstanden im Mittel 310 000 km² zusätzliche Blatt- und Nadelfläche – ungefähr die Größe Polens oder Deutschlands – jedes Jahr. [...] Unsere zentrale Erkenntnis ist, dass der Effekt der CO_2-Konzentration auf die terrestrische Photosynthese größer als zuvor gedacht ist und daher bedeutende Implikationen für den zukünftigen Kohlenstoffkreislauf hat.*«[5]

Der CO_2-Dämpfungseffekt ist 60 % höher, als das Mittel der Modelle[6] angenommen hatte, bei einer Verdoppelung von 280 ppm auf 560 ppm CO_2. Und die Realität gibt den Forschern recht. Schon heute verbleiben nur

46 % CO_2 in der Atmosphäre, 24 % in den Ozeanen und 30 % auf Land und in Pflanzen.

Der Hamburger Klimaforscher Jochem Marotzke überraschte im *Spiegel* 2018 die Öffentlichkeit mit der Aussage, dass die zulässige Emission an CO_2 sich durch diese Erkenntnis auf 1000 Mrd. Tonnen verdoppelt hätte und somit die Umstellungszeit auf eine CO_2-freie Zukunft sich um weitere zehn Jahre verlängert habe.[7]

Der Weltklimarat IPCC nahm bislang an, dass der Verbleib des CO_2 in der Luft uns viel länger zu schaffen machen würde. Die Erkenntnisse des Hamburger MPI über die unterschätzte CO_2-Senke durch Pflanzen müssten zu einer Revision der Verweildauer führen. Und weder bei der Vegetation noch bei der Verlagerung des CO_2 in die tieferen Schichten der Ozeane ist eine Sättigung in Sicht. Erst bei 1500 ppm bleibt die Aufnahme von CO_2 durch die Pflanzen nahezu konstant. Aber 1500 ppm erreichen wir niemals, eher gehen uns Kohle, Erdöl oder Erdgas aus. Panik ist also völlig unnötig. Mutter Erde hält das CO_2-Problem für uns in Grenzen. Wir sollten ihr dabei helfen. Je mehr Pflanzen und Bäume wachsen, umso mehr kann auch an CO_2 aufgenommen werden.

37. Gefährdet oder verbessert CO_2 unsere Ernährungsbasis?

Schon fast verzweifelt versucht der letzte Weltklimabericht des IPCC aufzuspüren, ob es einen Zusammenhang zwischen Klimaänderungen, Wetterextremen und Nahrungsmittelpreisen gibt. Am Ende muss er feststellen: Die Rolle des Wetters verbleibt unklar.[1] Was aber klar wird, ist die extreme Abhängigkeit der Nahrungsmittelpreise weltweit vom Ölpreis (s. Abb. 39). Die Energie, die verwandt wird, um die Äcker zu bestellen, Düngemittel zu produzieren und auszubringen, Körnerfrüchte und Nahrungsmittel aufzubereiten und zu verteilen, beeinflusst in überwältigender Weise die Nahrungsmittelpreise in der Welt. Nicht klimabedingte Einflüsse, nicht CO_2, sondern fossile Energieträger – die UN, EU und Deutschland gerade möglichst schnell loswerden wollen – entscheiden über die Kosten der Nahrungsmittelversorgung der Menschheit (s. Abb. 39).

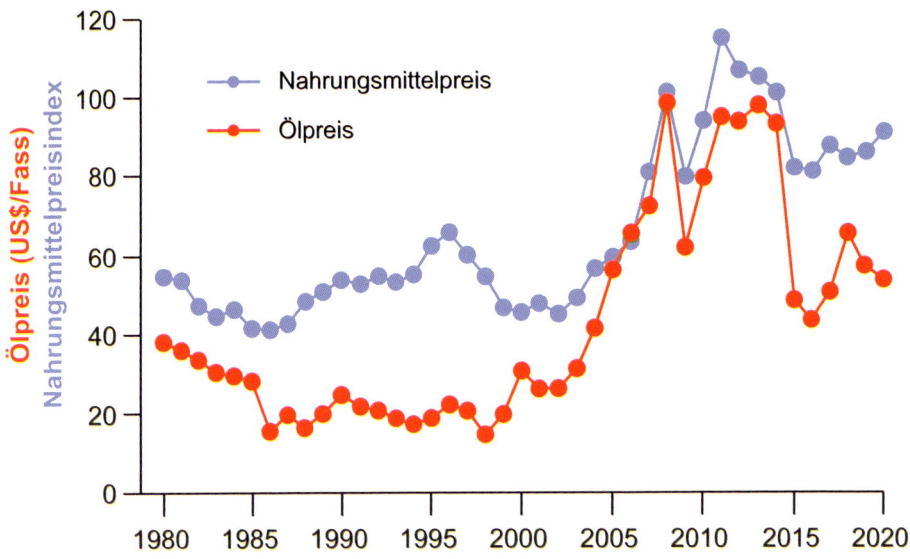

ABB. 39: FAO-Nahrungsmittelpreisindex (blau) (2008 = 100)[2] und Ölpreis (rot)[3] in US$/Fass.

Natürlich wird im 21. Jahrhundert alles schlimmer, folgt man dem IPCC-Bericht von 2013. Zwar stellt der Bericht auch verschämt fest, dass CO_2 auch einen die Pflanzen stimulierenden Wachstumseffekt hat,[4] aber in seinen Projektionen kommt der Weltklimarat zum Ergebnis, dass schon in den Jahren 2030 bis 2049 eine deutliche Ertragsminderung von Feldfrüchten eintreten werde.[5] Danach würden dann auch die Lebensmittelpreise bis 2050 um 3 bis 84 % (!) steigen;[6] wenn man positive CO_2-Effekte einbeziehe, würden die Preise sich um −30 % bis +45 % verändern.

Was soll man von solchen Berichten halten? Man sieht den Elefanten im Raum nicht oder man will ihn nicht sehen: dass zehn Milliarden Menschen dankbar sein können, wenn durch eine erhöhte CO_2-Konzentration deutlich höhere Erträge an pflanzlichen Nahrungs- und Futtermitteln erzeugt werden. Dass die Erde grüner wird, das wissen wir mittlerweile schon (s. Kap. 36), dass aber die Feldfrüchte, Getreidekörner, Reis, Gemüse durch die steigende CO_2-Konzentration in zweistelligen Prozentzahlen zugenommen haben und weiter zunehmen werden, findet in den Schlussfolgerungen keine Berücksichtigung.

Pflanzen lieben höhere CO_2-Konzentrationen. CO_2 ist die Voraussetzung von Leben.

Es gibt mittlerweile Tausende von Labor- und Feldexperimenten, die zeigen, dass eine steigende CO_2-Konzentration die Pflanzenproduktivität erhöht (s. Abb. 40).[7] Ein Anstieg um 300 ppm – und darauf wird es im Verlauf der nächsten 100 Jahre hinauslaufen – lässt die Produktivität der Pflanzen um 30% ansteigen, nicht nur durch mehr Blätter und größere Wurzelsysteme, sondern vor allen Dingen auch durch mehr Blüten und Früchte. Wie der amerikanische CO_2-Experte Craig Idso darlegen konnte, steigt bei einem 300 ppm-Anstieg der Ertrag bei Getreide wie Weizen, Roggen, Hafer und Reis um 43%, bei Früchten und Melonen um 24%, um 44% für Gemüse, 48% für Wurzeln, 37% für Hülsenfrüchte wie Erbsen, Bohnen oder Sojabohnen. C4-Pflanzen wie Mais, Zuckerrohr und Gräser, die auch bei geringen CO_2-Angeboten schon hohe Photosyntheseleistungen auch in trockeneren Gebieten leisten, wachsen immerhin um 20% besser. Pflanzen wie Ananas, Agaven und Kakteen, sogenannte CAM-Pflanzen, die nur nachts CO_2 aufnehmen und tagsüber ihre Spaltöffnungen zwecks Vermeidung von Verdunstung geschlossen halten, bringen es nur auf einen Zuwachs von 15%.[7] Gehölze und Bäume wachsen bei einer Verdoppelung des CO_2 um 50% stär-

ABB. 40: Wachstum der kalabrischen Kiefer mit 350 ppm, 500 ppm, 650 ppm und 800 ppm CO_2, Versuch US Water Conservation Laboratory in Phoenix, Arizona, aus dem Jahre 1989.[7]

ker.[8] Das gilt auch für Orangenbäume, die nach 20 Jahren 80 % mehr Biomasse und 80 % mehr Früchte trugen.[9]

Ähnliches gilt auch für das Phytoplankton in den Weltmeeren, das die Nahrungskette von Fischen, Muscheln und Schalentieren stimuliert. Bilanziert man die Vorteile höherer CO_2-Konzentrationen, so kommt man allein in der Periode von 1961 bis 2011 auf einen ökonomischen Wertzuwachs von 3200 Milliarden US-Dollar weltweit.[10] Rechnet man durchschnittlich mit rund 35 % Ertragssteigerung bei Verdoppelung des CO_2, so sind wir bis heute in den Genuss einer etwa 15 %igen Ertragssteigerung gekommen. Wer sagt es den Schülerinnen und Schülern von »Fridays for Future«, dass wir ohne den CO_2-Anstieg ganz gewiss zu wenig Nahrungsmittel hätten, um die Welt satt zu machen? Allein 15 % weniger Reis, Weizen und Soja wären auf Dauer für die Weltbevölkerung nicht erträglich. So erweist sich das so geschmähte »Klimagift« CO_2 als großes Glück, um Hunger in der Welt zu vermeiden.

Doch das ist noch nicht alles. Ein zweiter großer Vorteil der erhöhten CO_2-Gehalte in der Luft ist die effizientere Wassernutzung durch Pflanzen. Bei höheren CO_2-Konzentrationen öffnen die Pflanzen die Spaltöffnungen (Stomata) ihrer Blätter weniger und verlieren dadurch weniger Wasser. Nur bei geringen CO_2-Konzentrationen öffnen sie die Spaltöffnungen sehr weit, um möglichst viel CO_2 einzufangen. Dabei verlieren sie mehr Wasser.

CO_2 führt also nicht nur zu stärkerem Wachstum, sondern auch zu einer höheren Wassereffizienz. Es geht dabei um einen großen Effekt. Bei Verdoppelung der CO_2-Konzentration verlieren die Pflanzen 70–100 % weniger Wasser durch geringere Transpiration.[11] Chinesische Forscher konnten an langlebigen Bäumen feststellen, dass sich die Wassereffizienz von Koniferen in China von 1880 bis 2018 fast verdoppelte.[12] Es gibt zahlreiche Befunde aus allen Teilen der Welt, die das bestätigen.[13-17] Die wichtigste Untersuchung wurde 2017 von chinesischen und australischen Forschern um den Hydrologen Lei Cheng von der Wuhan Universität in *Nature* veröffentlicht (s. Abb. 41).[18] Danach ist der rasante Anstieg der Biomasse von 1982 bis 2011 ohne einen entsprechenden Mehrverbrauch an Wasser erfolgt.

Unter der Effizienz WUE (Water-use efficiency) wird der Kohlenstoffzuwachs der Vegetation verstanden, bezogen auf den Wasserverlust durch Evaporation, also Verdunstung. Sie ist weltweit gestiegen. CO_2 wirkt somit dem durch den Temperaturanstieg vermuteten Wasserverlust entgegen.

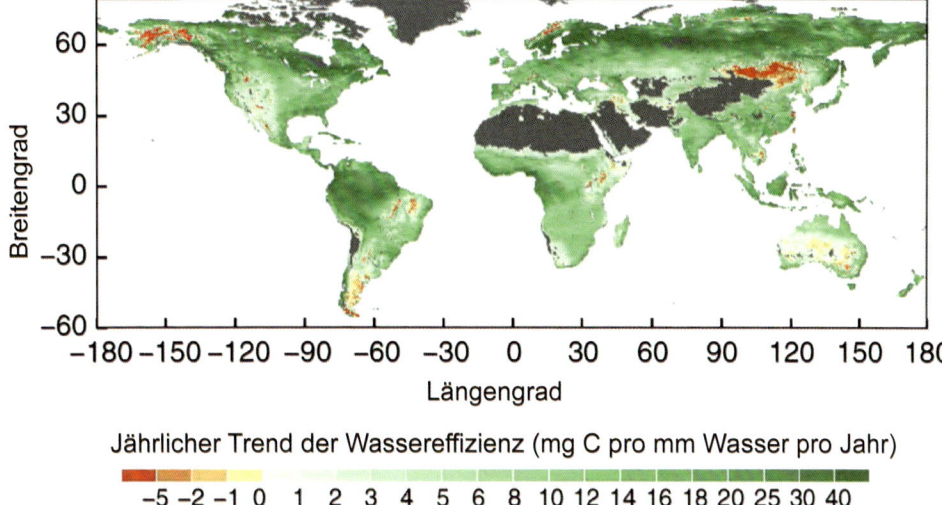

ABB. 41: Kohlenstoffzuwachs bezogen auf den Wasserverlust durch Evaporation. Gestiegene CO_2-Konzentrationen führen zu höherer Wassereffizienz.[18]

Neben CO_2 ist auch der Stickstoff häufig ein limitierender Faktor des Pflanzenwachstums. Auch hier wirkt CO_2 hilfreich, da unter höheren CO_2-Konzentrationen die Stickstoffaufnahme gefördert wird.[19] Ähnliches gilt auch für Böden mit einem Phosphordefizit. Verdoppeln des CO_2 erhöht die Phosphoraufnahmefähigkeit der Wurzeln um 30–40 %.[20] Auch für kalidefizitäre Böden konnte gezeigt werden, dass erhöhte CO_2-Konzentration das Defizit mildern hilft. CO_2 ist gleichsam ein Wundermittel und hilft den Pflanzen gegen Schädlinge, gegen UVB-Stress, gegen Hitzestress, gegen Ozonbelastung, und es stärkt die Pflanzen, sich gegen Unkräuter durchzusetzen.[21] Insgesamt zeigen diese Zusammenhänge, dass für optimales Pflanzenwachstum höhere CO_2-Gehalte notwendig sind, als wir sie in der Endphase der Kleinen Eiszeit mit 280 ppm vorfanden.

Nun wird man einwenden können, dass zwar die Masse der Pflanzen und der Früchte zugenommen hat – aber wie steht es um die Qualität? Wer tauscht schon gerne größere, geschmacklosere und wertlosere Apfelsinen oder Tomaten gegen kleinere, aber gehaltvollere. Das Gegenteil ist der Fall. Orangen enthalten bei höherer CO_2-Konzentration in der Luft höhere Vitamin-C-Gehalte[22], und Tomaten enthalten mehr Vitamin A.[23] Immerhin um mehr als 50 % steigt der Vitamin-C-Gehalt von verschiedenen Gemüsesorten bei Verdoppelung des CO_2-Gehalts von 350 auf 700 ppm.[24] Dieser Aspekt sollte nicht unterschätzt werden, da immerhin bei 12–20 % der Jugendlichen in den USA ein Vitamin-C-Mangel festgestellt worden ist.[25]

Ein Forscherteam um Dr. Balasooriya von der Universität Melbourne stellte sich 2019 die Frage, wie steigendes CO_2 auf das Wachstum und den Fruchterfolg von Erdbeeren wirkt.[26] Dass die Blätter schneller und stärker wachsen, war vorauszusehen. Allerdings erhöhte sich auch das Fruchtergebnis bei einer Steigerung von 300 auf 450 ppm um 70 %, bei 600 ppm auf fast das Dreifache! Nun kamen schnell Bedenken, ob diese Früchte auch so geschmackvoll waren wie die bei niedrigen CO_2-Konzentrationen erzeugten. Zur Überraschung vieler stiegen der Anteil der Geschmacksstoffe sowie der Anteil der Kohlehydrate. Die Autoren: »*Schließlich stellt sich heraus, dass Erdbeergeschmack und -aroma mit steigender CO_2-Konzentration zunimmt.*«[26] Mehr noch: Die Bildung wichtiger gesundheitsfördernder pflanzlicher Stoffe wie Polyphenolen, Flavonoiden, Anthocyanen und Antioxidantien nahm schon bei einem Anstieg von 300 auf 450 ppm CO_2 um 72 % zu. Erdbeeren gehören mit 7,7 Mio. Tonnen jährlicher Produktion zu den wichtigsten Früchten weltweit.

Ähnliche Sachverhalte wurden mittlerweile für andere Pflanzen ermittelt, wie Küchenkräuter, etwa Petersilie und Dill. Die Pflanzen, aber auch ihre wichtigen gesundheitsfördernden Stoffe nahmen bei einem Anstieg um 250 ppm um 50 % zu.[27] Das gilt auch für Zwiebeln,[28] Chinakohl und andere Gemüse.[29]

Der Schlussfolgerung der Kräuterforscher wird es wohl nie gelingen, in einen IPCC-Bericht zu kommen: »*Eine erhöhte CO_2-Konzentration, um das Wachstum und die gesundheitlichen Vorteile von Kräutern zu verbessern, ist erstrebenswert.*«[27]

Doch den einen oder anderen Vorteil höherer CO_2-Konzentration läse man schon gerne in einem IPCC-Report. Und wenn es nur die Untersuchung von Xin Li vom Teeforschungsinstitut der chinesischen Akademie für Agrarwissenschaften wäre, wonach bei steigendem CO_2 die Teepflanzen um 68 % an Gewicht zunehmen, aber auch die für die Teequalität bedeutsamen aromatischen Substanzen.[30] »*Ein Zeichen guter Qualität*«, so die Forscher.

VIII. Weltklimarat und Klimakonferenzen

38. Wer schreibt die IPCC-Klimazustandsberichte?

Der IPCC (Intergovernmental Panel on Climate Change) wurde 1988 vom Umweltprogramm der Vereinten Nationen (UNEP) und der Weltorganisation für Meteorologie (WMO) als zwischenstaatliche Institution ins Leben gerufen. Aufgabe des umgangssprachlich auch als »Weltklimarat« bekannten Gremiums ist die regelmäßige Zusammenfassung des Stands der Forschung zum Klimawandel als Grundlage für politische Entscheidungen. Die Hauptberichte des IPCC erscheinen alle sechs Jahre, ergänzt durch zusätzliche Sonderberichte zu Spezialthemen. Die Autoren der Berichte werden von den einzelnen nationalen IPCC-Gremien in einem nichttransparenten Verfahren politisch bestimmt.

Kritiker des Klimaalarms bekommen daher in der Regel keine Chance, an den Berichten mitzuwirken, weil sie bereits im Vorfeld aussortiert werden. Eine Zusammensetzung der Autoren im Sinne eines 360-Grad-Prinzips unter Beteiligung aller wissenschaftlichen Meinungen und Interessensvertreter findet nicht statt. Während Angehörige der Industrie von der Autorenschaft weitgehend ausgeschlossen sind, befinden sich unter den Autoren eines jeden IPCC-Berichts eine größere Anzahl von Mitgliedern von Umweltaktivisten-Organisationen.

Die kanadische Journalistin Donna Laframboise recherchierte, dass am 4. Klimazustandsbericht des IPCC von 2007 an 28 von 44 Kapiteln – also an zwei Dritteln der Kapitel – mindestens ein Autor beteiligt war, der mit dem World Wide Fund for Nature (WWF) direkt oder indirekt assoziiert war.[1] 15 der 44 Kapitel wurden von einem WWF-nahen Autor als koordinierendem Leitautor mitgeleitet.[1] Auch am aktuell entstehenden 6. Klimazustandsbericht des IPCC schreiben Klimaaktivisten wieder mit, darunter mehrere Mitarbeiter des Berliner Thinktanks »Climate Analytics«, der 2008 von drei Greenpeace-nahen Wissenschaftlern begründet wurde und der sich unter anderem über Zuwendungen von Greenpeace und der aktivistischen Stiftung »European Climate Foundation« (ECF) finanziert.

Die IPCC-Berichte durchlaufen mehrere Begutachtungsrunden, bevor sie veröffentlicht werden. Gutachter kann jeder werden, der in einem klimawissenschaftlich relevanten Bereich formal publiziert hat. Beide Autoren dieses Buches waren bereits als Gutachter für den IPCC tätig. Allerdings werden die meisten kritischen Gutachterhinweise leider ignoriert, sodass ein effektiver Dialog zwischen Berichtsautoren und Gutachtern nicht entstehen kann. Die ebenfalls politisch eingesetzten Review-Editoren haben am Ende das letzte Wort und sorgen dafür, dass schwerwiegende Kritik nur selten Eingang in die Berichte findet. Die Gutachter sind zudem zur Verschwiegenheit verpflichtet, dürfen ihre Kritik nicht öffentlich machen. Zwar werden mit einiger Zeitverzögerung die voluminösen Begutachtungsprotokolle im Internet verfügbar gemacht, in denen aber oft keine nachvollziehbaren Gründe genannt werden, weshalb die vorgeschlagenen Änderungen abgelehnt wurden.[2; 3] Der Kurzbericht für politische Entscheidungsträger wird von Regierungsvertretern beraten und verabschiedet. Eine wirklich neutrale Schiedsrichterfunktion kann der IPCC nicht leisten, da die Schreiber bewusst so ausgewählt werden, dass sie der gleichen Denkschule zugehörig sind. Immerhin zitiert der IPCC-Sonderbericht zum 1,5-Grad-Ziel in Kapitel 1 eine Publikation der beiden Autoren dieses Buches, in welcher sie den vorindustriellen Kontext zum Basisniveau des Klimaziels kritisch diskutieren.[4; 5]

39. Warum beherrscht das unplausibelste Szenario die Klimadebatte?

Zeke Hausfather ist das, was man gemeinhin als einen Anhänger des IPCC bezeichnet. Er war Wissenschaftler des Berkeley Earth Institute und ist nun Direktor für Klima und Energie des kalifornischen Thinktanks »The breakthrough institute«.[1] In einem Artikel in *Nature* vom Januar 2020, den er gemeinsam mit dem Klimawissenschaftler Glen Peters vom International Climate Research Center in Oslo veröffentlichte, schlägt er Alarm.[2] Er kritisiert, dass das Worst-Case-Szenario des IPCC in der Öffentlichkeit als das wahrscheinlichste behandelt wird, aber jeder ernst zu nehmende Wissenschaftler zugeben müsse, dass es nach menschlichem Ermessen gar nicht eintreten werde.

Der IPCC unterscheidet seit 2014 vier Szenarien der zukünftigen Klimaentwicklung, die sich allein in dem Anstieg der CO_2-Emissionen unterscheiden. Dass allein das CO_2 ursächlich für die Klimaveränderung sein soll, ist zwar schon mehr als fragwürdig, aber nehmen wir das mal als gegeben hin. Die geringste Temperaturentwicklung wird durch ein Szenario RCP 2.6 beschrieben. 2.6 bedeutet, dass die Erwärmungskraft des anthropogen ausgestoßenen CO_2 nur 2,6 Watt/m² erreicht, da rechtzeitig Minderungsmaßnahmen ergriffen werden. Damit ließe sich, so das IPCC, das 2-Grad-Ziel einhalten. Das andere Extrem wird beschrieben durch RCP 8.5. CO_2 steigt hierin so dramatisch an, dass dadurch 8,5 Watt/m² Erwärmung im Jahr 2100 erzeugt werden. Dieses Szenario unterstellt, dass sich die CO_2-Emissionen vervielfachen werden. Der Kohleverbrauch würde sich verfünf- bis versiebenfachen[3]. Es wird als Baseline-Szenario bezeichnet, in dem gegenüber heute keine Minderungsmaßnahmen ergriffen werden.[4] Im Durchschnitt des Jahrhunderts sollen die CO_2-Emissionen 85 Milliarden Tonnen pro Jahr betragen.[5] Eine solche Emission ist schlichtweg irreal.[6] Zum Vergleich: Heute werden 38 Milliarden Tonnen pro Jahr emittiert, die jährliche Rate des Zuwachses betrug in den letzten zehn Jahren 0,9 %, mit abnehmender Tendenz. Die Reserven an Kohle, Öl und Gas, umgerechnet auf CO_2, liegen geschätzt zwischen 2734 und 5385 Milliarden Tonnen CO_2. Auf diesem Szenariopfad würden uns irgendwann in den 2080er-Jahren die Kohle, das Öl und das Gas ausgehen.

Und jetzt kommt eine große Dreistigkeit: Dieses Szenario wird auch als »business as usual«[7] bezeichnet. Roy Spencer hat dieses Szenario nachgerechnet und sich gewundert, dass das IPCC so dumm sei, einen solchen Blödsinn auszurechnen. Aber er erkannte, dass der IPCC sich eines Tricks bediente.[8]

Es nimmt an, dass die Abscheiderate in die Ozeane und die Pflanzen um den Faktor 3–4 abnimmt. Wenn dann 45 Milliarden Tonnen CO_2 emittiert werden und davon nur noch 5 Milliarden Tonnen durch Pflanzen und Ozeane aufgenommen werden (heute: etwa 20 Milliarden Tonnen), kann man behaupten, es werde nicht viel mehr als heute emittiert – »business as usual« –, und trotzdem komme man zu erschreckend hohen Konzentrationen und in der Logik des IPCC zu Erwärmungen von über 4 Grad Celsius. Das ist dann auch die Zahl, die überall in den Medien kolportiert wird.

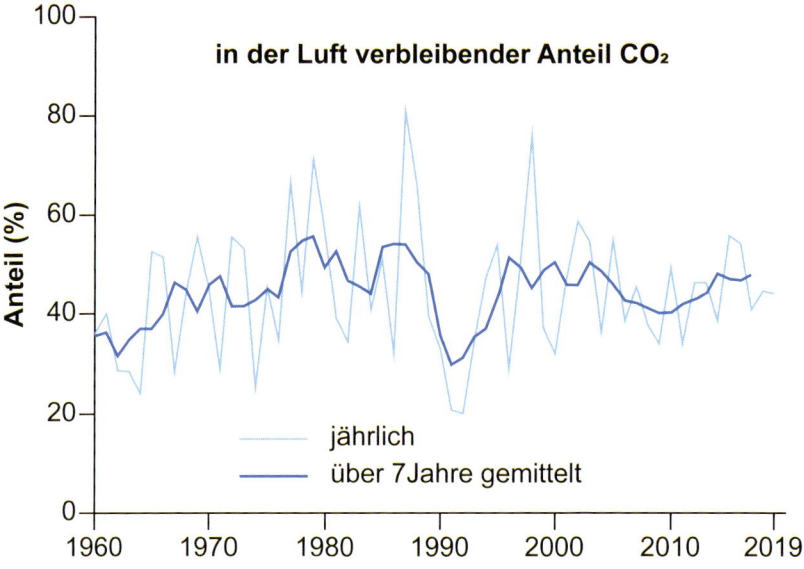

ABB. 42: Anteil des in der Luft verbliebenen CO_2 (1991 führte der Ausbruch des Pinatubo zu einer Absenkung der globalen Temperatur um 0,5 Grad).[9] Die seit 1980 leicht fallende Tendenz bedeutet einen leichten Anstieg des von Ozeanen und Pflanzen aufgenommenen CO_2.

Es gibt überhaupt keinen Anlass anzunehmen, dass die Abscheiderate des CO_2 dramatisch sinken wird. Im Gegenteil: Unabhängig vom Pinatubo-Ausbruch 1991 ist der Anteil an der CO_2-Emission, der durch Ozeane und Pflanzen aufgenommen worden ist, seit 1980 eher leicht gestiegen (s. Abb. 42). Und das ist auch nachvollziehbar, denn die aufgenommene Menge CO_2 ist nicht abhängig von der Emission, sondern allein von der in der Luft befindlichen Gesamtmenge.

Zeke Hausfather schreibt, jedes Jahr werde RCP 8.5 unplausibler, und er befürchtet, die Übertreibung führe eher zu Defätismus, da das Problem ja sowieso unlösbar sei. Doch für viele Politiker und Journalisten, so wie für »Fridays for Future«, ist das unplausible Worst-Case-Szenario der Bezugspunkt für die Ausrufung des Klimanotstands.[10] Viele Journalisten verbreiten das Worst-Case-Szenario, um aufzurütteln. Franz Alt (»*Sonne und Wind schicken uns keine Rechnung*«)[11], verkündet: »*Zur Zeit laufen wir global eher auf fünf bis sechs Grad Erwärmung zu, das heißt an Land auf neun bis zehn Grad, Europa wird klimatisch nicht Südeuropa, sondern Afrika.*«[11] »*Die Menschheit verliert die*

Kontrolle über den Zustand der Erde«[8], warnt Professor Stefan Rahmstorf, Leiter der Abteilung Erdsystemanalyse am Potsdam-Institut für Klimafolgenforschung und Berater von Kanzlerin Angela Merkel. Er vergleicht die Klimaentwicklung mit dem Schieben einer Tasse über den Tellerrand. *»Irgendwann erreicht sie einen kritischen Punkt, an dem sie kippt, abstürzt und ihren Inhalt auf den Teppich ergießt.«*[11] Das mündet dann in Ängste einer ganzen Schülergeneration mit Befürchtungen wie *»Auf den Schulhöfen werden sich Kinder im Sommer die Füße verbrennen«*[12], so Luisa Neubauer, deutsche Leitfigur von »Fridays for Future« in ihrem Buch »Vom Ende der Klimakrise«.

40. Der ominöse 97%-Konsens: Gibt es ihn wirklich?

»97 Prozent der Wissenschaftler stimmen überein: Klimawandel ist eine Tatsache, menschengemacht und gefährlich«, verbreitete US-Präsident Barack Obama per Twitter[1] 2013. Insbesondere in Diskussionen mit Politikern, Journalisten, aber auch Klimaaktivisten ist dieser Hinweis das probate Mittel, um jeden Zweifel abzublocken. Zweifel etwa, ob es nicht auch natürliche Ursachen für einen Teil der Erwärmung gegeben haben könnte, ob nicht das CO_2 in seiner Klimawirkung überschätzt sei, ob die Klimamodelle wirklich ein zureichendes Bild der realen Klimaentwicklung abgäben, sollen damit im Keim erstickt werden.

Der immer wieder zitierte 97%-Konsens beruht auf einer Arbeit von John Cook, einem australischen Psychologen, aus dem Jahr 2013. Cook hatte 11944 klimawissenschaftliche Artikel aus den Jahren 1991 bis 2011 untersucht. Er unterteilte die Artikel in acht Kategorien. In die oberste Kategorie wurden diejenigen eingestuft, welche den Anteil der menschengemachten Erwärmung mit mehr als 50% ansetzten: Das waren gerade mal 1,6% (190). Nimmt man noch die nächste Kategorie derjenigen hinzu, die den menschlichen Einfluss ohne Quantifizierung bejahen, kommt man auf 32,6% (3896). Wie kommt Cook auf 97%? Indem er alle, die sich nicht festlegten (7930 Artikel), sowie weitere 40 nicht einzustufende Artikel unter den Tisch fallen ließ. So verblieben 78, die die These einer menschengemachten Erwärmung ablehnten, und so entstand der Mythos von den 97% der

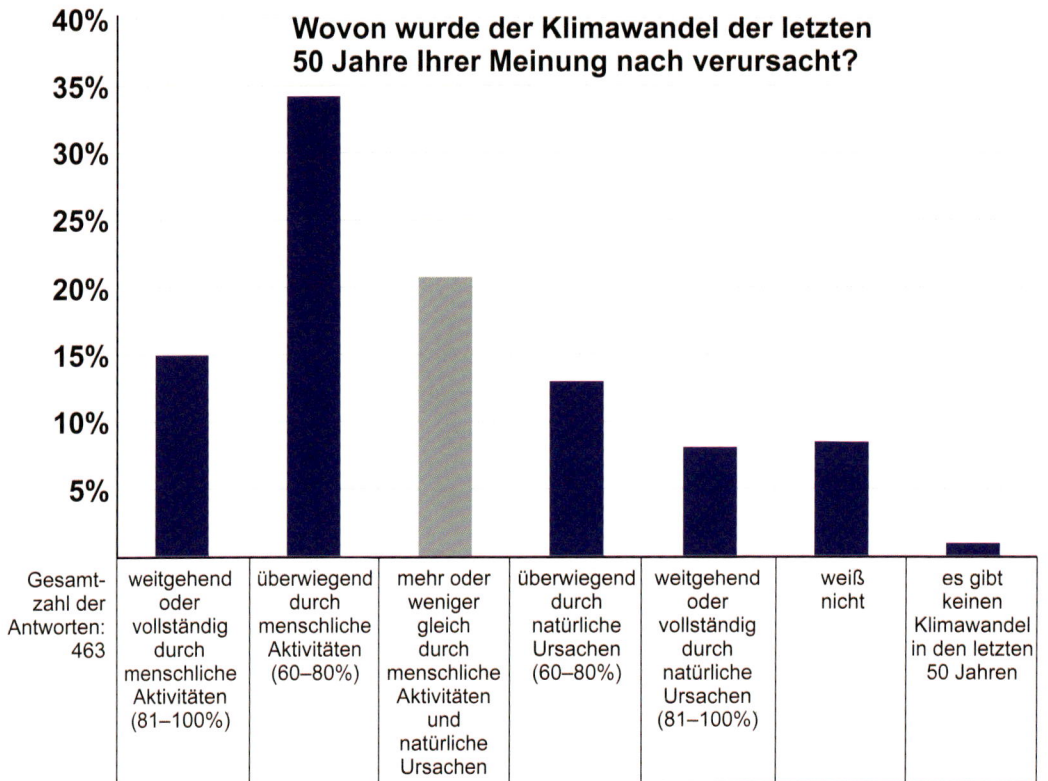

ABB. 43: Umfrage der US-amerikanischen Meteorologischen Gesellschaft AMS unter Fernseh- und Rundfunkmeteorologen 2017.[6]

Wissenschaftler, die den Menschen als Hauptursache der globalen Erwärmung einstufen.[2; 3]

Bei Cook zählt also jeder zu den 97 %, der eine gewisse Erwärmungswirkung des CO_2 in Betracht zieht. Das bedeutet, dass die übergroße Zahl der IPCC-Kritiker ebenfalls zu den 97 % zählt. Auch die Autoren dieses Buches zählen dazu. Trotz breiter Kritik, etwa von Richard Tol[4] oder Victor Venema (»*Konsens ist schwer zu bestimmen*«[5]), verbreiten Politik und Medien landauf, landab, die Wissenschaftler seien sich zu 97 % einig. Bloß in was?

Da ist es doch interessant, einen Blick auf den letzten Bericht der American Meteorological Society aus dem Jahr 2017 zu werfen (s. Abb. 43).[6] 42 % der befragten Meteorologen erachteten die Natur als bedeutsamere oder mindestens gleichwertige Ursache für die Erwärmung. 49 % sehen den

Menschen als Urheber im Vordergrund, allerdings vermuten auch hier nur 15 % den Menschen als alleinig ursächlich: gegenüber der Untersuchung des Zeitraumes 1991 bis 2011 eine deutliche Steigerung, aber eben nur um 15 %.

Doch wissenschaftliche Erkenntnis lässt sich nicht durch Umfragen beweisen oder widerlegen. Die wissenschaftliche Wahrheitsfindung erfolgt nicht per Mehrheitsabstimmung. Als 1931 ein Buch erschien, »100 Autoren gegen Einstein«, reagierte dieser feinsinnig mit den Worten: »*Warum einhundert? Wenn sie Recht hätten, würde ein Einziger genügen.*«[7]

Doch hat sich in Politik und Medien der Eindruck festgesetzt, dass die Klimawissenschaft abgeschlossen ist, »*Science is settled*«. Dabei vergeht kaum ein Tag, an dem nicht neue Erkenntnisse der Klimaforschung bisher vermeintlich sicheres Wissensterrain erschüttern. Und dies passiert, obwohl es immer schwieriger wird, an Forschungsmittel zu kommen, wenn die Forschungsergebnisse dem politischen Mainstream nicht behagen. Die Liste der Wissenschaftler, die der immer stärker werdenden Verengung der Forschung auf den bisherigen Mainstream zum Opfer fallen,[8] wird länger und länger. Ergebnisse, die den bisherigen Konsens in Frage stellen, werden durch die Gatekeeper des Publikationsprozesses außen vor gehalten.

Mike Jonas schilderte im April 2019[9] eine solche Tortur durch den Begutachtungsdschungel. Er hatte etwas gefunden, was die herkömmliche Sichtweise störte: Der Südliche Ozean (also der Ozean um die Antarktis) hat sich in den letzten Jahrzehnten unerwarteterweise abgekühlt. Klimamodelle können diese Abkühlung jedoch nicht reproduzieren und werfen fälschlicherweise in den Rückwärtsmodellierungen immer nur Erwärmung aus. Mike Jonas machte dies zum Thema seines Papers. Wie kann man den Modellen trauen, wenn sie einen riesigen Ozeanbereich falsch berechnen?

Der Editor war zunächst vom Thema angetan. Zwei Reviewer fanden die Kritik am IPCC nicht gut, gaben negative Evaluierungen. Jonas durfte darauf antworten, daraufhin zogen sich die beiden Gutachter zurück, gaben an, keine Zeit mehr zu haben. Der Herausgeber kontaktierte zwölf Ersatzgutachter, keiner wollte tätig werden. Daraufhin lehnte der Editor das Paper einfach ab. Kritik abgebügelt. IPCC gerettet.

Der schweizerische Ökonom Mathias Binswanger von der Universität St. Gallen sieht die Gefahr: »*Einem jungen Wissenschaftler bleibt unter diesen*

Umständen gar nichts anders übrig, als sich den in Top-Journals vertretenen Mainstreamtheorien anzuschliessen.«[10]

Hans von Storch, einer der Kritiker dieser Entwicklung, nennt das »postnormale Wissenschaft«: *»Tatsächlich üben manche Klimawissenschaftler Macht aus jenseits jeder demokratischen Kontrolle, ohne dafür haften zu müssen.«*[11] Er kritisiert, dass Wissenschaftler eine »politische Agenda haben«. »Scientists for Future« ist der beste Beleg für diese Entwicklung.[12] Die politische Einflussnahme steht im Vordergrund, nicht die wissenschaftliche Erkenntnis.

Und die Politik kann sich der Verlockung nicht entziehen, besonders diejenigen zu unterstützen, die ihrem politischen Kalkül am besten entsprechen. Staatliche Aufgabe wäre es, gerade diejenigen zu stärken und ihnen eine Plattform anzubieten, die abweichende Erkenntnisse zusammentragen.

In der Geschichte hat es solche grundlegenden Auseinandersetzungen schon immer gegeben, man denke an die 100%ige Ablehnung der Wissenschaft gegenüber der Theorie der Plattentektonik von Alfred Wegener, die erst nach seinem Tod Anerkennung fand. Oder wir erinnern uns an die mehr als 97%ige Übereinstimmung aller Forstökologen und Bodenkundler in Deutschland, dass das Waldsterben in den 1990er-Jahren durch den sauren Regen ausgelöst worden sei und der Wald in Deutschland keine Überlebenschance hätte. Der Göttinger Forstwissenschaftler Bernhard Ulrich gab den Wäldern nur noch fünf Jahre, Reporter berichteten, im Erzgebirge sehe es aus wie in Vietnam nach einem Entlaubungsangriff der Amerikaner, der Sozialdemokrat Freimut Duve stellte fest, Deutschland stehe *»vor einem ökologischen Holocaust«*, das Bundesinnenministerium verschickte an alle deutschen Haushalte Rotfichtensamen, die Bundespost gab eine Briefmarke *»Rettet den Wald«* heraus, auf der eine Uhr nur noch drei vor zwölf zeigte, und fast jeden Tag gab es Artikel zum Waldsterben und Sondersendungen in ARD und ZDF.[13] Jahre später gab Ulrich zu: *»Ich wollte schon, dass politisch was passiert. Ich hatte da so einen emotionalen Unterton drin, und der war auch gewollt, um die Wirkung zu erzielen.«*[13]

Manchmal wird es auch gefährlich, wenn Wissenschaft sich in den Dienst einer Ideologie stellt, wie im Falle Trofim Lyssenkos, der unter Stalin großen Einfluss gewann. Die Zwangskollektivierungen der Kommunisten führten zu großen Hungersnöten, sodass dem Getreide Schuld gegeben wurde und neue Sorten gezüchtet werden sollten. Und Lyssenko versprach, dass die Erbeigenschaften von den Umweltbedingungen verändert würden, frostresistenter Weizen und dürreresistente Kartoffeln quasi von alleine in Kälte oder Dürre entstünden. Zweifellos ist Lyssenkoismus eines der abschreckendsten Beispiele für eine politische Indoktrinierung der Wissenschaft, der Millionen Menschen durch Hunger zum Opfer fielen.[14]

Wenn es nach Hans Joachim Schellnhuber vom Potsdam-Institut für Klimafolgenforschung geht, müssten die meisten Forscher irgendwann zu »Alarmisten« werden.[15] Denn nur durch eine »*Große Transformation*« könne die moderne Industriegesellschaft abgelöst werden. Diese Nachhaltigkeitsrevolution stehe jetzt an nach der neolithischen Revolution und der industriellen Revolution. Oliver Geden, Klimaberater der Bundesregierung, beurteilt das so: Der Geltungsanspruch der Klimawissenschaftler sei in der Tat einzigartig. Die Globale Transformation »*war das erste Werk, das nach dem Ende des Kommunismus die ganze Welt nach einem Plan umstrukturieren wollte. Auf eine solche Idee kommen heute nur noch Klimaforscher.*«[16] Man könnte es einfach auch Ökodiktatur nennen, die sich Schellnhuber wünscht. In etwa so, wie sich Christiana Figueres das vorstellt, bis 2016 Generalsekretärin der Klimarahmenkonvention UNFCCC, die die jährlichen UN-Klimakonferenzen veranstaltet. Sie erklärte, dass das Ziel der UNFCCC nicht die Rettung vor der ökologischen Katastrophe sei, sondern die Zerstörung des Kapitalismus.[17]

Dafür braucht es dann auch keinen Konsens mit Wissenschaftlern mehr, die vom Mainstream abweichen, wie diese unvollständige Liste zeigt: Ernst Augstein, Sallie Baliunas, Lennart Bengtsson, Ulrich Berner, Guus Berkhout, Bob Carter, John Christie, Vincent Courtillot, Susan Crockford, Judith Curry, Don Easterbrook, Ivan Giaever, William Happer, Kenneth Hsü, Ole Humlum, Stefan Kröpelin, Craig Idso, David Legates, Richard Lindzen, Björn Lomborg, Augusto Mangini, Ross McKitrick, Andrew Miall, Patrick Michaels, Patrick Moore, Nils-Axel Mörner, Gernot Patzelt, Roger Pielke, Ian Plimer, Alberto Prestininzi, Benoît Rittaud, Peter Ridd, Indrani Roy, Murry Salby, Nicola Scafetta, Christian Schlüchter, Nir Shaviv, Willie Soon, Roy Spencer, Henrik Svensmark, Richard Tol und Jan Veizer.

41. Ist das Pariser Klimaabkommen ein Muster ohne Wert?

Im Dezember 2015 feierten sich die politischen Führer von 195 Staaten in Paris. Sie hatten sich auf ein Klimaschutzabkommen geeinigt, das die Erderwärmung auf deutlich unter 2 Grad Celsius, möglichst 1,5 Grad begrenzen soll. Die deutsche Umweltministerin Barbara Hendricks war so ergriffen, dass sie in Tränen ausbrach.[1] Doch einige Jahre später kommt Nüchternheit auf. Das Abkommen wurde fälschlicherweise als verbindliches Emissionsminderungsabkommen beschrieben. Der Kern des Abkommens sind sogenannte »National festgelegte Beiträge« (Nationally Determined Contributions, NDCs). Sie sind freiwillige Zusagen und nicht verpflichtend. Und insgesamt führen die NDCs bis 2030 zu keiner Emissionsminderung, weil eine Reihe von Staaten in ihren NDCs ein weiteres Wachstum der CO_2-Emissionen festgeschrieben haben, darunter China, Indien, Brasilien.

Anstatt einen international verbindlichen Mechanismus zu vereinbaren, wie z. B. einen einheitlichen CO_2-Preis, der dafür sorgt, dass CO_2-Minderung dort stattfindet, wo sie zu den günstigsten Kosten erfolgt, setzte man auf eine nationale Klimapolitik, bei der jedes Land seine eigenen Ziele festsetzt und ohne irgendwelche Sanktionen im Falle des Verfehlens der Ziele.[2] Es gibt keine klaren Vorschriften zum Monitoring, weil viele Staaten wie China Eingriffe in ihre Hoheit ablehnen. Das ist eine Einladung zum Trittbrettfahren.

Das Abkommen trat im November 2016 in Kraft, zwei Jahre später wurden die Regeln zum Vertrag in Kattowitz vereinbart. Verbindlich festgelegt wurde dort nur das 2-Grad-Ziel, auf 1,5 Grad konnte man sich nicht einigen. Zwischenzeitlich hatte Donald Trump für die USA den Ausstieg aus dem Vertrag verkündet. Aus seiner Sicht sei das Abkommen »*sehr unfair*« für die USA und bedeute eine Umverteilung des Wohlstands auf Kosten der USA.[3] Am 4. November 2019 wurde der angekündigte Austrittsprozess formal beschritten und wird am 4. November 2020 wirksam.

Überdies haben viele Entwicklungsländer den Pariser Vertrag vor allem deswegen unterzeichnet, weil ihnen von den reichen Ländern ab 2020 100 Milliarden US-Dollar pro Jahr als »Klimahilfe« versprochen wurde. Im Laufe der vergangenen fünf Jahre haben die wohlhabenden Nationen allerdings nur ein Zehntel der für ein Jahr versprochenen Summe zur Verfügung gestellt.

Das Paris-Abkommen legt fest, dass die Industrieländer von 2020 bis 2025 jährlich 100 Milliarden Dollar an Klimahilfen in einem Green Climate Fund zur Verfügung stellen müssen. Während dieser Zeit sind andere Länder dazu »*eingeladen, auf freiwilliger Basis*« ebenfalls Unterstützung zu leisten. Für das Jahr 2026 soll dann ein neues, kollektives Finanzziel festgelegt werden, das über die 100 Milliarden hinausgeht.

Von den 197 Unterzeichner-Staaten haben lediglich 85 Staaten Erklärungen abgegeben, die mit nationalen Gesetzen unterlegt waren (darunter die 28 EU-Staaten).[4] Bis 2020 sollten neue Ziele gesetzt werden. Australien, USA und Japan haben bereits erklärt, dass keine neuen Ziele abgegeben werden, eigentlich ein Bruch des Abkommens. Neue Ziele haben (Stand Juli 2020) nur 10 Länder abgegeben: Andorra, Georgien, Norwegen, Ruanda, Moldawien, Neuseeland, die Marshallinseln, Surinam, Mongolei und Chile. Chile bekam dafür ein Lob von europäischen Umweltinitiativen.[5] Chile wollte besonders vorbildlich sein und als erstes Industrieland eine neue NDC-Erklärung abgeben, weil man die Weltklimakonferenz im Dezember 2019 veranstalten wollte. Die Massenproteste wegen der Preiserhöhung auf U-Bahn-Tickets machten dann aber einen Strich durch die Rechnung. Stattdessen fand die Konferenz in Madrid statt, und erneut floppte die Weltgemeinschaft, indem sie sich darauf einigte, sich im darauffolgenden Jahr ehrgeizigere Ziele zu setzen.

Die Forderung des IPCC im 1,5-Grad Sonderbericht lautet, ausgehend von 37 Milliarden Tonnen CO_2 2019, 20 Milliarden Tonnen Ausstoß für 2030 und Null Milliarden Tonnen für 2050.[6] Die bisher gemachten freiwilligen Zusagen zeigen, dass dies völlig unrealistisch ist.[7] Stattdessen werden es eher 42–45 Milliarden Tonnen 2030. Die Forderungen des IPCC für ein 2-Grad-Ziel werden ebenfalls deutlich verfehlt (25 Milliarden Tonnen in 2030). Dass das Ziel von Paris niemals erreichbar ist, wird leicht verständlich, wenn man sich die freiwilligen Zusagen der einzelnen Länder anschaut.

China hat seine Pariser Erklärung bewusst wolkig geschrieben. Man sagte zu, bis 2030 die CO_2-Emissionen, bezogen auf das Bruttosozialprodukt, um 60–65 % zu reduzieren.[8] Das hört sich gut an, ist aber eine Erhöhung der Emissionen von heute 9,8 Milliarden Tonnen um fast 50 % auf etwa 14 Milliarden Tonnen 2030, da das Bruttosozialprodukt entsprechend ansteigt.[9] Zur Erhöhung der Emissionen werden 245 GW Kohlekraftwerke, die im Bau sind, beitragen.[9] Aber auch weltweit steigen die Emissionen mit chinesischer Hilfe, denn rund 102 GW Kohlekraftwerke werden in anderen Ländern von China gebaut oder finanziert.

Dagegen wirken die Emissionsminderungen Europas von 3,4 Milliarden Tonnen auf 2,7 Milliarden Tonnen geradezu marginal. Man wundert sich: Hatte Europa nicht eine 40%ige Minderung versprochen? Doch, aber auf das Jahr 1990 bezogen, und da lag man bei 4,5 Milliarden Tonnen.[10] Deutschland macht den Vorreiter und will trotz Kernenergieausstiegs 55% der Emissionen gegenüber 1990 reduzieren. Heute ist man bei 35% Verminderung (von 1,25 Milliarden Tonnen 1990 auf 0,813 Milliarden Tonnen) angelangt. Bis 2030 will man weitere 0,25 Milliarden Tonnen einsparen, das entspricht etwa dem Zuwachs eines halben Jahres in China.

Die USA werden, obwohl nicht mehr im Club der Paris-Unterzeichner, aufgrund des preiswerten Fracking-Gases weiter CO_2 reduzieren können und werden das Ziel von 17–24% Minderung gegenüber 2005 erreichen können.[11] Indien legt weiter zu, der Ministerpräsident konnte 2019 stolz verkünden, dass alle Dörfer in Indien mit Strom versorgt sind.[12] Für diese beachtliche Leistung wurden seit 2014 sage und schreibe 52 Kohlegruben neu erschlossen, um die Dörfer mit Strom zu versorgen. Zwar werden wie in China die Erneuerbaren Energien Wind und Solar bis 2030 stark ausgebaut (+ 450 GW), aber wenn alle Pläne verwirklicht werden, kommen auch 300 GW Kohle neu hinzu. Dann verdoppelt sich der CO_2-Ausstoß Indiens bis 2030 auf rund 5 Milliarden Tonnen (s. Abb. 44).[13]

Auch Russland hat sich zu nichts verpflichtet und hat das Pariser Abkommen sehr spät, Ende 2019, gegen die eigene Überzeugung des Präsidenten aus taktischen Gründen unterschrieben. Wie man weiß, hält Präsident Putin nichts von der anthropogenen Klimaerwärmung: Es hänge zusammen mit »*globalen Zyklen auf der Erde oder sogar von planetarischer Bedeutung*«.[14] Für sein Land sieht er in der Erwärmung große Vorteile. Das Versprechen Russlands, »*etwa 25% bis 30% unter 1990*« zu landen, ist heute schon erreicht, da die Optimierung der Schwerindustrie nach dem Zusammenbruch der UdSSR sowie die Vermeidung von Leckagen in der Gas- und Ölindustrie bereits eine Minderung von über 30% gebracht haben. Russland muss gar nichts mehr machen.[15]

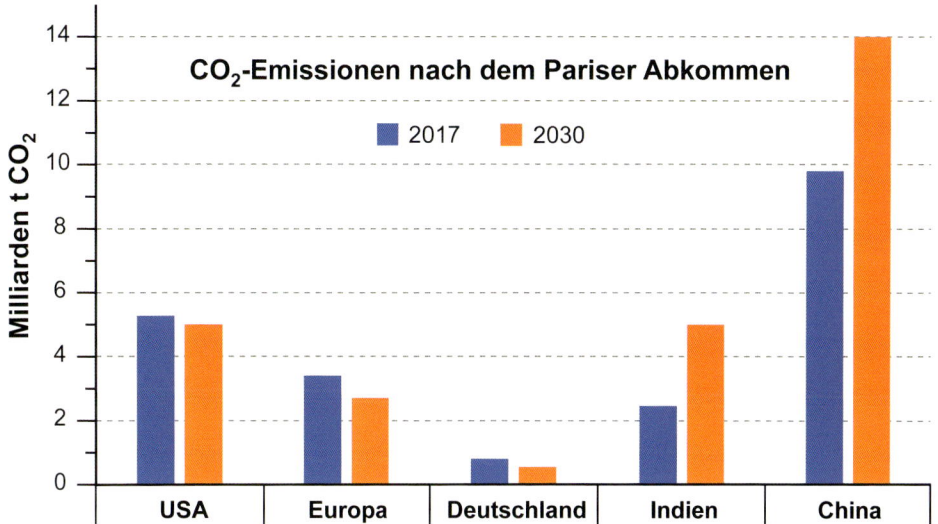

ABB. 44: Entwicklung der CO_2-Emissionen in Milliarden Tonnen von 2017 (blau)[9; 10; 11; 13] bis 2030 (orange).[19]

Es ist schon bemerkenswert: Der amerikanische Präsident tritt aus dem Abkommen aus, der russische Präsident hält nichts vom Treibhauseffekt und muss auch nichts tun, und China nimmt den Status eines Entwicklungslandes in Anspruch, um bis 2030 so viel draufzulegen, wie Europa insgesamt emittiert. Da erinnert man sich doch gerne an den Spruch der ehemaligen deutschen Umweltministerin Barbara Hendricks: »*Es kann ja nicht im Interesse Europas sein, China die Führungsrolle im Klimaschutz allein zu überlassen.*«[16]

Zählt man alles zusammen, ist das Pariser Abkommen tot. Denn auch Japan macht nicht mit, und Australien hält sich nicht an das Abkommen. Da hilft es nicht, wenn Deutschland seine Kohlekraftwerke schließt, den Verbrennungsmotor abschafft und mit 100 % Erneuerbaren Energien die Industrienation wenig sicher und höchst kostenträchtig versorgen will. Deutschland wird das Abkommen nicht retten. Der Umstieg auf Erneuerbare Energien wird hierzulande kaum noch Arbeitsplätze sichern. Unter den fünf größten Windanlagenherstellern ist nur noch ein spanisch-deutsches Unternehmen (Siemens-Gamesa), jedes zweite Unternehmen unter den ersten zehn ist ein chinesischer Hersteller,[17] bei Photovoltaik dominieren unter den fünf größten Herstellern vier chinesische.[18]

Immer mehr Länder reduzieren ihren Beitrag zum Green Climate Fund, der in Paris als Entgegenkommen gegenüber den Entwicklungsstaaten beschlossen wurde. Er soll ab 2020 jährlich mit 100 Milliarden Dollar CO_2-Minderungsprojekte in den Entwicklungsländern unterstützen. Schon 2015 war beschlossen worden, auf freiwilliger Basis den Fonds mit Geld auszustatten. Damals waren 10,3 Milliarden Dollar für fünf Jahre zusammengekommen.[20]

Dass Länder wie China und Bahrein aus dem Topf riesige Finanzmittel abgreifen wollten, hat der Reputation des Fonds ziemlich geschadet.[21] 2019 wollte man in Paris den Fonds erneut auffüllen. Das war schon deswegen schwierig, da sich die USA mit ursprünglich von Präsident Obama zugesagten 3 Milliarden Dollar aus dem Fonds zurückzogen (nachdem Obama in seinen letzten Amtstagen noch kurzerhand 1 Milliarde Dollar überwiesen hatte). Auch Australien, Bulgarien, Estland, Zypern, Litauen und die Tschechische Republik machen nicht mehr mit, Polen (3 Mio.) und Ungarn (0,7 Mio.) überwiesen nur noch symbolische Beträge. Dagegen stockten Großbritannien, Frankreich und Deutschland (1,689 Milliarden) auf. So sammelte man knapp unter 10 Milliarden Dollar ein.[22] Es bleibt ein Rätsel, wie auf der nächsten Weltklimakonferenz 100 Milliarden Dollar pro Jahr zusammenkommen sollen. Viele Länder haben infolge der Corona-Krise ganz andere Probleme. Kein gutes Zeichen für einen Konsens für die nächste UN-Konferenz 2021, nachdem die Konferenz in Glasgow Ende 2020 abgesagt wurde.

IX. Energie für eine nachhaltige Zukunft

42. Welche Folgen haben Deutschlands Energiewende und der europäische Green Deal?

Am 3. Dezember 2014 beschloss das Bundeskabinett aus CDU- und SPD-Ministern ein Aktionsprogramm Klimaschutz, um die CO_2-Emissionen bis 2020 von 1250 Mio. Tonnen im Jahre 1990 um 40 % auf 750 Mio. Tonnen zu senken.[1] Schon 2016 war erkennbar, dass dieses Ziel in einer Zeit prosperierender Konjunktur und dem Wegfall des wichtigsten CO_2-freien Energieträgers, der Kernenergie, nur schwer erreichbar sein würde.

Um den Nimbus der Vorreiterrolle nicht zu gefährden, stellte man sich im November 2016 im Klimaschutzplan 2050 noch ehrgeizigere Ziele für die Zukunft, die CO_2-Senkung für 2030 sollte 55 % betragen und die für 2040 gleich 70 %. Erstmals visierte man den Kohleausstieg für 2050 an und entwarf zum ersten Mal das Leitbild eines treibhausgasneutralen Deutschlands 2050.[2]

Das war ohne jede Kostenrechnung, Untersuchung der technischen Machbarkeit, der sozialen Folgen oder der Wettbewerbsfähigkeit der deutschen Industrie vom damaligen Wirtschaftsminister Gabriel (SPD) und der Umweltministerin Hendricks (SPD) mit Unterstützung der Klimakanzlerin Angela Merkel festgelegt worden. Man erinnere sich: Die Erneuerbaren hatten zwar einen Anteil am Strom von 31,7 %, aber am Kraftstoffsektor von 5,2 % und am Wärmemarkt von 13 %.

Erst im November 2017 lag dann die wohl umfassendste Studie zu den Zielen der Bundesregierung vor: »*Sektorkopplung – Untersuchungen und Überlegungen zur Entwicklung eines integrierten Energiesystems*«, erstellt von über 30 Wissenschaftlern, unter der Federführung der Deutschen Akademie der Technikwissenschaften (acatech).[3] Die von den Autoren zurückhaltend gekennzeichneten »*sehr ambitionierten*«[3] Ziele des Klimaschutzplans gipfeln in der Feststellung: für ein Ziel von 90 % CO_2-Reduktion werde »*mit rund 1150 Terawattstunden sogar fast doppelt so viel Strom benötigt wie heute*«.[3]

Die Autoren müssen sich bei der Hochschätzung der Kosten erschrocken haben (s. Abb. 45). Denn sie ließen einfach die Kosten der CO_2-Minderung

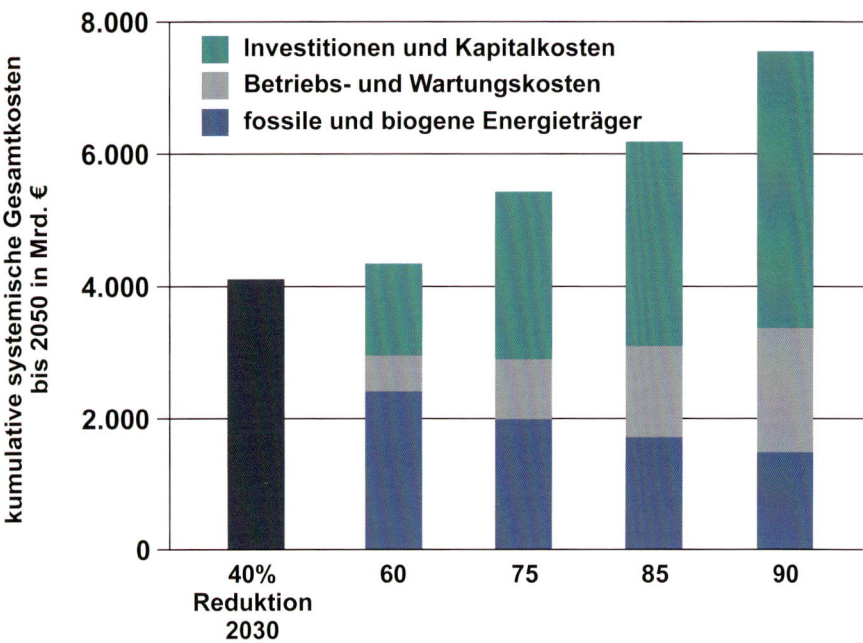

ABB. 45: Kumulative systemische Gesamtkosten verschiedener CO_2-Vermeidungsziele bis zum Jahre 2050.

bis 2030 auf 55 % unter den Tisch fallen und begannen ihre Rechnung 2030 mit einer Basis von schon erreichten 60 % Minderung. Aber auch das wird astronomisch: »*Es wird deutlich, dass sich die Kosten für das Energiesystem als Ganzes mit steigenden Reduktionszielen bei sonst gleichen Randbedingungen stark erhöhen. Diese Zunahme wächst stärker als proportional mit dem Minderungsziel: Eine zusätzliche Minderung um 15 Prozent (von 60 auf 75 Prozent) führt zu höheren systemischen Gesamtkosten von rund 800 Milliarden Euro, während eine weitere Minderung um 10 Prozent (von 75 auf 85 Prozent) fast 1000 Milliarden Euro Mehrkosten verursacht und eine nochmalige Minderung um weitere 5 Prozent (von 85 auf 90 %) weitere rund 1300 Milliarden Euro.*«[3]

Rechnet man für den Schritt von 2020 (40 % Minderung) bis zu einer 60 %-Reduktion von CO_2 mit einem sehr moderaten CO_2-Preis von 40 € pro Tonne, kommt man auf 1000 Milliarden €. Addiert man dies zu den oben genannten Schritten: plus 800 plus 1000 plus 1300, kommt man auf summa summarum 4100 Milliarden €. Dann ist man jedoch erst bei 90 % Reduktion.

Aber unter dem Eindruck von »Fridays for Future« erklärte Kanzlerin Merkel kurzerhand auf dem Evangelischen Kirchentag 2019 in Dortmund, »*dass wir in Deutschland bis 2050 Klimaneutralität erreichen können und erreichen werden*«.[4] Es dürfe kein »*Pillepalle in der Klimapolitik*« mehr geben, hatte Merkel kurz zuvor in der CDU/CSU-Fraktion den Abgeordneten zugerufen.[5]

Doch zwischen 90 und 100 % liegen Welten; die letzten 10 % werden die teuersten und schwierigsten Minderungen. Hierbei handelt es sich um die prozessbedingten Emissionen von Zementwerken, Raffinerien, Stahlwerken und anderen Verfahren der Grundstoffindustrie. Bei Zementwerken müsste das CO_2 aufgefangen werden, bei Raffinerien wäre anstatt auf Öl als Ausgangsstoff auf synthetische Kohlenwasserstoffe auf Wasserstoff- und CO_2-Basis zu setzen. Und bei den meisten Verfahren der Stahl- und Hüttenindustrie ist Kohlenstoff als Reduktionsmittel durch Wasserstoff zu ersetzen. Wasserstoff CO_2-frei herzustellen erfordert einen hohen Strombedarf durch Erneuerbare Energien (s. Kap. 44).

Allein für die Chemieindustrie, Deutschlands drittgrößte Branche, würde der Strombedarf gigantisch steigen. Statt heute 54 TWh (Terawattstunden) bräuchte die Branche 600 TWh Strom. Allein die Chemie würde dreimal so viel erneuerbaren Strom benötigen, wie heute in Deutschland erzeugt wird. Man verliert eben eine Menge an Energie, wenn man Wasserstoff durch Elektrolyse auf Windstrombasis erzeugt und anschließend mit weiterem hohen Energieaufwand mit CO_2 zu Kohlenwasserstoffen umsetzt.[6]

Der Kanzlerin muss das irgendjemand »gesteckt« haben, denn ein halbes Jahr nach »*kein Pillepalle*« sprach sie erstmals auf dem Weltwirtschaftsforum in Davos von den großen Schwierigkeiten, die auf dem Weg zur Klimaneutralität lägen, und definierte, quasi in einem Halbsatz, Klimaneutralität mit ungefähr 95 % CO_2-Minderung.[7] Das ist nun wieder eine neue Definition von klimaneutral. Ein weiterer Erkenntniszuwachs, der in der Davos-Rede durchschimmerte: Deutschland wird es nicht schaffen, mit hierzulande erzeugtem Wind- und Solarstrom auch nur annähernd die Bedürfnisse aller Sektoren zu befriedigen. Um einigermaßen glaubwürdig zu bleiben, öffnete die Kanzlerin in der Rede die Tür zu Importen von Erneuerbaren Energien oder anderen Energieträgern.

Der Verband der europäischen Übertragungsnetzbetreiber (ENTSOE) ist da mit seinem Zehn-Jahre-Netzplan TYNDP (Ten-Year Network Development Plan) 2020 schon längst weiter. Von der deutschen Öffentlichkeit kaum wahrgenommen, planen die europäischen Netzbetreiber nicht weniger als 14 Interkonnektoren zwischen Deutschland und dem Ausland (drei nach Österreich, zwei nach Frankreich, zwei nach Schweden und die übrigen in die Schweiz, nach Dänemark, England, Luxemburg, Belgien, Niederlande und Polen).[8] Deutschland wird im Zeitraum von 2022 bis 2035 in hohem Maße abhängig von Stromimporten aus dem Ausland, in der Hoffnung, dass die gewaltigen Stromimporte auch jederzeit zur Verfügung gestellt werden. Gilt das auch, wenn die Stromerzeugung im Ausland knapp wird? Wahrscheinlich weiß die Bundeskanzlerin um die Problematik, mag es uns aber so recht nicht sagen. Aber sie bereitet uns vor. So in der Rede in Davos:

»Wahrscheinlich wird man es gar nicht schaffen, bei der Stromerzeugung auf einen Anteil von 100 % erneuerbarer Energien zu kommen, weil bei uns ... die Effizienz, mit der man Strom aus Wind und Sonne erzeugen kann, nicht sehr hoch ist. Es gibt Regionen in der Welt, in denen das viel besser geht«, so Merkel.[9]

Die »dümmste Energiepolitik der Welt« titelte das *Wall Street Journal* Anfang 2019.[10] Eine Energiepolitik, die in 30 Jahren auf 80 % ihrer Energieversorgung durch Kohle und Kernenergie verzichtet, nicht wissend, wo und zu welchen Kosten der Ersatz kommt, die eigene Industrie zerstört, wie bei der Automobilindustrie zu beobachten ist, die durch scharfe CO_2-Grenzwerte und entsprechende Strafzahlungen auf den waghalsigen Weg zur Elektromobilität gezwungen worden ist.

Nun wird die deutsche Energiepolitik noch von der europäischen Kommission verstärkt. Die Kommission unter Kommissionspräsidentin Ursula von der Leyen hat sich festgelegt und will bis 2050 ein klimaneutrales Europa schaffen sowie die Ziele für 2030 von bislang 40 % auf 50 bis 55 % CO_2-Minderung verschärfen. Die Präsidentin hat dafür den positiv besetzten Begriff des »Green Deals« frei nach Präsident Roosevelt geprägt. Mitunter vergleicht sie das Projekt auch schon mit der Mondlandung. 1 Billion € will sie dafür von den Steuerzahlern Europas haben. Selbst die Kommission ist sich darüber im Klaren, dass diese Transformation zu gewaltigen Umbrüchen, zu Arbeitslosigkeit und sozialen Verwerfungen führen wird. Dazu helfen sollen direkte Finanztransfers, aber auch die Geldpolitik der Europäischen Zentralbank, deren Präsidentin schon mal angekündigt hat, dass die Politik der Bank mit »green bonds« auf »*Klimawandel, Umweltschutz und Nachhaltigkeit*« abzielt.[11]

Die Staats- und Regierungschefs der EU einigten sich jedenfalls (bis auf Polen) im Dezember 2019 in Brüssel, bis 2050 klimaneutral zu werden. Schweden, Großbritannien, Frankreich und Deutschland hatten dies zuvor schon national beschlossen. Um einigen Nationen entgegenzukommen, war bereits 2018 eine Verordnung (in der Bürokratensprache LULUCF – Land use, Land-Use Change and Forestry – genannt) beschlossen worden, wonach auch negative Emissionen gegengerechnet werden können, etwa durch in der Land- und Forstwirtschaft generierte CO_2-Senken.

Allerdings werden die ehrgeizigen Bemühungen von der Leyens durch die Tatsache getrübt, dass mit Großbritannien der zweitgrößte Emittent Europas mit dem ehrgeizigen Klimaziel von 57% ausgetreten ist.[12] Die EU kommt nach dem Austritt lediglich auf eine Minderung von 37% bis 2030. Damit käme auf die Staaten der EU eine erhöhte Reduktionsverpflichtung zu. Auch Deutschland kommt erneut unter Druck, ob das soeben auf 55% erhöhte Ziel von 2030 noch weiter erhöht werden kann.

Besondere Probleme, was die Stromerzeugung durch Kohle betrifft, haben Polen (das für sich eine Ausnahmeregelung durchsetzte), Deutschland und in geringerem Umfang Tschechien, Rumänien, Bulgarien, Portugal und Spanien. Alle anderen Länder haben entweder Kernenergie (Frankreich), Wasserkraft (Österreich) oder beides (Schweden).

Und vielleicht leistet ja auch eine in Kauf genommene Deindustrialisierung einen CO_2-Einsparungsbeitrag. Denn Teil des »Green Deals« ist es, die Befreiung der energieintensiven Industrie von Belastungen durch CO_2-Zertifikate und EEG-Umlagen abzuschaffen. Das trifft vor allem die deutsche Industrie hart. Im Gegenzug will die Kommission eine CO_2-Grenzsteuer einführen und glaubt im Ernst, sie könnte Stahl aus China oder Erdgas aus den USA mit einer CO_2-Steuer belasten, um den Wettbewerbsnachteil ausgleichen. Ganz davon abgesehen, dass sich China, die USA und andere WTO-Staaten dies nicht gefallen ließen und einen Handelskrieg heraufbeschwören würden, stellen sich rein praktische Fragen. Wie groß muss eine Behörde beschaffen sein, um den CO_2-Fußabdruck von Produkten sachgerecht festzulegen, die in einer arbeitsteiligen globalen Welt erzeugt werden, etwa von

Produkten, deren Rohstoff in Chile erzeugt, in China zu Metall verarbeitet, in Indien zu Maschinenbauteilen verarbeitet und in der Türkei zu Motoren zusammengebaut wurde? Dagegen war GOSPLAN, die zentrale russische Planungsbehörde im Kommunismus, eine überschaubare Behörde. Denn auch bei Exporten in Drittstaaten müsste eine Ausfuhrsteuer-Gutschrift erfolgen, denn sonst würde der Export von CO_2-freiem Stahl aus Europa in andere Länder dort keine Chance gegen chinesischen Stahl haben.

43. Wie grün ist die Windkraft?

Windenergie, einer der wesentlichen Träger der Energiewende, war lange ein grünes Markenzeichen ökologischer Nachhaltigkeit, schließlich ist die Erzeugung des Stroms CO_2-frei. Doch die Stimmung kippt. Landschaftszerstörungen, Tausende verendete Greifvögel, Hunderttausende getötete Fledermäuse, Windkraft in Wäldern oder in wenigen hundert Metern Abstand zu Wohnbebauungen haben eine breite Bewegung von etwa 1000 Bürgerinitiativen gegen Windkraft entstehen lassen.[1]

Greifvögel geraten in die Zange durch die größte Landschaftsveränderung seit dem Zweiten Weltkrieg von rund 29 000 Windkraftanlagen[2] einerseits und Mais-Monokulturen auf 2,5 Mio. Hektar andererseits, eine Fläche so groß wie Sizilien. Auf diesen Maisflächen finden Greifvögel keine Nahrung, ihre Suchräume werden immer größer, und sie geraten immer häufiger in die mit bis zu 300 Stundenkilometern rotierenden Windkraftrotoren. Trotz Tötungsverbots für den Roten Milan, Mäusebussard und andere Greifvögel fallen den Windkraftanlagen jährlich 12 000 von ihnen zum Opfer[3], sodass es zu Bestandsgefährdungen beim Roten Milan und selbst beim Mäusebussard kommt.[4] Und wir sollten nicht vergessen, der Rote Milan ist der eigentliche Wappenvogel Deutschlands, denn Deutschland ist verantwortlich für fast die Hälfte seines weltweiten Bestandes.

Wegen des zunehmenden Protestes gegen Windkraftanlagen in der Nähe von Wohnsiedlungen und Dörfern weichen die Länder und Planer auf die staatlichen und privaten Wälder aus. So werden die letzten natürlichen Waldhabitate vom Hunsrück, Vogelsberg bis zum Pfälzer Wald zerstört, in denen dann auch noch zu allem Überfluss massenweise

Fledermäuse zugrunde gehen. Man rechnet mit zehn Opfern pro Windkraftanlage im Jahr.

Aufgrund ihrer Ultraschallortung können sie zwar das Rotorfeld einer Windkraftanlage durchqueren. Dennoch fallen sie tot vom Himmel. Ursache ist ein Barotrauma: Ihre Lunge platzt durch den Druckabfall hinter den Rotoren. Dies widerfährt etwa 250 000 Fledermäusen pro Jahr in Deutschland.[5] Die Dunkelziffer ist vermutlich wesentlich höher, weil die Tiere meist noch ein wenig weiterflattern und dann irgendwo im Wald verenden, wo ihre kleinen Kadaver bald aufgefressen werden. Seltsam: Bei Bauvorhaben wie Autobahnen, Flughäfen, Gewerbeparks oder Brücken löst das Vorhandensein einer Fledermauskolonie jahrelangen Streit aus oder verhindert sogar das ganze Projekt. Der Massentod dieser Tiere durch die Windindustrie rief bisher jedoch noch keine vergleichbare Empörung hervor.

Die Deutsche Ornithologen-Gesellschaft stellte bereits 2013 fest, dass *»in der Folge des unüberlegten und übereilten Ausbaus Erneuerbarer Energien aus landwirtschaftlicher Biomasse und Windkraft die Bestände von fast 50 % aller Vogelarten deutlich abgenommen hätten«*.[6] Paradoxerweise sind die Grünen die treibende Kraft hinter dieser Entwicklung. Die von ihnen ausgelöste Naturzerstörung durch flächenfressende Wind- und Biogas-Industrie ist *»genau das Gegenteil von dem, was die Umweltbewegung einst forderte«*,[7] sagt der Ökologe Patrick Moore, der 1971 mit seinen Freunden Greenpeace gründete.

Wenn sich nach den Klimaschutzplanen der Bundesregierung die Stromerzeugung aus Windenergie versechsfacht, wird die Anzahl der Windmasten wegen der größeren Anlagen etwa verdreifacht werden müssen. Das würde bedeuten, dass durchschnittlich alle zwei Kilometer eine 200 Meter hohe Windenergieanlage mit der Flügelfläche eines Fußballfeldes aufgestellt wird, quer durch das Land ohne Rücksicht auf Landschaft, Seen, Berge, Wälder. Ihr enormer Flächenbedarf ist der große ökologische Nachteil der Erneuerbaren Energien. Um beispielsweise das Hamburger Kohlekraftwerk Moorburg durch Windkraft zu ersetzen, müsste die gesamte Fläche des Stadtstaates mit Rotormasten zugebaut werden.

200 Mio m² Rotorfläche machen auch den Insekten zu schaffen. Eine Analyse des Deutschen Zentrums für Luft- und Raumfahrt DLR[8] sendete Alarmsignale: Danach können 1200 Milliarden Insekten durch den Direktaufprall

auf die Rotorflügel vernichtet werden. Die durch Unterdruck getöteten durchfliegenden Insekten wurden dabei nicht betrachtet. Aber allein der direkte Aufprall entspricht nach der Abschätzung eines der Autoren der Größe der durch 40 Mio. Pkw vernichteten Insekten.[9] Bedrohlich wird diese Erkenntnis dadurch, dass flugfähige weibliche Insekten kurz vor ihrer Eiablage hohe schnelle Luftströmungen aufsuchen, um sich vom Wind zu entfernten Brutplätzen tragen zu lassen. Dort treffen die Weibchen mit Hunderten von Eiern auf eine Rotorwand, die umgerechnet von Berchtesgaden bis Flensburg reicht und 200 m hoch ist. Wie in einer riesigen Waschmaschine wird ein Luftdurchsatz von 10 Mio. km^3 im Jahr – das ist mehr als das Zehnfache des deutschen Luftraums (bis 2000 m Höhe) – durch die Rotoren gesogen.

Der Rückgang der Fluginsekten beträgt in den letzten 30 Jahren etwa 75 %.[8] Das hat vielerlei Ursachen. Aber die Ursache Windenergie will man seitens der Politik nicht wahrhaben. Als die Deutsche Wildtier Stiftung der Umweltministerin Svenja Schulze ein durch die Stiftung mitfinanziertes Untersuchungsprogramm vorschlug, hieß es, eine solche Untersuchung »*hätte keine Priorität*«.[10]

Werden die negativen Wirkungen auf die Fauna immer deutlicher, so wird der Effekt einer mit der Ausbreitung der Windenergie verbundenen lokalen Erwärmung bislang noch nicht breit genug diskutiert. Windparks führen zu erheblicher Erwärmung in ihrem Einwirkungsgebiet. Zwei Harvard-Wissenschaftler, Lee Miller und David Keith, kamen in einer groß angelegten Studie über amerikanische Windparks zum Ergebnis, dass Windfarmen die lokalen Temperaturen um 0,54 °C erhöhen.[11] Normalerweise kühlt die Luft oberhalb der Erdoberfläche in der Nacht ab. Aber die rotierenden Flügel der Windkraftanlagen gleichen das starke Temperaturgefälle in der Nacht aus und schaufeln wärmere Luft zurück auf den Erdboden. Am Tage tritt kaum ein Effekt ein, da das Temperaturgefälle an der Erdoberfläche dann gleichmäßiger ist. Es gibt also keine Nettoerwärmung, die Wärme wird nur umverteilt; aber dies führt zu einer erheblichen Erwärmung im Einwirkungsbereich der Windparks.

Mittlerweile bestätigen zehn Studien[12] diesen Effekt, der zudem zu einer spürbaren Austrocknung der Böden in den Windfeldern führt. Die Forscher erläutern, dass selbst wenn die gesamte US-amerikanische Stromerzeugung durch Windenergie erfolgen würde, alle »*Windfarmen mehr als hundert Jahre laufen müssten*«, bevor die dadurch erzeugte Erwärmung, hervorgerufen durch die gerade beschriebenen »*Turbine-Atmosphäre-Wechselwirkungen*«, durch das eingesparte CO_2 ausgeglichen würde.[11] Die Wissenschaftler gingen dabei von einer Nutzung von einem Drittel der Fläche der USA durch Windkraftanlagen aus. Deutschland plant mit einer Versechsfachung der Windenergieerzeugung gleichsam eine flächendeckende Abdeckung des Landes durch Windkraftanlagen. Die dadurch erzeugte Erwärmung würde erst in 200–300 Jahren durch das eingesparte CO_2 ausgeglichen werden – wenn die Modelle des IPCC richtig wären. (s. Kap. 28) Welche Austrocknungseffekte in Böden bei einem flächendeckenden Besatz von Windkraftanlagen in Deutschland entstehen würden, wäre ein wichtiges Thema für eine Forschungsarbeit. Aber auch das hat wahrscheinlich »keine Priorität«.

Ein weiteres Forschungsgebiet hat bislang nur erste Hinweise ergeben: die Beeinträchtigung von Menschen durch Infraschall. Dessen Frequenzen liegen unterhalb von 20 Hertz, er ist normalerweise für das menschliche Ohr nicht zu hören. Das *Deutsche Ärzteblatt* stellte Ende 2019 fest, dass bei 5–10 % der Bevölkerung starke Symptome zu registrieren sind.[12] Es geht um Druckgefühle auf dem Trommelfell und der Brust, sowie Erschöpfung, Schlaflosigkeit, Kopfschmerzen, Herzrhythmusstörungen. Die Ergebnisse der meisten Studien sind allerdings nicht eindeutig. In einer umfangreichen Übersichtsarbeit kamen australische Forscher zum Ergebnis, dass es einen starken Anfangsverdacht auf negative physiologische Effekte gibt.[13]

Der Infraschall hat die unangenehme Eigenschaft, sich über den Boden und die bodennahen Schichten über viele Kilometer ohne große Dämpfung fortzupflanzen und in die Häuser zu kriechen und dort mit den Gebäudestrukturen Resonanzen zu bilden.[13] Christian-Friedrich Vahl von der Universität Mainz stellte experimentell fest, dass sich die Kontraktionskraft isolierter Herzmuskelpräparate um bis zu 20 % reduzierte – abhängig von Frequenz und Schalldruckamplitude. »*Unsere Experimente zeigten also, dass Infraschall eine Wirkung auf Myokardgewebe hat. Nicht mehr und nicht weniger*«, so Christian-Friedrich Vahl.[12; 14]

Die umfangreichste Studie hat Dänemark unternommen.[15] Das Land hat das Glück, eine »Kohorte« von weit über 20 000 Krankenschwestern aufzuweisen, die sich seit Anfang der 1990er-Jahre bereit erklärt haben, ihre

Krankheitsdaten und persönliche Daten erfassen und für verschiedene Zwecke auswerten zu lassen. So untersuchten Forscher der Universität Kopenhagen in einer umfangreichen Studie 24 137 Krankenschwestern, von denen 2519 in einem 6-Kilometer-Radius um eine Windkraftanlage wohnten und 21 618 nicht. Unter Berücksichtigung aller sonstigen Störfaktoren kamen die Forscher zum Ergebnis, dass die Häufigkeit von Herzvorhofflimmern bei den Personen der ersten Gruppe relativ um 30 % höher lag als in der zweiten Gruppe. Ihr Resümee war, dass sich »*der Beweis eines Zusammenhangs andeutet zwischen langer Exposition zu Windkraftanlagen und Vorhofflimmern*«.[15] Wäre ein solches Ergebnis im Umkreis von ausländischen Kernkraftwerken festgestellt worden, hätte das in der deutschen Presse sicher Schlagzeilen gemacht und zu politischen Konsequenzen geführt, mindestens zu aufwendigen eigenen Untersuchungen. Aber auch das hat keine Priorität.

44. Haben wir ausreichend Energiespeicher?

Seit 2008 hat weltweit eine bemerkenswerte Entwicklung der Erneuerbaren Energien stattgefunden. Immerhin wuchs der Anteil an der gesamten Stromerzeugung von 18,6 % auf 25,1 %.[1] Doch schaut man näher hin, hat den größten Anteil die Wasserkraft, nur 20 % stammen aus der Windkraft und 9 % aus der Solarenergie. Zur Stromerzeugung tragen die neuen Energieträger Wind und Solar weltweit also zu 5 % bzw. 2 % bei. Doch Europa will mehr. Die Kommission unter Ursula von der Leyen setzt sich das Ziel der Klimaneutralität, CO_2 netto null für das Jahr 2050,[2] d. h. auch null für den Verkehr und die Wärmeversorgung. Für einige Länder, die sich heute schon auf Wasserkraft und Kernenergie stützen, wie Schweden oder Frankreich, ist das kein Problem. Für diejenigen Länder, die allein auf Windenergie und Solar setzen, wie Deutschland und Dänemark, ist dieses Ziel nicht erreichbar. In Deutschland hatten die Erneuerbaren Energien 2019 einen Anteil von 35,3 % an der Stromerzeugung (s. Abb. 46). Häufig liest man andere Zahlen. Dabei wird als Bezugsgröße für die erzeugten Erneuerbaren Energien aber nicht die gesamte Stromerzeugung, sondern der reduzierte heimische Gesamt-Stromverbrauch herangezogen, bei dem die Nettoexporte unter den Tisch fallen. Und die werden maßgeblich durch die Erneuerbaren

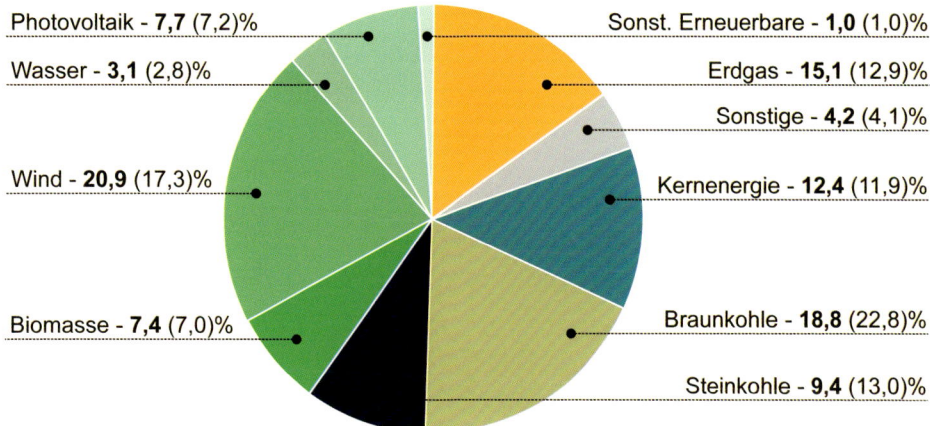

ABB. 46: Struktur der Stromerzeugung in Deutschland 2019. Insgesamt wurden 605,6 Milliarden Kilowattstunden (Mrd. kWh) erzeugt. Anteile in Prozent (Vorjahr in Klammern). Die Erneuerbaren hatten 2019 einen Anteil von 35,3 %. Quelle: AGEB 2020.[3]

Energien geprägt. Das ergibt dann einen höheren Prozentsatz für die Erneuerbaren Energien, der aber täuscht. Denn immer dann, wenn zu viel Wind und Sonnenenergie in deutschen Netzen vorhanden ist, wird der im Netz nicht zu verarbeitende Strom, teilweise mit negativen Strompreisen, ins Ausland verschenkt.

Das wachsende Problem der deutschen Stromversorgung zeigt der Vergleich zwischen der Einspeisung von Wind- und Solarstrom im Vergleich zum Verbrauch (s. Abb. 47, dort ist der Verbrauch braun markiert). Man erkennt sehr gut den Wochenverlauf des Stromverbrauchs mit den Mittags- und Abendspitzen und der zurückgehenden Nachfrage am Wochenende. Obwohl die Kapazität der Windkraftanlagen bei 61 400 MW liegt, trägt die Windenergie nur einen Bruchteil zur Stromversorgung des Monats Mai bei. Flautentage ohne Wind wirken sich im Winter, wenn die Solarenergie keinen nennenswerten Beitrag leistet, dramatisch aus. Solche Dunkelflauten, Tage, an denen weniger als 10 000 MW durch Wind und Sonne erzeugt werden, können fünf, aber auch zehn Tage anhalten. Wie in Kapitel 43 beschrieben, sollen die Windkapazitäten in Deutschland auf das Sechsfache ausgebaut werden. Die Abbildung 48 macht das Problem deutlich. Wir bekommen schon bei einer Verdreifachung der Kapazität einen extremen Überschuss in windstarken Zeiten, aber die Flauten bleiben, denn null mal sechs ist null.

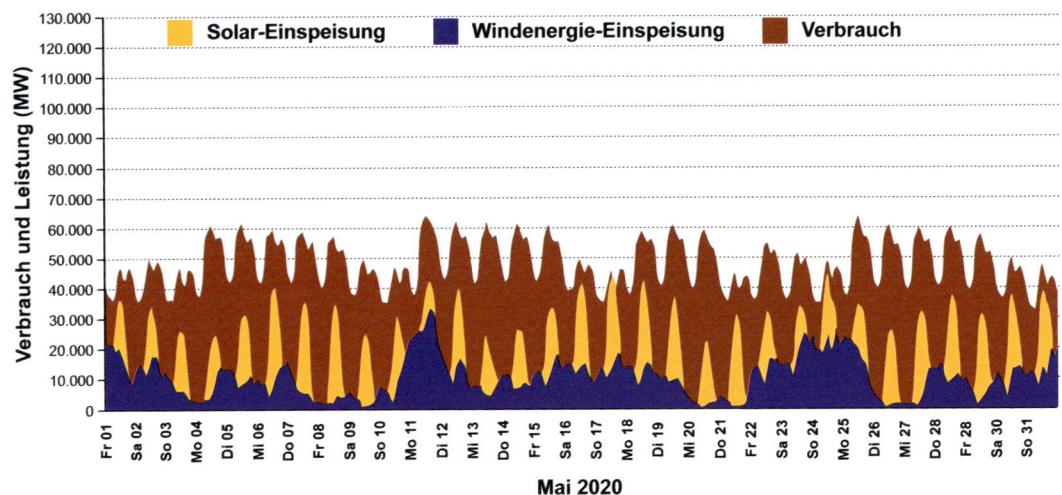

ABB. 47: Die Stromerzeugung im Mai 2020. Verbrauch (braun), Solarenergie (gelb), Windenergie (blau), Datenquelle: Netzbetreiber[4], Graphik: R. Schuster.

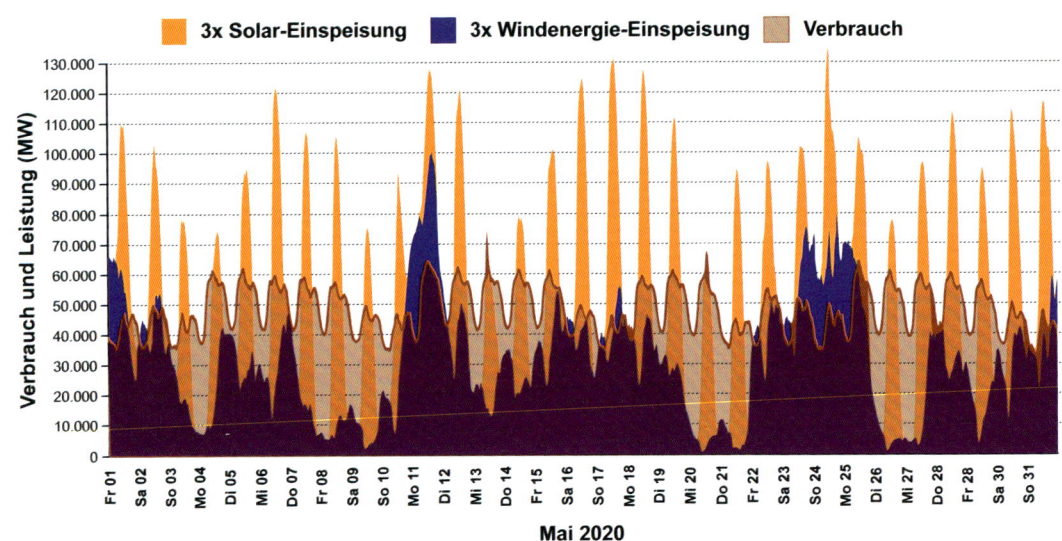

ABB. 48: Die Stromerzeugung des Mai 2020 bei dreifacher Wind- und Solarstromerzeugung. Datenquelle: Netzbetreiber[4], Graphik: R. Schuster.

Wenn in Deutschland kein Wind weht, dreht sich kein einziges Windrad. Und es ist ein Ammenmärchen, wenn behauptet wird, es gäbe in Europa immer irgendwo Windenergie, die dann bei Windstille nach Deutschland importiert werden könnte. Es ist mittlerweile nachgewiesen, dass es eine hohe Korrelation der Windstärke in allen nord- und mitteleuropäischen Ländern gibt. Wenn in Deutschland Flaute herrscht, dann gibt es sie in der Regel auch in Holland, Dänemark und Polen.[5]

Wie groß ist der Speicherbedarf in Deutschland? Der heutige Stromverbrauch beläuft sich auf 1,6 TWh pro Tag. Eine zehntägige Flaute bedarf eines Speichers von 16 TWh. Das entspricht ungefähr dem Vierhundertfachen der aktuell in Deutschland installierten Pumpspeicherkapazität. 2050 wäre der Stromverbrauch 2,5 TWh. Bei zehn Tagen Dunkelflaute entstünden dann somit gigantische Speicherbedarfe von 25 TWh. Wenn der ersten Dunkelflaute allerdings eine zweite Dunkelflaute folgt, kann man nur beten, dass zwischen beiden Ereignissen starker Wind die Speicher wieder vollgemacht hat.

Wie der Vergleich der Abbildung zeigt, führt die Volatilität von Wind- und Sonnenstrom zu extremen Leistungsveränderungen, die im Netz zu bewältigen wären. Es treten schon bei der Verdreifachung der Kapazität Leistungsabfälle bzw. -zuwächse von 100 000 MW innerhalb eines Tages auf (s. Abb. 48). Schon heute treten tägliche Schwankungen von bis zu 16 000 MW auf, die nur dadurch zu bewältigen sind, dass bei Überschuss Strom entweder mit Negativpreisen ins Ausland verklappt wird oder als Sofortmaßnahme Windkraftwerke abgestellt werden (s. Kap. 42). Bei Windstille springen die konventionellen Kraftwerke auf Gas- und Kohlebasis ein, die parallel im Standby betrieben werden. Bislang erfolgt die Pufferung des grünen Stroms in Deutschland, so Prof. Hans-Werner Sinn, »*praktisch ausschließlich durch Parallelstrukturen. Das spart zwar Brennstoffe und reduziert den CO_2-Ausstoß, doch impliziert es doppelte Fixkosten, die von den Verbrauchern (oder den Steuerzahlern) zu tragen sind. Kein Wunder, dass Deutschland die höchsten Haushaltsstrompreise aller europäischen Länder hat.*«[6] Mit zunehmender Volatilität ist die Versorgungssicherheit in Gefahr – es sei denn, man könnte den Überschuss speichern.

Aber das können wir eben nicht. »*Strom ist nun einmal die verderblichste Ware der Welt*«, sagt der Physik-Professor Sigismund Kobe.[7] Strom muss immer im gleichen Moment verbraucht werden, in dem er erzeugt wird. Und auch wenn es sich noch nicht bis zu allen Parteivorsitzenden herumgesprochen hat: Strom kann man nicht im Netz speichern.[8]

Die einfachste Technik sind Pumpspeicher, die Wasser durch elektrische Pumpen in einen höhergelegenen Speicher heben, um später wieder das Wasser für den Antrieb von Turbinen zur Stromerzeugung zu benutzen. Deutschland hat lediglich wenige Speicher, deren zwischengespeicherte elektrische Arbeit etwa 40 GWh beträgt.[9] Das reicht als Speicher lediglich für 36 Minuten der deutschen Stromversorgung. Eine relevante Ausbaumöglichkeit ist in Deutschland aus geologischen Gründen nicht gegeben.

Es handelt sich um einen riesigen Speicherbedarf, denn es geht nicht nur um die Abpufferung von wenigen Tagen Überschuss, sondern auch um das Verschieben von Strom zwischen den Jahreszeiten und sogar Jahren. Denn wir wissen, dass das Windangebot von Jahr zu Jahr um bis zu 40 % schwanken kann. Es gibt 80 %-Jahre und 120 %-Jahre in der Windenergie. Das gilt in der Regel auch für unsere Nachbarn.

Wünschenswert wäre ein perfekter Stromverbund von den Alpenländern bis nach Norwegen. Selbst bei Ausschöpfung aller dieser geologischen Möglichkeiten kommt das e-storage-Projekt der EU[10] zum Ergebnis, dass eine Speicherung von etwas mehr als 2 TWh möglich wäre. Dies ist eine Strommenge, die in Deutschland gerade mal reicht, um eine 2-tägige Flaute beim heutigen Stromverbrauch zu überbrücken. Hans-Werner Sinn kommt zum Ergebnis, dass selbst bei Realisierung dieses gigantischen Projektes eine Verklappung eines Teils der überschießenden Stromspitzen nicht zu vermeiden ist, wenn man mehr als 50 % Stromanteil durch Wind- und Sonnenstrom erzeugt: man müsse »zunehmend größere Anteile von ihnen (des grünen Stroms, d. Verf.) *abregeln, wenn man über einen Marktanteil von 50 % hinausgehen*« wolle.[6]

Eine zweite Möglichkeit bestünde darin, die überschüssige Energie in Batterien von Elektrofahrzeugen zu speichern. Die Akkus der Autos stehen aber nach Auffassung von Hans-Werner Sinn definitiv nicht als externe Stromspeicher von Belang zur Verfügung: »*Man müsste den Strom für die winterlichen Dunkelflauten in den noch hellen und windreichen Spätsommermonaten tanken, [...] was natürlich eine völlig irreale Vorstellung ist.*«[6] Allenfalls innerhalb eines Tages stehen diese Speicher zur Verfügung und können für wenige

Stunden die Erzeugungs- und Lastspitzen abfedern. Und auch das ist begrenzt. Denn es hängt davon ab, inwieweit Autobesitzer bereit sind, ihre Batterien dem System zur Verfügung zu stellen. Die Akademie der Technikwissenschaften in Berlin kommt zum Schluss: Sind die Autobesitzer »*größtenteils nicht bereit, die Souveränität über Ladung und Entladung zeitweise abzugeben, ist der Beitrag gering. Schlimmstenfalls könnte zeitgleiches Laden vieler Autos zu bestimmten Tageszeiten zu einer zusätzlichen Belastung für das Stromnetz werden.*«[11]

Nun könnte man sich ja vom Auto lösen und große stationäre Batterien einsetzen. So liefert der von Tesla nach Südaustralien gelieferte Stromspeicher 129 MWh bei einer Maximalleistung von 100 MW, oder die am Industriestandort Schwarze Pumpe errichtete BigBattery Lausitz auf Lithiumbasis 53 MWh bei einer Maximalleistung von 50 MW.[12] Damit könnte die Deutsche Bahn, die etwa 1 GWh verbraucht, drei Minuten lang ihren Fahrbetrieb aufrechterhalten. Wie die Zahlen zeigen, können solche Batterien allenfalls Minuten und Stunden Strom liefern. Schwankungen von Zigtausenden von MW durch Sonne und Wind sind hier Grenzen gesetzt. Für einen Langzeitspeicher wären die Batterien praktisch unbezahlbar.

Bei vielleicht erreichbaren 100 €/kWh Investitionskosten für eine Lithiumbatterie und bei einem heutigen Verbrauch von 1,6 TWh pro Tag erfordert eine zehntägige Flaute 1600 Milliarden € Investitionsmittel. Um die Schwankung eines Jahres auszugleichen, braucht man aber 40 TWh, entsprechend 4000 Milliarden € oder 50 000 €/Einwohner – alle acht bis zehn Jahre. Die deutschen Akademien Leopoldina und acatech kommen zu einem vernichtenden Urteil: »*Es ist aber völlig unrealistisch und selbst bei stark sinkenden Kosten für Batteriespeicher nicht bezahlbar, so große Mengen Kurzzeitspeicher zu installieren, dass auch längere Phasen einer hohen Stromproduktion aus Sonne und Wind gespeichert werden können.*«[13]

Die einzige Alternative bestünde darin, den überschüssigen Wind- und Solarstrom zur Herstellung von Wasserstoff durch Wasserelektrolyse, von Methan aus Wasserstoff und CO_2 (Power-to-Gas) oder von synthetischen Brenn- und Kraftstoffen (Power-to-Liquid) zu nutzen.[6] Die Bundesregierung hat mit dem Corona-Konjunkturpaket vom Juni 2020 einen wichtigen Schritt zur Förderung der Wasserstoffelektrolyse in Deutschland getan (s. Kap. 49). Die Speicherkapazität in Salzkavernen stünde zur Verfügung oder wäre erschließbar. Mittel- und langfristig wird unsere Energiewirtschaft demnach eine neue Industriebranche benötigen, nämlich große Multi-Megawatt-Fabriken zur Herstellung von Wasserstoff aus erneuerbarem Strom. Allerdings werden noch einige Forschungsjahre ins Land ziehen, bis das Problem eines fluktuierenden Betriebs einer Elektrolyse gelöst sein wird.

Wasserstoff kann bis zu 10 % Methan beigemischt und so in das Erdgasnetz eingespeist werden. Bei einer Umwandlung von Strom zu Wasserstoff und wieder zu Strom verliert man allerdings 60 % der Ausgangsenergie.[14] Nutzt man den Wasserstoff in Brennstoffzellen zur Stromerzeugung, ist der Verlust mit 65 % noch höher. Die Weiterkonversion zu verschiedenen flüssigen oder gasförmigen Kohlenwasserstoffen, die eine sehr hohe Energiedichte aufweisen, hat den Vorteil der leichteren Speicherung und Handhabung. Allerdings kostet die Umsetzung einen weiteren Verlust an Energie. Der so erzeugte Strom wird nach heutigen Schätzungen etwa zehnmal mehr kosten als herkömmlicher Strom.[15] Selbst wenn man davon ausgeht, dass der technologische Fortschritt in den nächsten 20–30 Jahren die Kosten auf lediglich die Hälfte drücken könnte, ist es höchst unsicher, ob der so erzeugte Strom, die so erzeugte Wärme und der so bereitgestellte Kraftstoff im internationalen Kontext wettbewerbsfähig sein werden.

Neben Elektrolyseuren und Speichern sind nämlich dennoch in großem Umfang Reservekraftwerke erforderlich, um die Versorgung in allen Wetterlagen und zu allen Jahreszeiten zu sichern. Da ja im Unterschied zu heute auch zusätzlich die Wärmeversorgung und die Mobilität auf Strombasis erfolgen sollen, wird nach Schätzung der Leopoldina und der Akademie der Technikwissenschaften auch bei nahezu 100 %iger Wind- und Sonnenstromerzeugung eine Kapazität von etwa 60 bis 100 Gigawatt Verbrennungskraftwerken benötigt. Gegenüber der heute installierten Kapazität von 100 Gigawatt wird sich der Bedarf an abrufbarer Erzeugungskapazität also kaum oder auch gar nicht verringern. Allerdings werden dann aus Klimaschutzgründen überwiegend Gaskraftwerke zum Einsatz kommen, die mit Wasserstoff, Erdgas oder synthetischem Methan aus den Langzeitspeichern betrieben werden.

Ein Umbau in eine Energieversorgung auf Grundlage fluktuierender Energien auf Wind- und Solarbasis erzeugt somit dreifache Fixkosten: die verlorenen Kosten der abgestellten Kohle- und Kernkraftwerke, die Kosten der Wind- und Solaranlagen einschließlich der hohen Speicherkosten und die Kosten neuer Gaskraftwerke als Lückenbüßer in ähnlicher Höhe wie die abgestellten Anlagen. Hans-Werner Sinn meint hierzu: »*Teurer kann man elektrische Energie kaum produzieren.*«[6]

Wind- und Sonnenenergie sind immer noch weit davon entfernt, ohne Zuschüsse der sogenannten EEG-Umlage auszukommen. Jeder deutsche Stromverbraucher zahlt pro kWh verbrauchten Stroms 6,756 €ct EEG-Umlage, die an die Betreiber von Wind- und Solaranlagen verteilt wird. Immerhin ist das nach Abzug des Wertes des Stroms ein Zuschuss von 24,6 Milliarden € pro Jahr. Die EEG-Umlage wird weiter steigen, auch aufgrund der durch die Corona-Krise geringer gewordenen Börsenstrompreise, weil die EEG-Umlage nichts anderes ist als die Subventionierung der Differenz zwischen den fixen, für 20 Jahre garantierten Einspeisetarifen und den Börsenstrompreisen.

Und dies lässt die EEG-Umlage auf schwindelerregende Höhen von 9,99 €ct/kWh für 2021 ansteigen, wie das Energiewirtschaftliche Institut in Köln ermittelte.[16] Daher hat die Bundesregierung im Corona-Paket beschlossen, dass ein weiterer Zuschuss aus Haushaltsmitteln des Bundes zur Senkung der EEG–Umlage geleistet wird, sodass diese im Jahr 2021 bei 6,5 ct/kWh, im Jahr 2022 bei 6,0 ct/kWh liegen soll. Kosten für den Steuerzahler: 11 Mrd. Euro. Die Kosten steigen, die Rechnung bezahlt nun auch noch der Steuerzahler.

45. Gibt es ein Null-CO_2-Kohlekraftwerk?

Im Vergleich zu anderen Industrienationen stehen die deutschen CO_2-Emissionen pro Kopf nicht so schlecht da. Trotz einer starken heimischen Braunkohlestromerzeugung und einer sehr hohen Industrieproduktion liegt Deutschland mit 8,6 Tonnen pro Kopf hinter den USA (16,6 Tonnen), Japan (9,1), knapp vor China (7,0 Tonnen). Weltweit beträgt der Durchschnitt 4,8 Tonnen CO_2 pro Kopf. Insbesondere der starke Preisanstieg der CO_2-Zertifikate ab 2018 bewirkte in Deutschland einen Brennstoffwechsel zur Stromerzeugung von Steinkohle und Braunkohle zu Erdgas. 2019 überholte

Erdgas die steinkohlebasierte Stromerzeugung. Insofern zeigt der marktbasierte europäische Zertifikatehandel für CO_2 bereits Wirkung.

Anstatt weiter auf diesen Marktmechanismus zu setzen, beschloss die Bundesregierung 2019 aufgrund öffentlichen Drucks, nach dem Ausstieg aus der Kernenergie nun auch den Ausstieg aus der Kohleverstromung bis spätestens 2038 zu vollziehen. Harald Hecking vom Energiewirtschaftlichen Institut der Universität Köln kam zu dem Ergebnis,[1] dass der Ausstieg die deutsche Volkswirtschaft 71,6 Milliarden € kostet. Umgerechnet auf jede Tonne CO_2 sind das 113 €. Nicht auszuschließen ist, dass die Stilllegung von Kraftwerken die Nachfrage nach Zertifikaten aus Deutschland sinken lässt, mit der Folge, dass Kohlekraftwerke im Ausland davon profitieren.

Schon der Ausbau der Erneuerbaren Energien verteuerte den Strom in Deutschland so massiv, dass Deutschland mit Dänemark weltweit die höchsten Strompreise erreichte. Der Wegfall von preiswerter und weltmarktunabhängiger Braunkohle sowie der Kernenergie, ersetzt durch importiertes Gas, das bislang der teuerste Brennstoff war, verstärkte diese Entwicklung. Der Ausstieg aus der Kohleverstromung und insbesondere aus der heimischen Braunkohle wird die Bürger Geld und Arbeitsplätze kosten. Vor allen Dingen die gewerbliche Wirtschaft, die nicht – wie die energieintensive Industrie – von den Umlagekosten der Erneuerbaren Energien befreit ist, hat mit diesem Standortnachteil zu kämpfen.

Noch 2011 war es die Ethikkommission, die den Ausstieg aus der Kernenergie empfahl, die die Forderung aufstellte, »*Kohleverbrennung zur sauberen Technologie zu machen*«.[2] Allen war klar, dass ein hochindustrialisiertes Land nicht innerhalb von 25 Jahren aus zwei Technologien aussteigen kann, die noch im Jahre 2010 70 % der Stromerzeugung abdeckten. Daher forderte die Ethikkommission: »*Entweder schafft es die Weltgemeinschaft, das aus der Energiegewinnung aus fossilen Brennstoffen abgetrennte CO_2 sinnvoll zu nutzen [...] oder die Klimaziele sind auf globaler Ebene nur sehr schwer zu realisieren.*«[3]

Jeder einigermaßen kenntnisreiche Politiker wusste, dass die sich entwickelnde Welt, vor allem China, Südostasien und Indien, die Elektrifizierung ihres Wachstums durch Kohle vornehmen würde.

Doch auch hier wählt Deutschland lieber den selbstgefälligen Ausstieg als die schwierige, auch mit Risiken verbundene technologische Lösung. Noch 2008 wurden beim Stromversorger RWE ernsthafte Pläne entwickelt, um

ABB. 49: NRW-Ministerpräsident Jürgen Rüttgers, Bundeskanzlerin Angela Merkel und der RWE-Vorsitzende Jürgen Großmann feiern die Grundsteinlegung eines neuen Kohlekraftwerks in 2008 in Hamm-Uentrop auf dem Gelände des ehemaligen stillgelegten Hochtemperaturreaktors. Das Kohlekraftwerk ist mittlerweile ebenfalls stillgelegt.[4] Quelle: dpa.

aus Kohlekraftwerken CO_2 abzuscheiden und in einem ersten Schritt in tiefe Schichten unterhalb des Grundwasserspiegels zu verpressen. Die Kosten wurden seinerzeit auf 50–60 € pro Tonne CO_2 geschätzt. Das war deutlich weniger, als die Vermeidungskosten von CO_2 durch Wind- und Solarenergie in Deutschland ausmachen.

Bei der Grundsteinlegung des neuen Kohlekraftwerks Hamm in Westfalen 2008 verkündete der damalige Vorstandsvorsitzende des RWE-Konzerns, Jürgen Großmann, in Anwesenheit der Bundeskanzlerin Angela Merkel, dass man ein Braunkohlekraftwerk in Hürth plane, bei dem CO_2 abgeschieden werden solle, und eine unterirdische Speicherung für 2 Milliarden € plane (s. Abb. 49).

Die Kanzlerin lobte: »*Wer Kraftwerksneubauten verhindert, der nimmt letztlich enorme Risiken für Arbeitsplätze, Preise und die Zukunft Deutschlands in Kauf [...] Insofern hat RWE auch mit seinem Plan, in Hürth ein Kraftwerk in Planung zu nehmen, bei dem auch die CO_2-Abscheidetechnik CCS verwendet werden* *soll, einen interessanten neuen Schritt ins Auge gefasst [...] Ich kann RWE beglückwünschen, dass sie zu den ersten mit einem praktikablen Projekt gehören. Dann haben sie die besten Chancen, ohne dass das jetzt eine Zusage ist, Herr Großmann, auch unter den ersten Kraftwerken noch eine Förderung zu bekommen.«*[4]

Das war das Ende von CCS (Carbon Capture and Storage, Kohlenstoff abtrennen und speichern) in Deutschland. Denn in Hamm wurde erklärt, dass eine 500 km lange Pipeline geplant sei, um das abgetrennte CO_2 in unterirdische Lagerstätten in Schleswig-Holstein zu verbringen. Kaum war die Vision über den Ticker der Nachrichtenagenturen gelaufen, wurde ein Sturm der Entrüstung entfacht. Einen Tag später erklärte der schleswig-holsteinische Wirtschaftsminister Werner Marnette (CDU), die Pläne *»seien nicht abgestimmt und widersprächen getroffenen Vereinbarungen«*.[5] Die erste Demo gegen ein »CO_2-Endlager« gab es fünf Tage später in Berlin.[6] Die Grünen sammelten Unterschriften, und der damalige Landesvorsitzende der Grünen, Robert Habeck, unterstützte die Initiative gegen ein CO_2-Endlager mit den Worten: *»Schleswig-Holstein ist das Land der Erneuerbaren Energien und keine Müllhalde für CO_2.«*[7] Die Landesregierung stellte einen Antrag im Bundesrat, dass man eine solche Technik in Deutschland verbieten möge. Im Juni 2012 war es dann endlich so weit, CCS wurde praktisch bis auf Pilotversuche verboten. Alle norddeutschen Länder machten von der Klausel Gebrauch, selbst solche Pilotvorhaben auszuschließen.

Dass CO_2 relativ ungiftig ist – jedenfalls deutlich ungiftiger als Erdgas –, interessierte niemand, ebenso wenig, dass es in Schleswig-Holstein gang und gäbe war, Gebiete des Landes zur Tiefenverpressung von Erdgas in Porenspeicher-Gestein einzusetzen. Es wurde eine Grundwasserverseuchung an die Wand gemalt, obwohl doch die CO_2-Verpressung 2000 Meter unterhalb des Grundwasserspiegels vorgenommen werden sollte. Am Ende stieg Deutschland wieder einmal aus einer Technologie aus. Die bereits fertiggestellte und gut funktionierende CCS-Anlage im brandenburgischen Schwarze Pumpe wurde stillgelegt und anschließend nach Kanada verkauft (s. Abb. 50). Weltweit gibt es aber 17 laufende CCS-Projekte: in den USA, Kanada, Norwegen, Island, China und Indien.[8]

Es dauerte bis 2018, bis sich die Deutsche Akademie der Technikwissenschaften (acatech) erneut mit dem Thema beschäftigte. Da die Akademie

ABB. 50: CCS-Anlage in Schwarze Pumpe in Deutschland. Bildquelle: Archiv LEAG, Fotograf: Hartmut Rauhut.

wohl davon ausging, dass in Deutschland ohnehin das CO_2 Problem der Kohlekraftwerke durch Stilllegung erledigt sein würde, befasste man sich nur noch mit den CO_2-Abgasen aus der Industrie.[9] Es hatte sich mittlerweile bis Berlin herumgesprochen, dass sich prozessbedingte CO_2-Emissionen der Industrie nicht verbieten lassen. Zementherstellung geht eben nicht ohne CO_2-Emission, denn es wird aus Calciumcarbonat Kalk gebrannt – unter Abgabe von CO_2. Ähnliches gilt heute noch für die Ammoniak-, Düngemittel-, Eisen- und Stahlerzeugung sowie für Raffinerien. Letztere liefern nicht nur das ach so üble Benzin, Diesel und Heizöl, sondern viele Dinge unseres täglichen Lebens: Farbe, Kunstfaser, Folien, Beschichtungen, Dämmstoffe, Klebstoffe, Kanülen, Arzneimittel.

Da man das nicht alles verbieten kann, soll CCS helfen, das CO_2 aus der Industrie zu bewältigen: Immerhin entstehen dort heute noch rund 180 Mio. Tonnen, 20 % der Gesamtemission. Wer also 95 % CO_2-Reduktion will, wie die deutsche Bundesregierung, muss das Problem lösen.

CCS bedeutet die Abtrennung von CO_2 aus den Abgasen, zumeist durch Absorption mithilfe basischer Aminlösungen (Monoethanolamin).[10] Das konzentrierte und verdichtete Kohlendioxid muss zur Vermeidung von Säurebildung sehr trocken (< 0,005 % Wasser) in Pipelines oder Tankschiffen zu den Speicherstätten transportiert werden. Dies wird in den USA bereits praktiziert.[10] Eine nennenswerte Weiterverarbeitung des CO_2 zu Kohlenwasserstoffen (CCU = Carbon Capture and Utilisation) scheitert zur Zeit noch an den hohen Kosten der Wasserstofferzeugung und dem hohen Energieaufwand für die Umsetzung von CO_2 und Wasserstoff zu Methan. Das erzeugte Gas (0,4 €/kWh) ist immerhin zehnmal so teuer wie Erdgas (0,03 €/kWh).

Auch für die Menge an Kohlenwasserstoffen in der Chemie ist eine Weiterverarbeitung des CO_2 durch CCU nicht denkbar. Wie die Deutsche Gesellschaft für Chemische Technik und Biotechnologie, DECHEMA, schon 2017 berechnete,[11] benötigt die europäische Chemieindustrie zum Ersatz ihrer fossilen Rohstoffe durch regenerative Energien (Power-to-Gas, Power-to-Liquid) 4900 Terawattstunden an Erneuerbaren Energien. Um also Öl und Gas als Ausgangsstoffe durch Kohlenwasserstoffe zu ersetzen, die aus CO_2 und Wasserstoff erzeugt werden, bräuchte man das 1,6-Fache der gesamten Stromerzeugung Europas.

Die Speicherung von CO_2 in tiefen, salzwasserhaltigen Gesteinen oder erschöpften Erdgas- oder Ölfeldern kann als erprobt angesehen werden. Immerhin werden weltweit mittlerweile 27,5 Mio. Tonnen CO_2 auf diese Weise gespeichert.[12] Die Formationen sind dadurch begrenzt, dass über dem Speichergestein eine undurchlässige Schicht von Barrieregestein vorhanden sein muss. Des Weiteren sollte das Speicher- und Barrieregestein eine geologische Faltenstruktur aufweisen, um ein Entweichen in alle Richtungen sicher zu verhindern. Es werden zudem nur Felder benutzt, in denen sich Gesteinsschichten mit einem großen Porenvolumen (Porenspeicher) befinden, in die das CO_2 hineingedrückt werden kann. Im Laufe der Zeit steigt die naturgegebene Speichersicherheit, weil zunehmend CO_2 in Form von Carbonaten dauerhaft in das Speichergestein eingebaut wird.[9]

Die weltweite Speicherkapazität wird auf 1000 bis 10 000 Gigatonnen geschätzt. Bei einer Jahresemission von 37 Gigatonnen CO_2 weltweit ist der Schluss erlaubt, dass uns eher die fossilen Rohstoffe ausgehen als die Lagerstätten für CO_2. In der Nordsee sind rund 200 Gigatonnen Lagerkapazität ermittelt worden.[9] Die Niederlande planen, 2030 20 Mio. Tonnen pro Jahr durch CCS in der Nordsee abzulagern, Großbritannien ab der Mitte des Jahrhunderts 75 Mio. Tonnen. Speicherorte auf See sind ohnehin zu bevorzugen, da die Akzeptanz für Speicherungen an Land sehr gering ist.

Die Kosten für die Speicherung belaufen sich nach einer vergleichenden Studie des ifo-Instituts[10] auf 65 bis 70 € pro Tonne CO_2 im Falle der Abtrennung aus einem Kohlekraftwerk einschließlich Transport und Ablagerung. Dies entspricht den Kosten der CO_2-Vermeidung durch Erneuerbare Energien in Deutschland, wenn man die Speicherkosten für die volatilen Erneuerbaren Energien wie Wind und Solar nicht berücksichtigt. Addiert man notwendigerweise die Speicherkosten für Erneuerbare Energien hinzu, ist die CCS-Technologie von der Kostenseite her den Erneuerbaren deutlich überlegen.

46. Steht Methan vor einer glänzenden Zukunft?

Im Juni 2018 ließ die deutsche Umweltministerin verlauten, dass Deutschland seine Klimaziele bis 2020 nicht erreichen werde. Anstatt 40 % Minderung seien nur 32 % möglich. Es könne »*sogar noch schlimmer kommen*«.[1] Am selben Tage forderte Klimaforscher Hans Joachim Schellnhuber, der gerade in die Kohlekommission berufen wurde, den raschen Ausstieg aus der Kohle. Er werde in der Kohlekommission deutlich machen, »*dass ein zögerlicher Kohleausstieg durch die Gesetze der Physik bestraft würde*«.[2] Vor dieser Kulisse, begleitet von Demonstrationen von »Fridays for Future« seit August 2018, wurde dann auch im Januar 2019 von der durch die Bundesregierung eingesetzten Kohlekommission die schrittweise Stilllegung der Kohlekraftwerke beschlossen.

Doch im Januar 2020 entdeckte der Berliner Thinktank »Agora Energiewende« ganz unerwartete Zahlen für 2019. Danach sanken die CO_2-Emissionen in diesem Jahr um mehr als 50 Mio. Tonnen, das entspricht einem Rückgang um 7 %. Deutschland war auf wunderbare Weise mit 35 % dem Ziel für 2020 sehr nahegekommen.[3] Der wesentliche Grund war, dass die

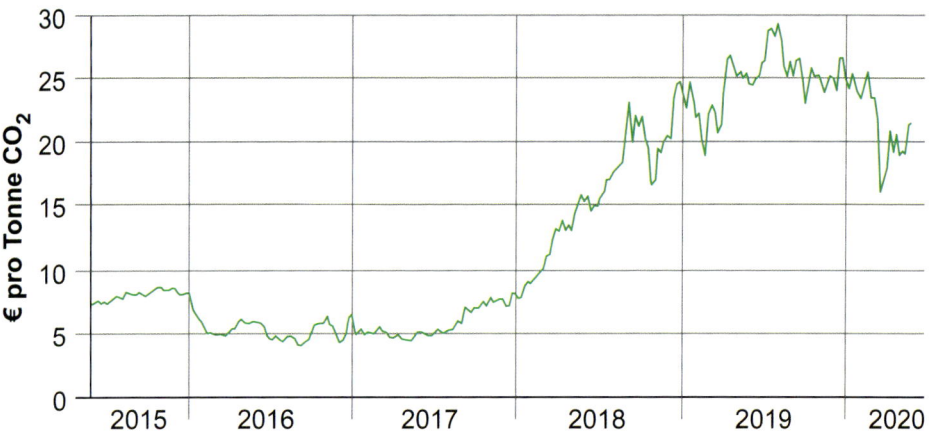

ABB. 51: Europäischer Preis für Emissionszertifikate von einer Tonne CO$_2$ in Euro. Quelle: finanzen.net.[4]

Preise für CO$_2$-Zertifikate des europäischen Emissionshandelssystems seit 2018 stark angestiegen waren (s. Abb. 51).

Der Anstieg der CO$_2$-Preise verteuerte Strom aus Kohlekraftwerken auf marktwirtschaftliche Weise, und weil Gaskraftwerke weniger CO$_2$ ausstoßen, stieg ihr Anteil an der Stromproduktion um 11 %, Steinkohle erlitt ein Minus von 31 %.[5] Nicht ein Kraftwerk musste geschlossen werden; der Markt regelt das viel effizienter und eleganter. Waren noch Jahre zuvor Gaskraftwerke in Deutschland reihenweise stillgelegt worden, erleben sie eine Renaissance bei steigenden CO$_2$-Preisen. Diese führen zu erhöhten Strompreisen, sodass der teurere Strom aus Gaskraftwerken wieder eine Chance hat. Und wenngleich die Bundesregierung in den Szenarien bis zum Jahre 2050 mit gegen null schwindendem Erdgasanteil an der Stromerzeugung rechnet, wird die Realität eine andere sein.

Jeder Energieexperte räumt hinter vorgehaltener Hand ein, dass ohne einen wachsenden Erdgasanteil an der Stromerzeugung die deutsche Stromerzeugung in Anbetracht wegfallender Kernenergie und Kohlestrommengen kollabieren wird. Insofern kann Deutschland von Glück sagen, dass die beiden Nordstream-Leitungen, die russisches Gas nach Greifswald ins deutsche Netz einspeisen, gebaut worden sind – auch wenn eine der Leitungen durch das Verdikt der USA auf den letzten 300 km vorerst gestoppt worden ist.

Zudem soll bis 2023 ein Flüssiggasterminal in den Nordseehäfen Wilhelmshaven, Stade oder Brunsbüttel gebaut werden. Außerdem plant Rostock ein Terminal.[6] Die Bundesregierung unterstützt die Planungen und hat den Anschluss von Terminals an das Gasnetz erleichtert. Die Kosten hierfür tragen zukünftig die Gasnetzbetreiber, die die Anschlusskosten auf die Endverbraucher umlegen können.[7] Doch schon sind Dutzende von Bürgerinitiativen und das »Klimabündnis gegen LNG« (LNG = Liquefied Natural Gas, Flüssigerdgas) aktiv geworden.[8] Für die Deutsche Umwelthilfe, die die Aktionen mit juristischem Beistand unterstützt, ist die Sache klar: »*Um die Klimaziele von Paris zu erreichen, muss der Einsatz von fossilem Gas enden.*«[6] Auch »Fridays for Future« ist beim Protest dabei, wenn es um die gesicherte Gasversorgung der nächsten Jahrzehnte geht.[9]

Es gibt wohlbegründeten Zweifel (s. Kap. 42 und 44), dass die gesicherte Leistung von Kern- und Kohlekraftwerken aufgrund der verfehlten doppelten Ausstiegspolitik der Regierungen Merkel (einmal waren Freidemokraten, das andere Mal Sozialdemokraten mit im Boot) durch noch so viele Windkraftwerke und Solarparke ersetzt werden kann. Am Ende wird Gas der Ausweg für die Helden der Energiewende sein. Das bedeutet eine vom Gaspreis bestimmte Stromerzeugung und eine völlige Abhängigkeit von Exportländern wie Russland mit dem Staatskonzern Gazprom, Katar oder den USA.

In allen Klimaszenarien für 2050 wird Gas- oder Blockheizkraftwerken eine Restgröße (weniger als 20 % der Kapazität[10]) der Versorgung zugesprochen, allerdings ausschließlich als Power-to-Gas (s. Kap. 42, 44), das aus Wind und Sonne per Elektrolyse erzeugt wird. Es ist nahezu ausgeschlossen, dass der heute noch zehnfache Preis für regenerativ erzeugtes Gas auch nur annähernd an die Marktpreise für Erdgas absinkt. Die CO_2-Zertifikate müssten auf mehrere hundert € pro Tonne CO_2 ansteigen, damit das Wirklichkeit wird. Dann wäre allerdings der Strompreis in Deutschland so hoch, dass Strom in Deutschland für jede wirtschaftliche und private Tätigkeit praktisch unbezahlbar würde.

In anderen Ländern ist die Renaissance des Methans bereits weiter vorangeschritten, vor allen Dingen in den USA. Hier trieb eine neue Technologie – das Fracking – die Förderung von Gas zu geringen Kosten in die Höhe. So wurden die USA 2018 weltgrößter Öl- und Gasproduzent, der drittgrößte Exporteur von Flüssiggas nach Australien und Katar. Danach gingen auch in den USA die CO_2-Emissionen des Stromsektors 2019 um 8 % zurück, trotz steigender Stromproduktion,[11] der Anteil des Erdgases stieg von 34 % auf 38 %, Kohle reduzierte sich von 26 auf 22 %. Es bedurfte keines Zertifikatehandels, um den Brennstoffwechsel in den USA in den letzten zehn Jahren auszulösen. Die Gestehungskosten von Fracking-Gas sind so gering, dass Methan zum preiswertesten Energielieferanten für die Stromerzeugung wurde. Das hatte Folgen: Energieintensive Industrien siedelten sich wieder vermehrt in den USA an, Fracking-Gas war der Treiber der Re-Industrialisierung der USA.

Schiefergas wird aus tiefen dichten Schichten durch Erzeugung von hohen hydraulischen Drücken in den Bohrlöchern erzeugt. Dazu wird das Gestein durch Einpressen einer Flüssigkeit aufgebrochen. Dem Wasser werden Begleitstoffe hinzugefügt, um die erzeugten Risse offen zu halten. Die Flüssigkeiten als Ganzes sind nicht giftig, sie sind nicht einmal kennzeichnungspflichtig nach dem Chemikalienrecht.[12] Das Stimulations-Verfahren wurde seit 1961 in Deutschland 300 Mal mit Erfolg bei Sandsteinformationen angewandt.[13]

2016 wurde durch das Fracking-Gesetz die Förderung von Erdöl und Erdgas durch Fracking von Schiefer-, Ton- und Mergelgestein verboten. Begründet wurde dieses Verbot mit der Besorgnis um die Beeinträchtigung des Grundwasserhaushalts. Allerdings liegen die Fracking-Gesteinsschichten 1000 bis 3000 Meter unter dem Grundwasserleiter. Die bisher geübte Fracking-Praxis in Sandsteinschichten sollte davon ausgenommen sein. Seit 2016 sind aber auch dort neue Investitionen in Stimulations-Verfahren unterblieben.[14] Das Gesetz ist befristet bis zum Jahre 2021 und verlängert sich automatisch, wenn es nicht mit Mehrheit des Bundestages geändert wird, wovon nicht auszugehen ist.

Waren noch gegen Ende des letzten Jahrhunderts alle Energieexperten der Auffassung, dass Erdgas die knappste Energieressource sei, die uns in wenigen Jahren nicht mehr zur Verfügung stehe,[15] geht man jetzt eher von einigen hundert Jahren Reichweite aus, wobei die Gashydrate der Tiefsee noch nicht einmal einbezogen worden sind[16] (s. Abb. 52). In Deutschland könnte durch Schiefergas die sinkende heimische Erdgasproduktion immer-

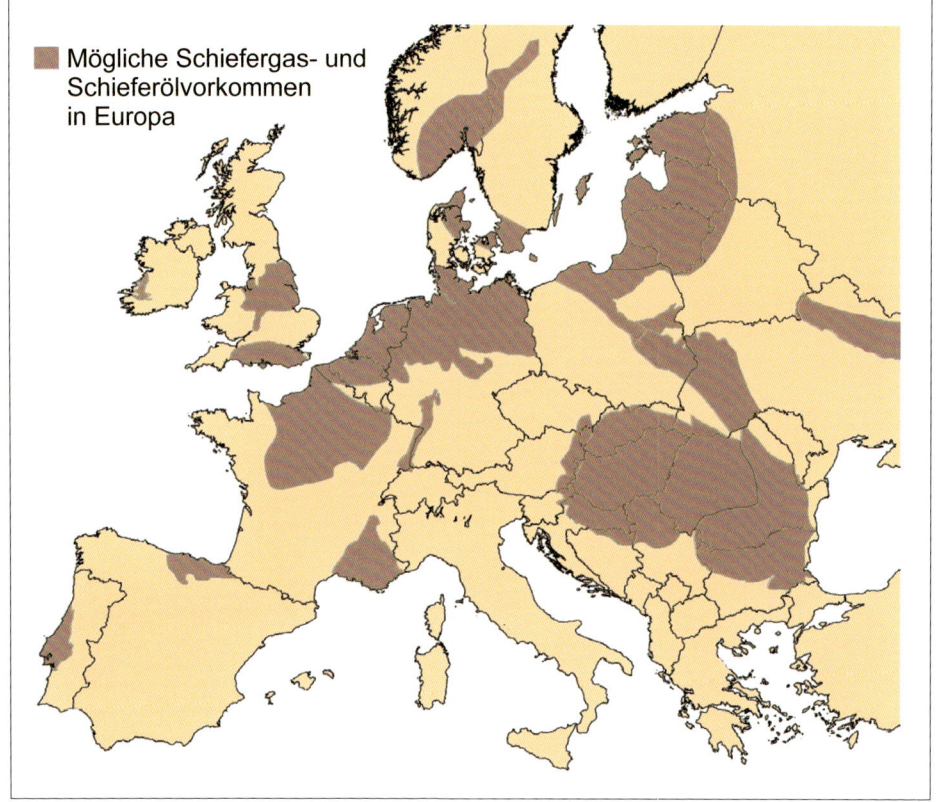

ABB. 52: Schematische Darstellung geologischer Becken mit möglichem Schieferöl- und Schiefergas-Potenzial in Europa. Quelle: BGR.[17]

hin für 100 Jahre aufrechterhalten werden.[18] Weltweit liegen die größten Vorkommen in China, Argentinien, Algerien und den USA.

Zwei der mit Abstand wichtigsten CO_2-Emittenten, China und USA, könnten ihre gesamten Kohlekraftwerke in den nächsten Jahrzehnten durch Erdgas ersetzen. Das würde deren Emission aus Kraftwerken halbieren. Und weltweit könnte in einigen Jahren auf die Kohleverbrennung verzichtet werden, wenn auf Erdgas gesetzt würde. Doch stattdessen sind 580 000 Megawatt Kohlekraftwerke in 60 verschiedenen Ländern in Planung, ein großer Teil mit finanzieller und technischer Hilfe der Volksrepublik China, die hinsichtlich des Pariser Abkommens für sich den Status eines Entwicklungslandes in Anspruch nimmt.[19]

47. Eine neue Generation sicherer Kerntechnik: Eine neue Chance?

Nach dem Reaktorunfall in Fukushima in Japan gab es ein einziges Land auf der Welt, das daraufhin einen Ausstieg aus der Kernenergie beschloss: Deutschland. Zwar hätte der Unfall in Deutschland niemals passieren können, denn abgesehen davon, dass die Kraftwerke von Fukushima zu gering gegen Überschwemmung geschützt waren, gab es dort auch nicht das im Jahre 1986 in Deutschland eingeführte »Wallmann-Ventil«. Ein solches Ventil sorgt dafür, dass bei Überdruckbildung im Sicherheitsbehälter (containment) Gase gefiltert entlastet werden können. Das Wallmann-Ventil war im Zuge der Überarbeitung der Sicherheitskonzepte deutscher Kernkraftwerke nach der Katastrophe von Tschernobyl eingeführt worden, obwohl die westliche Leichtwassertechnologie der russischen graphitmoderierten Kerntechnik sicherheitstechnisch weit überlegen war. Ähnliches gilt für die sogenannten »Töpfer-Kerzen«, d. h. Wasserstoff-Rekombinatoren, mit denen deutsche Kernkraftwerke längst nachgerüstet waren. Auch dadurch wäre eine Wasserstoffexplosion wie in Fukushima in Deutschland vermieden worden.[1]

Trotz Fukushima kamen alle anderen Kernenergieländer der Welt zu anderen Schlussfolgerungen. Spanien, Belgien, Schweiz, USA und Schweden verlängerten die Laufzeit ihrer Kernkraftwerke. Schweden, das in den 1980er-Jahren beschlossen hatte, bis 2000 alle Kernkraftwerke zu schließen, hat mittlerweile den Betrieb einzelner Kraftwerke bis 2040 erlaubt. Sogar der Ersatz bestehender ist dort nunmehr möglich.[2]

In Deutschland war die Laufzeitverlängerung ein halbes Jahr vor dem Ausstiegsbeschluss ebenfalls erfolgt: Im Herbst 2010 beschloss der Deutsche Bundestag eine Verlängerung der Laufzeiten um acht Betriebsjahre für ältere Kraftwerke und um 14 Jahre für jüngere Kraftwerke. Danach wäre Brokdorf im Jahre 2036 vom Netz gegangen.

Vier Tage nach dem Störfall erklärte die Bundeskanzlerin Angela Merkel, dass die ältesten acht Kernkraftwerke vorerst abgestellt werden sollten. Da die Bundesregierung ein vom Parlament verabschiedetes Gesetz nicht einfach außer Kraft setzen kann, sprach der Bundesverfassungsrichter Hans-Jürgen Papier von verfassungswidrigem Vorgehen.[3] Der damalige

Bundeswirtschaftsminister Rainer Brüderle erklärte gegenüber Industrievertretern, dass das Vorgehen Wahlkampftaktik sei, denn die baden-württembergischen Landtagswahlen standen vor der Tür.[4]

Durch die Einrichtung einer Ethikkommission, die sich dadurch auszeichnete, dass in ihr kein einziger Energiefachmann vertreten war, allerdings mehrere Kirchenvertreter, erhielt die Bundeskanzlerin ein Votum, das sie für eine gesetzliche Regelung brauchte: Am 30. Juni 2011 beschloss der Bundestag in namentlicher Abstimmung bei wenigen Gegenstimmen das »13. Gesetz zur Änderung des Atomgesetzes«, das die Stilllegung aller Kernkraftwerke bis 2022 vorsah. Es blieb ein weltweit beispielloser und einmaliger Vorgang, denn selbst Japan kehrte nach einigen Jahren zurück auf den Kernenergiekurs und verlängerte sogar die Laufzeit einzelner Kernkraftwerke von 40 auf 60 Jahre.[5]

Einige Abgeordnete der CDU/CSU-Fraktion wurden 2011 bei der Bundeskanzlerin vorstellig und verlangten,[6] dass die Zusage, bis 2020 40 % der CO_2-Emission zu reduzieren, zurückgenommen werden müsse, da es unmöglich sei, die ehrgeizigen CO_2-Ziele zu erfüllen, wenn gleichzeitig die CO_2-freie Kernenergie ersetzt werden müsse. Die Bundeskanzlerin lehnte eine solche Änderung des 2009 in der Regierungsvereinbarung übernommenen Zieles der Vorgängerregierung ab.[7; 8] Die zweifelnden Abgeordneten sollten recht behalten. Ein Großteil der wegfallenden Strommengen musste durch Kohle- und Braunkohlekraftwerke ersetzt werden. Nur ein geringer Teil konnte durch Erneuerbare Energien ausgeglichen werden. Insofern war schon 2011 erkennbar, dass im Jahre 2020 die Ziele nicht eingehalten werden konnten – diese fehlende Zielerreichung war einer der Gründe, die zum Anschwellen der »Fridays for Future«-Bewegung 2019 führten.

Forschungszug auf Abstellgleis

Bereits in den 1980er-Jahren, als Deutschland eine weltweit führende Stellung in der Entwicklung der Kerntechnik hatte, löste der Reaktorunfall in Tschernobyl eine Kurzschlussreaktion in Deutschland aus. Deutschland hatte die Tür zu einer neuen sicheren Reaktorgeneration durch die Entwicklung eines heliumgekühlten Hochtemperaturreaktors auf Thoriumbasis aufgestoßen. Nach einigen leicht lösbaren mechanischen Problemen in der Anfangszeit wurde der Reaktor infolge der Tschernobyl-Diskussion von der SPD-Landesregierung unter Johannes Rau 1988 stillgelegt. 30 Jahre später, im Jahre 2019, wurde der erste Hochtemperaturreaktor in China fertiggestellt, nachdem China nicht nur die Blaupausen des deutschen Prototypen erworben hatte, sondern einen guten Teil der deutschen Entwickler angeheuert hatte.[9]

Die Entwicklung des Schnellen Brüters in Kalkar ist das zweite Beispiel dafür, dass Deutschland in der Entwicklung neuer sicherer Kerntechnologie in den 80er Jahren führend war. Es war ein natriumgekühlter Reaktor, der nicht mit abgebremsten Neutronen, sondern schnellen Neutronen arbeitet und somit in der Lage war, auch das wegen seiner langen Abklingzeit kritische Plutonium zu transmutieren und neuen Spaltstoff aus Uran-238 zu generieren, das zu 95 % in Druckwasserreaktoren ungenutzt blieb.

Russland und Frankreich hatten diesen natriumgekühlten Reaktor parallel entwickelt. In Frankreich wurde er nie problemlos betrieben und 2010 abgestellt. Russland konnte 2016 einen 800 MW großen Brüter ans Netz gehen lassen. In Deutschland kreiste 1986 zwar schon das Natrium im Kühlsystem des Schnellen Brüters von Kalkar, doch die endgültige Startgenehmigung wurde von der SPD-Landesregierung verweigert. Heute wird an der Stelle des Kraftwerks ein Freizeitpark – »Wunderland Kalkar« – betrieben.

Die Weichen für eine inhärent sichere Kerntechnik, die zudem im Falle des Brüters auch die Endlagerungsprobleme zu lösen imstande war, waren also gestellt: Allerdings fuhr der Forschungszug in Deutschland aufs Abstellgleis. Die bis 2011 gültige Zweckbestimmung des Atomgesetzes, die Erforschung der Nutzung der Kernenergie zu fördern, wurde ersatzlos gestrichen. Die Kernforschung zum Zwecke der Energieerzeugung wurde eingestellt.

Eine neue Generation von Kerntechnologien, die inhärent sicher sind und das Endlagerproblem auflösen, wird weltweit entwickelt, nur nicht in Deutschland. Denn die herkömmliche Leichtwassertechnologie ist in eine Sackgasse geraten. Neubauten wie das Kernkraftwerk in Olkiluoto in Finnland sind durch erforderliche nachträgliche sekundäre Sicherheitsmaßnahmen (z. B. den Core-Catcher, der im Störfall die geschmolzenen Brennstäbe auffangen soll) so kostenintensiv geworden, dass eine wirtschaftliche Stromerzeugung fraglich geworden ist. Hinzu kommt, dass nur etwa 5 % des Urans durch Kernspaltung in Strom verwandelt werden, sodass sich bei Festhalten an dieser Technologie früher oder später die Frage der Reichweite des Urans stellen wird. Sie beträgt etwa 100 Jahre im Falle der weiteren Anwendung der Leichtwassertechnologie.[10] Das eigentliche Ausschlusskriterium für Zukunftsfähigkeit ist aber die Endlagerung. Plutonium hat eine Halbwertszeit von 24 110 Jahren.[11]

Bill Gates setzt auf neue Kernenergie

Alle diese negativen Eigenschaften soll eine neue Generation von Kerntechnologie vermeiden: die Generation IV. Der oben beschriebene Hochtemperaturreaktor wird zwar auch zur IV. Generation gezählt, er hat eine bessere Ausnutzung des Kernbrennstoffs, kann auch Thorium einsetzen und ist auch inhärent sicher. Aber er hat immer noch das Endlagerproblem nicht gelöst. Das liegt zum einen daran, dass er mit langsamen Neutronen arbeitet. Diese können viele Kerne nicht spalten und sind ständig auf Nachschub von angereichertem Uran angewiesen. Das in der fast 10-fachen Menge vorhandene *abgereicherte* Uran bleibt ungenutzt. Zum anderen arbeiten solche Reaktoren mit festen Brennelementen, was eine wirtschaftliche Aufarbeitung unmöglich macht.

Diese Probleme lösen Kraftwerke, die mit schnellen Neutronen arbeiten. Sie sind in der Lage, auch nicht spaltbare Atomkerne durch Neutroneneinfang zu spaltbaren zu machen. Damit wäre das Problem der Reichweite gelöst, aber auch das Problem des Atomabfalls, denn dieser kann als Ausgangsstoff eingesetzt werden. Selbst wenn es nicht um die kostengünstige CO_2-freie Stromerzeugung durch Kernenergie ginge, müsste sich Deutschland mit dieser Technologie befassen, denn sie sichert die Umwandlung der über Zehntausende von Jahren langlebigen Rückstände in Stoffe, die bereits nach einigen hundert Jahren als abgeklungen gelten.

So gründete Bill Gates, Gründer von Microsoft, im Jahre 2006 das Technologie- und Forschungsunternehmen Terrapower. Abgereichertes Uran – davon gibt es allein in USA 700 000 Tonnen in abgebrannten Brennelementen – könnte nach Angaben von Terrapower 80 % der Weltbevölkerung über 1000 Jahre mit Strom versorgen.[12]

Terrapower setzt geschmolzenes Salz (Molten Salt Reactor, MSR) als Trägermedium und Kühlmittel ein. Wasser scheidet als Kühlmittel aus, es würde die Neutronen zu stark abbremsen. Durch die nicht abgebremsten, schnellen Neutronen kann neben Uran auch Thorium oder schlicht Atommüll zur Energieerzeugung eingesetzt werden. Die Salzschmelze dehnt sich bei Überhitzung stark aus, wodurch die Neutronen weniger Kerne treffen, was wiederum die Kettenreaktion bremst. Der Reaktor ist daher inhärent sicher. Sollte die Nachwärme nicht abgeführt werden können, schmilzt ein gekühlter Salzpfropfen am Boden des Reaktorgefäßes, und das Flüssigsalz fließt in einen Auffangbehälter. Diese sogenannte Schmelzsicherung ist eines der wichtigsten Elemente der passiven Sicherheit der Flüssigsalztechnologie.[13]

Auf diese Weise können bis zu 96 % der bereits abgebrannten Brennelemente rezykliert werden. Von dem radioaktiven Abfall bleibt nur ein geringer Rest mit Halbwertszeiten von bis zu 300 Jahren über. Terrapower unterzeichnete 2015 mit der China National Nuclear Corporation einen Vertrag zum Bau eines Prototypen. Kurz vor Baubeginn wurde das Projekt ein Opfer des US-amerikanisch-chinesischen Handelskonfliktes. Das Projekt wurde vom US-Energieministerium verboten. Terrapower sucht nun nach anderen Partnern.

Der Dual-Fluid-Reaktor

Ein neues Konzept der IV. Generation ist auch der Dual-Fluid-Reaktor (DFR). Er wurde als privates Projekt von Kernphysikern aus Deutschland ohne staatliche Zuschüsse entwickelt und hat mittlerweile weltweit Patente. Die Weiterentwicklung gegenüber Terrapower besteht darin, dass die Funktion des geschmolzenen Salzes als Trägermaterial für den Kernbrennstoff getrennt wird von der Wärmeabfuhr. Das geschmolzene Salz ist zwar ein gutes Trägermedium. Es kann aber nur mäßig Wärme aufnehmen. Der DFR löst dies durch eine getrennte Kühlflüssigkeit in Form von flüssigem Blei, das durch guten thermischen Kontakt in einem zweiten Kreislauf die Wärme abführt.

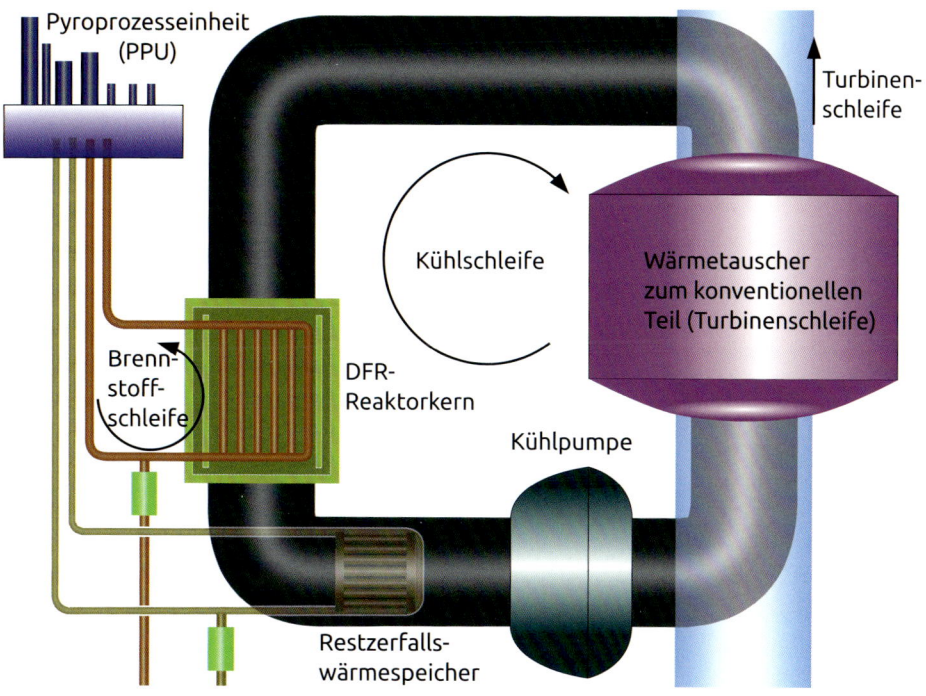

ABB. 53: Prinzip des Dual-Fluid-Reaktors. Man erkennt drei Kreisläufe, den Primärkreislauf des flüssigen Kernbrennstoffs, die Kühlschleife mit flüssigem Blei und den rechts im Bild befindlichen Wärmetauscher. Dieser überträgt die Wärme schließlich auf ein konventionelles Medium, z. B. Wasser, mit dem Turbinen angetrieben werden können. Der Restzerfallswärmespeicher hat ebenfalls eine solche Schmelzsicherung. Quelle: IFK Berlin.[14]

Das Funktionsschema des DFR-Reaktors (s. Abb. 53) startet mit einer Pyroprozesseinheit PPU, in der der Kernbrennstoff verflüssigt wird. Von dort läuft dieser in den Reaktorkern und verteilt sich auf ca. 10 000 Rohre. Die Anordnung der Rohre im Reaktorkern ist so dicht, dass dort die Kettenreaktion einsetzt. Dies produziert Nutzwärme, die in der Kühlschleife (flüssiges Blei) abgeführt wird, und Spaltprodukte, die von der PPU herausgefiltert werden. Am unteren Rohr des Brennstoffkreislaufs befindet sich ein konstant gekühlter Abzweig (in der Abbildung in Grün), die Schmelzsicherung. Dort einlaufender Brennstoff gefriert und bildet einen Pfropfen. Bei Stromausfall oder Überhitzung schmilzt dieser und lässt den Brennstoff ablaufen. Da der DFR ein Hochtemperaturreaktor ist und geschmolzenes Salz sehr aggressiv ist, müssen hochwertige Materialien wie Siliziumcarbid als Gefäßmaterialien eingesetzt werden. Dieser Werkstoff ist heute in der chemischen Industrie bereits erprobt.

Die Beschreibung des Reaktors durch die Erfinder liest sich wie die Beschreibung des Steins der Weisen:[14]

- Der DFR erzeugt keinen langlebigen Atommüll, im Gegenteil, er baut den bestehenden Atommüll ab;
- die Energieeffizienz ist etwa 1000 Mal so groß wie bei Stromerzeugungen auf Basis Erneuerbarer Energien;
- das Kraftwerk ist inhärent sicher;
- die Erzeugungskosten für Strom sollen für ein Großkraftwerk von 1500 Megawatt elektrischer Leistung (ausreichend, um ganz Berlin dauerhaft zu versorgen) bei unter 1 €ct pro Kilowattstunde liegen.

Die Patentinhaber, die sich im privaten Institut für Festkörper-Kernphysik in Berlin organisiert haben, sind sehr optimistisch, einen Prototypen in zehn Jahren entwickeln zu können. Bis zum ersten Serienkraftwerk benötigt man nach ihrer Schätzung weitere fünf Jahre. Selbst wenn dies zu optimistisch sein sollte: Für den Wechsel aus der kohlenstoffbasierten Stromerzeugung, der nach unserer Auffassung im Verlaufe dieses Jahrhunderts erfolgen sollte, wird es sicher reichen.

Je mehr die desaströsen Unzulänglichkeiten der Energiewende auf Wind- und Solarbasis in den nächsten Jahren zutage treten werden, umso mehr sollte auch die Offenheit kluger politischer Köpfe wachsen, sich mit einem neuen, sicheren Kapitel der Kernenergie zu beschäftigen.

48. Wann wird die Kernfusion auf der Erde real?

Ohne die Kernfusion gäbe es kein Leben auf der Erde. Die Fusion von Wasserstoffkernen zu Helium liefert die Energie der Sonne und anderer Sterne des Weltalls. Aufgrund der hohen Temperatur von 10 Mio. Grad im Sonneninneren und der enormen Dichte entsteht ein Plasma von Protonen und Elektronen, in dem die Abstoßungskräfte zwischen Protonen überwunden werden und die gebildeten Heliumkerne eine etwas geringere Masse als die Ausgangsprotonen haben. Dieser Massenverlust wird in Energie verwandelt. Die bekannte einsteinsche Formel zeigt, welche gewaltige Energie E aus

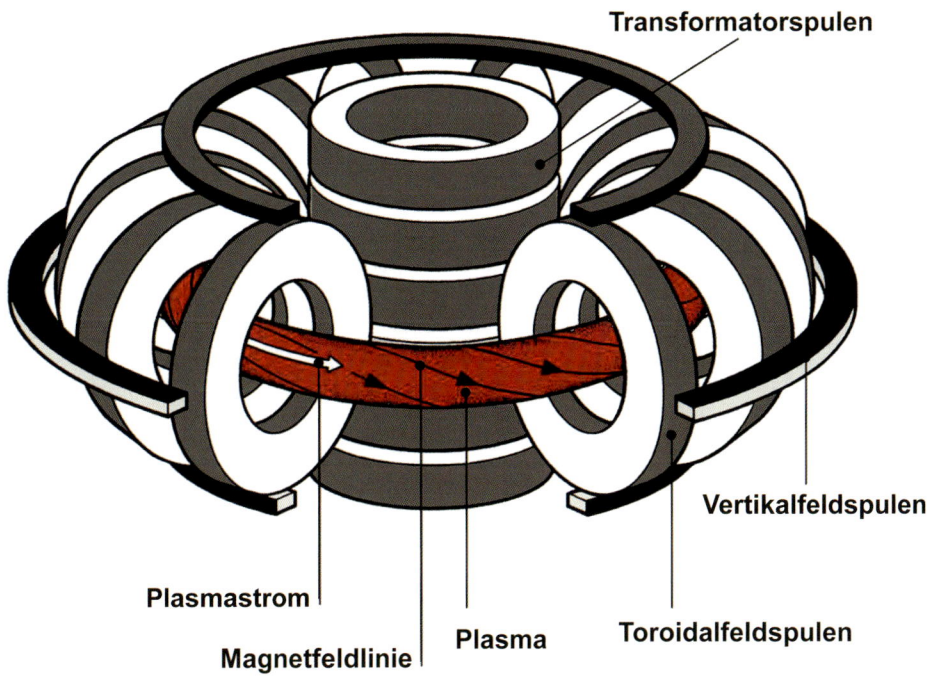

ABB. 54: Das Magnetfeldsystem eines Tokamak-Fusionsreaktors. Bild: Max-Planck-Institut für Plasmaphysik, Garching.[3]

der Masse m entsteht: $E = m \times c^2$. Der Faktor c ist die Lichtgeschwindigkeit zum Quadrat.

Seit Milliarden von Jahren ist das Verschmelzen von Atomen ein alltäglicher Prozess im Kosmos. Die Sonne verliert in jeder Sekunde 4 Mio. Tonnen an Masse und setzt diese Masse in Energie um.[1] Ziel der Fusionsforschung ist es, diese Energiequelle der Sonne und der Sterne – die Kernfusion – in einem Kraftwerk auf der Erde nutzbar zu machen.

Unter irdischen Bedingungen verschmelzen die beiden Wasserstoffsorten Deuterium und Tritium am leichtesten. Dabei entsteht ein Heliumkern, außerdem wird ein Neutron frei sowie große Mengen nutzbarer Energie: Ein Gramm Brennstoff könnte in einem Kraftwerk 90 000 Kilowattstunden Energie erzeugen – die Verbrennungswärme von elf Tonnen Kohle.[2]

Da die Dichte des Sonneninneren von 250 Milliarden bar auf der Erde nicht herzustellen ist, braucht man für den Fusionsprozess auf der Erde deutlich höhere Temperaturen, etwa 100 Mio. °C. Und weil das Fusionsfeuer erst bei Temperaturen über 100 Mio. °C zündet, darf der Brennstoff – ein dünnes Wasserstoffplasma – nicht in Kontakt mit den kalten Gefäßwänden kommen. Von Magnetfeldern gehalten, schwebt er nahezu berührungsfrei im Inneren einer Vakuumkammer. Um die torusförmige Plasmakammer sind daher supraleitende Elektromagnete angeordnet, die ein Magnetfeld von bis zu 10 Tesla Stärke erzeugen. Durch dieses Magnetfeld wird das Plasma in der Kammer so eingeschlossen, dass es die Wände nicht berührt (s. Abb. 54).

Die Fusionsbrennstoffe sind billig und auf der Erde gleichmäßig verteilt. Deuterium ist in nahezu unerschöpflichen Mengen im Meerwasser zu finden. Tritium – ein radioaktives Gas mit kurzer Halbwertszeit von 12,3 Jahren – kommt in der Natur kaum vor. Es kann aber innerhalb des Kraftwerks aus Lithium gebildet werden, das ebenfalls reichlich vorhanden ist.[2]

Seit 2007 ist der internationale Forschungsreaktor ITER in Cadarache in Südfrankreich im Bau (s. Abb. 55).[4] Er ist ein sogenannter Tokamak. Die Idee und der Name gehen auf Andrej Sacharow und Igor Tamm aus Moskau zurück; die erste Silbe verweist auf Strom – russisch Tok.[5] Die Anlage soll eine 500 MW Nettoleistung erbringen. Die Erzeugung des ersten Wasserstoffplasmas ist für 2025 geplant. Der Betrieb mit einem Deuterium-Tritium-Plasma wird voraussichtlich frühestens ab 2035 erfolgen. Die Forschungsergebnisse aus ITER sollen die Grundlagen für den Bau des Demonstrationskraftwerks DEMO liefern, das Strom erzeugen und die kommerzielle Nutzung der Kernfusion einleiten soll.

Die Leistung von DEMO soll 1 Gigawatt an elektrischer Energie betragen. Um diesen Wert im Durchschnitt für ein Jahr zu erreichen, benötigt man 350 Kilogramm Deuterium/Tritium. Zum Vergleich braucht man zur Erzeugung der gleichen Menge Strom etwa 2,7 Mio. Tonnen Kohle oder 1,8 Mio. Tonnen Öl oder 25 Tonnen Uran.[6] Im Fusionsreaktor sind in jedem Moment nur etwa ein bis zwei Gramm Brennstoff im Reaktor. Langlebige radioaktive Rückstände sind bei der Fusion nicht zu entsorgen. Die Wände des Reaktors werden zwar durch die hohe Neutronenbestrahlung aktiviert. Diese aktivierten Metalle haben aber Halbwertszeiten unter 100 Jahren.

Die Wärmeübertragung findet beim Fusionsreaktor dadurch statt, dass Neutronen, die bei der Fusion erzeugt werden, durch ein 1 Meter starkes

ABB. 55: Das Reaktorgebäude des ITER ist bereits geschlossen. Zwei Drittel der Arbeiten sind bereits durchgeführt. Bildquelle: ITER IO.[4]

Absorptionsmetall, genannt Blanket, aufgenommen werden. Die Hitze wird dann durch Kühlmittel (Helium oder Lithium-Bleilegierung) zur Erzeugung von Strom abtransportiert. Die in diesem Blanket enthaltene Lithiummenge erzeugt durch Neutronenbestrahlung zusätzlich Tritium. Die Energiedichte des Fusionsgases ist deutlich geringer als die eines Kernspaltungsreaktors (Faktor 70).[7] Deshalb sind Fusionsreaktoren räumlich größer als vergleichbare Kernspaltungsreaktoren. Daher ist auch zu vermuten, dass die Investitionskosten deutlich höher sind, wenngleich die Brennstoffkosten wahrscheinlich geringer sind.

Um beim Tokamak den magnetischen Einschluss des Plasmas zu gewährleisten, wird Strom durch das Plasma geleitet. Der hierzu erforderliche Transformator muss in regelmäßigen Abständen von etwa 15 Minuten heruntergefahren werden, sodass nur ein gepulster Betrieb möglich ist. Um diesem Nachteil zu begegnen, hat das Max-Planck-Institut für Plasmaphysik in Greifswald ein neues Konzept entwickelt, den Stellarator Wendelstein 7-X.

Den magnetischen Käfig von Wendelstein 7-X erzeugt ein Ring aus 50 supraleitenden, etwa 3,5 Meter hohen Magnetspulen. Diese bizarr angeordneten Spulen erzeugen ein verdrilltes Magnetfeld, das die Plasmateilchen auch ohne Strompulse festhält. Damit taugen Stellaratoren für den Dauerbetrieb. Obwohl Wendelstein 7-X keine Energie erzeugen wird, soll die Anlage beweisen, dass Stellaratoren kraftwerkstauglich sind. Mit Wendelstein 7-X soll die Qualität des Plasmaeinschlusses in einem Stellarator erstmals das Niveau der konkurrierenden Anlagen vom Typ Tokamak erreichen. Seit 2017 arbeitet ein chinesisch-japanisches Forscherteam am Design des ersten chinesischen Stellarators.[8] Darüber hinaus gibt es vielfältige privat finanzierte Fusionskonzepte in den USA.[7]

So vielversprechend die Fortschritte in der technologischen Beherrschung des Plasmas eines Fusionsreaktors sind, die Frage, ob die Fusion helfen wird, den Energiehunger der Welt zu stillen, wird auf der Kostenseite beantwortet werden. Kaum jemand bezweifelt, dass es der Menschheit gelingen wird, in den nächsten 20 Jahren den Energieprozess der Sonne auf der Erde nachzuahmen und schier unerschöpfliche Energien zu ermöglichen. Aber heute sind wir nicht in der Lage zu sagen, ob sich diese Technologie wirtschaftlich durchsetzen wird. Doch niemand hat das Recht, die Prüfung dieser großen Option zur Lösung der Energieversorgungsprobleme der Menschheit abzulehnen, wie es die Grünen seit fast 20 Jahren versuchen.

Es ist dem damaligen Bundeskanzler Schröder hoch anzurechnen, dass er den Forderungen nach Ausstieg aus der Fusionsforschung – es ging bei den Koalitionsverhandlungen 2002 um die Streichung von jährlich 200 Mio. € Forschungsmittel für die Max-Planck-Institute für Fusionsforschung – nicht nachgegeben hatte. So wurde seinerzeit nur der Transrapid geopfert, aber nicht die Fusionsforschung, die durch die geschickte Entscheidung der Max-Planck-Gesellschaft, die Stellaratorentwicklung nach Greifswald zu verlegen, gegen Ausstiegsforderungen etwas immuner geworden war. Nach der deutschen Einheit wurde Greifswald zu einem der wenigen herausragenden Wissenschaftszentren in der damals unterfinanzierten Wissenschaftslandschaft im Osten der Republik. Die Position der Grünen hat sich bis heute nicht geändert.[9]

49. Wie vernünftig ist die deutsche Energiewende im Verkehr?

Viele Kritiker der Energiewende fragen sich, warum ausgerechnet Deutschland, das durch Kernenergie- und Kohleausstieg einen massiven Verlust von 80 % der Stromerzeugungskapazität zu verkraften hat, sich dem Ziel unterwirft, nicht nur die Stromerzeugung, sondern auch die Wärmeversorgung als auch den Verkehr auf regenerative Stromquellen umzustellen. Dass Norwegen seinen Autoverkehr auf E-Autos umstellen will, kann man nachvollziehen – es ist ein Stromexportland wegen seiner hohen Wasserkraftpotenziale. Strom nimmt man dort heute schon zum Heizen, warum nicht auch zum Autofahren, zumal man keine eigene Kraftfahrzeugindustrie besitzt. In China hat die starke Unterstützung der Elektromobilität vornehmlich das Ziel, die Belastung der großen Städte zu reduzieren. Dort verlagert man das Umweltproblem zu den Kohle- und Kernkraftwerken in der Peripherie. Außerdem ist China arm an Erdöl. CO_2-Minimierung ist dort jedenfalls nicht das primäre Ziel der E-Autostrategie. Schon eher, sich mit der E-Mobilität unabhängig von Verbrennungstechnologien, die insbesondere aus Deutschland stammen, zu machen, zu dessen hochentwickeltem Entwicklungsstand man nur schwer wird aufschließen können.

Die Umstellung des Energiesektors in Deutschland wird vom dem Ziel geleitet, den CO_2-Beitrag auf null zu senken. Das weltweite Klima soll nicht mehr von Deutschland aus belastet werden. Das Zauberwort heißt Sektorkopplung. Entstanden ist es aus dem Ziel, die Energiewende in Deutschland mit zwei Technologien zu schaffen, Wind- und Sonnenstrom, die allerdings höchst volatil sind und daher von Kritikern Flatterstrom oder Zappelstrom[1] genannt werden. So war das Ziel der schnellen Einbeziehung des Verkehrs- und des Wärmesektors auch dadurch getrieben, dass man meinte, auf diese Weise die den Strombedarf überschießenden Tagesspitzen von Wind- und Sonnenstrom in anderen Sektoren unterzubringen zu können. Dass man allerdings in der Elektromobilität keinen Speicher zur Ausregelung des Zappelstroms vorfindet, sondern schlicht einen neuen zusätzlichen Verbraucher, dämmerte den politisch führenden Kräften in Deutschland spät (s. Kap. 44).

Und dass selbst bei Umstellung der gesamten deutschen Stromerzeugung auf Wind und Sonne E-Autos erheblich zur CO_2-Emission beitragen, wenn die Batterien – was heute ausschließlich der Fall ist – in Südostasien hergestellt werden, wird gerne verdrängt. Heute ist jedenfalls der Ausstoß eines E-Autos größer als der eines benzin- oder dieselgetriebenen Fahrzeugs.[2] Hans-Werner Sinn kann sich das nur dadurch erklären, »*dass hinter den Beschlüssen der EU auch industriepolitische Absichten stehen. Die Entrüstung über die Manipulationen der Automobilindustrie bot die historische Gelegenheit, bei der Manipulation der Formel für die Flottenverbrauchswerte so kräftig hinzulangen*«, dass die in der Dieseltechnik führenden deutschen Hersteller auf »*Elektromobilität umrüsten und sich wieder hinten anstellen*« müssen.[2] Denn der Grenzwert für 2030 mit 2,2 Liter Diesel und 2,6 Liter Benzin pro 100 km ist ingenieurtechnisch unrealistisch. Frankreich hat sich wegen seines hohen Kernenergieanteils auf Elektroautos spezialisiert und sich in Brüssel mit den Grünen im Europäischen Parlament verbündet und darum gerungen, Standards zu setzen, die der deutschen Automobilindustrie die Luft abschnüren.[2] Die deutsche Bundesregierung ließ es geschehen, Umweltministerin Schulze begrüßte die neue Regelung als »wichtigen Baustein für den Klimaschutz im Verkehrsbereich«.[3]

Es ist ein Trauerspiel, wie Deutschland sein weltweites Alleinstellungsmerkmal in der nunmehr nahezu schadstofffreien und CO_2-effizienten Dieseltechnologie mit den damit verbundenen Arbeitsplätzen eintauscht gegen batteriebetriebene Fahrzeuge, die in den nächsten 15 Jahren keinen Beitrag zur CO_2-Minderung leisten. Denn nach einer Studie im Auftrag des ADAC und des österreichischen Automobilclubs stößt ein Diesel-Golf bis zu einer Fahrleistung von 219 000 Kilometer weniger CO_2 aus als ein E-Golf. Auch 2030 bis 2040, bei angenommener 100 %-Versorgung mit CO_2-freiem Strom, gilt dies für die ersten 40 500 Kilometer, wegen des chinesischen oder ostasiatischen CO_2-Rucksacks, den die Batterie trägt.[4] Und China denkt nicht daran, die CO_2-Emissionen bis 2035 sinken zu lassen. VW garantiert immerhin acht Jahre Lebensdauer für seine Batterie.[5] Danach geht das Spiel von Neuem los.

Aber noch stehen wir ja am Anfang der Batterieforschung, denken wir alle. Doch Robert Schlögl, Direktor am Berliner Fritz-Haber-Institut der Max-Planck-Gesellschaft, sieht die Batterietechnologie als »*nahezu ausgereizt. Es gibt physikalische Grenzen. Bei jeder Batterie wird für jedes Elektron, das man speichern will, mindestens ein weiteres ganzes Atom zur Speicherung* benötigt. *Das macht Batterien zwangsläufig schwer und sehr ineffizient. Lithium ist bereits das leichteste Metall.*«[6] Mit ein paar technischen Änderungen können Batterien in den nächsten 10–20 Jahren maximal noch um den Faktor 2 leistungsfähiger gemacht werden. Und schon droht die nächste Knappheit. Würde VW nur noch E-Autos produzieren, so benötigte der Konzern etwa 130 000 Tonnen Kobalt pro Jahr. Die Weltjahresproduktion beträgt heute 123 000 Tonnen, schreibt Jörg Wellnitz, Professor an der TH Ingolstadt.[7]

Schlögl setzt auf synthetische Kraftstoffe auf Basis CO_2-freier Stromerzeugung. Ihm ist aber auch bewusst, dass dies nicht in Deutschland erfolgreich produziert werden kann: *»In Deutschland und ganz Mitteleuropa gibt es einfach nicht genug Erneuerbare Energien, um den Bedarf an synthetischen Kraftstoffen zu decken.«*[6]

Bill Gates will mithilfe von CO_2 aus der Luft und Wasserstoff synthetische Kraftstoffe herstellen. Dazu hat er zusammen mit Chevron und anderen Unternehmen das kanadische Unternehmen Carbon Engineering gegründet.[8]

Beim norwegischen Blue-Crude-Projekt setzen die Betreiber Wasserkraft als Strombasis für den Wasserstoff ein, um diesen mit CO_2 zu Kraftstoffen umzusetzen. *»Der anvisierte Ziel-Preis pro Liter liegt bei unter zwei Euro«*, teilt die Dresdner Firma Sunfire mit, deren patentiertes Power-to-Liquid-Verfahren dort zum Einsatz kommt.[9]

Der Nachteil von synthetischen Kraftstoffen sind die großen Energieverluste bei der Herstellung. So werden energetisch aus 100 % erneuerbarem Strom 44 % synthetische Kraftstoffe.[10]

Doch Platz und Sonnenenergie ist in Saudi-Arabien und den nordafrikanischen Staaten reichlich vorhanden, um dort mit riesigen Solaranlagen Strom für 2ct/kWh zu produzieren.[11] Saudi-Arabien und Ägypten, die bereits riesige Solarfelder installiert haben, könnten laut dem Berliner Thinktank »Agora Energiewende« schon heute synthetischen Kraftstoff für 1–18 €ct/kWh produzieren, das sind 1 € bis 1,70 € pro Liter Kraftstoff (ohne Steuern).[12]

Sehr spät hat die Bundesregierung im Corona-130 Milliarden-Konjunkturpaket vom Juni 2020 erkannt, dass es höchste Zeit ist, die Weichen zum Wasserstoff als Energieträger zu stellen und dabei mit den nordafrikanischen und anderen sonnenverwöhnten Ländern gemeinsame Wege zu beschreiten. *»Dort sollen auf der Basis der [...] Technologien ›made in Germany‹ große Produktionsanlagen aufgebaut werden, um in Partnerschaft ein wirtschaftliches Stand-*

bein in diesen Ländern durch den Wasserstoffexport aufzubauen, deren Wirtschaft von fossilen Energieträgern unabhängiger zu machen und Deutschlands Wasserstoffbedarf zu decken«, heißt es in dem Konjunkturprogramm.[13]

Es klingt zwar hochtrabend, ist aber völlig angemessen, wenn die Bundesregierung davon spricht, *»Deutschland bei modernster Wasserstofftechnik zum Ausrüster der Welt zu machen«*.[13] Und sie wird auch konkret: *»Um den Einsatz dieser Technologien auch in Deutschland im Industriemaßstab zu demonstrieren, sollen bis 2030 industrielle Produktionsanlagen von bis zu 5 GW Gesamtleistung [...] entstehen.«*[13] Weitere jeweils 5 GW sollen bis 2035 und 2040 zugebaut werden. Dabei ist der Bundesregierung wohl bewusst, dass der Wasserstoff anfangs deutlich teurer sein wird als andere Energieträger und das Programm bis 2030 mit immerhin 7 Milliarden bezuschusst werden muss.

Und zum ersten Mal erscheint in einem Beschluss der Bundesregierung die Herstellung von CO_2-freien Treibstoffen »Power-to-Liquid« auf Wasserstoffbasis, wenn auch bislang nur für Flugzeuge. Aber die Öffnung dieser Zukunftstechnologie für die hochentwickelte Technologie der Verbrennungsmotoren ist endlich in der Corona-Krise erfolgt in Deutschland.

Trotzdem hält die Bundesregierung durch die erhöhte Bezuschussung von Elektrofahrzeugen (von denen allenfalls 25 % aus Deutschland stammen) und des Ausbaus der Ladeinfrastruktur an der E-Auto-Strategie fest. Deutschland ist in seiner Energiestrategie Gefangener seiner Festlegung, die Stromwende allein mit Zappelstrom aus Wind und Sonne zu vollbringen. Da muss man nutzlosen Überschussstrom irgendwie unterbringen, und wenn es sein muss, als Batteriestrom in Autos. Eine Batterie ist 30 Mal schwerer als synthetischer Kraftstoff, sei es Methanol oder Dimethylether – dieser Lastvergleich sollte eigentlich jede Diskussion über den energetischen Fußabdruck von Batterien im Vergleich zu flüssigen Kraftstoffen beenden. Auch China, notorisch knapp an Ölressourcen, widmet sich der Entwicklung synthetischer Kraftstoffe auf Basis Erneuerbarer Energien unter dem Programm »Liquid Sunshine«.[14]

Mittlerweile formieren sich hierzulande Alternativen zum simplen Batteriekonzept der Bundesregierung, aber auch zur Erzeugung von Wasserstoff durch Elektrolyse. Der hohe Energieverlust bei der Kette Windstrom-Elektrolyse-Wasserstoff-synthetische Kraftstoffe wird durch eine neue Technologie der Abspaltung (Pyrolyse) von Wasserstoff aus Methan sehr stark

So funktioniert die Pyrolyse

Ein thermo-chemischer Umwandlungsprozess, in dem organische Verbindungen bei hohen Temperaturen und in Abwesenheit von Sauerstoff gespalten werden

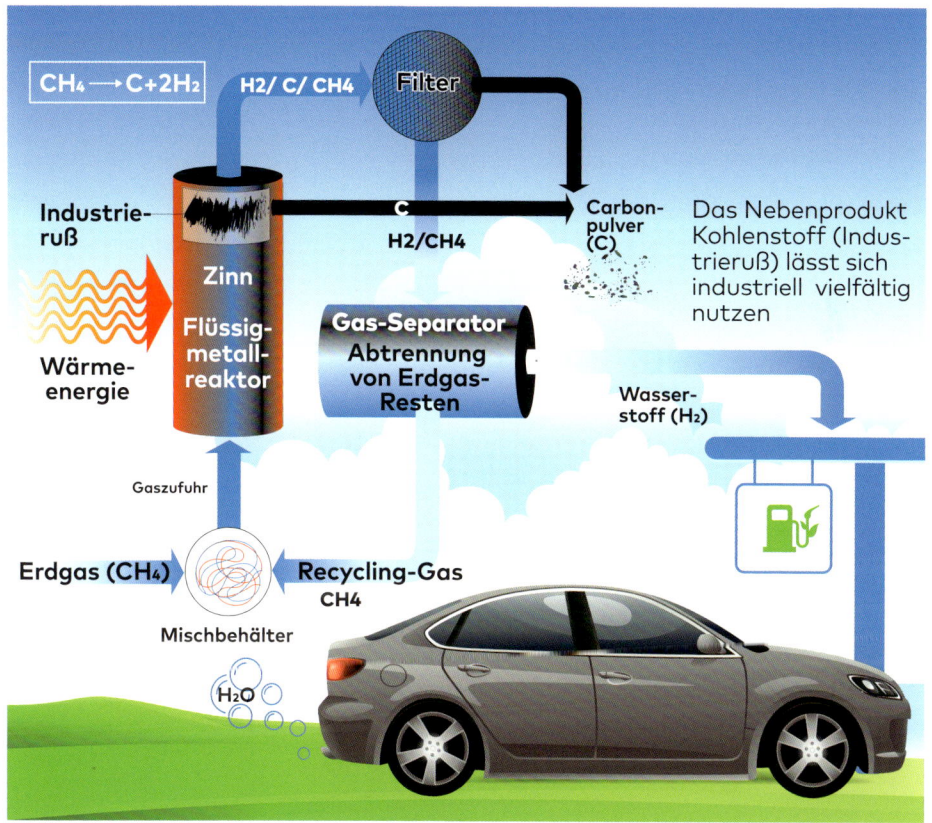

ABB. 56: Die vom Karlsruher Institut für Technologie entwickelte Methanpyrolyse lässt CO_2-freien Wasserstoff entstehen. Der erzeugte Wasserstoff kann natürlich auch zu synthetischen Kraftstoffen weiterverarbeitet werden. Quelle: Die Welt.

reduziert.[15] Der Ersatz der Elektrolyse aus Windstrom durch eine Pyrolyse soll die Kosten halbieren[16], so Andreas Bode, Programmchef der BASF-Forschungsabteilung »Carbon Management«. Das Erdgas durchströmt einen Reaktor mit erhitztem, flüssigem Zinn und spaltet Wasserstoff ab. Übrig bleibt reiner Kohlenstoff, der in der Industrie in Druckfarben, Reifen, Elektroden und klassischen Batterien eingesetzt werden kann. In einem gemeinsamen, zunächst auf drei Jahre angelegten Projekt wollen das Karlsruher Institut für Technologie KIT und die BASF-Tochter Wintershall DEA in den nächsten drei Jahren nun die Grundlagen für einen künftigen industriellen Einsatz der Methanpyrolyse schaffen (s. Abb. 56). Damit würden Windkraft und Photovoltaik überflüssig für den Verkehrssektor.

In Deutschland wird leider zu oft das zur Politik, was auf grünen Parteitagen von Nicht-Naturwissenschaftlern und Nicht-Ökonomen in Parteitagsbeschlüssen aufgrund des Hörensagens zusammengebastelt worden ist. Verbot des Verbrennungsmotors im Jahre 2030[17] und Batteriefahrzeuge eben, die in den nächsten zwei Jahrzehnten die CO_2-Bilanz eher verschlechtern, solange die Batterien aus Südostasien kommen. So werden in Deutschland zig Milliarden in die Umstellung der Infrastruktur ausgegeben werden. Praktisch jede Straße in den Städten und Gemeinden muss aufgerissen werden, um die notwendigen Verstärkungen für die dort notwendigen Ladeanschlüsse einzubauen. Die Infrastrukturkosten für synthetische Kraftstoffe wären nahe null.

Für die 47 Mio. Pkw, von denen jeder im Durchschnitt 12 000 Kilometer jährlich fährt, werden 142 Terawattstunden Strom benötigt, das entspricht in etwa der elektrischen Erzeugung aller Windkraftwerke und Solarpaneele des Jahres 2017.[18] Allein hierfür wäre also eine Verdoppelung der Wind- und Solaranlagen erforderlich. Insofern geht es doch gerecht zu zwischen Stadt und Land: In den Städten werden die Straßen aufgerissen, und im Lande wird die Anzahl der Windkraftanlagen verdoppelt. CO_2-Effekt: auf sehr lange Sicht null. Nur bei Stromflaute entsteht ein neues Problem, nämlich sich zu entscheiden zwischen Heizung, Licht, Strom und Auto, die alle am gleichen Kabel hängen. Allerdings wird dann die Entscheidung nicht mehr von den einzelnen Bürgern getroffen, sondern von anderen Entscheidungsbefugten.

Wasserstoff und synthetische Kraftstoffe sind der Weg aus dieser Sackgasse.

50. Was ist von der Idee zu halten, eine Billion Bäume zu pflanzen?

Die wohl wichtigste Botschaft auf dem Weltwirtschaftsforum 2020 in Davos kam von Donald Trump: »*Die USA werden sich der Initiative ›Eine Billion Bäume‹ anschließen, die hier auf dem Weltwirtschaftsforum ins Leben gerufen wurde. Eine Billion Bäume!*«[1] Die deutschen Medien taten die Erklärung als nebensächlich ab.[2] Doch welches Potenzial steckt wirklich hinter dieser gar nicht so neuen Forderung? Es gibt bereits die »Trillion Tree Campaign« der umstrittenen Organisation »Plant for the Planet«,[3] die lediglich 15 Millionen Bäume gepflanzt hat, oder die »Trillion Trees« des WWF und anderer Organisationen, die bislang wenig erfolgreich auf die Wiederaufforstung auf der Südhalbkugel abzielen.[4]

Nun kommt die Initiative des Weltwirtschaftsforums »1t.org« hinzu,[5] in der sich Staaten, Unternehmen und die Zivilgesellschaft das Ziel setzen, bis 2030 1 Billion Bäume zu pflanzen (engl. *trillion* = deutsch Billion). Der Auslöser für die Initiative war die Veröffentlichung von Wissenschaftlern der ETH Zürich 2018,[6] wonach weltweit eine Fläche von 900 Mio. Hektar mit Bäumen bepflanzt werden könnte. Eine besondere Rolle spielten dabei

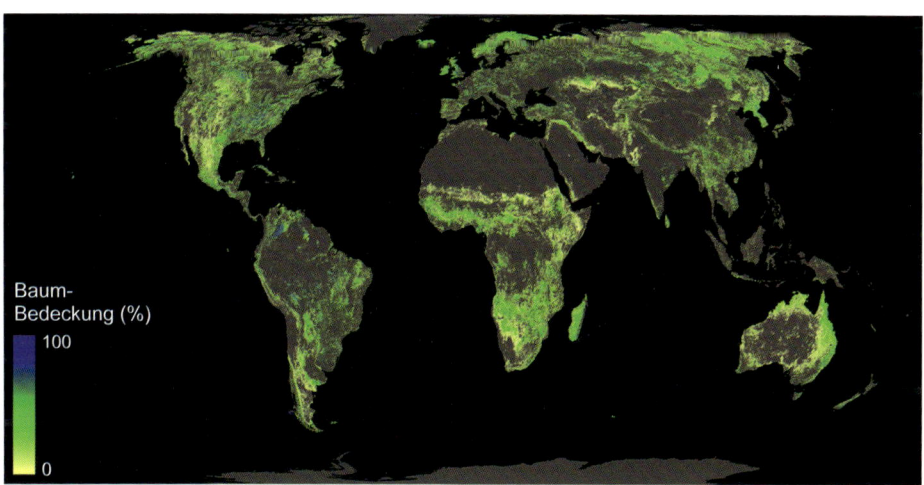

ABB. 57: Für Aufforstung geeignete Gebiete (außer Wüsten, landwirtschaftlichen Flächen und Siedlungsflächen). Bestehende Wälder werden nicht angezeigt. Bildquelle: Crowther Lab/ETH Zürich.[7; 8]

Flächen auf der Nordhalbkugel, etwa in Russland 151 Mio., in den USA 103 Mio., in Kanada 78 Mio. und in China 50 Mio. Hektar (s. Abb. 57). Die Wissenschaftler berechneten, dass 750 Milliarden Tonnen CO_2 über die Lebenszeit der Bäume aufgenommen werden könnten. Das ist in guter Übereinstimmung mit der Abschätzung einer durchschnittlichen jährlichen Aufnahme von 10–12,5 kg CO_2 durch einen Baum mit einer mittleren Lebenszeit von 70 Jahren.[9]

Auf drei Billionen Bäume ist der heutige Bestand geschätzt worden, davon knapp die Hälfte in tropischen und subtropischen Wäldern.[8] Insofern bedarf es einer wirklich globalen Anstrengung, ein solches Ziel zu erreichen. Aber es lohnt sich, denn teilt man die 750 Milliarden Tonnen CO_2 durch eine durchschnittliche Lebensdauer von 70 Jahren, erreicht man eine jährliche Aufnahme von 11 Milliarden Tonnen CO_2, das ist mehr als ein Viertel des pro Jahr vom Menschen ausgestoßenen CO_2. Da heute bereits 50 % des CO_2 ohnehin von der Pflanzenwelt und den Weltmeeren aufgenommen werden, würde der Effekt auf eine Halbierung des in der Luft verbleibenden CO_2 hinauslaufen. Der jährliche Konzentrationszuwachs in der Luft würde auf 1 ppm halbiert und der zeitliche Handlungsspielraum für eine Dekarbonisierung der Industriegesellschaft verdoppelt werden.

China ist ein wald- und baumarmes Land und der größte Holzimporteur der Welt.[10] Seit etwa 40 Jahren forstet China durch das Programm »Große Grüne Mauer« das Land auf (s. Abb. 58). Wesentlicher Treiber war zunächst die Eindämmung der extremen Sandstürme, die im Frühling die großen Städte im Osten mit Staubwolken überziehen.[11] 66 Milliarden Bäume sind mittlerweile gepflanzt worden.[12] Inzwischen ist die chinesische Expertise in Pakistan und Kasachstan gefragt, die ebenfalls Aufforstungsprogramme planen.

Der Weltklimarat IPCC ist nicht ganz so optimistisch wie die Züricher Forscher. Sein Hauptaugenmerk legt der IPCC auf die Verringerung der jährlichen Waldverluste in den Tropen. Bei der Aufforstung hält er sich überraschend zurück.[13] Er befürchtet sogar einen Anstieg der Nahrungsmittelpreise um 80 % bis 2050, wenn landwirtschaftlich genutzte Flächen herangezogen werden.[14] Das war aber im Ansatz der Züricher Forscher ausdrücklich ausgeschlossen. Man gewinnt den Eindruck, dass die den IPCC dominierenden Entwicklungsländer sich in ihre Landnutzungspolitik nicht reinreden lassen wollen.

ABB. 58: China führt weltweit bei der Aufforstung. Bildquelle: Getty.

Natürlich müssen auch die Wirkungen einer so massiven Wiederanpflanzung von Bäumen näher untersucht werden. Aufforstung führt zu einer Verringerung der Bodenfeuchtigkeit, höherer Verdunstung durch die Blätter, aber auch in Folge wiederum zu höheren Niederschlägen – nur nicht immer an der gleichen Stelle. Dieser Wasserkreislauf führt zur Absenkung der Temperatur von immerhin $-0{,}9 \text{ W/m}^2$, wohingegen die geringere Albedo (Reflexion der Sonnenstrahlen) eines Waldes nur eine Erwärmung von $0{,}1 \text{ W/m}^2$ ausmacht.[15]

Die globale Aufforstung spielte in Deutschland bislang weder in den Medien noch in der politischen Debatte eine bedeutende Rolle. Dies war wohl geleitet von der Einschätzung, dass eine natürliche Lösung eines großen Teils der CO_2-Emissionen den Druck auf die gewollte Transformation der Industriegesellschaft nehmen würde. Das legt nahe, dass nicht das CO_2-Ziel der eigentliche Anlass für die Dramatisierung des CO_2-Problems ist, denn es wäre sicherlich einfacher, gemeinsam mit den großen Nationen USA, Russland und China Bäume zu pflanzen, als nur und allein in Deutschland Verbrennungsmotoren und konventionelle Kraftwerke zu verbieten und Industriezweige aus dem Land zu vertreiben.

Eine einfache Rechnung belegt das. Die Kosten einer Baumpflanzung variieren stark. Legt man den Durchschnitt der bisherigen Baum-Kampagnen zugrunde, so ist 1 € pro Baum eine realistische Größe. Konservativ gerechnet gehen wir von 5 € pro Baum aus. Der Aufwand wäre also 5000 Milliarden für das Projekt. Die Energiewende der Bundesregierung kostet bis 2050 etwa 7600 Milliarden und reduziert die Emissionen der Welt um 2 %.[16] »One Trillion Trees« reduziert mit vergleichbar geringerem Aufwand 25 % CO_2, mehr als das Zehnfache. Und nur ein Bruchteil der Kosten würde von Deutschland zu zahlen sein.

Unerwünschte Wahrheiten und die Folgen

Viele Menschen mögen »Schwarz-Weiß-Aussagen«, welche die komplizierte Welt so einfach wie möglich erklären. Auch die Politik erwartet von der Wissenschaft klare und eindeutige Aussagen. Der UN-Klimarat IPCC liefert das in den Zusammenfassungen für die Politik (Summary for Policymakers). Liest man dagegen die wissenschaftlichen Langfassungen der Berichte, erfährt man die Unsicherheiten und Wissenslücken. Zudem unterliegen Wissenschaftler der Gefahr, ihrer Sicht eine gesellschaftliche Relevanz zu verleihen. Stephen Schneider, einer der einflussreichsten Klimawissenschaftler, der die ersten IPCC-Berichte wie kaum ein anderer prägte, hat das sehr prägnant dargelegt:

»*Einerseits sind wir ethisch der wissenschaftlichen Methode verpflichtet, also dem Versprechen, die Wahrheit zu sagen, die ganze Wahrheit und nichts als die Wahrheit. Das bedeutet, dass wir alle Zweifel, Schwächen und Möglichkeiten ansprechen müssen. Andererseits sind wir nicht einfach nur Wissenschaftler, sondern auch Menschen. Und wie die meisten Menschen wollen wir die Welt verbessern, was in diesem Zusammenhang heißt, daran zu arbeiten, das Risiko eines potentiell gefährlichen Klimawandels zu reduzieren. Um das zu tun, brauchen wir breit gefächerte Unterstützung, um die Vorstellung der Menschen anzusprechen. Das bedeutet natürlich umfangreichste Berichterstattung in den Medien. Also müssen wir ängstigende Szenarien entwerfen, vereinfachende dramatische Aussagen machen und wenig Aufhebens um irgendwelche Zweifel machen, die wir vielleicht noch haben. Diese doppelte ethische Bindung, in der wir uns häufig wiederfinden, kann nicht mittels irgendeiner Formel gelöst werden. Jeder von uns muss für sich entscheiden, was die richtige Ausgewogenheit ist zwischen effektiv und ehrlich zu sein. Ich hoffe, dass dies beides bedeutet.*«[1]

Vereinfachende, dramatische Aussagen zu machen und wenig Aufhebens um irgendwelche Zweifel zu machen, hat sich in der Klimakommunikation durchgesetzt. Dabei wird in der Klimawissenschaft mit extremen Unsicherheiten operiert wie sonst nirgendwo. Sämtliche Klimaberichte sind voll von Unsicherheiten. Erkenntnisse werden mit Konfidenzbereichen ausgewiesen – nahezu sicher, sehr wahrscheinlich, wahrscheinlich, gering wahrscheinlich, unwahrscheinlich und sehr unwahrscheinlich. Man stelle sich vor, Newton oder Einstein hätten ihre gesetzmäßigen Erkenntnisse mit derart ungefähren Formeln begründet.

Kein ernst zu nehmender Wissenschaftler bezweifelt einen Treibhauseffekt des CO_2. Doch die entscheidende Frage ist, wie groß ist er und welche Folgen hat er? So gibt etwa der IPCC die entscheidende Größe der Klimasensitivität – also die Temperaturentwicklung bei Verdoppelung des CO_2-Gehalts der Luft von vorindustriellen 280 ppm auf zukünftige 560 ppm – mit einem Streubereich von 1,5 bis 4,5 °C an. Bei 1,5 °C könnten wir der Entwicklung mit Gelassenheit entgegensehen; bei 4,5 °C droht eine katastrophale Entwicklung. Was gilt nun? Dass Journalisten und Aktivisten gerne die dramatischsten Aussagen verbreiten, liegt in der Natur der Sache. Und häufig ist zu hören, das sei auch richtig, denn man müsse im Sinne des Vorsorgeprinzips die schlimmste Entwicklung vermeiden. Aber die Vermeidung unwahrscheinlicher Extremszenarien verschlingt auch extrem hohe Finanzmittel. Ist es ethisch verantwortbar, sämtliche Finanzmittel für ein unwahrscheinliches Szenario zu verwenden und gegen die sehr viel wahrscheinlicheren, naheliegenden katastrophalen Entwicklungen durch Pandemien, Hungersnöte, Wassermangel und Armut mit leeren Händen dazustehen?

Judith Curry, eine ehemalige Professorin für Geo- und Atmosphärenwissenschaften am Georgia Institute of Technology, die sich seit Jahren mit der Unsicherheit von Klimamodellen befasst hat, kommt zum Ergebnis, dass sich Klimapolitik mit dem glaubwürdigsten Worst-Case-Szenario beschäftigen muss. Die Grenze der Glaubwürdigkeit ist nach ihrer Ansicht gegeben, wenn mindestens eine Grenzlinie mit unplausiblen Annahmen verletzt wurde. Ein Beispiel hierfür sind die RCP 8.5-Szenarien des IPCC, die auch in den schlimmsten Albträumen von Modellierern nicht vorkommen dürften – denn sie setzen voraus, dass sich der Verbrauch der fossilen Brennstoffe bis 2100 jährlich verfünffachen wird. Eher werden uns Öl und Gas ausgehen, als dass ein solches Szenario eintreten wird. Doch Politik, Medien und Klimaaktivisten argumentieren mit diesem Szenario. Der Weltklimarat muss daher solche Szenarien aus seiner Betrachtung ausschließen; sie dienen nur der Angsterzeugung ohne jeden realen Hintergrund.[2]

Nimmt man dieses unwahrscheinliche Szenario aus der Betrachtung, bleibt im letzten IPCC-Bericht ein Maximum der Erwärmung von im Mittel 3,1 °C als wahrscheinliche Entwicklung über, wovon bereits 1 °C bis heute erfolgt ist.[3] Und diese Obergrenze entsteht nur, wenn man zur Bestimmung der Klimasensitivität Modellrechnungen zugrunde legt und die historischen, empirischen, verlässlicheren Ableitungen der Klimasensitivität unberücksichtigt lässt. Weiter führt Curry aus, dass diese Obergrenze nur dann Bestand hat, wenn man annimmt, dass das Klima des 21. Jahrhunderts allein von anthropogenen Änderungen beeinflusst wird und solare Effekte, vulkanische Eruptionen und multidekadische Oszillation der Ozeane außen vor bleiben. Übrigens: der Versuch von Judith Curry, diesen Ansatz in einem Peer-Review-Journal zu publizieren, scheiterte. Ein Reviewer monierte, dass ein solcher Ansatz die Klimaforschung diskreditieren könne.

Sündenbock CO_2

Für den Weltklimarat ist die Sache dagegen klar: Der Mensch ist zu 100 % schuld. In früheren Berichten hieß es, CO_2 determiniere das Klima seit 1950. Neuerdings ist man sich sehr sicher, dass es bereits seit 1850 nur einen Stellknopf für das sich seither erwärmende Erdklima gibt: Die anthropogenen Einflüsse allein sind die Sünder, vornehmlich CO_2. Woher weiß man das? Aus Modellrechnungen mit folgenden Annahmen über die Klimaeinflüsse:[4]

- Die anthropogenen Erwärmungskräfte wie die des CO_2 oder anderer Klimagase wie Methan sind allein für den Temperaturanstieg verantwortlich;
- die solare Einwirkung ist nahezu null;
- die kühlenden Einflüsse von Aerosolen und Wolken werden mit Unsicherheiten von mehr als 100 % angegeben;
- ozeanische Oszillationen finden keine Berücksichtigung.

Aus Messungen weiß man indes lediglich, dass CO_2 eine Klimasensitivität von 1,1 °C bei einer Verdoppelung des CO_2-Gehalts besitzt. Aus Modellsimulationen kommt man inklusive »Rückkopplungen« auf den etwa dreifachen Wert. Die Sonnenaktivität wird deswegen mit nahe null berücksichtigt, weil man feststellt, dass die gesamte Sonneneinstrahlung während des elfjährigen Sonnenzyklus nur unwesentlich schwankt. Zwar schwankt die UV-Strahlung im Prozentbereich und das Magnetfeld der Sonne im Verlaufe der Jahrzehnte um 10 bis 20 %. Da man aber einen ungeklärten Mechanismus eines schwankenden Magnetfelds oder auch einer sich ändernden UV-Strahlung noch nicht berücksichtigen kann, bleibt es bei der Aussage: Die Sonne macht kein Klima. Dass es Hunderte von wissenschaftlichen Arbeiten gibt, welche die Warm- und Kaltzeiten der Menschheitsgeschichte mit der solaren Aktivität in Zusammenhang bringen, ist für das UN-Gremium nicht von Bedeutung. Was nicht in Modelle zu fassen ist, wird einfach ignoriert.

Zweifellos gibt es auch noch den Einfluss ozeanischer Zyklen, im Atlantik wie auch im Pazifik, auf das Temperaturgeschehen. Die Meerestemperaturen des Nordatlantiks beispielsweise können innerhalb eines 60-jährigen Zyklus um plus/minus 0,3 °C schwanken. Man kann diese Zyklen mit den IPCC-Rechenmodellen immer noch nicht zutreffend erfassen. Also schlägt man die natürlichen Erwärmungseffekte, die in den letzten 30 Jahren hierdurch bedingt sind, einfach dem CO_2 zu.

Und dann gibt es noch einen kühlenden Effekt, der in die Rechenmodelle eingeht: die Aerosole. Dabei handelt es sich um Staubteilchen und Tröpfchen zum Beispiel aus Schwefeldioxid-Emissionen. Dummerweise ist aber die Unsicherheit über die Wirkung der Aerosole extrem hoch. Sie streuen in den Modellen um 200 % (−1,9 bis −0,1 W/m^2)[4] und können in den Computerberechnungen immer so eingesetzt werden, dass CO_2 und Realität zur Übereinstimmung gebracht werden können. Die Aerosole sind, samt ihrer Wirkung auf die Wolken, der Joker im Spiel der Klimamodellierer: Man berücksichtigt sie je nach Bedarf – stärker oder schwächer oder auch gar nicht. Zahlreiche Veröffentlichungen zeigen, dass die stark kühlende Wirkung der Aerosole nicht aufrechtzuerhalten ist.[5;6] Bjorn Stevens vom Hamburger Max-Planck-Institut hat es zutreffend formuliert: »*Die Herausforderung für Klimamodelle bei der Abschätzung von Aerosoleinflüssen [...] sollte uns daran erinnern, dass man immer auf Überraschungen vorbereitet sein muss.*«[6]

Das hat fundamentale Auswirkungen auf die Modellberechnungen des Klimas. Denn eine hohe Klimawirkung von CO_2 ist in Modellen nur dann mit den Beobachtungen einigermaßen darstellbar, wenn Aerosole im Gegenzug eine entsprechend starke abkühlende Wirkung haben.

Aerosole wurden auch gerne eingesetzt, um das Absinken der Temperaturen von 1940 bis 1970 (man erinnert sich: Eine neue Eiszeit droht) zu erklären. Stefan Rahmstorf wird nicht müde zu behaupten, nach dieser Zeit seien durch »*Entschwefelungsanlagen an Kraftwerksschloten in vielen Teilen der Welt die Aerosole verringert worden, sodass ab 1970 die steigende Treibhausgaskonzentration das Temperaturgeschehen bestimmte*«.[7] Das ist nicht ganz zutreffend, denn das Datum passt nicht in die Realität. Die erste Pilot-Entschwefelungsanlage in Deutschland nahm ihren Betrieb 1976 auf, gesetzlich vorgeschrieben wurden solche Anlagen ab 1983. Der Zusammenbruch des Kommunismus in Osteuropa brachte starke Rückgänge von Schwefeldioxid (SO_2) nach 1990. China begann mit seiner entsprechenden Abgasgesetzgebung 2003 und führte erst 2012 strengere Standards ein.[8] Wie die Abb. 59 zeigt, betrugen die globalen Schwefeldioxid-Emissionen 1970 140 Mio. Ton-

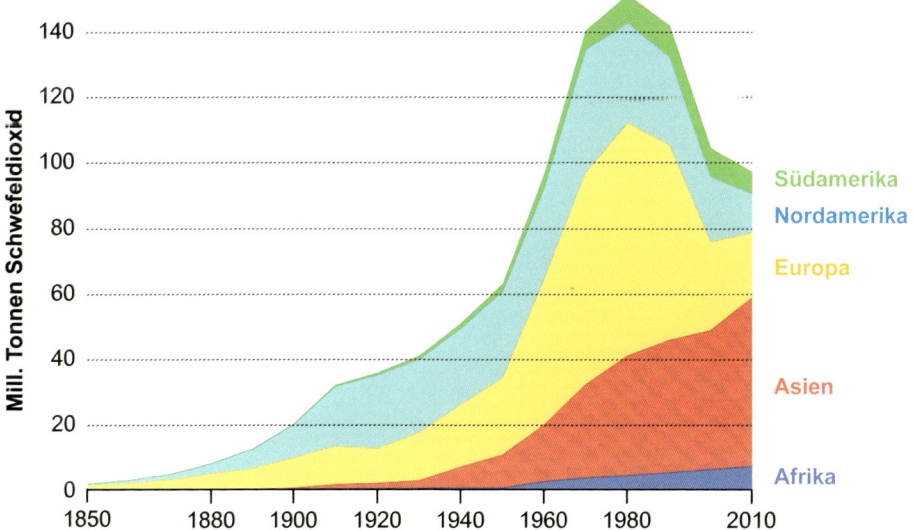

ABB. 59: Die globalen SO_2-Emissionen stiegen bis 1980 an, um 1990 auf den Wert von 1970 zurückzufallen. Ein deutlicher Rückgang erfolgte erst danach, als sich die Emissionsreduktionen in USA und Europa (vor allen Dingen Osteuropa) bemerkbar machten.[9]

nen, 1980 152 Mio. Tonnen und 1990 142 Mio. Tonnen. Erst danach fiel der SO_2-Ausstoß auf das Niveau von 1960 zurück.[9] Für den Erwärmungsumschwung der 70er-Jahre taugt dieses Erklärung nicht viel.

Doch wie gelingt es, die CO_2-Wirkung auf das Klima von im Labor gemessenen 1,1 °C um den Faktor drei höherzuschrauben? Begründet wird dies mit der Annahme, dass eine leichte, durch CO_2 bedingte Erwärmung zu einer Erhöhung der Wasserdampfkonzentration in der Atmosphäre führt, denn die Verdunstungsrate aus den Ozeanen nimmt zu. Wasserdampf hat einen viel stärkeren Treibhauseffekt als CO_2. Über diesen kleinen Umweg erreicht das CO_2 seine angeblich allmächtige, das Klima fast im Alleingang steuernde Wirkung.

Doch was passiert, wenn die steigende Verdunstung der Meere zu mehr Wolkenbildung führt und sich Wolken insgesamt abkühlend auswirken? Dieser Frage ging Richard Lindzen[10] bereits 2009 nach und fand in tropischen Breiten, dass die Abstrahlung aus der Atmosphäre in den Weltraum zunimmt, wenn die Meerestemperatur anstieg. Lindzen ermittelte, dass mit zunehmender Ozeantemperatur der Anteil der abkühlenden, niedrigen Quellwolken (Cumulus) im Verhältnis zu den erwärmenden, hohen Eiswolken (Cirrus) zunimmt, was der auslösenden Erwärmung entgegenwirkt. Er nannte diesen Effekt: Iris-Effekt. Dieser Effekt hat in der Erdgeschichte schon immer dazu gedient, bei ansteigenden Temperaturen einen sich selbst verstärkenden, galoppierenden Treibhauseffekt durch den Wasserdampf zu vermeiden.

Lindzens Theorie wurde massiv von IPCC-Autoren wie Kevin Trenberth[11] und Andrew Dessler[12] angegriffen. Doch Lindzen wurde 2015 durch Thorsten Mauritsen und Bjorn Stevens[13] vom Hamburger Max-Planck-Institut und 2017 durch Forscher der NASA unter Führung von Yong-Sang Choi glänzend bestätigt.[14] Die Erwärmung des Pazifiks führt zu mehr Verdunstung, aber auch zu mehr Niederschlag. Dies hat eine Austrocknung der oberen Troposphäre zur Folge und damit weniger Cirrus-Wolken. Weniger Cirrus-Wolken bedeuten aber mehr Abstrahlung in den Weltraum und somit Abkühlung.

Es gibt daher eine starke negative Wolkenrückkopplung bei vermehrter CO_2-Emission, die in den Modellen nicht berücksichtigt wurde. Aus den Arbeiten kann man ableiten, dass die Klimasensitivität ECS bei 2 °C (Mauritsen[13; 15] und Stevens[16]) auf jeden Fall am unteren Ende der Bandbreite des

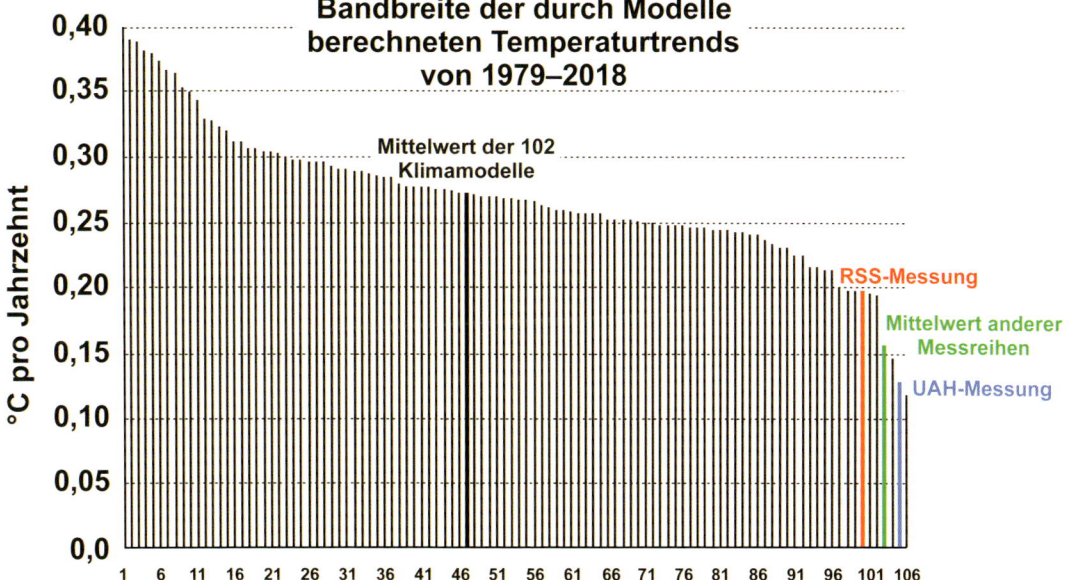

ABB. 60: Bei der Berechnung der Temperaturentwicklung der letzten 40 Jahre liegen fast alle Modellrechnungen deutlich oberhalb der gemessenen Temperaturwerte. Das russische Modell bildet eine Ausnahme.[19]

IPCC (Choi[14]) liegt. Eigentlich ist das, was diese Forscher herausgefunden haben, ja eine tolle positive Nachricht: dass fast alle 102 Modelle eine viel zu starke Erwärmung prognostizieren (s. Abb. 60). Es hätte sehr weitreichende Folgen, die vielleicht nicht jedem passen: Auch bei einer Verdoppelung der CO_2-Emissionen würde das 2-Grad-Ziel nicht überschritten. Die Modelle sind daher bislang nicht geeignet, um die Erfordernisse der Gesellschaft nach Antworten auf die Frage zu erfüllen, wie stark sich die klimatischen Verhältnisse aufgrund anthropogener Einwirkungen verändern werden. Die Modelle sind geeignet, die Politik generell anzustoßen, CO_2-Emissionen zu senken. Sie führen aber durch ihre vermeintliche Sicherheit in der Prognose zu Fehlallokationen, zur Erfüllung politischer Forderungen aufgrund von ungesicherten und unwahrscheinlichen Extremszenarien, die Panikmache und Angst auslösen.

Tim Palmer[17] von der Universität Oxford und Bjorn Stevens haben daher einen radikalen Vorschlag gemacht, nämlich, sich von dem bisherigen Modellansatz, durch immer kleinere Auflösungen des Gitternetzes eine vermeintliche Genauigkeit zu erzielen, zu lösen. Bei nichtlinearen Systemen, und darum handelt es sich hier, können schon bei kleinen Eingangsfehlern dramatische Abweichungen im Ergebnis entstehen (Butterfly Effect). Herkömmliche Modelle sind nicht in der Lage, den Transport von Energie von der Erdoberfläche in die Atmosphäre zu simulieren. Die »Dyamond« genannten Modelle des Max-Planck-Instituts sollen versuchen, unter einer größeren Einbeziehung gemessener Werte die Mängel der herkömmlichen Modelle zu reduzieren, indem sie Wolken, Stürme, Niederschläge und die Reaktion auf die solare Einstrahlung besser erfassen.[18]

Eine solche grundsätzliche Kritik an den Modellen, die das IPCC benutzt, hat Folgen. Stevens, der noch Autor des letzten, fünften IPCC-Sachstandsberichts war, wurde für den demnächst erscheinenden sechsten Bericht nicht mehr als Autor eingeladen.

Viel Unsicherheit also. Trotzdem ist man ganz fest dabei, die Politik zu überzeugen, dass das CO_2 auf null gebracht werden muss, weil es in so dominanter Weise das Klima verändert. Wie war es nur möglich, dass es in der Mittelalterlichen Wärmeperiode von 800 bis 1300 in Europa ebenso warm war wie heute – und das bei tieferen CO_2-Konzentrationen? Eine Reihe von Publikationen zeigt, dass die Erwärmung nicht nur ein Phänomen in Grönland oder Nordeuropa war, sondern alle Erdregionen weltweit umfasste.

Und wie konnte es dramatisch kühler werden zur Zeit der Kleinen Eiszeit (1300–1850), ohne dass das CO_2 seine Finger im Spiel hatte? Hungerkatastrophen und Kriegen um schwindende Ressourcen fielen in jenem Zeitraum Millionen von Menschen zum Opfer. Warum sollte die Natur diese Schwankungen um mehrere Grad Celsius nach 1850 einfach eingestellt haben?

Das sind unerwünschte Fragen. Daher hat es immer wieder Versuche gegeben, die Vergangenheit zu retuschieren. Das berühmteste Beispiel ist die Hockey-Stick-Kurve von Michael E. Mann. Dabei wurden die Berechnungen so manipuliert, dass die Mittelalterliche Warmzeit verschwindet und auch die Kleine Eiszeit als transitorisches kühles Lüftchen eingestuft werden konnte. Denn es stellte sich heraus, dass die Modelle, die an die Temperaturentwicklungen zwischen 1850 und heute angepasst wurden, die Vergangenheit vor 1850 nicht zutreffend wiedergeben konnten.

Weder Mittelalterliche Wärmeperiode noch die Kleine Eiszeit scheinen in den Modellrechnungen je existiert zu haben. Weil menschengemachte

Emissionen aber die einzigen Stellschrauben in den Modellen sind, versagen diese, wenn die Ursachen der Klimaänderung natürlichen Ursprungs sind. Und so verwundert es nicht, dass die Mittelalterliche Warmzeit von außerordentlich hoher Sonnenaktivität gekennzeichnet war. Eine Aktivität, die wir als solares Maximum auch für das 20. Jahrhundert feststellen: So aktiv wie im letzten Jahrhundert war die Sonne nicht seit fast 2000 Jahren. Dass in der Kleinen Eiszeit die Sonne ihre Sonnenfleckenaktivität über ein halbes Jahrhundert vollständig einstellte (Maunder-Minimum), passt da ins Bild.

Wie schrecklich sind 0,9 Grad?

Die Basis für die heutige Erwärmung ist das Ende der Kleinen Eiszeit. Es war die kälteste Zeit in der Geschichte der letzten 10000 Jahre. Doch ist das wirklich die richtige Basis für Klimaziele? Wer wollte dahin zurück? Nimmt man den Mittelwert der letzten 2000 Jahre, so wäre als Nulllinie eher das Klima zwischen 1940 und 1970 als Basis geeignet. Damit hätten wir bisher eine Erwärmung von 0,5 °C festgestellt – eine Abweichung also vom langjährigen Mittelwert, die schon die zyklischen Temperaturschwankungen im Atlantik und im Pazifik von plus/minus 0,3 °C mit sich bringen können.

Mit der heute festzustellenden Erwärmung wären wir in der besten aller Klimawelten, wie uns ein Blick in die rund alle 1000 Jahre stattfindenden Warmzeiten (minoisches, römisches und mittelalterliches Zeitalter) zeigt. Weil aber die katastrophalen Voraussagen der Klimamodelle über eine 1,5- bis 4,5 °C-Erwärmung in der Zukunft die Debatte bestimmen, müssen wir uns mit den Klimaprognosen beschäftigen.

Die ECS (Equilibrium Climate Sensitivity) beschreibt die Änderung des Temperaturniveaus durch eine Verdoppelung des CO_2 von 280 auf 560 ppm nach Einstellen eines neuen Gleichgewichtes durch die Ozeane, was mehrere hundert Jahre beanspruchen dürfte. Hierfür gibt der IPCC die erwähnte Bandbreite von 1,5 bis 4,5 °C an. Fast niemand in der Politik und in den Medien hat bislang offensiv kommuniziert, dass dies nach Vorstellungen des IPCC ein über mehrere Jahrhunderte dauernder Prozess ist.

Doch wie wirkt sich eine Verdoppelung des CO_2 in diesem Jahrhundert aus? Eine Antwort liefert uns die TCR (Transient Climate Response). Sie gibt uns die Änderung der Temperatur bei Verdoppelung des CO_2-Gehalts zum Zeitpunkt in der Luft an, in dem 560 ppm erreicht worden sind. Nehmen wir also an, dass bei einem jährlichen Zuwachs von 2 ppm CO_2 der Wert (heute 411 ppm) in 75 Jahren erreicht wird, also im Jahre 2094. Dann beträgt die TCR, also der entsprechende Temperaturanstieg von 1850 bis 2094 nach Angaben des IPCC 1 bis 2,5 °C. Als wahrscheinlichster Wert wird 1,8 °C für die TCR angegeben.

Das hört sich nicht besonders gefährlich an, wenn man bedenkt, dass hiervon schon angeblich 1 °C durch bisherige CO_2-Emissionen verursacht wurden. Natürlich bewegt sich im Modell des IPCC die Temperatur nach 2100 weiter nach oben, jedoch – immer unter Voraussetzung, dass sich die Prognostiker nicht irren – in mehreren hundert Jahren. Wissen das unsere Politiker? Wissen das die Bürger?

Doch es wird noch besser. Mittlerweile sind die ECS- und TCR-Werte des Weltklimarates einer Erosion unterworfen. Sie schmelzen gleichsam mit den Alpengletschern.

Thorsten Mauritsen vom Max-Planck-Institut in Hamburg und Robert Pincus von der Universität Colorado kamen in der Zeitschrift *Nature Climate Change* 2017 zum Ergebnis,[15] dass der ECS-Wert nur noch 1,79 °C beträgt und der TCR-Wert gerade einmal 1,32 °C. Zu einem ähnlichen Ergebnis kamen die amerikanische Klimaforscherin Judith Curry und Nicolas Lewis 2018 in einer Veröffentlichung der American Meteorological Society (ECS 1, 7 °C, TCR 1,33 °C).[20] Diese beiden Arbeiten sind die zurzeit besten Abschätzungen der Auswirkungen des CO_2-Anstiegs aus realen Betrachtungen.

Bemerkenswert bei beiden wissenschaftlichen Publikationen ist, dass sie sich am unteren Rand des IPCC-Korridors für die Temperaturentwicklung befinden. Fast alle Arbeiten zur Abschätzung der Sensitivität unseres Klimas aus tatsächlichen Beobachtungen kommen zu niedrigeren Empfindlichkeiten gegenüber CO_2, als die Modelle des IPCC ergeben.

Bei einer ECS von 1,7 °C langfristig und einer TCR von rund 1,3 °C können wir die Klimakatastrophe bis 2100 getrost absagen. Damit die vom IPCC angestrebten 2 °C nicht überschritten werden, dürften wir die

560 ppm nicht wesentlich überschreiten. Auch das ist eine gewaltige Herausforderung. Doch wir hätten viel mehr Zeit, eine nachhaltige Energiezukunft zu erreichen, mit welchen Technologien auch immer. Das Ziel wäre über drei Generationen zu bewältigen, nicht über drei Legislaturperioden.

Was passiert von 2020 bis 2050?

Judith Curry hat sich semi-empirisch mit der vor uns liegenden Temperaturentwicklung von 2020 bis 2050 beschäftigt. Für diesen Zeitraum werden die politischen Ziele der CO_2-Minderung gesetzt; die finanziellen Rahmenbedingungen und Strukturentscheidungen, wie wir uns mit Energie versorgen wollen, fallen in diesem Zeitraum. Überraschungen hinsichtlich der Temperaturentwicklung werden die politischen Entscheidungen stark beeinflussen.[21]

Als Ausgangspunkt nahm Curry eine Emissionsminderung von CO_2 an, die dem Pariser Abkommen entspricht. Die CO_2-Emissionen würden danach bis 2050 immer weniger ansteigen und nach 2050 abfallen, um im Jahre 2100 auf etwa die Hälfte der heutigen Emissionen zurückzugehen. Sie nimmt weiter an, dass sich entsprechend dem 1,5 Grad-IPCC Sachstandsbericht[22] die Temperaturentwicklung parallel zum kumulierten CO_2-Ausstoß entwickelt. Diese Temperaturantwort auf die CO_2-Emissionen wird aufgrund des im 5. Sachstandsbericht des IPCC dargelegten Mittelwerts von Curry mit 0,58–0,7 °C bis 2050 berechnet. Da dieser Wert durch wenig überzeugende Modelle berechnet wurde, stellt Curry diesem Wert den von ihr und Lewis ermittelten empirischen Wert einer Temperatursteigerung von 0,35 °C bis 2050 gegenüber.

Das ist also der CO_2-Einfluss. Nun muss der natürliche Einfluss für die nächsten 30 Jahre abgeschätzt werden. Dabei geht es um folgende drei Einflüsse:
- Schwankungen des Sonneneinflusses
- Vulkanische Eruptionen
- Multidekadische Ozeanoszillationen wie die des Atlantiks (AMO) und des Pazifiks (PDO)

	wärmste Projektion	mittlere Projektion	kälteste Projektion
Emissionen	0,70	0,52	0,35
Vulkane	0	-0,11	-0,30
Solarer Einfluss	0	-0,10	-0,25
Ozeane	0	-0,20	-0,30
Summe	0,70	0,11	-0,50

ABB. 61: Abschätzung der globalen Temperaturentwicklung zwischen 2020 und 2050 nach Curry.[21]

Der solare Einfluss ist in den IPCC-Modellen vernachlässigbar klein. Zudem wird in den Modellrechnungen zum 5. Sachstandsbericht der 23. Solarzyklus von 1996 bis 2008 einfach für das gesamte 21. Jahrhundert fortgeschrieben. Der 23. Sonnenzyklus war aber der drittstärkste Solarzyklus, und mittlerweile hat sich gezeigt, dass der 24. Zyklus der schwächste seit 1850 war. Und viel spricht dafür, dass auch der nächste Solarzyklus ebenso schwach werden wird. Insofern wäre es angemessen gewesen, die Möglichkeit eines starken solaren Minimums wie das Dalton-Minimum von 1790 bis 1820 oder gar das Maunder-Minimum ins Kalkül zu ziehen. Selbst die Klimaforscher Feulner und Rahmstorf vom Potsdam-Institut messen einem solaren Minimum einen kühlenden Effekt von 0,1 bis 0,26 °C zu.[23] Curry nimmt diese Bandbreite in ihre Berechnungen auf (s. Abb. 61).[21]

Die vulkanischen, kühlenden Eruptionen sind nicht voraussehbar. Dies ist aber kein Grund, sie völlig unberücksichtigt zu lassen, wie es der IPCC-Bericht tut. Es gibt eine gewisse Wahrscheinlichkeit aus der Vergangenheit, die in einem Zeitraum von 30 Jahren statistisch berücksichtigt werden müsste. Das kann sich bis 2050 im Mittel zwischen 0 und 0,30 °C Temperaturabsenkung niederschlagen.

Dass die Atlantische Multidekadische Oszillation (AMO) in den Modellberechnungen nicht berücksichtigt wurde, ist das schwerste Defizit der Projektionen des IPCC, denn aus den Erfahrungen des 20. Jahrhunderts muss als relativ sicher gelten, dass innerhalb des Zeitraums von 2020 bis 2050 die negative Phase der AMO stattfinden wird. Der letzte Phasenwechsel ereignete sich 1995, der nächste Phasenwechsel steht vor der Tür und wird etwa 25–35 Jahre andauern. Dieser Abschwung von 0,3 bis 0,5 °C wird sich in den globalen Temperaturen mit etwa 0,2 bis 0,3 °C niederschlagen.

Wie sieht das Gesamtbild für die nächsten 30 Jahre dann aus? Das eine Extrem markieren die IPCC-Annahmen: unterschätzter Klimaeinfluss der Sonne, keine solare Schwächung, keine Vulkane, kein AMO-Einfluss. Dann wird es nach IPCC zu einem Temperaturanstieg von 0,58 bis 0,7 °C kommen.

Auf der anderen Seite könnten eine geringere Klimasensitivität des CO_2 und eine Kumulation negativer natürlicher Effekte zu einem Absinken der Temperatur von –0,5 °C führen. Das wäre eine Katastrophe für die Glaubwürdigkeit von Klimawissenschaft, UNO und europäischer sowie deutscher Klimapolitik. Selbst in der mittleren Projektion einer Temperaturpause bis 2050 werden die Bürgerinnen und Bürger sich fragen, warum sie jahrzehntelang mit Entbehrungen, hohen Kostenbelastungen und gravierenden Einschränkungen ihrer Lebensweise und ihres Wohlstands konfrontiert wurden.

Auf null bis 2050 – wirklich?

Neben der Unsicherheit über die klimatische Wirksamkeit des CO_2 und der Verdrängung natürlicher Einflüsse auf das Klima gibt es noch eine weitere Unsicherheit, die allen Prognosen zugrunde liegt: Wir wissen wirklich sehr wenig darüber, wie lange sich das CO_2 in der Atmosphäre aufhalten wird.

Es besteht kein Zweifel, dass die Zunahme der CO_2-Konzentration in der Atmosphäre von 280 ppm auf nun 410 ppm den anthropogenen CO_2-Emissionen zuzuschreiben ist. Es ist zwar richtig, dass die CO_2-Moleküle zwischen Atmosphäre und Ozeanen/Land zu 15 % pro Jahr ausgetauscht wer-

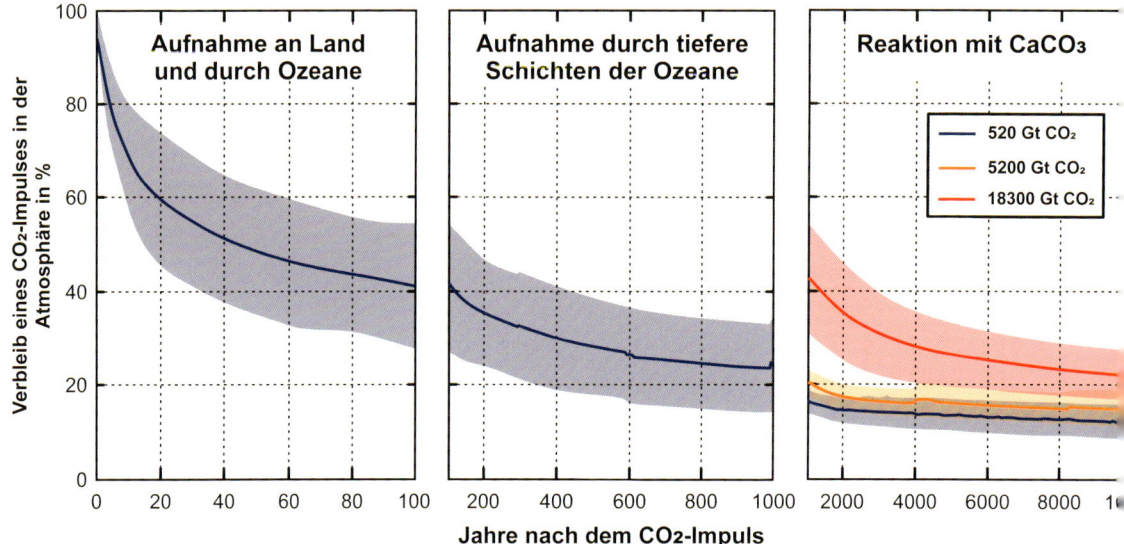

ABB. 62: Der IPCC geht von drei unterschiedlichen CO_2-Verweilzeiten in der Atmosphäre aus, einer schnellen (linke Seite) mit einer Halbwertszeit von 40 Jahren und zwei Abbauprozessen, die sich bis auf Jahrtausende hinziehen.[25]

den, d.h. die Austauschzeit oder Verweildauer eines Moleküls in der Atmosphäre etwa sieben Jahre beträgt.[24] Das wird aber häufig fälschlicherweise verwechselt mit der Abbauzeit der Nettoemissionen des CO_2 durch Senken (Ozeane, Pflanzen). Eine Halbwertszeit von 45 Jahren ist im letzten IPCC-Bericht[25] zu finden, allerdings nur für etwa die Hälfte der Emissionen.

Die IPCC-Berichte gehen davon aus, dass vom Menschen ausgestoßenes CO_2 auf drei verschiedenen Wegen mit unterschiedlichen Geschwindigkeiten abgebaut wird (s. Abb. 62). Nach den Vorstellungen des IPCC hört der schnelle Abbauprozess durch Pflanzen und Ozeane nach 100 Jahren merkwürdigerweise auf, und nur noch ein langsamerer Prozess mit einer Halbwertszeit von einigen 100 Jahren findet statt. 20 % bleiben danach immer noch übrig, die erst nach Zehntausenden von Jahren verschwinden.

Letzteres wäre dann nachvollziehbar, wenn die obere Ozeanschicht nach 100 Jahren gesättigt wäre und die Pflanzenwelt aufhörte, CO_2 aufzunehmen. Tatsächlich gehen die Modelle davon aus, dass nach einem CO_2-

Impuls, wie ihn die Menschheit in den letzten 150 Jahren hervorgebracht hat, die Ozeane längerfristig nur noch geringfügig CO_2 aufnehmen und die Pflanzen- und Biosphäre weniger CO_2 aus der Atmosphäre entnehmen können.[26] Die tatsächlich gemessenen Werte der Aufnahme der Ozeane und der Pflanzen legen für die letzten Jahrzehnte aber das Gegenteil nahe. Die obere Ozeanschicht hat eine gewaltige Senke in den arktischen und antarktischen Breiten. Dort sinken jährlich eine Million Kubikkilometer sehr salzhaltigen Meerwassers mit mehr als 100 Milliarden Tonnen CO_2 in die Tiefe, um dann wieder in niedrige Breiten zurückzuströmen und erst nach mehreren hundert Jahren (400 Jahre im Atlantik, 1000 Jahre im Pazifik)[24] wieder aufzutauchen. Da ist keine Sättigung in Sicht.

Sonnemann und Grygalashvyly vom Max-Planck-Institut für atmosphärische Physik in Kühlungsborn konnten sogar 2013 zeigen, dass sich die effektive Lebensdauer des CO_2 in der Atmosphäre mit steigendem CO_2-Gehalt in der Luft deutlich auf unter 130 Jahre reduzierte.[27] Nach ihren Berechnungen würde bei einer konstanten Emission von 40 Milliarden Tonnen CO_2 die Konzentration 560 ppm – also dem doppelten vorindustriellen Wert von 280 ppm – auch im nächsten Jahrhundert nicht übersteigen. In diesem Fall würde niemals eine Erwärmung von 1,7 °C überschritten, legt man die Klimasensitivität des CO_2 zugrunde, wie sie Curry, Lewis und andere empirisch ermittelt haben.

Und auch die Pflanzen können nicht genug bekommen vom CO_2. Die Erde wird grüner, wie Satellitenbilder zeigen (s. Kap. 36). Von der vorindustriellen Zeit bis heute hat sich die Photosyntheseleistung der meisten Pflanzen um 65 % gesteigert. In einer im Februar 2019 erschienenen Studie stellen Alexander Winkler und Victor Brovkin vom Max-Planck-Institut für Meteorologie in Hamburg und Ranga Myeni vom Department of Earth and Environment der Boston University fest: »*Diese Modelle, welche die wissenschaftliche Basis für die IPCC Assessment Reports sind, unterschätzen wahrscheinlich auch die zukünftige Kohlenstoffaufnahme durch Photosynthese – ein zentraler Aspekt für Klimaprojektionen.*«[28]

Und das hat nach Auffassung der Forscher auch Folgen für die Berechnung der CO_2-Wirkung: »*Die meisten Modelle unterschätzen die Photosynthese der Pflanzen und überschätzen daher das atmosphärische CO_2 und in Folge auch die Klimaänderung*«, sagen die Forscher in ihrer *Nature*-Veröffentlichung.[29]

Was tun?

Das alles spricht CO_2 nicht frei und auch nicht uns Menschen. Einerseits sind in den letzten 150 Jahren die Lebensbedingungen für alle Menschen auf der Erde durch Entfaltung der Industriegesellschaft maßgeblich verbessert worden. Andererseits wurde die CO_2-Konzentration von 280 auf 410 ppm hochgetrieben. Wir wissen allerdings nicht hinreichend genau, wie stark diese Konzentration und ein weiterer Anstieg das Klima verändern werden.

Die Unwägbarkeiten der Klimaentwicklungen sind den meisten Klimaforschern bewusst. Aber die Zauberlehrlinge von »Fridays for Future« haben sich selbstständig gemacht. Niemand weist sie ernsthaft darauf hin, dass es auch sein könnte, dass in den nächsten 30 Jahren klimatisch nichts Dramatisches passieren wird. Schließlich leben Alarmisten in Verbänden und Politik davon, dass bereits in den kommenden zwölf Jahren das Ende der Menschheit droht, wenn nicht sofort gehandelt wird. Wie käme das wohl dort an, wenn Wissenschaftler sagen würden, es kann auch sein, dass in den nächsten 30 Jahren kaum etwas passiert, und gleichzeitig darauf hinweisen könnten, dass in der zweiten Hälfte des Jahrhunderts der Erwärmungstrend wieder überhandnehmen wird. Denn zumindest eines ist ziemlich sicher: dass die ozeanischen Zyklen wie AMO und PDO sich am Ende des 21. Jahrhundert wieder in ihrer Warmphase befinden werden.

Dass die Staatengemeinschaft im Verlaufe dieses Jahrhunderts reagieren und den CO_2-Ausstoß reduzieren muss, darüber besteht kein Zweifel. Allerdings wird es schwer sein, das Tempo der Dekarbonisierung durchzuhalten, wenn die Menschen entdecken, dass die Wissenschaft die Unsicherheit ihrer Prognosen in falsch verstandener Solidarität mit den Aktivisten nicht adressiert hat. Nur globales Handeln wird zum Erfolg führen. Denn sonst könnte sich am Ende herausstellen, dass diejenigen Nationen, die als erste als Vorreiter ihre Gesellschaft verändert haben, am härtesten bestraft werden, und diejenigen belohnt werden, die am längsten an der herkömmlichen Kohlenstoffwirtschaft festgehalten haben.

Natürlich kann man auch im Sinne des Vorsorgeprinzips zum Ergebnis kommen, bei großer Unsicherheit von Ursachen und Wirkung trotzdem auf Nummer sicher zu gehen: wenn angesichts der schlimmsten Befürchtungen der Klimaalarmisten so viel auf dem Spiel steht. Doch das bedeutet eben auch eine Festlegung der Gesellschaft, ihre finanziellen, wissenschaftlich-technischen Möglichkeiten auf ein Politikfeld zu konzentrieren. Andere Felder, die uns wichtig sein könnten, in der Gesundheitspolitik, der Sozialpolitik oder der Entwicklungspolitik, hätten zurückzutreten. Kaum jemand würde widersprechen, dass Forschungen zur Entwicklung von breit wirksamen Medikamenten und Impfstoffen gegen den nächsten, Corona folgenden Virus genauso wichtig wären wie die Intensivierung der Klimaforschung.

In Anbetracht der außergewöhnlich hohen Unsicherheit, des Versagens der Klimamodelle und der immer deutlicher werdenden wissenschaftlichen Erkenntnisse, dass die Klimamodelle zu heiß laufen, bleibt eigentlich nur eine vernünftige Strategie: Es ist richtig, die CO_2-Verminderung auf globaler Ebene in Angriff zu nehmen, aber wir müssen diese immer wieder an den Erfahrungen des realen Erwärmungsprozesses nachjustieren. Wenn sich wider Erwarten die Katastrophenszenarien des IPCC nicht in Luft auflösen, müssen wir auf drastischere CO_2-Minderungsschritte vorbereitet sein. CO_2-arme Zukunftstechnologien müssen ohnehin entwickelt werden.

Und da spielt Deutschland nicht die beste Rolle. Alles, was jenseits von Windenergie und Solarenergie den Energiehunger der Welt nachhaltig befriedigen könnte, wird mit Skepsis betrachtet. Jedes Jahr stellen die Grünen im Haushaltsausschuss den Antrag, die Fördermittel für die Fusionsforschung einzustellen, die Erforschung inhärent sicherer Kernkraftwerke ist in Deutschland ausgeschlossen, fossile Kraftwerke mit CO_2-Sequestrierung (CCS) sind untersagt. Die Ansätze zur Wasserstoffwirtschaft und der Erzeugung synthetischer Kraftstoffe auf Wasserstoffbasis sowie synthetischer Kohlenwasserstoffe, um unseren täglichen Bedarf an Chemikalien zu befriedigen, spielte in den Null-CO_2-Szenarien bislang eine untergeordnete Rolle. Erst in der Corona-Krise hat die Bundesregierung einen mutigen Schritt in Richtung Wasserstofferzeugung und Weiterverarbeitung zu Kohlenwasserstoffen (Power-to-Liquid) getan.

Ohne Kohlenstoff in Kohlenwasserstoffen ist unsere Welt undenkbar. Jeder schaue sich in seinem Umfeld um und entdecke, worauf er verzichten würde ohne Petrochemie, d.h. ohne Pharmaka, ohne Handy-Bildschirm, ohne Kabelummantelung, Dämmstoffe, Kosmetika, Farben, Lacke, Beschichtungen, Kunstfasern, Klebstoffe, Wasch- und Reinigungsmittel – Stoffe, auf die wir tagtäglich angewiesen sind. Natürlich werden auch Erneuerbare Energien einen steigenden Beitrag zu leisten haben. Aber doch nicht mit dem wahnsinnigen Plan, unseren Energie- und Kohlenwasserstoffbedarf allein durch naturzerstörerische Windkraftwerke und ineffiziente Solardächer in Deutschland zu befriedigen. Wir werden am Ende grünen Wasserstoff importieren müssen, wenn nicht alternative Technologien wie die inhärent sichere Kernenergie hierzulande zur Verfügung stehen. Es wäre daher ausgesprochen dumm, sich auf eine bestimmte Option zu versteifen und andere a priori auszuschließen.

Wenn die Klimareaktion auf das CO_2 bei einer Klimasensitivität TCR von 1,3 °C liegt, haben wir bis 2100 Zeit, um das vorindustrielle Emissionsniveau zu erreichen. Dabei ist es unerheblich, ob Deutschland und Europa 2050 oder 2100 auf netto null kommen. Entscheidend ist: Was macht die Welt, und vor allem, was macht China? Zu glauben, dass China, wie in Paris versprochen, bis 2030 die CO_2-Emissionen von 9,8 Milliarden Tonnen auf 14 Milliarden Tonnen ansteigen lassen wird, um diese hernach in 20 Jahren auf null zu senken, wäre schon arg naiv. Chinas Regierung selbst rechnet für 2040 mit den gleichen Emissionen wie heute, was schon eine gewaltige Anstrengung voraussetzt.[30]

Der Weltklimarat oder »Fridays for Future« sind der KP von China so ziemlich egal. Für die Chinesen ist gut, was China nützt, darüber sollten wir uns keine Illusionen machen. Wie China mit internationalen Abkommen umspringt, zeigte erst kürzlich der Bruch des Montreal-Abkommens. Das Abkommen, das für China 2002 in Kraft getreten ist, verbietet die Produktion und das Inverkehrbringen von ozonschichtschädigenden FCKWs. Seit 2013 stoßen chinesische Fabriken wieder jährlich mehr als 7000 Tonnen der verbotenen Gase aus. Reaktionen der Weltgemeinschaft: null.

1600 Kohlekraftwerke werden zurzeit weltweit in 62 Ländern gebaut, die meisten übrigens durch chinesische Firmen und mithilfe chinesischer Kredite. Konkret heißt das, gemäß der *South China Morning Post*: 15 300 MW zusätzlicher Kohlestrom für Pakistan, 16 000 MW für Bangladesch, selbst Myanmar will mit zusätzlichen 5100 MW seine Wirtschaft anheizen. Insgesamt wird die Kohlekraftwerkskapazität weltweit nicht reduziert, sondern um 43 % erweitert. Das ist keine theoretische Modellrechnung, sondern die

Realität. Und in Deutschland setzt die Bundesregierung unter Kanzlerin Merkel die Stilllegung aller Kohlekraftwerke bis 2038 durch.

Katastrophenwarnungen gab es schon viele. Die Warnung vor einer neuen Kleinen Eiszeit in den 1970er-Jahren, die Warnungen des Club of Rome, dass uns 2000 die Rohstoffe ausgehen, das Ende des deutschen Waldes um 2000, das Wegschmelzen des arktischen Meereises als Warnung durch Al Gore für 2014. Oft kam es auch ganz anders, als man dachte. Das naheliegendste Szenario aber wäre zurzeit: Die Welt stellt sich bis 2100 langsam um, und Deutschland könnte in zehn Jahren abstürzen, wenn die Infantilisierung der Politik auf dem Niveau von »Fridays for Future« weiter um sich greift. Die Politik sollte sich stattdessen mit unerwünschten Wahrheiten beschäftigen. Es scheint nicht wirklich ernst gemeint gewesen zu sein, als die Bundeskanzlerin im Januar 2020 forderte, dass Mainstream-Klimawissenschaftler und ihre Kritiker miteinander diskutieren sollten. Die Politik und viele Medien grenzen Kritiker eher immer stärker aus. Sie werden als angebliche Klimaleugner gebrandmarkt und isoliert. Eine Politik, die ihre Kritiker nicht anhört, begeht einen schwerwiegenden Fehler. Eine Gesellschaft, in der die Mehrheit der Menschen der Auffassung ist, dass man nicht mehr sagen kann, was man denkt, verspielt den Pluralismus und ihre zukunftsfähige Offenheit.

Wir können uns mit unserer Bewertung der vorliegenden wissenschaftlichen Erkenntnisse irren. Diese Selbstprüfung muss jeder immer wieder für sich vornehmen. Wir bezweifeln, dass die Passagiere des sich beschleunigenden Klimanotstandszuges das noch tun können. Zu viel wurde den Menschen bereits abverlangt, zu viel wurden 100 %ige Wahrheiten verkündet, als dass man offen sein könnte für Kurskorrekturen. Und wenn es denn so sein sollte, dass die Notstandssituationen nicht gerechtfertigt waren, die Klimaprognosen in sich zusammenbrechen, weil sich ein Teil der Erwärmung als natürliche Entwicklung herausstellt und CO_2 weniger stark erwärmend wirkt als angenommen, hat nicht nur die Klimawissenschaft, sondern die Politik insgesamt ein Glaubwürdigkeitsproblem.

Daher ist die Politik gut beraten, sich der Probleme, die den Menschen heute und in den nächsten Jahren auf den Nägeln brennen, anzunehmen, ohne die nachteiligen Entwicklungen, die eine sich erwärmende Welt mit sich bringen kann, aus dem Auge zu verlieren.

Abkürzungen

AMO: Die Atlantische multidekadische Oszillation ist eine Schwankung der Ozeanströmung des Nordatlantiks, die eine Veränderung der Meeresoberflächentemperaturen mit sich bringt. Die AMO hat eine Periodendauer von 50 bis 70 Jahren und besitzt »warme« und »kalte« Phasen.

AR4: Fourth Assessment Report, vierter Sachstandsbericht des UN-Klimarats 2007

AR5: Fünfter Sachstandsbericht des UN-Klimarats 2014

El Niño: Starke Erwärmung der obersten Wasserschicht im äquatorialen Pazifik, die in unregelmäßiger Abfolge alle zwei bis sieben Jahre auftritt. Hoch- und Tiefdruckgebiete wechseln ihre angestammten Plätze, sodass sich während El-Niño-Ereignissen Luft- und Meeresströmungen teilweise umkehren. Die Wetteranomalie strahlt in weite Teile der Erde aus und hat in der globalen Temperaturkurve starke Wärmespitzen mit Ausschlägen von 0,2 bis 0,7 °C zur Folge.

ENSO: El Niño/Southern Oscillation; ozeanisch-atmosphärisches Zirkulationssystem in der Pazifikregion unter Beteiligung des El-Niño-Phänomens und der Südlichen Oszillation. Letztere beschreibt eine Druckverlagerung zwischen dem südostasiatischen Tiefdruckgebiet und dem südostpazifischen Hochdruckgebiet.

FAR: First Assessment Report, erster Sachstandsbericht des Weltklimarats 1990

GISS: Globaler Oberflächen-Temperaturdatensatz des Goddard Institute for Space Studies der NASA auf Basis von Messstationen.

HadCRUT: Globaler Oberflächen-Temperaturdatensatz des Hadley Centre in Exeter (Meeresdaten) und der Climatic Research Unit der Universität East Anglia in Norwich/England (Landtemperaturdaten)

IPCC: Intergovernmental Panel on Climate Change, Weltklimarat der Vereinten Nationen

La Niña: Kalte Gegenphase zum El Niño. Auch La Niña strahlt in weite Teile der Erde aus und führt zu Kältephasen in der globalen Temperaturkurve.

NAO: Die Nordatlantische Oszillation beschreibt den rhythmischen Wechsel des Luftdruckunterschieds zwischen dem Islandtief und dem Azorenhoch. Es treten Zyklendauern von einigen Jahren bis mehreren Dekaden auf. Die NAO beeinflusst in großem Maße die Winde und das Klima in Europa.

NASA: National Aeronautics and Space Administration, amerikanische Luft- und Raumfahrtbehörde

NOAA: National Oceanic and Atmospheric Administration, Wetter- und Ozeanografiebehörde der Vereinigten Staaten

PDO: Die Pazifische Dekaden-Oszillation bezeichnet eine abrupte Änderung der Oberflächentemperatur im nördlichen Pazifischen Ozean, die entscheidenen Einfluss auf die globale Durchschnittstemperatur nimmt. Die PDO hat eine Periodendauer von 40 bis 60 Jahren und besitzt »warme« und »kalte« Phasen.

PETM: Paläozän/Eozän-Temperaturmaximum. Abrupter Temperaturanstieg vor etwa 55 Millionen Jahren, dessen genaue Ursache noch weitgehend ungeklärt ist, jedoch von einigen Autoren als Analogbeispiel für den aktuellen Kohlendioxidanstieg interpretiert wird.

RSS: Satelliten-gestützter globaler Temperaturdatensatz, der durch die kalifornische Firma Remote Sensing Systems ermittelt wird.

SAR: Second Assessment Report, zweiter Sachstandsbericht des Weltklimarats 1995

TAR: Third Assessment Report, dritter Sachstandsbericht des Weltklimarats 2001

TSI: Total Solar Irradiance; Gesamtstrahlung der Sonne über alle Wellenlängenbereiche hinweg, die pro Quadratmeter auf die Oberkante der Erdatmosphäre trifft.

UAH: Satelliten-gestützter globaler Temperaturdatensatz, der durch die Universität von Alabama in Huntsville ermittelt wird.

UV: Ultraviolettstrahlung; für den Menschen unsichtbare elektromagnetische Strahlung mit einer Wellenlänge, die kürzer ist als die des sichtbaren Lichtes.

Stichwortverzeichnis

1,5-Grad-Ziel 45, 268
2030 10, 17, 71, 237, 262, 276–279, 281f., 284f., 303, 320, 322, 325, 346
2100 12, 15, 23, 25, 43f., 108, 111, 144, 230, 235, 241, 247, 255, 269, 331, 338f., 346f.
2-Grad-Ziel 49
5. IPCC-Klimazustandsbericht 121, 125f.
6. IPCC-Klimazustandsbericht 39
97-%-Konsens 271

Abbauzeit des CO_2 108
Aerosole 57, 112, 115, 125, 332f.
Aktionsprogramm Klimaschutz 281
Alfred-Wegener-Institut 73, 145, 156, 187, 229, 238, 242
Alpen 22, 136ff., 153ff., 162, 167, 226
Alt, Franz 270
Amazonas 106, 177, 240f.
AMO 14, 17, 21, 23, 69, 71–77, 82, 95f., 136, 141, 152, 154, 160, 169ff., 177, 183, 185, 191f., 200, 202, 213, 215, 232f., 245, 339, 341, 344
Antarktische Halbinsel 40, 59, 76, 144–150
Arabischer Frühling 208
Arktis 28, 52, 73, 129, 139f., 143f., 185, 189, 226, 240, 244, 254
Arktische Oszillation 75, 97, 214, 239
Arktischer Ozean 129, 141, 187, 240
Atlantikum 14, 49
Attribution 21, 116, 119, 144, 183, 207, 215
Aufforstung 326f.
Aufnahme des CO_2 durch Pflanzen 11
Aufnahme von CO_2 in die Ozeane und durch Pflanzen 20

Australien 40, 76, 89, 156, 172, 178f., 182f., 192, 214, 221, 246, 252, 254, 277, 279f., 306

Batterien 294f., 320ff., 324
Bergsturz 162
Billion Bäume 325
Binswanger, Mathias 273
Blitz 163
Bodensee 43, 169, 173
Bolin, Bert 69
Bond, Gerard 54f., 88
Bondzyklen 55, 58
Braunkohle 297f.
British Antarctic Survey 148
Bundesamt für Seeschifffahrt und Hydrographie 195
Bundesministerium für Bildung und Forschung 230
Büntgen, Ulf 160

C3-Pflanzen 258
CCS 299–303, 345
China 9, 32, 36, 76, 88ff., 156, 187, 221, 264, 276–280, 285, 297f., 300, 307, 310, 312, 319f., 322, 326f., 333, 346
Choi, Yong-Sang 334
Christy, John 30
Climate Analytics 267
CMIP-5 226f., 233
CO_2-Aufnahmefähigkeit der Pflanzen 24
CO_2-Gehalt der Atmosphäre 101f.
CO_2-Klimasensitivität 18f., 110ff., 115f., 230
CO_2-Quellen 104, 247
CO_2-Uhr 225
CO_2-Zertifikate 285, 297, 304f.
Coccolithen 248
Cook, John 271
Corona 9–12, 280, 295, 297, 321f., 345
Curry, Judith 19, 23, 114, 144, 188, 275, 330f., 338f.

Dalton-Minimum 89, 197, 340
Dangendorf, Sönke 191, 215
Dansgaard-Oeschger-Zyklen 56, 67
Das Jahr ohne Sommer 197
Datenveränderungen 29f.
Deltas 219
Deutsche Akademie der Technikwissenschaften 300
Deutsche Umwelthilfe 305
Deutscher Wetterdienst 31, 80, 154, 160, 174, 187
Deutsches Klima-Konsortium 112, 207
Doggerbank 220
Donau 156f., 165
Dual-Fluid Reaktor 312
Dunkelflaute 291, 293f.
Dürren 13, 21, 70, 158f., 167ff., 173, 177ff., 202f., 206, 210, 242
Dust Bowl 181

E-Autos 319, 321
EEG-Umlage 297
Eem-Warmzeit 238f.
Eifel 16, 50, 66
Eisbären 243f.
Eiswette 157
El Niño 17, 62, 76, 97, 150, 156, 171, 177f., 192, 195, 200, 213, 228, 231ff., 250f.
Elektrolyse 283, 296, 305, 322
Energiespeicher 290
Equilibrium Climate Sensitivity 14, 112–116, 334, 337f.
Erdgas 256, 261, 285, 296ff., 300, 302, 305ff., 323
Erwärmungsrate 16, 31, 37, 64f., 68
ETH Zürich 123, 136, 162, 169, 188, 204, 208, 227, 325
Ethikkommission 298, 309
European Climate Foundation 267
Extremwetter 21, 35, 158–161, 166, 168, 192, 194

Farbstreifen 46
Filchner-Ronne Eisschelf 148
Fimbul-Eisschelf 149
Fische 245
Fledermäuse 286f.
Fluorchlorkohlenwasserstoffe 124, 346
Forster, Piers 115
fossile Brennstoffe 106
Fracking 256, 278, 305f.
Fridays for Future 9, 23, 25, 236, 254, 264, 270f., 283, 303, 305, 309, 344, 346f.
Fukushima 308
Fusionskraftwerke 25

Geden, Oliver 275
Geoforschungszentrum Potsdam 165
Geomar 29, 128, 132, 232, 248
GISS 29
Gleissberg-Zyklus 82, 96f.
Gletscher 14, 22, 42f., 52, 133–140, 142ff., 146f., 150, 222, 226
Golfstrom 57, 127–131, 224, 232, 242
GRACE 212
Graßl, Hartmut 234
Great Barrier Reef 247, 250f.
Green Climate Fund 277, 280
Green Deal 281
Greenpeace 267, 287
Greifvögel 286
Grönland 35, 37, 42, 59, 127, 129, 131, 139–143, 186, 198, 202, 236–239, 336
Großbritannien 81, 97, 114, 163, 184, 186, 220, 280, 285, 303
Große Transformation 275
Großmann, Jürgen 299

Habeck, Robert 300
HadCRUT 29
Hagel 21, 155, 159, 194
Halbwertszeit des CO_2 20, 104
Hamburg 31
Hansen, James 29, 231, 234, 236
Hausfather, Zeke 268, 270
Hawkins, Ed 47, 130

Hendricks, Barbara 73, 276, 279, 281
Hiatus 17, 23, 60ff., 71, 77, 200, 229, 231ff.
Hitzetote 252f.
Hitzewellen 159f., 179, 181–185, 202, 249, 253
Hochwasser 21, 164, 166
Hockey Stick 37–41, 90, 161, 199, 336
Holozänes Thermisches Maximum 14, 49–52, 134, 136, 143, 176, 222, 239, 241, 243
Hot Spot 228
Hurrikan 191
Hüttl, Reinhard 53

Indian Ocean Dipole 69, 76, 150, 172, 178
Indien 42, 76, 89, 172, 218, 221, 276, 278, 286, 298, 300
Indischer Ozean 129, 191, 212, 224
Indischer Sommermonsun 99
Infraschall 289
inhärent sichere Kerntechnik 310
Insekten 245, 287
IPCC 15–22, 24f., 37f., 44ff., 52, 57, 61, 66, 69, 72, 89, 93, 104, 107–115, 121–126, 138, 159, 166, 168, 189, 192, 194, 198, 202, 211, 215, 222, 224–227, 233, 235, 237, 245, 247, 252, 255–262, 266–269, 272f., 277, 289, 326, 329–332, 334, 336–343, 345
IPCC-Spezialbericht zum 1,5-Grad-Ziel 15, 58
Island 134
ITER 316

Jetstream 161f.

Kalifornien 30, 174, 176f.
Kälteperiode der Völkerwanderungszeit 16, 37, 53, 55, 66
Kältetote 252f.
Kältewellen 186–189, 253
Kanada 36, 106, 242, 244, 300, 326
Karibik 106, 191, 221
Kernenergie 281, 284f., 290, 298, 304, 308–311, 314, 319, 346
Kernfusion 314f., 316
Kernkraftwerke 25, 297, 308f., 345
Kipppunkte 127, 235ff., 239ff., 249, 254, 255, 257
Kiribati 218, 221
Kleine Eiszeit 15f., 34, 41–46, 51f., 55, 78, 89, 102, 120, 134–137, 139f., 143, 156f., 166, 177, 179, 181, 191, 193, 197f., 200, 202, 214, 223f., 234, 237, 245, 265, 336f., 347
Klimaflüchtlinge 201, 206, 218
Klimamodelle 11, 15, 18, 20, 34, 39, 43, 57, 60f., 77f., 100, 105, 115, 125, 127, 129, 150ff., 161, 172f., 175, 184, 187, 197, 200, 225, 226–230, 233, 238, 240, 242, 259, 271, 273, 332, 337, 345
Klimaprognosen 15, 23, 43, 112, 172, 230, 233, 237, 337, 347
Klimasensitivität 19, 25, 111–116, 230, 330ff., 334, 341, 343, 346
Knutti, Reto 116, 227
Kohlenstoffsenken 106f.
Kohlenstoffzyklus 104f.
Korallen 203, 216f., 222, 242, 247, 249ff.
Korallenbleiche 249f.
Koralleninseln 159, 203, 216ff.
Korallenriffe 216, 221, 246f., 249f.
kosmische Strahlung 83, 85, 92f., 98
Küstenerosion 218
Küstenmarschen 219

La Niña 76, 97, 166, 171, 184f., 195, 213
Lachgas 109, 125
Laframboise, Donna 267
Landsenkung 219
Larsen-C-Schelfeis 148
Latif, Mojib 79, 111, 114, 121, 131, 151, 163, 232
Lawinen 154f.
Lewis, Nicholas 19, 114
Lindzen, Richard 275, 334
Ljungqvist, Fredrik Charpentier 172
LULUCF 285
Lyssenkoismus 275

Malaria 253, 254
Malediven 206, 224
Mangini, Augusto 53, 66, 275
Mann, Michael E. 38, 130, 161
Marcott, Shaun 51, 65, 66
Marotzke, Jochem 60, 112, 225, 261
Mauna Loa 102f., 108
Maunder-Minimum 89f., 120, 157, 337, 340
Mauritsen, Thorsten 112f., 334, 338
Max-Planck-Institut für Meteorologie 19, 22, 63, 112, 123, 225, 234, 240, 260
Max-Planck-Institut für Sonnensystemforschung 122
Meereis 13, 35, 75, 140–143, 147, 150, 189, 233, 236, 239f., 243, 347
Meeresspiegel 43, 51, 140, 146, 159, 202, 211, 213–216, 219–224, 230, 235, 240
Mer de Glace 43
Merkel, Angela 271, 281, 283f., 299, 305, 308
Methan 109, 125, 254ff., 295f., 302f., 306, 322, 331
Migration 202–205, 207
MiKlip-Projekt 23, 231
Milankovic-Zyklik 138
Millenniumszyklen 55–59, 67, 88
Mittelalterliche Wärmeperiode 15f., 34f., 40, 43, 52, 54, 66, 77, 90, 102, 130, 134, 136, 143, 150, 156, 166, 179, 191, 193, 198, 202, 223, 245, 336
Mittelmeer 36, 73, 100, 253
München 31

NAO 21, 69f., 74f., 77f., 82, 95ff., 99, 128, 141f., 144, 154, 165f., 169f., 183, 187, 189, 191, 214f., 232
National festgelegte Beiträge 276
natürliche Schwankungsbreite 21, 145, 168, 185
Neubauer, Luisa 254, 256, 271
nichtlineare Systeme 95, 100, 336

NOAA 61f., 160, 184, 194, 212, 247, 256
Nordatlantik 54f., 59f., 71, 88, 90, 106, 128, 190, 212, 222, 232, 332
Nordsee 27, 42, 191, 211, 213, 220f., 303
Norwegian Institute of Bioeconomy Research 241

Ostafrika 42, 92, 172, 209
Ostantarktis 59f., 67, 90, 145f., 148f.
Österreich 36, 137, 152, 155, 160, 164, 167, 174, 179, 284f.
Ostsee 42, 73, 75, 213, 245
Otto, Friederike 184
Ozeane 28
Ozeanversauerung 246ff.
Ozeanzyklen 17, 19, 21, 69f., 74–79, 82, 95f., 98f., 122, 138, 141, 144f., 152, 165f., 169, 172, 177, 191f., 200, 215f., 227, 231–234, 239, 245
Ozonschicht 93

PAGES2k 38–41, 52
Paleocene-Eocene Thermal Maximum 48
Palmölplantagen 219
Pariser Klimaabkommen 276
Pasterze 50
Pazifik 11, 60, 62, 70, 72, 76, 88, 103, 132, 141, 213f., 216, 218, 232f., 250, 332, 337, 343
PDO 17, 21, 62, 69f., 71, 73ff., 77, 91, 95f., 132, 141, 144, 166, 169, 171, 177, 195, 213f., 232f., 239, 339, 344
Permokarbon-Vereisung 48
Phasenumkehr 97f.
Photosynthese 14, 20, 103, 248, 258ff., 343
Pine Island Gletscher 146
Polare Verstärkung 143
Polnische Akademie der Wissenschaften 248
Portugal 73, 75, 176, 285
Potsdam-Institut für Klimafolgenforschung 120, 127, 131, 161, 174, 184, 187–190, 204, 213, 215, 234–239, 241, 254, 271, 275

QBO 97, 233

Radiokarbon-Methode 65
Rahmstorf, Stefan 115, 127–130, 161, 184, 188, 215, 235, 254, 257, 271, 333, 340
RCP 8.5-Szenarien 330
Realclimate.com 66
Regen 81, 92, 96, 166, 172, 202f., 274
Ridd, Peter 251, 275
Römische Warmzeit 15, 52, 224
Ross Eisschelf 148f.
RSS 30, 227
Ruß 121, 124, 138
Russland 140, 173, 184, 208, 244, 278, 310, 326f.

Sahel 170, 202, 206
Santer, Benjamin 227
Sauerland 55
Scheinkorrelation 118
Schellnhuber, Hans-Joachim 235ff., 254, 257, 275, 303
Schlüchter, Christian 136, 275
Schmidt, Gavin 29, 231
Schnee 125, 133, 137, 140f., 143, 146f., 151f., 154f.
Schneider, Stephen 329
Schwabe-Zyklus 82, 84, 98
Schwefeldioxid 115, 124f., 196, 200, 333
Schweiz 19, 122, 135, 152, 154, 160, 179, 227, 284, 308
Sektorkopplung 281, 319
Sinn, Hans-Werner 294, 297, 320
Skeptical Science 144
Skitourismus 153
Snowball Earth 48
Sonne 14f., 33, 45, 76, 79–86, 88–97, 99, 100f., 109, 120–126, 131, 163, 172, 187, 197, 234, 270, 284, 291, 295, 305, 314f., 318f., 322, 332, 337, 341
Sonnenaktivität 44, 76, 79ff., 83–86, 88ff., 92f., 95–99, 119f.,

123f., 139, 141, 163, 165, 172, 186, 198, 233f., 251, 332, 337
Sonnenflecken 83, 85f., 99, 120, 186
Sonnenfleckenzyklus 81, 83, 85f., 88, 92, 94, 96, 332, 340
Sonnenmagnetfeld 83f., 92f., 120, 125
Sonnenscheindauer 33f., 74, 153
Southern Annular Mode 76, 97, 149, 178
Spanien 40, 75, 89, 173, 176, 253, 285, 308
Spannagelhöhle 66
Speicherung von CO_2 302
Spencer, Roy 30, 269, 275
Spitzbergen 73
SROCC 211, 222
Stadionwelle 72
Städtischer Wärmeinseleffekt 31
Starkniederschlag 160, 163
Steinkohle 297, 304
Stevens, Bjorn 22, 112ff., 225f., 332, 334ff.
Stocker, Thomas 38
Stratosphäre 93, 96ff., 125, 132, 196f., 200
Stromimporte 284
Stürme 158, 160, 190f., 193f., 217, 221, 241, 336
Suess-DeVries-Zyklus 82
Svensmark, Henrik 93, 98, 275
Syrien 207
Syrischer Bürgerkrieg 206

Taifun 191
TCR 112, 114, 338, 346

Technische Universität Dresden 211
Thunberg, Greta 9
Thwaites-Gletscher 147
Tibet 90, 92
Time Lags 99
Tol, Richard 275
Tornados 21, 155, 159, 190, 193ff.
Totten-Gletscher 147
Treibhauseffekt 109, 116, 123, 279, 330, 334
Tropen 113, 228, 326
tropische Wirbelstürme 21, 159, 191
tropischer Regenwald 236

UAH 30
Überschwemmungen 21, 159, 165f., 219
Ulrich, Bernhard 274
Universität Heidelberg 131
Universität Siegen 191, 211, 215
University of Colorado Boulder 142, 209, 213
University of Exeter 189
University of Oxford 226, 237
USA 9, 60, 89, 92, 106, 114, 118, 156, 161, 163, 171, 173, 177, 182, 185f., 192f., 204, 219, 224, 244, 246, 256, 259, 266, 276ff., 280, 285, 289, 297, 300, 302, 304f., 307f., 311, 318, 325ff.
US-Ostküste 74f., 215, 224, 232
UV-Strahlung 83, 92, 97, 332

Vanuatu 193
Venema, Victor 272

Versorgungssicherheit 293
Viktorialand 150
von Storch, Hans 123, 274
von Weizsäcker, Carl Friedrich 78
vorindustrielles Temperaturniveau 14, 45f.
Vulkanausbrüche 44, 96, 158, 196ff., 200, 234
Vulkane 44, 103f., 147, 196, 200, 341

Waldbrände 174, 176, 178
Waldsterben 274
Wanka, Johanna 73
warming hole 59
Wasserstoff 25, 82, 283, 295f., 302, 308, 321, 322, 324, 346
Weiße Weihnacht 154
Weltorganisation für Meteorologie 267
Westantarktis 40, 144–147, 150
Westwinde 74, 93, 97, 170
Windenergie 286–290, 293f., 345
Winter 10, 17, 22, 28, 42, 63, 72, 74, 88, 106, 140, 151ff., 156, 164, 170, 173, 186f., 189, 196, 226, 232, 239, 241, 252f.
Wolken 14, 22, 32ff., 57, 74, 92f., 98, 112, 115, 125, 143, 226, 331f., 334, 336
WWF 112, 176, 267, 325

Zentralanstalt für Meteorologie und Geodynamik 128, 160, 164, 190, 228
Zorita, Eduardo 172

Droht jetzt der Klima-Lockdown?

Das Urteil des Bundesverfassungsgerichts, das das Klimaschutzgesetz der Bundesregierung für verfassungswidrig erklärt, beruht auf fehlerhaften Annahmen. Es erweckt den Eindruck einer Gefahrenlage, die so nicht existiert. Das soziale Gefüge Deutschlands aber wird dadurch ernsthaft bedroht.
Die Autoren prüfen die Argumentation der Richter und belegen mittels einer Fülle von Quellen, dass dieses Urteil sehr wohl anfechtbar ist.

Prof. Fritz Vahrenholt/Dr. Sebastian Lüning
UNANFECHTBAR?
Der Beschluss des Bundesverfassungsgerichts im Faktencheck
128 Seiten · ISBN 978-3-7844-3618-0
Auch als E-Book erhältlich

langenmueller.de